KB274201

김현 편저

김현 건축구조

이 책의 머리말

건축직 공무원에 도전하시는 여러분! 반갑습니다.

"현명한 건축구조"라는 이름으로 박문각(노량진 학원 및 온라인)에서 강의교재로 사용되었던 건축구조 이론서를 다듬고 보완하여 출간하게 되었습니다.

이 책은 그간의 건축직 공무원 시험의 건축구조 과목에서 출제된 내용과 이 내용의 바탕이 되는 구조설계기준(KDS)의 주요 내용들을 토대로 심혈을 기울여 분석하고 정리하여 탄생한 책입니다. 또한 2024년도 및 2025년도 문제들을 포함한 최신 출제경향을 충실히 분석하여 문제와 함께 정리하고 있습니다.

건축직 9급 공무원 시험의 2개 전공 과목중 하나인 "건축구조" 과목을 구성하고 있는 주요 세부 과목은 크게 철근콘크리트(RC)구조와 강구조(철골구조), 구조역학 및 건축일반구조로 나누어지고, 이 네 과목의 비중이 각각 20~30% 정도로 출제되고 있으며, 이들 과목 중 구조역학을 제외한 나머지 3과목의 출제 준거(reference)는 구조설계기준(KDS)입니다. 대부분의 문제는 이 구조설계기준의 조항들을 토대로 출제되고 있습니다.

그러므로 공무원 시험의 건축구조 과목은 구조설계기준의 세부 사항들을 철저하게 알고 있고 이를 토대로 기출문제들을 분석하여 출제 예상되는 내용과 문제들을 도출해 내는 것이 매우 중요한 작업이며, 저는 이러한 작업을 심도있게 수행하여 매우 슬림하지만 출제 가능성이 있는 부분들을 잘 포괄한 최선의 교재를 만들었습니다.

물론, 수험자 여러분들께 대학교육 시간과 같은 4년 또는 그 이상이 주어져 있다면 700여 쪽이 넘는 방대한 교재로도 만들어 기초이론이나 외국 기준 등 매우 깊게 연계된 지식들까지 모두 세세하게 공부할 수도 있겠지만, 일반적인 수험자들에겐 1년 이내의 단시간이 주어져 있고 또 이 기간에 공통과목(국어, 영어, 국사) 3개 과목과 더불어 전공과목 2개를 동시에 학습하여 소기의 성과를 올려야 하기 때문에 절대적인 시간이 매우 부족한 것이 사실입니다.

따라서, 이 교재는 학습시간 대비 성과(성적)라는 가성비를 극대화하기 위하여 공부의 방향과 학습 내용을 공무원 시험에 포커싱하여 구조설계기준(KDS)의 방대한 분량을 분석하고 또 분석하여, 시험 출제 가능성이 높은 부분들을 도출하여 매우 자세하게 기술하고 있고, 그렇지 않은 부분들은 간략화하여 학습 분량을 동종 여타 교재들 대비 절반 이하로 줄였습니다. 그렇지만, 시험에 출제될 내용들은 그간 몇차례의 시험 결과에서도 증명되었듯이 95% 이상을 담고 있음을 확신합니다.

아울러, 이 책의 내용을 보다 쉽고 오래 기억되도록 학습효과를 극대화하려면, 박문각의 강의를 곁들여 학습하시기를 권유드립니다. 교재에 담지 못한 탁월한 학습효과를 얻을 수 있는 개념 원리 설명과 이미지 설명 및 두뇌과학에 기반한 기억법들이 강의에서는 소개되고 있습니다.

모쪼록 이 책을 선택하신 여러분들의 성적 향상과 합격을 기원합니다.

김 현

이 책의 **활용법**

❶ 단원별 이론의 체계적 학습

이 책은 공무원 건축구조 과목의 수험공부를 위해 필요한 이론들을 구조설계기준을 토대로 체계적으로 정리하고 있습니다. 방대한 분량의 구조설계기준을 저자의 역량과 기출문제들의 철저한 분석을 토대로 선별하고 정리하여 최적의 분량으로 정리하였습니다. 그럼에도 불구하고, 구조설계기준에서 시험 빈출 중요 조항들은 그 문장 내용 그대로 친숙해져야 하므로 구조설계기준의 문장들을 그대로 기술하고 있습니다.

❷ 기출빈도에 근거한 중요도 표시

건축구조 과목의 단원별 출제빈도가 높은 중요 내용들에 대해서는 소항목 부분에 별(★)표를 표시하여 기출 빈도에 근거한 중요도를 표시하고 있습니다. 인사혁신처의 지난 19년간(국가직 2007년 및 지방직 2009년 이후) 공개된 문제들을 분석하여 그간 출제 빈도에서 10여 회 이상 빈도로 자주 술세된 항목에는 별 세 개(★★★)로 표시하였고, 그 다음의 빈도로 출제된 항목에는 별 두 개(★★)로 표시하였습니다. 그 외에도 간헐적으로 출제되었거나 내용상 출제 가능성이 있는 중요 항목에는 별 한 개(★)로 표시했으니 학습자들께서는 별 표시가 있는 부분들을 잘 숙지해 두시기 바랍니다.

❸ 핵심 내용 체크

이 책에서는 각 단원별로 후반부에 핵심 내용 체크(Core Contents Check) 부분을 제시하고 있으며, "핵심 내용 체크"에서는 각 단원에서 공부한 내용 중에 출제 빈도가 높은 주요 내용들을 괄호 넣기로 복습하면서 체크해 볼 수 있도록 공란을 구성하고 있습니다. 학습 효과와 기억력 측면에서도 직접 써 보면서 공부하는 것이 훨씬 효과적이므로 잘 활용하시기 바랍니다.

강의에서는 이러한 내용들에 대해서 기본 개념이나 원리를 충실하게 설명하고 아울러 뇌과학이나 기억법에 기반하여 기억하기 쉬운 이미지나 스토리 암기법으로 설명하고 있으니, 참고하시기 바랍니다.

❹ 단원별 중요 문제 및 기출문제 제시

단원별 주요 내용과 관련된 최신 빈출 문제를 제시하여 학습한 내용을 바로 문제 풀이에 접목하여 볼 수 있도록 하고 있습니다. 기출문제에 대해서는 문제의 말미에 출제 연도와 출제직군을 괄호 속에 [** 지]와 같이 표시하였으며, "**"은 기출 연도(뒤의 두자리)를 나타내고 "국/지"는 각각 국가직 및 지방직을 나타냅니다. 예를 들어 [25 지]로 표시된 것은 2025년 6월에 시행한 지방직시험에 기출문제임을 말합니다.

구조기준(KDS)은 주기적으로 개정되었으므로, 본 교재는 과거 개정 이전의 기출문제 내용들을 모두 개정된 최신 기준으로 수정하고 이에 따라 문제와 답안의 내용 모두 최신기준에 맞는 내용으로 현행화 수정하여 발간하였습니다.

건축구조 과목의 구성과 **출제비중 분석**

서론에서는 건축구조 과목의 구성과 출제 비중 및 과목별 출제 경향과 비중을 분석하여 교재를 어떻게 구성하고 있고 공부 전략은 어떻게 할 지에 대하여 기술한 단원입니다. 어떤 시험이나 시험과목의 단원(파트)별 출제 비중을 잘 고려하는 공부하는 것이 고득점의 지름길 임은 두말할 필요가 없을 것입니다. 특히, 우리나라 건축산업의 발전과 산업화와 발전에 따른 주된 건축물 유형의 변화 및 건축물 설계기준의 개정 추이 등에 따라 그간의 시험 문제의 경향도 조금씩 변해오고 있음이 시험문제 추이를 분석해 보면 보면 나타납니다. 공무원 시험의 경향이 자주 바뀌지는 않지만, 과거 초창기의 문제들과 지금의 문제들을 비교해 보면 상당한 차이가 있음을 알 수 있습니다. 이러한 변화와 추이를 파악하고 출제 경향과 비중을 고려하여 시험에 대비하는 공부가 필요하므로, 서론에서 기출문제들을 분석하고 고찰하여 공부의 방향과 전략을 제시하였습니다.

❶ 건축구조 과목의 구성

건축구조 과목은 크게 다음의 5개의 항목(① 건축일반구조, ② 철근콘크리트구조, ③ 강구조(철골구조), ④ 구조역학, ⑤ 구조설계기준)으로 구성되어 출제되고 있으며, 이들 과목 중 구조설계기준을 제외한 4개 과목은 대학교의 건축공학과에서 1~2개 학기의 강좌로 수업하는 과목들이다.

구조설계기준은 우리나라의 건축물 설계에서 반드시 준수해야 할 기준들을 정한 것으로 철근콘크리트구조와 강구조 과목의 설계 관련 주요 내용들도 구조설계기준을 따라서 기술된 것으로 크게 보면 구조설계기준에 포함되는 것으로 볼 수 있다.

따라서, 최근의 시험에서는 구조역학과목과 일반구조의 극히 일부 항목을 제외하고 대다수는 구조설계기준(KDS)을 토대로 출제된다고 보는 것이 타당하다.

❷ 건축일반구조

1. 건축일반구조의 구성

건축일반구조 과목은 대학의 건축공학과에서 저학년에 배우는 전공과목으로 일반적 구성은 아래와 같이 건축물 각부 구조 또는 재료별로 나누어 구성과 재료, 접합 및 시공 등에 대하여 기술하고 있다.

(1) 개요(총론)	(6) 철골구조
(2) 기초구조	(7) 목구조
(3) 벽돌구조	(8) 창호구조
(4) 블록구조, 돌구조	(9) 방수구조
(5) 철근콘크리트구조	(10) 특수구조, 기타

2. 건축일반구조 과목 기출 분석

건축일반구조는 건축의 구성 부재와 재료 시공에 관한 기본적인 사항들을 포괄적으로 정리한 과목으로 공무원 시험에서는 조적식구조와 목구조, 특수구조 및 기초 관련 사항들이 주로 출제되었다. 전공과목 시험이 공개된 초창기(2009~2012)에는 대체로 비중이 40~50%정도에 달할 정도로 많은 문제가 출제되었으나, 최근에 와서는 10%~20%(기초 포함) 정도로 출제 비중이 감소하였다.

3. 출제 경향의 변화 추이

건축일반구조 과목에서는 벽돌구조와 블럭구조, 돌구조를 포함하는 조적식구조와 목구조 및 지반과 기초 부분에서 꾸준하게 출제되고 있는데, 과거에는 책(대학교재)에 나와있는 공법의 일반적인 사항에 대한 출제가 주를 이루었지만, 최근에 와서는 대학교재의 내용보다는 구조설계기준(KDS)의 해당 구조기준 항목의 내용에서 출제되는 경우도 많아 이에 대비하여야 한다.

❸ 철근콘크리트구조

1. 철근콘크리트구조의 구성

철근콘크리트구조는 최근 우리나라에서 지어지는 건축물의 대부분을 차지할 정도로 실무에서의 비중이 높고 중요한 과목인데, 다만 전체 내용과 분량이 많아 공부할 내용도 상대적으로 많은 부분이기도 하다. 철근콘크리트구조 과목의 일반적인 구성은 구조 부재의 거동과 분류에 따라 다음과 같이 구조설계기준의 관련 부분과 건축물 각부 구조부재 또는 거동별로 나누어 설계방법과 상세기준을 기술하고 있다.

(1) 일반사항(개요, 특징, 설계법 등)	(6) 슬래브의 설계
(2) 보의 해석과 휨설계	(7) 기둥의 설계
(3) 사용성 및 내구성	(8) 벽체 설계
(4) 전단설계	(9) 기초 설계
(5) 정착과 이음	(10) 옹벽 설계
	(11) 기타(철근 상세, PSC 설계 등)

2. 철근콘크리트(RC)구조 과목 기출 분석

철근콘크리트구조 과목은 건축구조 과목에서 출제비중이 30% 이상을 차지할 정도로 가장 비중이 높은 중요 과목이다.

설계 이론의 기본이 되는 휨해석 및 설계에 대한 이론과 설계기준의 세부 사항들이 가장 빈번하게 기출되었고, RC구조의 설계 및 시공 상세에서 가장 중요한 역할을 하는 정착과 이음 부분이 단일 항목으로는 가장 많이 출제되었다.

또한 RC구조 건축물의 내구성에 큰 영향을 미치는 피복두께나 철근의 배근 상세와 각 부재의 설계기준이 주로 많이 출제되었다.

3. 설계기준의 개정과 출제 경향의 변화 추이

철근콘크리트구조는 3~5년 주기로 정기적으로 개정되어 온 구조설계기준의 개정에 따라 내용이 변화되므로, 이에 대응하지 못하고 무조건 과거의 기출문제들만 풀어보게 되면 잘못된 공부를 할 수도 있다. 특히 최근들어 2020년부터 적용된 기준에 설계 개념과 세부 내용에 큰 변화가 있었고 2022년에도 하중조합과 풍하중에 대한 기준 및 막구조 등 일부에 개정이 있었으므로 이를 잘 모르고 기출을 분석하고 풀어나간다면, 잘못된 공부를 하게 될 수도 있다.

시중의 기출문제집을 보면 구조설계기준 개정 이전에 과거에 기출된 문제들을 바뀐 내용을 반영하지 못하고 그대로 싣고 있는 경우가 많은데, 이러한 책으로 공부를 하게 되면 잘못된 문제 풀이를 하게 되니 주의하여야 하겠다.

❹ 강구조(철골구조)

1. 강구조의 구성

강구조는 재료가 비싸고 시공에 기능이 필요하므로 초고층 건축물이나 장경간이 요구되는 대형 건축물에서 주로 적용되고 있다.

강구조 건축물은 부재를 공장에서 제작해서 현장에서 접합하여 건설하게 되므로 접합 방법인 용접과 고장력볼트 접합이 중심을 이루고, 아울러 건축물의 각부를 구성하는 구조 부재들의 특성에 따라 인장재, 압축재 및 휨재 등으로 구분하여 설계기준의 구성을 따라 내용이 기술되어 있다.

(1) 일반사항(특징, 역사, 설계법 등)

(2) 재료

(3) 접합(용접, 고장력볼트)

(4) 인장재

(5) 압축재

(6) 휨재

(7) 조합력을 받는 부재

(8) 합성재

(9) 접합부

2. 강구조 과목 기출 분석

강구조 과목은 강구조를 구성하는 강재의 특성이 중요하며, 강구조의 특징, 용접부 결함 및 고장력볼트 접합, 필릿용접의 사이즈(면적), 인장재의 단면적 구하기, 압축재의 H형강 판폭두께비 구하기, 기둥 세장비 구하기 등의 문제들이 빈번하게 기출되었고 평균적으로 약 20% 비중으로 출제되고 있다.

강구조의 특징은 현장에서 보와 기둥 등의 부재를 접합하여 시공하므로 접합과 관련된 상세 및 문제점(결함)에 대해서 꾸준하게 출제되고 있으므로 이 부분은 꼭 잘 정리하여 기억해야 한다.

강구조에서 뒷부분의 휨재와 합성부재 및 조합력을 받는 부재 등은 설계기준의 내용이 복잡하고 기억해야 할 식들도 많아 어렵고 까다로운 부분이므로 공부 시간을 감안하여 조율할 필요가 있다.

3. 출제 경향과 대비법

강구조의 출제 경향은 큰 변화는 보이지 않고 중요한 내용들 중심으로 꾸준하게 일정 비율로 출제되고 있다. 다만, 2017년 강재의 KS 기준이 대폭 개정되면서 이에 연동하여 강구조기준에서 강재 기호의 강도 호칭이 전면 개정되었다. 그 외에도 용접명칭이나 볼트의 호칭 등 일부 내용들이 지속적으로 개정되어 왔다. 이러한 사항을 세부적으로 잘 알지 못하고 개정 이전의 기출문제들을 현행 기준에 맞도록 수정보완하지 않은 상태로 출간된 기출문제집을 공부하게 되면 잘못된 내용을 공부하게 되어 오히려 역효과를 가져오게 되니 주의하기 바란다.

강구조 과목도 역시 구조설계기준(KDS)의 관련 부분들을 중심으로 정리해야 하며, 특히 건축물에서는 강구조의 하중저항계수설계법을 준용하므로, 강구조설계 기준 중에서 하중저항계수설계법에 의한 기준들을 잘 숙지해야 한다.

❺ 구조역학

1. 구조역학 과목의 구성

구조역학 과목은 건축학도들이 가장 어려워하는 과목 중 하나로 다른 과목들처럼 설계기준의 변화에 따라 내용이 개정되거나 바뀌는 부분은 거의 없다.

역학의 기본 개념들이나 원리는 시대에 따라 변할 수 없는 고유한 법칙들을 토대로 정리되고 구성되어 있으므로, 가장 기출을 토대로 공부하기 쉽고 기출문제를 그대로 공부해도 무리가 없는 과목이다.

또한 힘과 응력 구하기, 모멘트 구하기 등 역학과목의 기본적인 이론들은 건축구조의 다른 과목인 철근콘크리트구조와 강구조에서도 활용되는 이론이므로 철저하게 학습하여 전천후로 활용할 수 있는 실력을 배양하는 것이 필요하다. 구조역학과목의 일반적인 구성은 다음과 같다.

(1) 서론(개요)	(7) 응력과 변형
(2) 힘과 지지	(8) 구조물의 처짐
(3) 정정보	(9) 처짐각법
(4) 라멘과 아치	(10) 모멘트분배법
(5) 트러스	(11) 부정정구조
(6) 단면의 성질	(12) 기타(영향선과 이동하중)

2. 구조역학 과목 기출 분석

구조역학 과목은 건축구조 과목에서 출제비중이 약 20%를 차지할 정도로 비중이 높은 중요 과목이다. 가장 기본이 되는 보와 라멘의 반력과 부재력 구하기, 부정정차수 구하는 문제, 트러스의 부재력과 영부재 구하는 문제, 단면특성값(I, E 등) 구하는 문제, 처짐구하기 등이 꾸준하게 출제되고 있는 문제들이다.

3. 출제 경향과 대비법

구조역학 과목은 보통 2~4문제 정도 출제되고 있으며, 역학문제가 많이 출제되면 어려운 시험이었다고 평가하고 있으나, 실제로 역학문제는 기본 개념과 원리를 알면 쉽게 문제를 풀 수 있는 과목이기도 해서 전략적인 접근도 유효해 보인다.

여타 과목들처럼 구조설계기준의 개정에 따른 영향을 받지 않는 과목이므로 추이의 큰 변화는 없으며 기출문제들의 철저한 분석과 기본 개념들을 잘 이해하고 있으면 크게 어려움이 없는 과목이기도 하다.

건축구조 과목의 구성과 출제비중 분석

❻ 건축구조과목 출제 비중 및 변화 추이

1. 국가직 9급 건축구조 세부과목(부분)별 출제 비중 분석

국가직시험에서 지난 19년간 건축구조 과목의 출제 문제의 세부과목별 비중을 분석하면 아래 표와 같다. 가장 많은 문제가 출제되는 철근콘크리트구조(RC)와 강구조 및 구조역학 파트에서 지난 19년 동안 약 60% 정도가 출제되었고, 최근의 바뀐 경향을 보여주는 최근 5년을 살펴보면 이 주요 3과목의 비중이 65%까지 올라간다. 건축일반구조 과목의 조적구조와 목구조는 각 1문제씩으로 출제되는데, 2025년에는 조적구조 부분은 출제되지 않았고 목구조 용어에서 1문제만 출제되었다. 지반과 기초 부분은 대체로 1~2문제 정도 출제되는 경향을 나타내고 있고, 구조설계기준의 하중기준부분과 내진설계기준 부분은 도합 3문제 내외로 출제되는 경향을 나타내고 있으며, 2025년도 국가직에도 이 비중으로 출제되었다.

[표] 국가직 9급 건축구조 과목 세부 출제 항목 및 출제 비중 분석

구분	RC	강구조	역학	조적	목구조	설계기준	내진	기초	기타	합계
'07	5	3	0	4	4	1		1		1
'08	4	4	3	3	3		1	2	1	
'09	5	3	3	2	3	1		2	1	
'10	3	3	1	4	4		1	1		
'11	5	3	2	3	2	1	2		1	
'12	5	4	2	2	2	2	1			
'13	5	2	5	2	2		2		1	
'14	5	4	1	2	2	2	2			
'15	5	4	4	2	2				1	
'16	6	4	1	2	2	2	2		1	
'17	5	4	2	2	2	1		1		
'18	4	4	3	2	2		2		2	
'19	6	4	3	1	1	2	2			
'20	5	2	5	1	1	2	2			
'21	5	4	3	1	1	1	3	1	1	
'22	4	4	5	1	1	2				
'23	5	4	3	1	1	1	2	2	1	20
'24	6	4	3	1	1	2		2	1	20
'25	6	4	5	0	1	2	1	1	0	20
(소계)	94	68	54	36	37	22	23	32	14	문제
(평균)	5.2	3.8	3.0	2.0	2.1	1.2	1.3	1.8	0.8	문제
[비중]	26.1	18.9	5	10.0	10.3	6.1	6.4	8.9	3.9	(%)
최근 5년	26	20	19	4	5	8	6	8	4	(%)

2. 지방직 9급 건축구조 세부과목(부분)별 출제 비중 분석

지방직 시험에서 지난 16년간 건축구조과목의 출제 문제의 세부과목별 비중을 분석하면 아래 표와 같다. 가장 많은 문제가 출제되는 철근콘크리트구조(RC)와 강구조 및 구조역학 3과목에서 지난 17년 동안 약 62% 정도가 출제되었고, 최근의 경향을 보여주는 최근 5년을 살펴보면 이 주요 3과목의 비중이 65%대를 유지하고 있고, 내진설계 관련 문제들이 꾸준하게 출제되고 있는 것을 볼 수 있다. 한편 건축구조 과목의 과락비율이 높았기 때문에, 최근 2024년과 2025년도 시험의 경향은 지엽적인 고난이도 문제가 줄어들고 각 단원의 주요항목이면서 어느 정도 공부를 한 사람들은 어렵지 않게 풀 수 있는 유형의 문제가 증가하여 전반적인 난이도가 좀 낮아졌다고 볼 수 있다.

[표] 지방직 9급 건축구조 과목 세부 출제 항목 및 출제 비중 분석

구분	RC	강구조	역학	조적	목구조	설계기준	내진	기초	기타	합계
'07	4	2	2	4	4	1	1	2		20
'08	5	4	1	2	2	1	1	2	2	20
'09	5	4	2	2	2	2	1	2		20
'10	7	2	2	3	2			2	2	20
'11	5	4	3	2	2	2		2		20
'12	6	4	4	2	2			2		20
'13	5	4	3	2	2		1	2	1	20
'14	6	4	2	2	2	1	1	2		20
'15	5	4	2	1	2	2	1	2	1	20
'16	5	3	4	2	2	1	1	2		20
'17	5	5	1	2	2	1	1	1	2	20
'18	4	3	4	1	1	2	1	2	2	20
'19	4	4	4	1	1	1	2	2	1	20
'20	5	4	3	1	1		2	2	2	20
'21	4	4	3	1	1	1	2	2	2	20
'22	5	4	3	2		2	1	1	2	20
'23	6	5	4	1	1	1	1	1	0	20
'24	6	4	5	1	1	1	0	1	1	20
'25	92	68	52	32	30	19	17	32	18	문제
(소계)	5.11	3.78	2.89	1.78	1.67	1.06	0.94	1.78	1.00	문제
(평균)	25.56	18.89	14.44	8.89	8.33	5.28	4.72	8.89	5.00	(%)
[비중]	26	21	18	6	4	5	6	7	7	(%)
최근 5년	26	20	19	4	5	8	6	8	4	(%)

3. 고전적인 문제의 획기적 감소

위의 표에 나타난 바와 같이 건축구조과목에서 오래전(2007~2012)에 가장 큰 비중-각각 15~20%로 도합 30~40%의 비중-으로 출제되었던 건축일반구조 과목의 조적구조와 목구조 부분이 획기적으로 축소되어 최근에는 회차별 각 1문제(5%) 정도의 비중으로 감소되었고, 그 내용 또한 기존의 건축일반구조학 책의 일반적인 내용보다는 새롭게 제정된 구조설계기준(KDS)의 해당 구조 부분에서 규정하고 있는 내용으로 출제되는 경우가 많다.

4. 중요 과목은 꾸준하게 비중 유지

3대 중요 과목으로 꼽을 수 있는 철근콘크리트구조, 강구조와 구조역학 과목의 최근 출제 비중은 각기 25% 내외, 20% 내외 및 20% 내외의 비중을 유지해 오고 있다. 이들 중요 세 과목의 비중만 해도 65% 대를 구성하고 있어 전략 과목들로 정해서 집중 공부하도록 하자.

5. 구조설계기준(KDS)의 중시

우리나라에서 건축물을 건설하기 위해서는 우리나라의 관련 법(건축법, 구조설계기준 등)을 따라서 건축해야 하고, 공무원들은 이과정에서 전반적인 도시를 계획하고 건축을 허가하고 감독하고 유지관리하는 공무를 수행하고 있다. 따라서 건축직 공무원들은 해당 법 조항들을 잘 알고 이를 토대로 업무를 수행해야 하므로, 당연하게 공무원 시험에서는 이 부분에 대한 문제가 출제되고 있다. 건축구조과목에 관련된 법은 건축구조기준(KDS 41)과 구조설계기준(KDS 14) 등이다. 구조설계기준의 하중기준, 강도감소계수, 하중조합, 해석법 등은 꾸준하게 출제되고 있으며, 2016년 경주지진, 2017년 포항지진 이후로 지진하중과 내진설계기준 관련 내용이 꾸준히 출제되고 있으며, 세계적으로도 일본, 남미 대지진에 이어 터키 대지진 또 최근의 미얀마 대지진으로 인한 대규모 피해 등을 고려할 때, 내진설계 부분은 도시와 건축물 안전에 매우 중요성이 높아 앞으로도 꾸준하게 출제될 것으로 예상된다. 다만 이 부분은 이론적 내용이 방대하고 어려운 개념들이 많아 선택적, 전략적인 공부가 필요하다.

6. 새로운 기출 유형의 등장

기존에 건축일반구조의 고전적인 문제들이 획기적으로 감소되면서, 내진설계관련 문제들의 증가와 더불어 막구조와 케이블구조 등 특수구조 관련 문제들이 구조설계기준의 체계적인 정비와 더불어 새롭게 등장하여 간헐적으로 출제되고 있다. 이 부분들은 기준의 배경과 구조설계기준에 포함된 중요 부분들을 파악하여 전략적으로 접근한다면 쉽게 좋은 성적을 얻을 수 있을 것으로 판단된다.

❼ 건축구조과목 공부 전략

1. 공무원 시험은 기사시험과 다름

기사시험은 엔지니어가 갖추어야 할 설계 및 시공과 관련된 지식들을 평가하는 시험으로, 공법들의 종류와 특성, 설계 및 시공법에 대해서 주로 출제하고 있다. 그러나 이러한 공법의 이해를 묻는 기사시험과 달리 공무원 시험은 건축구조 관련 법(구조설계기준)에 따라 건축물이 설계되고 시공되는지를 확인하고 준공검사를 하고 감독을 해야 하므로 법(구조설계기준)의 조항들을 알고 있는 것이 더욱 중요하다. 따라서 공무원 시험에서는 기사시험처럼 공법의 특징을 묻는 문제보다 법(구조설계기준)의 조항에 규정된 세부 사항들을 묻는 문제들이 압도적으로 많이 출제되고 있다. 이러한 공무원 시험의 특성을 잘 알고 이에 맞추어 교재도 선택하고, 공부를 해나가야 보다 빠른 합격과 고득점이 가능하다. 본 책 "김현의 건축구조"는 교재저술에서부터 이러한 사항을 충실하게 고려하여 구조설계기준을 주요 사항들을 최우선으로 반영하여 각 과목의 교재 내용들을 편찬하였다.

2. 기출문제 공부에 주의 : 오래된 기출문제집 배제

건축구조과목의 출제 기준이 되는 구조설계기준은 매 3~5년 마다 개정이 되어 사용되고 있는데, 최근으로 살펴보면 2022년에 구조설계기준의 휨설계 이론을 포함한 많은 개정이 있었고 개정 후에는 개정된 부분이 (예를 들어 ε_{cu} 등) 건축직 토목직 및 국가직 지방직을 가리지 않고 매번 출제되고 있다.

그래서 시중에 나와 있는 기출문제집들 중 특히 과거의 기출문제집들은 잘못 선택하여 공부하면 오히려 독이 될 수도 있다.

왜냐하면 기출문제 중에는 구조설계기준이 변경되기 이전의 과거 기준에 근거하여 출제된 문제들이 많고, 이 문제들을 과거의 기준에 따라 해설한 책으로 공부하게 되면 헛된 노력이 될 뿐만 아니라 크게 잘못된 방향으로 나아가는 것이 된다.

따라서, 시중의 문제집들을 매우 신중하고도 잘 선택해야 한다.

3. 과거 기출문제의 현행화 필요

건축구조기준을 따라야 하는 많은 문제들은 과거에 출제된 이후 기준이 여러차례 개정을 거쳐, 주요내용들이 많은 수정이 있었기에 이러한 개정 내용을 철저히 파악하여 최신 개정된 기준에 따라 문제의 지문과 내용들을 수정하는 현행화를 거쳐야 한다. 그러나 서점에서 살펴본 시중의 문제집들 일부는 개정된 기준의 내용을 제대로 반영하여 지문들을 수정하지 못하고, 과거의 기준으로 출제된 문제들을 그대로 기출문제로 담고 있는 경우가 있다. 이러한 기출문제집들을 선택하지 않도록 주의해야 한다.

본서(김현의 건축구조)에서는 기출문제에서 과거 개정 이전의 내용들을 모두 개정된 최신 기준으로 수정하고 이에 따라 문제와 답안의 내용 모두 최신기준에 맞는 내용으로 현행화 수정하였다.

4. 대학교재 내용 중심에서 구조설계기준(KDS) 중심으로 변화

건축구조과목의 특성은 이 과목을 구성하고 있는 대부분의 소주제(과목)들이 소위 구조설계기준(KDS)을 기반으로 하고 있어, 기준에서 정하고 있는 수치(기준값)나 정의에서 문제가 만들어지는 경우가 매우 많다. 따라서, 기사 시험의 대비 등과 같이 대학교재들을 토대로 이론적 내용과 공법들을 중심으로 정리한 교재보다는 설계기준을 철저하게 통달하고 이를 토대로 교재와 강의 자료를 편집하고 구성하는 것이 더욱 중요하다고 본다. 본서 "김현의 건축구조"는 이러한 배경을 그대로 반영하여 일부 기본적인 이론 외에는 공법 중심의 교과서적인 내용 보다는 구조설계기준(KDS)의 내용을 중심으로 이론을 정립하고 세부 항목들을 체계적으로 엮어 나가도록 구성하였다.

5. 기출분석과 중요사항에 집중하는 전략

공무원 시험의 경우는 출제위원들이 출제한 문제은행에서 선정위원들이 기준과 난이도 등을 고려하여 선정하게 된다. 건축구조과목의 경우 철근콘크리트구조를 비롯한 대부분의 과목이 구조설계기준(KDS)를 토대로 출제되며, 이 구조설계기준은 매우 방대한 분량으로 모든 과목을 다 포함하면 수천여 쪽이 되는 분량이 되고, 이 모든 분량을 주어진 수개월의 수험기간에 다 마스터하는 것은 불가능하다.

그러므로, 기출문제의 철저한 분석과 구조설계기준의 배경 및 이념 그리고 공무직무에 필요하고 중요한 사항 등에 대해서 깊은 노하우와 통찰을 토대로 방대한 내용들 중에서 엄선하여 시험에 대비하는 공부 전략이 중요하다. 현명한 건축구조 과목은 철저하게 이러한 기준과 지난 수십년간 저자의 공무직무, 연구 및 대학 강의 경험을 바탕으로 분석하고 엄선하여 중요내용을 체계적으로 정리한 교재를 만들었다. 본 건축구조 교재는 보시다시피 매우 슬림하게 정리되어 있다. 만만하게(뇌과학 측면에서 매우 긍정적) 느껴질 것이다. 그러나 여러분들이 합격에 필요한 내용들은 시중의 어떤 교재보다도 필요충분하게 잘 정리되어 있으므로 이 교재를 중심으로 단권화하여 공부하는 전략을 추천한다.

이 책의 차례

김현
건축구조

🚧 학습의 주안점

제1장은 건축구조과목을 공부하기 위한 기본적인 내용들에 대해서 살펴보는 장으로 건축의 기본적인 구성과 단위계의 이해 및 기초 수학, 물리학 등 구조공학의 기초사항들에 대하여 간단히 훑어보는 단원이다. 이 장의 내용은 시험에 직접 출제되지는 않지만, 건축구조의 기본적인 구성을 이해하고, 또 시험문제를 잘 이해하고 풀어나가는 데 기초가 되는 중요한 사항들이니 꼭 기억하고 넘어가도록 한다. 특히, 단위계의 이해나 생소한 그리스 문자에 대해서는 잘 학습하여 건축구조학을 수월하게 공부해 나가기 위한 든든한 토대를 만들어야 한다.

건축의 구조

단위계의 이해 ★☆☆☆☆

그리스 문자의 이해

수학적 기초 정리 ★★☆☆☆

건축의 구조와 구조공학의 기초

건축의 구조와 구조공학의 기초 

제1절 건축의 구성과 구조체의 분류

(1) 건축물의 기본적인 구성과 이에 관련된 구조부재

건축물은 우리가 생활하는 공간으로 거주와 업무 등 사용 용도에 따라 여러 가지 시설물로 구성되며, 모든 시설물들은 공통적으로 그 건물을 구성하는 뼈대가 건축물 속에 감추어져 있다. 이와 같이 건축물을 지지하는 뼈대를 건축의 구조(구조체)라고 한다.

건축의 구조체는 그 부재가 생긴 모양이나 배치된 위치에 따라 다음과 같이 슬래브, 벽체, 보, 기둥, 기초 등으로 나누어 진다.

① 생활하는 바닥   → 슬래브(slab)

② 바닥을 지지하는 부분   → 보(beam), 벽체(wall)

③ 보를 받치는 부분   → 기둥(column)

④ 공간을 나누는 부분   → 벽체(wall)

⑤ 위를 덮어 보호하는 지붕   → 지붕 슬래브

⑥ 건물을 지반에 연결하는 부분 → 기초(foundation)

⑦ 상하를 연결하는 통로   → 계단(stair)

📖 건축물의 뼈대(구조체)

(2) 건축물을 지지하는 구조체에서 힘의 전달

건축물에서 사용자가 가구 등의 하중이 작용하면, 이 하중은 일반적으로 아래와 같은 경로로 지반에 전달되어 지지구조를 형성한다.

① 슬래브 ➡ 보 ➡ 기둥(벽체) ➡ 기초 ➡ 지반으로 전달

▪▪▪ 건축물의 구조체(부재) 구성

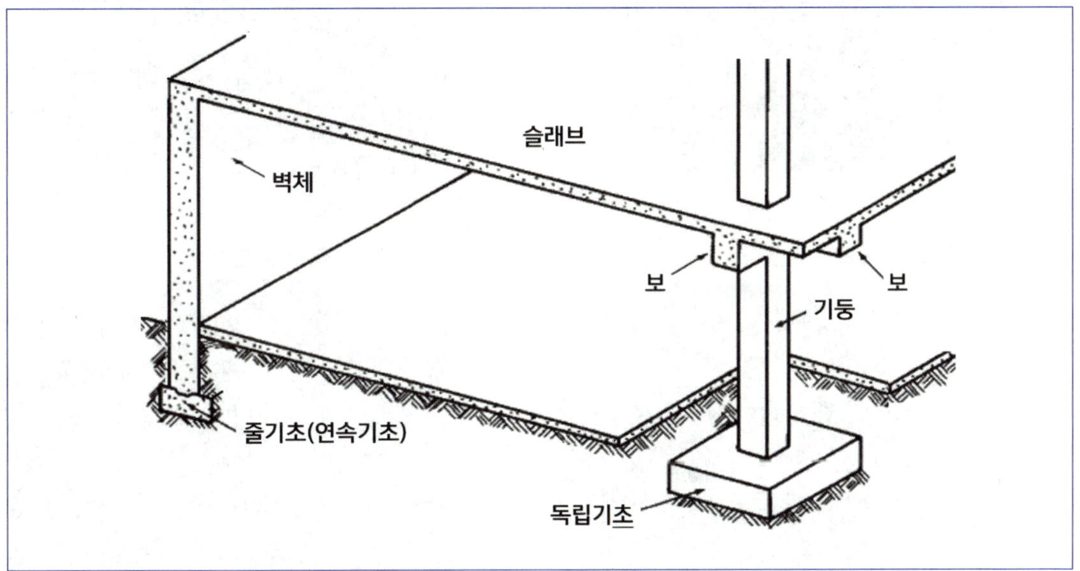

(3) 구조체를 만드는 주요 재료와 이에 따른 구조 분류

① 흙, 돌, 벽돌, 블록 ➡ 조적(組積)조

② 나무 ➡ 목구조

③ 콘크리트와 철근 ➡ 철근콘크리트구조(RC 구조)

④ 철골(H-형강) ➡ 철골구조(강구조)

⑤ 이들 재료의 복합 사용 ➡ 철골철근콘크리트구조(SRC 구조), 합성구조…

(4) 구성 방식에 따른 분류

① **가구식구조** : 긴 부재를 가로 세로로 짜맞추어 구축한 구조(목구조, 강구조)

② **조적식구조** : 벽돌 블록 등을 쌓아서 만든 구조

③ **일체식구조** : 거푸집에 콘크리트를 부어 넣어 전체가 일체가 되도록 만든 구조(RC구조)

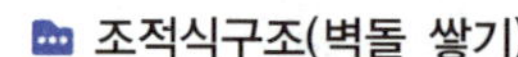

제2절 구조공학의 역할

(1) 건축물(구조체)을 구성하는 각종 부재들을 잘 조합하고 배치해서 건축물을 튼튼하고 안전하게 긴 수명기간 동안 지지하는 것

(2) 사용하는 동안에 불편한 현상(처짐, 균열, 진동 등)들이 없도록 하는 것

(3) 이를 위하여, 효율적인 재료 개발하고 안전하고 신뢰성 높은 설계 방법을 개발하여 국가 사회의 발전에 기여하는 것

제3절   공학 단위계의 이해

(1) **미터법**: 1790년 프랑스 C. 탈레랑의 제안으로 지구 자오선길이의 1/40,000,000을 1m로 정하고, 한변 길이 0.1m인 정육면체의 부피를 $1l$(liter)로 하고, $1l$ 부피에 담긴 4℃물의 질량을 1kg으로 정한다.

(2) **피트 파운드법**: 고대 이집트 바벨로니아에서 유래되어 영국 엘리자베스 1세에 의해 도량형 단위로 확립되어 서양에서 사용되어 왔다.

(3) **국제단위계(SI)**: 1960년 제11차 국제도량형총회에서 미터법을 근간으로 한 국제표준도량형으로 SI단위계를 채택한다(m, kg, s 등 기본 7개 단위와 조합 단위로 구성).

■ SI 단위계 및 MKS 단위계의 단위

양 단위계	길이	질량	시간	힘	응력 (압력)	에너지 (일)
SI	m	kg	s	N	$Pa(N/m^2)$	J
MKS	m	kg	s	kgf	kgf/m^2	$kgf \cdot m$

(주) N : newton,   Pa : pascal,   J : joule

■ 30회 이상 시험데이터 있는 경우의 배합강도

$f_{ck} \leq 35$ MPa인 경우		$f_{ck} > 35$ MPa인 경우	
$f_{cr} = f_{ck} + 1.34s$	㉠	$f_{cr} = f_{ck} + 1.34s$	㉠
$f_{cr} = (f_{ck} - 3.5) + 2.33s$	㉡	$f_{cr} = 0.9f_{ck} + 2.33s$	㉡

(4) **SI 단위 환산과 조합**

  ① 길이 (Length) : m (meter)

    1 m = 30.3 ft

    1 ft (1′) = 12 in = 0.3048 m

  ② 무게(질량) (Mass) : kg (kilo-gram)

    1 kg = 2.2046 lb(파운드)

    1 lb (pound) = 0.45359 kg

  ③ 힘 (Force) : N (Newton)

    1 N = 질량 1kg의 물체에 작용하여 $1m/sec^2$의 가속도를 일으키는 힘

    $= (1kg) \times (1m/s^2) = 1kg \cdot m/s^2$, $1\,N = (1/9.8)kgf$

    $= 0.102kgf$

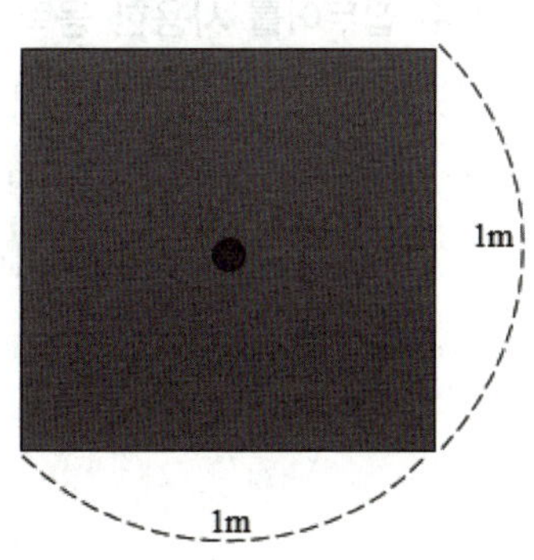

$$1 \text{ kgf} = 1\text{kg의 힘(지구상에서 1kg의 질량을 지지하는 힘)} = 1(\text{kg}) \times (9.8\text{m}/\text{s}^2)$$

$$= 9.8\text{kg} \cdot \text{m}/\text{s}^2 = 9.8\text{N} ≒ 10\text{N} = \text{질량 1kg의 물체에 작용하여 중력가속도(g)를 내게}$$

하는 힘

④ 응력, 강도 (Stress, Strength) : Pa(Pascal)

$$1 \ Pa \ = \ 1N/\text{m}^2$$

제4절 물리량 표현에 사용되는 배수 접두어

하나의 설계나 해석에 사용되는 물리량은 어떤 값에 비하여 다른 값이 매우 큰 경우도 있고, 반대로 매우 작은 값을 갖는 경우도 있는데, 이런 값들을 효율적으로 표현하기 위하여 10의 배수를 이용하여 간단하게 표현하고 있다(1.2×10^{-6} 등).

이러한 표현에 사용되는 10의 배수를 나타내는 접두어는 다음 표와 같으며, 특히 이 중에서 건축 토목공학에서 많이 활용되는 k, M, G와 m(milli)는 원활한 이해와 소통을 위하여 꼭 기억하도록 하자.

▥ 10^n 배수 접두어

배수	접두어 명칭	기호	배수	접두어 명칭	기호
10	데카(deca)	da	10-1	데시(deci)	d
10^2	헥토(hecto)	h	10-2	센티(centi)	c
10^3	**킬로(kilo)**	k	10-3	**밀리(milli)**	m
10^6	**메가(mega)**	M	10-6	마이크로(micro)	μ
10^9	**기가(giga)**	G	10-9	나노(nano)	n
10^{12}	테라(tera)	T	10-12	피코(pico)	p

(1) 배수 접두어와 친한 물리량들

① 힘의 단위 ➜ $kN = 10^3 N$

② 응력의 단위 ➜ $1MPa = 10^6 Pa = 10^6 N/\text{m}^2 = 10^6 N/(10^3 \text{mm})^2 = 1N/\text{mm}^2$

(2) 배수 접두어를 사용한 응력 단위 변환

① $1 \text{ Pa} = N/\text{m}^2$

② $1 \text{ MPa} = 10^6 N/\text{m}^2 = 10^6 N/(10^3 \text{mm})^2 = 1N/\text{mm}^2$

③ $1 \text{ GPa} = 10^9 N/\text{m}^2 = 10^6 kN/(10^3 \text{mm})^2 = 1kN/\text{mm}^2$

제5절 **공학(역학)에서 사용되는 그리스 문자의 이해**

그리스 문자는 수학과 과학뿐만 아니라 역학에서 각종 물리량과 용어들을 나타내는 문자로 많이 사용되고 있다. 구조공학에서 자주 접하는 그리스 문자는 다음과 같다.

① 응력(stress) = σ (시그마)

② 변형률(strain) = ε (엡실론)

③ 포아송비(poisson's ratio) = ν (누-)

④ 처짐, 변형(deflection)= Δ (δ) (델타)

(1) 그리스 문자 명명

그리스 문자(Greek letter)는 다음 표에 나타낸 바와 같이 영어의 알파벳과 유사한 순으로 구성되어 있고, 발음은 매우 다른 것을 알 수 있다. 역학 등 구조공학의 물리량이나 용어의 표기로 그리스 문자가 많이 사용되는 것은 현대 수학의 이론을 정립한 피타고라스 등 그리스 수학자들의 영향이었다고 본다. 그리스 문자의 명명은 다음 표와 같다.

Greek Letter

대문자	소문자	이름	발음	대분자	소문자	이름	발음
A	α	alpha	알파	N	ν	nu	**누-**
B	β	beta	베타	Ξ	ξ	xi	크사이
Γ	γ	gamma	감마	O	o	omicron	오미크론
Δ	δ	delta	**델타**	Π	π	pi	파이
E	ε	epsilon	**엡실론**	P	ρ	rho	**로-**
Z	ζ	zeta	제타	Σ	σ	sigma	**시그마**
H	η	eta	이타	T	τ	tau	**타우**
Θ	θ	theta	세타	Y	υ	upsilon	입실론
I	ι	iota	아이오타	Φ	ϕ	phi	파이
K	κ	kappa	카파	X	χ	chi	카이
Λ	λ	lambda	**람다**	Ψ	ψ	psi	프사이
M	μ	mu	**뮤**	Ω	ω	omega	**오메가**

제6절 기초 수학의 이해와 활용

(1) 구조공학 학습에 계산 능력 필요

건축구조 과목의 철근콘크리트구조와 강구조 및 구조역학 과목에서는 수학적 계산을 요하는 문제가 종종 출제되고 있어 문제의 파악과 계산 실력을 높일 수 있는 연산과 삼각함수, 기본 도형에 대한 이해와 응용이 필요하다. 이를 위하여 수학적 계산에 사용되는 기초 연산과 도형 및 삼각함수의 기본 내용들을 정리하였고, 나아가 공학적인 문제 해결에 많이 활용되는 그래프의 이해와 비례식의 계산 등에 대해서도 정리하였다. 각각의 자세한 내용과 활용 예는 강의 시간에 설명하도록 한다.

(2) 분수식의 이해

① 통분: 두 분모의 공통분모를 찾아 분모를 통일시키는 것(+, − 계산을 위해)

② 약분: 분모와 분자를 공약수로 나누어 주는 것 (예 10의 배수)

③ 분수식이나 곱셈, 나눗셈에서 10의 배수(5의 배수, 2의 배수, 3의 배수)등으로 약분

(3) 빠른 셈을 위한 계산법

① 각 자리의 큰수(96, 987, 1998 등)는 10의 배수로 치환해서 1차 계산 후 정리한다.

  ㉠ 96*2=(100*2)−(4*2)=200−8=192

  ㉡ 987+1,998=(1,000+2,000)−13−2=3,000−15=2,985

  ㉢ 1,998*3=(2,000*3)−(2*3)=6,000−6=5,994

② 구조공학에서 자주 사용되는 유리수 0.85의 배수들은 기억하자.

  ㉠ 0.85×2=1.7,　　　0.85×20=17,　　　0.85×200=170

  ㉡ 0.85×3=2.55,　　　0.85×300=255,　　　0.85×4=3.4

③ 합해서 10배수로 떨어지는 수의 짝들 기억

  ㉠ 합해서 10이 되는 수의 쌍:

(2,8)	(3,7)	(4,6)
(1,1,8)	(1,2,7)	(1,3,6)

  ㉡ 합해서 20이 되는 수의 3쌍:

(2,9,9)	(3,8,9)	(4,7,9)	(5,6,9)
(6,6,8)	(7,7,6)	(8,8,4)	

(4) 도형의 기초

① 기본 도형의 면적과 활용

기본 도형의 면적과 도심은 자주 사용되는 중요한 사항이니 꼭 기억하도록 하자.

구분			
면적	$\dfrac{1}{2}(bh)$	bh	$\pi r^2,\ \dfrac{\pi d^2}{4}$
Y방향 도심	$\dfrac{1}{3}h$	$\dfrac{1}{2}h$	$\dfrac{1}{2}d$

② 도형의 면적과 도심을 이용한 치환

　㉠ 힘(하중)의 치환 : 등분포하중, 등변분포하중 ⇨ 도심 위치에 집중하중으로 치환

　㉡ 복잡한 도형의 계산 : 겹침의 원리(중첩의 원리)를 이용

분포하중	집중하중으로 치환
ω kN/m 분포하중 / L	ωL kN / L / L/2
ω kN 삼각분포하중 / L	ωL/2 kN / L / L/3

(5) 삼각함수의 기본과 활용

① 삼각비

　다음 그림과 같은 직각삼각형에서 한 예각(∠B)이 결정되면, 임의의 두 변의 비는 삼각형의 크기에 관계없이 일정하다. 이 비를 삼각비라 하고, 물리학이나 역학의 비례관계에서 많이 활용된다.

　㉠ sin(사인) : 빗변에 대한 높이의 비　$\sin\theta = \dfrac{b}{c}$

　㉡ cos(코사인) : 빗변에 대한 밑변의 비　$\cos\theta = \dfrac{a}{c}$

　㉢ tan(탄젠트) : 밑변에 대한 높이의 비　$\tan\theta = \dfrac{b}{a}$

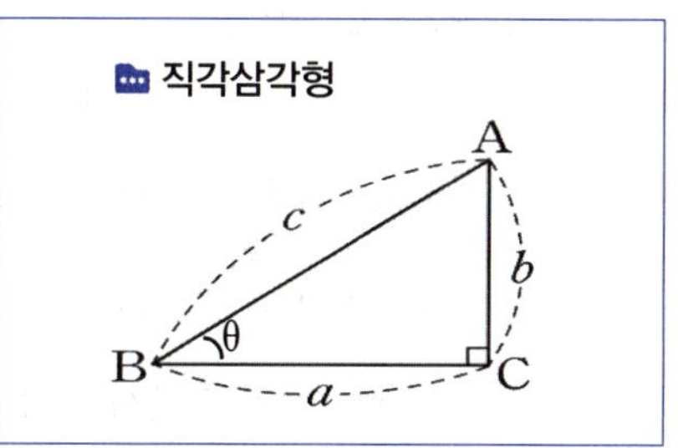

② 삼각비의 활용

삼각비의 정의에 따라 닮은꼴(한 예각이 같은) 직각삼각형에서 한 변의 길이의 비는 다른 변의 길이의 비와 같다.

㉠ $a_1 : a_2 = b_1 : b_2$

㉡ $a_1 : b_1 = a_2 : b_2$

㉢ 비례식의 활용 : $a_1 : a_2 = b_1 : b_2$

$$\rightarrow a_1 b_2 = a_2 b_1 \Rightarrow \therefore a_1 = \frac{b_1 a_2}{b_2}$$

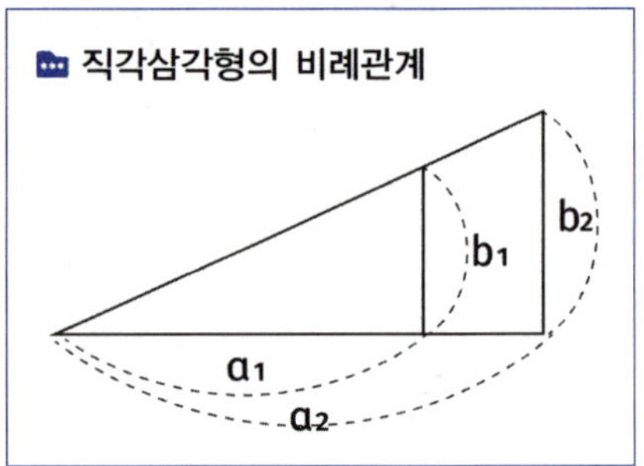

직각삼각형 삼각비의 비례관계를 이용한 비례식 계산은 RC 보의 해석에서 응력과 변형률 구하는 계산을 비롯한 많은 부분에서 활용되고 있으니 잘 익히고 자유자재로 활용할 수 있도록 하자.

③ 특수각의 삼각비

직각삼각형에서 한 예각이 30°, 45°, 60°인 경우는 많이 사용되므로 이를 특수각으로 명명해 아래 표의 값과 같이 주어진다. 특수각의 삼각비 값은 꼭 외우도록 한다.

더불어 아래와 같은 변의 길이의 비에 따른 특수변의 삼각비 관계도 많이 사용되니 기억해 두자.

㉠ (3:4:5 = 6:8:10)   ㉡ 5:12:13

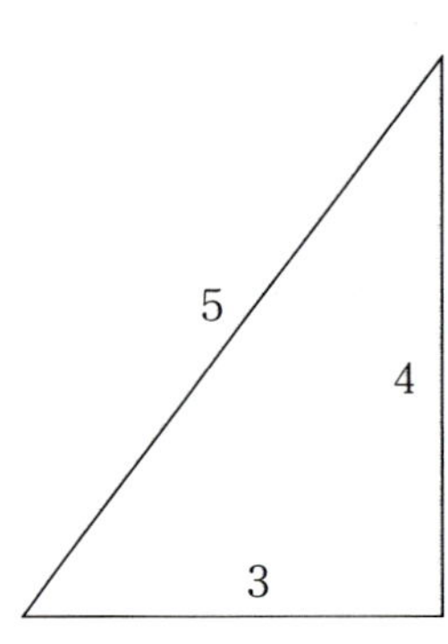

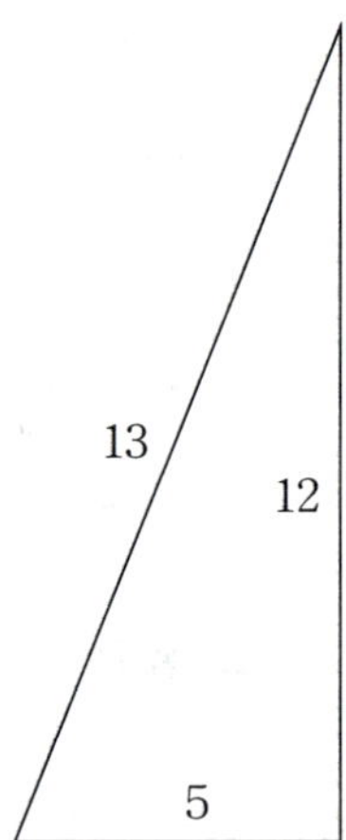

㉢ $\sin 30° = \cos 60° = \dfrac{1}{2}$

④ 삼각함수의 각변환

㉠ $\sin(180° - \theta) = \sin\theta$

예 둔각 120°의 sin값 : $\sin 120° = \sin(180° - 60°) = \sin 60° = \dfrac{\sqrt{3}}{2}$

둔각 150°의 sin값 : $\sin 150° = \sin(180° - 30°) = \sin 30° = \dfrac{1}{2}$

※ 삼각비의 관계와 각변환 정리는 역학의 힘의 평형과 힘의 합성 분해에서 종종 활용된다.

📌 특수각의 삼각비

삼각비	$\theta = 30°$	$\theta = 45°$	$\theta = 60°$
유형	30°	45°	60°
$\sin\theta$	$\sin 30° = \dfrac{1}{2}$	$\sin 45° = \dfrac{1}{\sqrt{2}}$	$\sin 60° = \dfrac{\sqrt{3}}{2}$
$\cos\theta$	$\cos 30° = \dfrac{\sqrt{3}}{2}$	$\cos 45° = \dfrac{1}{\sqrt{2}}$	$\cos 60° = \dfrac{1}{2}$
$\tan\theta$	$\tan 30° = \dfrac{1}{\sqrt{3}}$	$\tan 45° = \dfrac{1}{1} = 1$	$\tan 60° = \dfrac{\sqrt{3}}{1} = \sqrt{3}$

⑹ 피타고라스의 정리

직각삼각형에서 $(밑변)^2 + (높이)^2 = (빗변)^2$이 되는 것을 피타고라스의 정리라 한다. 피타고라스의 정리에 따라, 그림의 직각삼각형에서 다음식이 성립한다.

① $a^2 + b^2 = c^2$ $\therefore c = \sqrt{a^2 + b^2}$, $\therefore a = \sqrt{c^2 - b^2}$

② $a^2 + b^2 = c^2$ (양변 $\div c^2$) ➡ $\sin^2\theta + \cos^2\theta = 1$

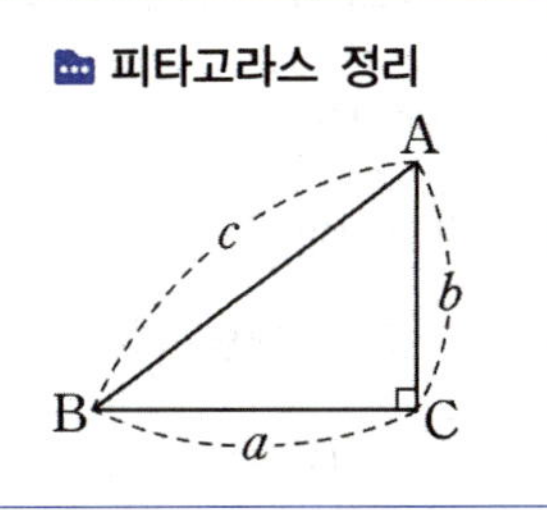

⑺ Sin 법칙

① Sin 법칙은 직각 삼각형에서 세 내각의 비와 세 변의 관계를 정한 것으로, sin 관계에 따라 다음과 같은 비례관계가 성립된다.

② $\dfrac{a}{\sin A} = \dfrac{b}{\sin B} = \dfrac{c}{\sin C}$

⑻ 직선의 기울기

① 두 점 $A(x_1, y_1)$, $B(x_2, y_2)$을 지나는 직선의 기울기(m) : $m = \dfrac{y_2 - y_1}{x_2 - x_1}$

② 기울기 $= \tan\theta = \dfrac{\Delta x}{\Delta y} = y'$

⑼ 직선의 방정식

직선의 방정식은 기울기와 더불어 휨재의 변화구간에서 강도감소계수를 구하는 식이나 강구조의 휨강도를 산정하는 식 등에서 활용하며, 직선의 방정식을 이해하면 주어진 식들을 외우는 부담에서 벗어나 편리하게 활용할 수 있다.

① 기울기(m)와 y절편(n)을 알 때: $y = mx + n$

② 기울기(m)와 한점(x_1, y_1)을 알 때: $y = m(x - x_1) + y_1$

⑽ 미분의 기본

미분과 적분의 관계식은 하중-전단력-휨모멘트 관계나 처짐곡선의 미분방정식 등에서 나타나며, 미분에 대한 기본적인 이해만으로도 역학에서 문제 해결에는 큰 지장이 없다.

① 2차 함수 $y = ax^2 + bx + c$ 의 미분: $y' = 2ax + b$

② 미분은 역학에서는 기본적으로 접선의 기울기를 나타낸다.

⑾ 적분의 기본

적분 관계식은 단면의 성질 정의에 포함되어 단면1차모멘트와 단면2차모멘트를 구하는 식에서 활용되고 하중-V-M 관계에서 어떤 위치(x)의 적분값은 0~x구간의 면적을 나타낸다. 정적분과 부정적분에 대한 기본적인 이해만으로도 역학에서 문제 해결에는 큰 지장이 없다.

① 2차 함수 $y = ax^2 + bx + c$의 정적분(구간 a~b) : $\int_a^b y\,dx = \left[\dfrac{1a}{3}x^3 + \dfrac{1b}{2}x^2 + cx \right]_a^b$

② 적분은 역학에서는 기본적으로 주어진 구간의 면적을 나타낸다.

⑿ 비율의 이해와 비례식

① A:B라고 하는 것은 기준이 되는 B에 대한 A의 비를 나타내는 것으로 $\dfrac{A}{B}$로 표시하고,

② AA비(율): 보통 기준값(전체 대상 또는 비교 대상)에 대한 AA의 비를 나타낸다.

③ 물-시멘트비: 시멘트(기준)에 대한 물의 비(중량비) = $\dfrac{W\ (물\ 중량)}{C(시멘트\ 중량)}$

④ 철근비: 전체단면적(기준)에 대한 철근 단면적의 비

⑤ 항복비(yield ratio): 인장강도(기준)에 대한 항복강도의 비

⑥ 변형률: 원래의 길이(기준)에 대한 변형된 길이의 비 = $\dfrac{변형된\ 길이\ \delta}{원래\ 길이\ l}$

⒀ 기준(표준)과 단위(unit) 값

① 단위(unit)값은 주어진 기준에 따르는 크기 1인 양(값)을 의미한다.

② 단위면적: 기준이 m이면 $1m^2$, 기준이 mm이면 $1mm^2$을 나타낸다.

콘크리트 재료에서 단위량

> ① 단위시멘트량: 콘크리트 $1m^3$ 에 들어가는 시멘트의 중량(kgf)을 말한다.
> ② 단위골재량: 콘크리트 $1m^3$ 에 들어가는 골재의 중량을 말한다.
> ③ 단위수량: 콘크리트 $1m^3$ 에 들어가는 물의 중량을 말한다.

Chapter 01

제7절 용어와 표현법의 이해

공학에서 사용하는 최댓값, 유횻값, 허용값 등은 어떤 기준치를 두고 그 기준치와 비교하여 충족 여부를 판단하는 값으로 구조설계기준에서 많이 사용되고 있다. 그리고 설계기준을 자세히 관찰하면 강도와 단면적 등 기준에서 정의되는 수많은 용어와 약어들은 일정한 규칙을 가지고 작명되고 사용되고 있는 것을 알 수 있다. 이 절에서는 이러한 규칙들을 살펴봄으로써 기준의 각종 용어나 약어들을 용이하게 기억하고 활용할 수 있도록 하였다.

(1) 최대(값), 최소(값)

공학이나 설계기준 등에서 어떤 기준치를 정해두고 이를 만족하는 최소기준을 정하는 경우에는 만족하는 여러 값 들 중에서 가장 큰 값(최댓값)을 사용하고, 반대로 최대기준을 정하는 경우에는 만족하는 여러 값 중에서 가장 작은 값(최솟값)을 사용한다.

- 기둥 띠철근의 (최대)간격 : $\leq$ min of $\{16\,d_b,\ 48\,d_{bh},\$ 기둥단면최소치수의 $1/2\}$

(2) 유효(값)

유효폭, 유효깊이 등 유효값으로 표현되는 값은 보통 전체 값보다 작은 값으로, 조건에 따라 구한 여러 값 중에 가장 작은 값을 의미한다.

- T형보의 유효폭 : $\leq$ min of $\{16t_f + b_w,\ l_n,\ L/4\ \}$

(3) 허용(값)

허용값(allowable value)으로 표현되는 값은 보통 조건을 충족하는 여러 값 중에서 최솟값을 기준으로 이 값 이하의 값을 의미한다. 예를 들어 허용 하중에 대해 두가지 조건식이 있는 경우 첫 번째 조건식에 따라 산정한 값이 100N이고, 두 번째 조건식에 따라 산정한 값이 110N이라면 허용하중은 100N이 되고 100N 이하의 값을 허용한다는 의미가 된다.

- 프리스트레스 도입 직후 긴장재의 허용 인장응력 : $\leq$ min of $\{0.74\,f_{pu},\ 0.82\,f_{py}\}$

(4) 총(값), 전(값)

총(總)값(gross) 또는 전(全)값으로 표현되는 용어는 어떤 기준을 가지고 고려하는 모든 값 또는 가장 큰 값을 의미한다. 식(문자)에서는 gross를 의미하는 하첨자 g를 붙여서 표현한다. 총단면적 (A_g)이라고 하면 부재의 전체단면적을 말한다.

- 인장재의 총단면적 : $A_g = b \times t\ (b \times h)$

(5) 순(값)

순(純)값(net)으로 표현되는 용어는 어떤 기준으로 고려하는 전체에서 기준을 충족하지 않거나 배제되어야 할 부분을 제외한 순수값을 의미한다. 식에서는 net를 의미하는 하첨자 n를 붙여서 표현한다. 예를 들어 강구조 부재에서 순단면적(A_n)이라고 하면, 전체단면적 중에서 볼트구멍 등으로 비어있는 부분을 뺀 순수한 단면적을 말한다.

- 순단면적 : $A_n = b \times t - (n \times d \times t)$

⑹ 정(값), 부(값)

정(正, positive) 값으로 표현되는 용어는 양(+)의 값을 의미하고, 반대로 부(負, negative) 값으로 표현되는 용어는 음(-)의 값을 의미한다. 예를 들어 정모멘트라고 하면 양(+)의 모멘트를 이야기 하며, 부모멘트라고 하면 음(-)의 모멘트를 나타낸다. 또한 정의 값(양)과 부의 값(양)은 서로 반 대의 의미를 가진다. 예를 들어 부분개방형 건축물에서 풍상측 개구부를 가진 건물의 실내압은 정압이고, 반대로 풍하측 개구부를 가진 건물의 실내압은 부압으로 작용한다.

⑺ 강도의 기준과 표현

우리나라 설계기준에서 채용하고 있는 강도설계법이나 한계상태설계법에서 사용하는 강도는 크게 최대강도(극한강도, ultimate strength)값과 항복강도(yield strength)값을 사용하고 있고, 각기 강도를 의미하는 F(f)뒤에 하첨자 u 또는 y를 붙여서 표현한다. 그리고 토목, 건축분야(교재 등)와 구조설계기준(KDS)에서는 일반적으로 철근콘크리트구조에서는 소문자 f 로 강도값을 표현하고, 강구조에서는 대문자 F 로 강도값을 표현한다.

① 철근의 항복강도 : f_y

② 프리스트레스 긴장재의 인장강도 : f_{pu}

③ 강재(H형강 등)의 인장강도 : F_u

④ 강재(H형강 등)의 항복강도 : F_y

⑤ 콘크리트의 설계기준강도 : f_{ck} (characteristic strength of concrete)

⑻ 공칭강도(nominal strength)

공칭강도는 어떤 부재나 구조체가 갖고 있는 보유강도(부재 크기와 재료 강도로 계산된)를 말하는 것으로 그 부재의 지지 능력에 해당하는 값이다. 공칭(nominal)에 해당하는 첨자 n을 붙여서 V_n, M_n 등으로 표현한다.

① 공칭전단강도 : $V_n = V_c + V_s$

② 공칭휨모멘트강도 : M_n

③ 기둥의 공칭축하중강도 : P_n

⑼ 단면적(area)의 표현

부재의 힘은 강도(f)와 단면적(A)의 곱으로 표현되므로, 부재에서 철근의 단면적이나 콘크리트의 단면적은 부재력의 계산에 매우 중요한 요소이다. 이러한 단면적은 면적을 표시하는 Area의 이니셜인 A에 재료, 상태 등을 나타내는 하첨자를 붙여 표현한다.

① 철근의 단면적 : $A_s \, (A_{st})$

② 콘크리트의 단면적 : A_c

③ 강재의 인장파단 전단면적 : A_{gt}

④ 강재의 전단파단 순단면적 : A_{nv}

제8절 | 문자식의 이해와 응용

문자로 주어지는 식은 대부분 등호 좌변과 우변의 관계를 나타내며, 기본적으로 우변의 분자는 좌변과 비례 관계를 분모는 반비례 관계를 나타내고 있다. 문자로 주어진 식의 각 항에 포함된 구성 문자를 분해하여 비례관계를 이해하도록 하자.

(1) 보의 휨강성 $K = \dfrac{EI}{L}$:

(기본적 이해) 보의 휨강성은 부재의 탄성계수와 단면이차모멘트(I)에 비례하고, 부재의 길이(L)에 반비례한다.

(이해의 확장) 보의 처짐을 방지하기 위한 가장 효과적인 방법은 I값을 크게 하는 것이고, I는 단면 깊이의 세제곱(h^3)에 비례하므로 부재의 단면 깊이를 크게 하는 것이다.

(2) 좌굴하중 $P_{cr} = \dfrac{\pi^2 EI}{(kL)^2}$:

(기본적 이해) 좌굴하중은 부재의 단면이차모멘트(I)에 비례하고, 부재의 길이(L^2)에 반비례한다.

(이해의 확장) 좌굴하중은 부재의 EI값에 비례하고 이중 I값은 단면 깊이의 세제곱(h^3)에 비례한다. 따라서 좌굴방지를 위하여 좌굴축방향으로 부재의 단면 깊이를 크게 하는 것이 가장 효과적이다. 또한, 유효좌굴길이 KL값에 반비례하므로 지지조건이 단순지지인 경우(1.0 L)가 캔틸레버인 경우(2.0 L)보다 크다.

(3) 부재의 단면이차모멘트 $I = \dfrac{b\,h^3}{12}$:

(기본적 이해) 부재의 단면이차모멘트(I)는 부재 단면의 너비(b)에는 단순 비례하고, 단면의 깊이 h에는 세제곱(h^3)에 비례한다.

(이해의 확장) 따라서 부재의 단면 (휨, 좌굴 저항) 성능을 향상시키기 위해서는 세제곱에 비례하는 깊이 h를 증가시키는 것이 효과적인 방법이 된다.

김현
건축구조

학습의 주안점

제2장은 건축구조설계기준(KDS)의 주요 내용들에 대해서 정리한 장으로 건축물을 설계하기 위해서 필요한 사항들을 법적인 기준으로 정해두고 이를 준수하여 설계하도록 규정하고 있다. 건축구조설계기준은 기준의 총칙과 일반사항 및 철근콘크리트구조, 강구조, 조적식구조, 목구조, 특수구조 등 각기 설계되는 구조물의 종류에 따라 관련된 구조설계기준들을 세부기준의 각 분야에서 규정하고 있다. 따라서, 각 구조별 세부적인 사항에 대해서는 RC구조 등 각 분야에서 자세히 정리하도록 하고 여기서는 총칙과 일반사항, 하중기준 등 공통적으로 적용되는 사항들만 정리하였다. 공무원 시험의 문제들이 구조설계기준의 세부 조항들을 토대로 출제되는 경우가 많으므로, 본 장에 정리한 구조설계기준의 주요 내용들을 잘 익히도록 하자.

건축구조설계기준의 구성	
건축물의 중요도	★☆☆☆☆
설계하중	★★★☆☆
지진하중과 내진설계	★★☆☆☆

CHAPTER 02

건축구조설계기준의 구성과 주요내용

제1절 건축구조설계기준(KDS)의 구성과 적용

건축구조설계 관련 기준은 건축에 한정된 건축구조기준(KDS 41)과 타 분야(토목, 환경, 농수산 등) 구조물까지 포함된 공통 기준인 구조설계기준(KDS 14)으로 구분해 볼 수 있고, 건축물에 한정된 건축구조기준은 다음 표와 같이 크게 건축구조기준과, 소규모건축구조기준 및 특수목적 건축기준으로 구분하고 있고, 건축구조기준은 일반 건축물을 설계하기 위한 일반사항과 하중기준, 내진설계기준, 콘크리트구조 설계기준, 강구조 설계기준, 목구조 설계기준 및 조적식구조 설계기준 등 구조체 각론으로 구분하여 각기 코드번호를 부여하고 있다.

📖 건축구조기준(KDS 41)의 구성

대분류	중분류	코드번호	코드명, 기타
건축구조기준	**건축구조기준**	KDS 41 00 00	**건축구조기준**
	건축구조기준 총칙	KDS 41 10 05	용어, 일반사항, 등
	건축물 설계하중	KDS 41 12 00	건축물 설계하중
	건축물 내진설계기준	KDS 41 17 00	건축물 내진설계기준
	건축물 기초구조 설계기준	KDS 41 19 00	건축물 기초구조 설계기준
	건축물 콘크리트구조 설계기준	KDS 41 20 00	건축물 콘크리트구조 설계기준
	강구조 설계기준	KDS 41 30 10	건축물 강구조, 강합성구조 등
	건축물 합성구조 설계기준	KDS 41 40 10	콘크리트합성구조, 합성목구조
	목구조 설계기준	KDS 41 50 05	목구조 일반
	조적식구조 설계기준	KDS 41 60 05	조적식구조 일반
소규모건축 구조기준	**소규모 건축 구조기준**	KDS 42 00 00	**소규모 건축 구조기준**
특수목적 건축기준	**특수목적 건축기준**	KDS 43 00 00	**특수목적 건축기준**
	대공간 건축물 기준	KDS 43 10 10	막구조 케이블구조 설계기준
	부유식 건축물 기준	KDS 43 20 00	부유식 건축물 기준

1 건축구조설계기준의 규정

건축구조설계기준은 앞에서 나타낸 바와 같이 코드번호 KDS 41, KDS 42, KDS 43 등으로 구분하여 건축구조기준과 소규모건축구조기준 및 특수목적 건축기준으로 구분하고 있으며, 건축구조기준에 따라 콘크리트구조물을 설계하기 위하여 건축물 콘크리트구조설계기준(KDS 41 20 00)의 각 조항을 준수해야 하는데, 이를 위하여 건축물 콘크리트설계기준의 각 조항으로 들어가서 확인하면 공통기준인 구조설계기준(KDS 14 20)의 관련 조항을 따르도록 규정하고 있다.

(1) 건축물 콘크리트구조설계기준(KDS 41 20)의 세부 항목

건축물 콘크리트구조설계기준(KDS 41 20 00)의 각 조항으로 들어가서 확인하면 아래 표와 같이 각기 공통기준인 구조설계기준의 콘크리트구조 설계기준(KDS 14 20) 의 각 조항을 따르도록 규정하고 있으며, 표의 각 조항에서 보는 바와 같이 대부분 공통기준을 그대로 준용하도록 하고 있으며, 일부 항에서만 변형하여 적용하도록 규정한 조항도 있다(4.3.1의 ①).

■ 건축물 콘크리트구조설계기준(KDS 41 20 **)의 각 조항

4.3 철근상세

(1) KDS 14 20 50을 따른다.

4.3.1 압축부재의 횡철근

(1) KDS 14 20 50 (4.4.2)를 따르며, KDS 14 20 50 (4.4.2(3)②)을 다음 ①로 변경한다.

① 띠철근의 수직간격은 축방향 철근지름의 16배 이하, 띠철근이나 철선지름의 48배 이하, 또한 기둥 단면의 최소치수의 1/2이하로 하여야 한다. 단, 200mm보다 좁을 필요는 없다.

4.4 휨 및 압축

(1) KDS 14 20 20을 따른다.

4.5 전단과 비틀림

(1) KDS 14 20 22를 따른다. 다만, 최소 전단철근 설계는 다음 규정을 따른다.

4.5.1 최소 전단철근

(1) KDS 14 20 22 (4.3.3) 를 따른다.

4.6 정착 및 이음

(1) KDS 14 20 52를 따른다.

4.7 프리스트레스트 콘크리트

(1) KDS 14 20 60을 따른다.

4.8 슬래브

(1) KDS 14 20 70을 따른다.

4.9 벽체

(1) KDS 14 20 72를 따른다.

4.10 기초판

(1) KDS 14 20 70을 따른다.

4.11 옹벽 및 지하외벽

(1) KDS 14 20 74를 따른다.

4.12 아치

(1) KDS 14 20 74를 따른다.

4.13 프리캐스트 콘크리트

(1) KDS 14 20 62를 따른다. 다만, KDS 14 20 62 (1.2(2)) 와 (4.3)은 제외한다.

❷ 구조설계기준(KDS 14 20 00)의 구성

공통기준인 구조설계기준(KDS 14 20)의 각 항은 다음과 같이 콘크리트구조와 강구조 편으로 나뉘어 건축, 토목, 농수산업, 환경 등의 분야에서 공통으로 활용할 수 있도록 다음과 같이 콘크리트구조, 강구조 등으로 나뉘어 각기 설계 세부항목으로 구성되어 있다.

(1) 콘크리트구조기준의 구성

📖 콘크리트구조기준(KDS 14 20)의 구성

KDS 14 20 00 콘크리트구조 설계 (강도설계법)

  KDS 14 20 01 콘크리트구조 설계(강도설계법) 일반사항

  KDS 14 20 10 콘크리트구조 해석과 설계 원칙

  KDS 14 20 20 콘크리트구조 휨 및 압축 설계기준

  KDS 14 20 22 콘크리트구조 전단 및 비틀림 설계기준

  KDS 14 20 24 콘크리트구조 스트럿-타이모델 기준

  KDS 14 20 26 콘크리트구조 피로 설계기준

  KDS 14 20 30 콘크리트구조 사용성 설계기준

  KDS 14 20 40 콘크리트구조 내구성 설계기준

  KDS 14 20 50 콘크리트구조 철근상세 설계기준

  KDS 14 20 52 콘크리트구조 정착 및 이음 설계기준

  KDS 14 20 54 콘크리트용 앵커 설계기준

  KDS 14 20 60 프리스트레스트 콘크리트구조 설계기준

  KDS 14 20 62 프리캐스트 콘크리트구조 설계기준

  KDS 14 20 64 구조용 무근콘크리트 설계기준

  KDS 14 20 66 합성콘크리트 설계기준

  KDS 14 20 70 콘크리트 슬래브와 기초판 설계기준

  KDS 14 20 72 콘크리트 벽체 설계기준

  KDS 14 20 74 기타 콘크리트구조 설계기준

  KDS 14 20 80 콘크리트 내진설계기준

  KDS 14 20 90 기존 콘크리트구조물의 안전성 평가기준

(2) 강구조기준의 구성

■ 강구조기준(KDS 14 30/ KDS14 31)의 구성

> KDS 14 30 00 강구조설계(허용응력설계법)
>
>   KDS 14 30 05 강구조설계 일반사항(허용응력설계법)
>
>   KDS 14 30 10 강구조 부재 설계기준(허용응력설계법)
>
>   KDS 14 30 20 강구조 피로 및 파단 설계기준(허용응력설계법)
>
>   KDS 14 30 25 강구조 연결 설계기준(허용응력설계법)
>
>   KDS 14 30 50 강구조 사용성 설계기준(허용응력설계법)
>
> KDS 14 31 00 강구조설계(하중저항계수설계법)
>
>   KDS 14 31 05 강구조설계 일반사항(하중저항계수설계법)
>
>   KDS 14 31 10 강구조 부재 설계기준(하중저항계수설계법)
>
>   KDS 14 31 15 강구조 골조의 안정성 설계기준(하중저항계수설계법)
>
>   KDS 14 31 20 강구조 피로 및 파단 설계기준(하중저항계수설계법)
>
>   KDS 14 31 25 강구조 연결 설계기준(하중저항계수설계법)
>
>   KDS 14 31 50 강구조 물고임 및 내화 설계기준(하중저항계수설계법)
>
>   KDS 14 31 60 강구조 내진 설계기준(하중저항계수설계법)

❸ 기준의 준수

건축물을 설계하기 위해서는 건축구조기준(KDS 41)의 각 조항을 따라야 하고, 건축구조기준의 각 종류별 구조설계 세부사항은 공통기준인 구조설계기준(KDS 14), 및 내진설계기준(KDS 17) 등의 각 조항을 따라야 하므로, 우리는 두가지 기준 모두 익숙하게 활용할 수 있도록 관련 조항을 파악하고 있어야 한다.

제2절 구조기준 총칙

❶ 용어의 정의

(1) **강도감소계수** : 재료의 공칭강도와 실제강도의 차이, 부재를 제작 또는 시공할 때 부재의 차이, 그리고 내력 해석에 관련된 불확실성을 고려하기 위한 안전계수

(2) **강도설계법** : 구조부재를 구성하는 재료의 비탄성거동을 고려하여 산정한 부재단면의 공칭강도에 강도감소계수를 곱한 설계용 강도의 값(설계강도)이 계수하중에 의한 부재력(소요강도) 이상이 되도록 구조부재를 설계하는 방법

(3) **강성** : 구조물이나 구조부재의 변형에 대한 저항능력을 말함

⑷ **건축비구조요소** : 건축구조물을 구성하는 부재중에서 구조내력을 부담하지 않는 구성요소(배기구, 부가물·장식물, 부착물, 비구조벽체, 악세스플로어(이중바닥), 유리·외주벽, 천장, 칸막이, 캐비닛, 파라펫, 표면마감재, 표지판·광고판 등을 포함)

⑸ **공칭강도** : 구조체나 구조부재의 하중에 대한 저항능력으로서, 적합한 구조역학원리나 실험결과로부터 유도된 공식과 규정된 재료강도 및 부재치수를 사용하여 계산된 값

⑹ **부구조체** : 건축구조물의 구조체에 부착하며, 구조설계단계의 골조해석에서는 하중으로만 고려하고, 시공단계에서 상세를 결정하여 시공하는 구조부재(커튼월·외장재·유리구조·창호틀·천정틀·돌붙임골조 등)

⑺ **비선형해석** : 실제 구조물에 큰 변형이 예상되거나 변형률의 변화가 큰 경우 또는 사용재료의 응력-변형률 관계가 비선형인 경우에 이를 고려하여 실제 거동에 가장 가깝게 부재력과 변위가 산출되도록 하는 해석

⑻ **사용성** : 과도한 처짐이나 불쾌한 진동, 장기변형과 균열 등에 적절히 저항하여 마감재의 손상방지, 건축구조물 본래의 모양유지, 유지관리, 입주자의 쾌적성, 사용중인 기계의 기능유지 등을 충족하는 구조물의 성능

⑼ **성능기반설계법** : 이 기준에서 규정한 목표성능을 만족하면서 건축구조물을 건축주가 선택한 성능지표(안전성능, 사용성능, 내구성능 및 친환경성능 등)에 만족하도록 설계하는 방법

⑽ **한계상태설계법** : 한계상태를 명확히 정의하여 하중 및 내력의 평가에 준해서 한계상태에 도달하지 않는 것을 확률통계적 계수를 이용하여 설정하는 설계법

② 건축물의 중요도 분류 ★★★

건축물의 중요도는 용도 및 규모에 따라 중요도(특), (1), (2) 및 (3)으로 분류한다.

⑴ **중요도(특)**

① 연면적 1,000 m² 이상인 위험물 저장 및 처리시설

② 연면적 1,000 m² 이상인 국가 또는 지방자치단체의 청사·외국공관·소방서·발전소·방송국·전신전화국, 데이터센터 (관공서)

③ 종합병원, 수술시설이나 응급시설이 있는 병원

④ 지진과 태풍 또는 다른 비상시의 긴급대피수용시설로 지정한 건축물

⑤ 중요도(특)으로 분류된 건축물의 기능 유지에 필요한 부속 건축물 및 공작물

⑵ **중요도(1)**

① 연면적 1,000 m² 미만인 위험물 저장 및 처리시설

② 연면적 1,000 m² 미만인 관공서

③ 연면적 5,000 m² 이상인 공연장·집회장·관람장·전시장·운동시설·판매시설·운수시설 (화물터미널과 집배송시설은 제외함)

④ 아동관련시설·노인복지시설·사회복지시설·근로복지시설

⑤ 5층 이상인 숙박시설·오피스텔·기숙사·아파트

⑥ 학교

⑦ 수술시설과 응급시설 모두 없는 병원, 기타 의료시설로서 중요도(특)에 해당하지 않는 건축물

(3) 중요도(2)

① 중요도(특), (1), (3)에 해당하지 않는 건축물

(4) 중요도(3)

① 소규모창고, 농업시설물, (2) 가설구조물

③ 구조설계

(1) 구조설계의 원칙

건축구조물은 안전성, 사용성, 내구성을 확보하고 친환경성을 고려하여야 한다.

① **안전성** : 건축구조물은 각종 하중에 대하여 이 기준에 따라 구조적으로 안전하도록 한다.

② **사용성** : 건축구조물은 사용에 지장이 되는 변형이나 진동이 생기지 않도록 한다.

③ **내구성** : 구조부재로서 부식, 마모의 우려가 있는 것은 이를 방지할 수 있는 재료 사용한다.

④ **친환경성** : 건축구조물은 저탄소 부재를 사용하고 친환경성의 확보를 고려한다.

(2) 구조설계법 ★★

강도설계법, 한계상태설계법, 허용응력설계법, 허용강도설계법 또는 성능기반설계법에 따른다.

① **강도설계법 또는 한계상태설계법**

강도설계법 또는 한계상태설계법에 따라 설계를 할 때에는 다음 방법에 따른다.

㉠ 구조부재는 하중 및 외력을 사용하여 산정한 부재력을 기준에 따라 하중계수를 곱하여 조합한 소요강도 중 가장 불리한 값으로 설계한다.

㉡ 구조부재의 계수하중에 따른 소요강도는 그 부재단면의 공칭강도에 강도감소계수를 곱한 설계강도를 초과하지 않도록 한다.

② **허용응력설계법 또는 허용강도설계법**

허용응력설계법 또는 허용강도설계법에 따라 설계할 때에는 다음 방법에 따른다.

㉠ 구조부재는 기준에 하중을 사용하여 산정한 부재력을 기준에 따라 조합하여 가장 불리한 값으로 설계한다.

㉡ ㉠의 설계하중 및 하중조합에 따른 구조부재의 응력 또는 부재력은 기준의 허용응력 또는 허용강도 이하가 되도록 한다.

③ **성능기반설계법**

성능기반설계법에 따라 구조부재의 설계를 할 때에는 다음 방법에 따른다.

㉠ 구조물은 적절한 수준의 신뢰성과 경제성을 확보하면서 목표하는 사용수명 동안 발생가능한 모든 하중과 환경에 대하여 요구되는 구조적 안전성능, 사용성능, 내구성능 및 친환경성능을 갖도록 설계한다.

      ⓛ 구조부재의 설계는 의도하는 성능수준에 적합한 하중조합에 근거하여야 하며, 재료 및 구조물 치수에 대한 적절한 설계 값을 선택한 후 합리적인 거동이론을 적용하여 구한 구조성능이 요구되는 한계기준을 만족한다는 것을 검증한다.

      ⓒ 구조부재, 비구조부재 및 그 연결부는 해석 또는 실험과 해석에 의하여 강도설계법에 따라 설계된 부재에서 기대되는 신뢰성 이상의 강도·강성을 보유한 것이 입증되어야 한다.

(3) 구조설계의 단계

① 구조계획

건축구조물의 구조계획에는 건축구조물의 용도, 사용재료 및 강도, 지반특성, 하중조건, 구조형식, 장래의 증축 여부, 용도변경이나 리모델링 가능성 등을 고려한다.

② 골조해석 및 부재설계

골조해석은 탄성해석을 원칙으로 하되 필요한 경우 비선형해석도 함께 수행하여 실제구조물의 거동에 가까운 부재력이 산출되도록 노력한다.

③ 구조설계서의 작성

구조설계서에는 최소한 다음의 내용을 포함하여야 한다.

      ㉠ 구조설계개요

      ⓛ 구조특기사항

      ⓒ 구조설계요약

      ⓔ 구조계산

④ 구조설계도의 작성

구조설계도는 구조평면도와 구조계산에 의하여 산정된 부재의 단면 및 접합부 상세를 표현하여 구조설계취지에 부합하도록 작성하여야 한다.

④ 구조안전의 확인

건축구조물의 안전성, 사용성, 내구성을 확보하고 친환경성을 고려하기 위해서는 설계단계에서부터 시공, 감리 및 유지·관리·단계에 이르기까지 이 기준에 적합하여야 하며, 이를 위한 각 단계별 구조적합성과 구조안전의 확인사항은 다음과 같다.

(1) 구조설계도서의 구조안전 확인

건축구조물의 구조체에 대한 구조설계도서는 책임구조기술자가 이 기준에 따라 작성하여 구조적합성과 구조안전이 확보되도록 설계하였음을 확인하여야 한다.

(2) 시공상세도서의 구조안전 확인

시공자가 작성한 시공상세도서 중 이 기준의 규정과 구조설계도서의 의도에 적합한지에 대하여 책임구조기술자로부터 구조적합성과 구조안전의 확인을 받아야 한다.

(3) 시공 중 구조안전 확인 ★

시공과정에서 구조적합성과 구조안전을 확인하기 위하여 책임구조기술자 수행 업무

① 구조물 규격에 관한 검토·확인

② 사용구조자재의 적합성 검토·확인

③ 구조재료에 대한 시험성적표 검토

④ 배근의 적정성 및 이음·정착 검토

⑤ 설계 변경에 관한 사항의 구조검토·확인

⑥ 시공 하자에 대한 구조내력검토 및 보강방안

⑦ 기타 시공과정에서 구조의 안전이나 품질에 영향을 줄 수 있는 사항에 대한 검토

(4) 유지·관리 중 구조안전 확인 ★

유지·관리 중에 이 기준에 따라 구조안전을 확인할 업무의 종류는 다음과 같다.

① 안전진단

② 리모델링을 위한 구조검토

③ 용도변경을 위한 구조검토

④ 증축을 위한 구조검토

제3절 설계하중(KDS 41 12 00)

① 용어의 정의 ★★

(1) **가스트영향계수** : 바람의 난류로 인해 발생되는 구조물의 동적 거동 성분을 나타내는 것으로 평균변위에 대한 최대변위의 비를 통계적인 값으로 나타낸 계수

(2) **강체건축구조물** : 바람과 구조물의 동적 상호작용에 의해 발생하는 부가적인 하중효과를 무시할 수 있는 안정된 건축구조물

(3) **개방형 건축구조물** : 정압을 받는 벽에 위치한 개구부 면적의 합이 그 벽면적의 80% 이상되는 건축물 또는 각 벽체가 80% 이상 개방되어 있는 건축구조물

(4) **골바람효과** : 산과 산 사이의 골짜기를 따라 평행하게 바람이 불어가면서 유선이 수평방향으로 수렴하여 풍속이 급격하게 증가하는 현상

(5) **공기력불안정진동** : 건축물 자신의 진동에 의해 발생하는 부가적인 공기력이 건축물의 감쇠력을 감소시키도록 작용함으로써 진동이 증대되거나 발산하는 현상

(6) **기본풍속** : 지표면조도구분 C인 지역의 지표면으로부터 10m 높이에서 측정한 10분간 평균풍속에 대한 재현기간 100년 기대풍속

⑺ **기준경도풍 높이**：지표면의 거칠기에 의해 발생하는 마찰력의 영향을 받지 않아 풍속이 거의 일정하게 되는 지상으로부터의 높이

⑻ **난류강도**：바람의 흐트러짐을 정량적으로 나타내기 위한 무차원량으로 변동풍속의 표준편차를 평균풍속으로 나눈 비율

⑼ **내압가스트영향계수**：건축물 개구부의 크기에 따라 내부에서 발생하는 내압의 변동 정도를 나타내는 척도로서 평균실내압에 대한 최대실내압의 비

⑽ **내압계수**：건축물 외벽의 틈새나 개구부를 통하여 공기가 건축물 내부로 유입되어 발생하는 내부압력의 정도를 나타내는 계수

⑾ **밀폐형 건축구조물**：탁월한 개구부가 없고 바람의 유통이 없도록 창호가 밀폐되어 있으며, 출입문도 강풍이 불 때에는 폐쇄장치가 있는 건축구조물로서 개구부 및 틈새의 면적이 전벽면적의 0.1% 이하인 경우

⑿ **버펫팅**：시시각각 변하는 바람의 난류성분이 물체에 닿아 물체를 풍방향으로 불규칙하게 진동시키는 현상

⒀ **와류진동**：건축물 배후면에서 좌우 상호 규칙적으로 발생하는 와류의 영향에 의해 발생하는 건축물의 진동

⒁ **외압가스트영향계수**：외압의 변동 정도를 나타내는 척도로서 평균외압에 대한 최대외압의 비

⒂ **외압계수**：건축물 외피의 임의 수압면에 가해지는 평균풍압과 기준 높이에서 속도압의 비

⒃ **유연건축구조물**：바람과 구조물의 동적 상호작용에 의하여 부가적인 하중이 발생하는 바람에 민감한 건축구조물(동적 효과가 고려된 가스트영향계수를 사용)

⒄ **유효수압면적**：풍하중을 산정하는 데 기본이 되는 유효면적으로 풍방향 직각에 대한 투영면적. 다만, 외장재의 경우에는 외장재 하중분담 표면적

⒅ **인접효과**：건축물의 일정거리 풍상측에 장애물이 있는 경우 건축물은 장애물의 영향을 받아 진동이 증가하고 이로 인하여 건축물 전체에 가해지는 풍응답이 증가하며, 외장재에 작용하는 국부풍압도 크게 증가하는 현상

⒆ **풍속고도분포계수**：지표면의 고도에 따라 기준경도풍 높이까지의 풍속의 증가분포를 지수법칙에 의해 표현했을 때의 수직방향 분포계수

⒇ **풍속변동계수**：가스트영향계수를 평가할 때 지표면의 상태에 따라 변하는 난류강도의 영향을 반영하기 위한 계수

(21) **피크외압(내압)계수**：외장재 설계용 풍하중 산정에 필요한 가스트영향계수와 외압(내압)계수를 함께 고려한 순간 최대에 상응하는 값

(22) **형상비**：건축물 높이 H를 바닥면의 평균길이 $\sqrt{BD}$ 로 나눈 비율($H/\sqrt{BD}$ 을 말하는 것으로 B는 건물폭, D는 건물 깊이)

⒀ **후류버펫팅** : 풍상측에 놓인 물체에 의해 생성된 변동기류가 풍하측 물체에 작용하여 발생하는 불규칙한 진동

② 설계하중의 종류

⑴ 건축구조물의 구조설계에 적용되는 설계하중은 다음과 같다.

① 고정하중(D)

② 활하중(L)

③ 지붕활하중(L_r)

④ 설하중(S)

⑤ 풍하중(W)

⑥ 지진하중(E)

⑦ 지하수압·토압, 입자형재료 횡압력(H)

⑧ 온도하중(T)

⑨ 유체압(F), 용기내용물하중(F 또는 H)

⑩ 홍수하중 (Fa)

⑪ 운반설비 및 부속장치 하중(M)

⑫ 강우하중(R)

⑬ 시공하중(C)

⑭ 파랑하중(Wa)

⑮ 기타 하중

③ 하중조합

⑴ 강도설계법 또는 한계상태설계법의 하중조합 ★★

- Rule 1 : 고정하중(D)은 반드시 작용한다(자중).
- Rule 2 : 극한하중은 동시에 작용하지 않는다(예, 지진과 태풍).
- Rule 3 : 수직하중과 횡하중의 조합은 작용효과를 고려하여 계수 적용(예 ㄹ와 ㅂ)

① 강도설계법 또는 한계상태설계법으로 구조물을 설계하는 경우에는 다음의 하중조합으로 소요 강도를 구하여야 한다.

$1.4(D+F)$ ㉠

$1.2(D+F+T)+1.6L+0.5(L_r$ 또는 S 또는 $R)$ ㉡

$1.2D+1.6(L_r$ 또는 S 또는 $R)+(1.0L$ 또는 $0.5W)$ ㉢

$1.2D+1.0W+1.0L+0.5(L_r$ 또는 S 또는 $R)$ ㉣

$1.2D+1.0E+1.0L+0.2S$ ㉤

$0.9D+1.0W$ ㉥

$0.9D+1.0E$ ㉦

② 주차장과 공공집회장소를 제외하고 기본등분포활하중이 5.0kN/m^2 이하인 용도에 대해서는 식(㉢), 식(㉣) 및 식(㉤)에서 활하중 L에 대한 하중계수를 0.5로 감소할 수 있다.

⑵ **고정하중(D)**

고정하중은 건축구조물 자체무게와 구조물 생애주기 중 지속적으로 작용하는 수직하중을 말한다.

(3) 활하중(L)

① 활하중은 점유·사용에 의하여 발생할 것으로 예상되는 최대의 하중이어야 한다.

② 건축구조물은 이 조항에서 규정한 등분포활하중과 집중활하중 중에서 구조부재별로 더 큰 하중효과를 발생시키는 하중에 대하여 설계하여야 한다.

4 등분포활하중 ★★★

건축구조물에 적용하는 기본등분포활하중의 용도별 최소값은 다음 표와 같다.

▣▣ 기본등분포활하중 (단위 : kN/m²)

	용 도		등분포활하중
1, 3	주택, 숙박시설	주거용 건축물의 **거실**, (숙박)**객실**	2.0
		공용실	5.0
2	병원	**병실**	2.0
		수술실, 공용실, **실험실**	3.0
4	사무실	*일반 사무실*	*2.5*
		특수용도사무실, 문서보관실	5.0
5	학교	**교실**, 일반 **실험실**	3.0
		중량물 실험실	5.0
6	판매장	상점, 백화점 (**1층**)	5.0
		상점, 백화점 (2층 이상)	4.0
		창고형 매장	6.0
8	체육시설	체육관바닥, 옥외경기장, 스탠드(이동 좌석)	5.0
		스탠드 (**고정** 좌석)	4.0
9	도서관	열람실	3.0
		서고	7.5
10	주차장 및 옥외 차도	총중량 30kN 이하의 차량(옥내 / **옥외**)	3.0 / 5.0
		옥외 차도와 차도양측 보도	12.0
11, 12	창고, 공장	**경량품 저장창고, 경공업 공장**	6.0
		중량품 저장창고, 중공업 공장	12.0
17	복도 및 로비	**1층** 복도, 로비	5.0
		1층 외의 모든 층 복도	4.0

⑤ 집중활하중

구조물의 용도별로 적용하는 활하중으로서 집중활하중의 최소값은 다음 표와 같다.

📛 기본집중활하중(kN)

		용 도	집중 하중	하중접촉면(m×m)
1	**병원**	병실, 수술실, 공용실, 실험실, 로비와 모든 복도	10.0	0.75×0.75
2	**사무실**	모든 사무실, 문서보관실, 로비와 모든 복도	10.0	0.75×0.75
3	**학교**	교실, 실험실, 로비와 모든 복도	5.0	0.75×0.75
4	**상점**	상점, 백화점, 창고형 매장	5.0	0.75×0.75
5	**도서관**	열람실, 서고, 로비와 모든 복도	5.0	0.75×0.75
6	주차장 및 옥외 차도	총중량 30kN 이하의 차량	15.0	0.12×0.12
		총중량 30kN 초과 90kN 이하의 차량	36.0	0.12×0.12
		총중량 90kN 초과 180kN 이하의 차량	54.0	0.25×0.60
		옥외 차도와 차도 양측의 보도	54.0	0.25×0.60
7	공장	경공업 공장	10.0	0.75×0.75
		중공업 공장	15.0	0.75×0.75

⑥ 활하중의 저감 ★★★

(1) 저감계수

지붕활하중을 제외한 등분포활하중은 부재의 영향면적이 36m^2 이상인 경우 위 표의 기본등분포활하중에 다음의 활하중저감계수 C를 곱하여 저감할 수 있다.

$$C = 0.3 + \frac{4.2}{\sqrt{A}}$$

여기서, C : 활하중저감계수

$\quad\quad A$: 영향면적(단, $A \geq 36\text{m}^2$)

(2) 영향면적

영향면적은 기둥 및 기초에서는 부하면적의 4배, 보 또는 벽체에서는 부하면적의 2배, 슬래브에서는 부하면적을 적용한다. 단, 부하면적 중 캔틸레버 부분은 (4배 또는 2배를) 적용하지 않고 영향면적에 단순 합산한다.

(3) 제한사항

① 1개 층을 지지하는 부재의 저감계수 C는 0.5 이상, 2개 층 이상을 지지하는 부재의 저감계수 C는 0.4 이상으로 한다.

② $5\,\text{kN/m}^2$를 초과하는 활하중은 저감할 수 없으나 2개 층 이상을 지지하는 부재의 저감계수 C는 0.8까지 적용할 수 있다.

③ 활하중 $5\,\text{kN/m}^2$ 이하의 공중집회 용도에 대해서는 활하중을 저감할 수 없다.

④ 승용차 전용 주차장의 활하중은 저감할 수 없으나 2개 층 이상을 지지하는 부재의 저감계수 C는 0.8까지 적용할 수 있다.

⑤ 1방향 슬래브의 영향면적은 슬래브 경간에 슬래브 폭을 곱하여 산정한다. 이때 슬래브 폭은 슬래브 경간의 1.5배 이하로 한다.

⑦ 유사활하중

(I) 손스침 하중

지붕, 발코니, 계단 등의 난간 손스침 부분에 대해서는 0.9 kN의 집중하중 또는 2세대 이하의 주거용 구조물일 때 0.4 kN/m, 기타의 구조물일 때 0.8 kN/m의 등분포하중을 임의의 방향으로 고려하여야 한다.

(2) 내벽 횡하중

건축물 내부에 설치되는 높이 1.8 m 이상의 각종 내벽은 벽면에 직각 방향으로 작용하는 0.25 kN/m² 이상의 등분포하중에 대하여 안전하도록 설계한다.

(3) 고정사다리 하중

가로대를 가진 고정사다리의 활하중은 최소한 1.5 kN의 집중하중을 각 부재에 가장 큰 하중효과를 일으키는 위치에 적용하여야 하며 3 m 높이마다 하나 이상이 작용하도록 하여야 한다.

⑧ 시공하중

시공하중은 구조물 시공시 구조체에 부하되는 하중으로서 작업자 하중, 차량이동하중, 장비하중, 건축자재 야적하중, 임시시설하중, 수평 시공하중, 세우기 공정에 의한 추가 하중 등 시공과정에서 구조체에 영향을 끼치는 제반 하중이다.

(I) 시공 고정하중

완전히 경화되지 않은 콘크리트와 같이 하중을 지지할 수 없는 건축구조물 자체 무게와 구조물의 시공 중 지속적으로 작용하는 거푸집 무게 등의 수직하중을 말한다. 철근콘크리트의 단위 중량은 보통 콘크리트 24 kN/m², 거푸집의 무게는 최소 0.4 kN/m² 이상을 적용한다.

(2) 시공 작업하중

① 가설구조물의 안전성 설계에 사용되는 작업하중의 최소값은 다음 표와 같다.

🔖 가설구조물 설계용 작업하중 (단위 : kN/m²)

	구　분		등분포 작업하중
1	작업자 하중, 경량의 장비하중, 기타 작업에 필요한 자재 및 공구, 그리고 이들의 충격하중	슬래브 두께가 0.5m 미만	2.5
		슬래브 두께가 0.5m 이상 1.0m 미만	3.5
		슬래브 두께가 1.0m 이상	5.0
2	전동식 카트 장비(motorized carts)		3.75

② 시공 중인 건축구조물의 안전성 설계에 사용되는 작업하중의 최소값은 다음 표와 같다.

시공 중인 건축구조물 설계용 작업하중

구 분			활하중
1	작업자 하중	집중하중	1.11 kN
		분포하중	1.0 kN/m²
2	적재 자재 하중	집중하중	100 kN
		분포하중	0.2 kN/m²
3	경량 장비하중	집중하중	2.22 kN
		분포하중	0.5 kN/m²

③ 영향면적이 36m² 이상인 경우 "활하중의 저감"에 따라 작업하중을 저감시킬 수 있다.

⑶ 가설구조물의 안전성 설계

시공고정하중과 작업하중을 합한 연직하중은 슬래브 두께에 관계없이 최소 5.0kN/m², 전동식 카트를 사용할 경우에는 최소 6.25kN/m² 이상으로 한다.

(단, 가설구조물이 전체 경간에 걸쳐 단일 부재로 거동하고, 일부 영역 집중 하중이 하중재분배효과로 넓게 분산됨을 실험 또는 해석으로 입증하면 최대 1kN/m²를 줄일 수 있다

⑷ 시공하중의 수평방향력

풍하중 외에 시공 중 충격 또는 시공오차 등에 의한 최소의 수평방향력을 고려하여야 하며, 다음 중 최대값을 불리한 조건의 방향과 그 직각방향에 대하여 각각 적용한다.

① 운송장비가 1대인 경우 운송장비 무게의 20%, 2대 이상의 운송장비가 사용되는 경우 총 운송장비 무게의 10%

② 장비의 반력으로 산정되는 수평하중

③ 작업자 1인당 0.22kN으로 고려된 총 작업자에 의한 수평방향력

④ 총 수직하중의 2%

⑤ 동바리 상단의 수평방향 단위 길이당 1.5kN

⑥ 철골 세우기 작업의 경우 1.33kN

제4절 | 설하중(snow load)

① 설하중 일반

(1) 지붕에 작용하는 설하중의 영향이 기준의 등분포활하중 및 유사활하중에 규정된 지붕의 최소 활하중보다 클 때에는 이 조항에서 규정한 설하중을 적용한다.

(2) 설계용 지붕설하중은 기본지상설하중을 기준으로 하여 기본지붕설하중계수, 노출계수, 온도계수, 중요도계수 및 지붕의 형상계수와 기타 재하분포상태 등을 고려하여 산정한다.

(3) 기본지상설하중은 재현기간 100년에 대한 수직 최심적설깊이를 기준으로 한다. 다만, 구조물의 용도 등에 따라 재현기간 100년을 적용하지 않을 때는 소요 재현기간에 맞추어 환산한 지상설하중 값을 사용할 수 있다.

② 지상설하중

(1) 지상설하중의 적용조건

① 특정지역에 대한 지상설하중은 실제의 조사·연구에 의한 수직최심적설깊이 및 눈의 평균 중량 등을 고려하여 산정할 수 있다.

② 최소 지상설하중은 $0.5 \ kN/m^2$로 한다.

③ 평지붕설하중

평지붕설하중 S_f은 다음 식에 따라 산정한다.

$$S_f = C_b \cdot C_e \cdot C_t \cdot I_s \cdot S_g \ \ (kN/m^2)$$

(1) **기본지붕설하중계수 C_b**

기본지붕설하중계수 C_b는 일반적으로 0.7로 한다.

(2) **노출계수 C_e**

노출계수 C_e는 일반적으로 다음 표에 따른다.

노출계수 C_e

지역 구분	C_e
A. 모든 면의 주변이 바람막이가 없이 노출된 지붕이고, 거센바람이 부는 지역	0.8
B. 약간의 바람막이가 있고 거센 바람이 부는 지역	0.9
C. 주변환경에 의해 바람에 의한 설하중의 감소를 기대할 수 없는 위치	1.0
D. 바람의 영향이 많지 않은 지역 및 주변환경에 의하여 지붕에 바람막이가 있는 지역	1.1
E. 바람의 영향이 거의 없는 조밀한 숲 지역으로서, 촘촘한 침엽수 사이에 위치한 지붕	1.2

(3) 온도계수 C_t

온도계수 C_t 는 일반적으로 난방상태에 따라 다음 표와 같다.

온도계수 C_t

난방 상태	난방구조물(설하중 제어구조)	비난방구조물(설하중 비제어구조)
C_t	1.0	1.2

(4) 중요도계수 I_s

중요도계수 I_s 는 기준(KDS 41 10 05)에서 정의한 중요도 등급별로 다음 표에 따른다.

중요도계수 I_s

중요도	특	1	2	3
중요도계수 I_s	1.2	1.1	1.0	0.8

4 경사지붕설하중

경사지붕설하중 S_s 은 위에서 규정된 평지붕설하중에 지붕경사도계수 C_s 를 곱한 다음 식에 따라 산정한다.

$$S_s = C_s \cdot S_f \ \ (\text{kN/m}^2)$$

제5절 풍하중(wind load)

1 풍하중 종류 및 적용

(1) 풍하중은 주골조설계용 수평풍하중·지붕풍하중과 외장재설계용 풍하중으로 구분한다.

(2) 주골조설계용 수평풍하중은 풍방향풍하중, 풍직각방향풍하중, 비틀림풍하중으로 구분한다.

(3) 설계풍속은 기본풍속에 풍향계수, 풍속고도분포계수, 지형계수 및 건축구조물의 중요도 분류에 따라 정한 중요도계수를 곱하여 산정한다.

(4) **강도설계법 설계하중 조합시 풍하중계수 :** 1.0

(5) 풍하중은 10분간 평균풍속의 재현기간 500년에 대한 값을 기본으로 산정한다. 이 값은 강도설계의 극한값에 해당한다. 따라서 강도설계의 하중조합에서 풍하중계수는 1.0이다.

2 특별풍하중(풍동실험으로 풍하중 산정하는 경우)

다음의 (1)~(6) 중 하나의 조건에 해당하는 경우에는 바람으로 인하여 건축구조물에 발생하는 특수한 영향들을 고려하기 위해 풍동실험에 따라 주골조설계용 풍하중과 외장재설계용 풍하중을 산정하여야 한다.

기본적으로 주골조설계용 풍하중은 풍력실험 결과를 이용하여 산정하고, 외장재설계용 풍하중은 풍압실험 결과를 이용하여 산정한다.

(1) 풍진동의 영향을 고려해야 할 건축구조물

형상비 $H/\sqrt{A_f}$ 가 크고 유연한 건축구조물일 경우에는 풍직각방향진동, 비틀림진동, 와류진동, 공기력불안정진동 등과 같은 특이한 진동이 발생하므로 풍진동의 영향을 검토해야 한다.

(2) 특수한 지붕골조

장경간의 현수, 사장, 막 지붕 등 경량이며 면외강성이 낮아 공기력불안정진동이 우려되는 지붕골조의 경우에는 풍동실험 중 풍압실험을 실시하여 주골조설계용 지붕풍하중 및 외장재설계용 풍하중을 산정하여야 한다.

(3) 골바람효과가 발생하는 건설지점

국지적인 지형 및 지물의 영향으로 골바람효과가 발생하는 곳에 건축구조물이 위치하는 경우에는 풍동실험에 의해 풍속할증의 정도를 평가하여 주골조설계용 및 외장재설계용 풍하중을 산정할 때 반영하여야 한다.

(4) 인접효과가 우려되는 신축건축구조물

아래의 조건에 모두 해당하는 신축건축구조물은 (풍동실험)을 실시하여 주골조설계용 풍하중 및 외장재설계용 풍하중을 산정하여야 한다.

① 신축건축구조물들이 나란하게 또는 집단으로 배치된 경우

② 형상비가 3 이상인 경우

③ 신축건축구조물이 풍상측 장애물 폭의 10배 이내의 거리에 위치한 경우

(5) 외장재의 파손에 주의해야 할 건축구조물

아래의 각 조건에 해당하는 건축구조물은 풍동실험 중 풍압실험을 실시하여 외장재설계용 풍하중을 산정하여야 한다.

① 기본풍속이 34 m/s를 초과하는 지역 또는 해안가로부터 3 km 이내에 위치하는 지역에 위치한 건축구조물 가운데 중요도(특), 중요도(I)의 건축구조물로 외장재설계용 피크외압계수를 적용할 수 없는 경우

② 형상비 $H/\sqrt{BD}$ 가 3 이상이고 외장재가 설치된 건축구조물로 외장재설계용 피크외압계수를 적용할 수 없는 경우

(6) 특수한 형상의 건축구조물

풍력계수를 추정하기 어려운 특수한 형상의 건축구조물, 국부풍압이 커질 것으로 예측되는 복잡한 형상을 가진 건축구조물, 특수한 외장재를 설치한 건축구조물 등으로 이 기준을 적용할 수 없는 경우에는 기준에 따라 풍동실험을 실시하여 풍하중을 산정하여야 한다.

❸ 풍속고도분포계수

풍속고도분포계수 K_{zr} 은 아래 표에서 정한 건설지의 지표면조도구분에 상응하여 정한다.

지표면조도구분을 판단하기 위한 주변지역의 범위는 건설지점으로부터 건축구조물의 기준높이 H의 40배와 3km 가운데 작은 값으로 하고, 지표면조도구분은 건설지점의 풍상측 45도의 범위 내에 있는 지표면 상태를 다음과 같이 세 종류로 구분하여 아래 표에 따라 정한다.

(1) 풍상측 지표면에 급격한 상태의 변화가 없는 경우에는 45° 범위 내의 평균적인 상태를 그 풍향에 대한 지표면조도로 한다.

(2) 풍상측 지표면이 평탄한 상태에서 거친 상태로 급변하는 경우 또는 반대로 거친 상태에서 평탄한 상태로 변하는 경우에는 중간상태의 지표면조도를 고려한다.

📖 지표면조도구분

지표면조도구분	주변지역의 지표면 상태
A	대도시 중심부에서 고층건축구조물(10층 이상)이 밀집해 있는 지역
B	• 수목·높이 3.5 m 정도의 주택과 같은 건축구조물이 밀집해 있는 지역 • 중층건물(4~9층)이 산재해 있는 지역
C	• 높이 1.5~10 m 정도의 장애물이 산재해 있는 지역 • 수목·저층건축구조물이 산재해 있는 지역
D	• 장애물이 거의 없고, 주변 장애물의 평균높이가 1.5 m 이하인 지역 • 해안, 초원, 비행장

❹ 빌딩풍에 대한 풍환경의 검토

(1) 아래 조건 해당하는 건축구조물을 신축할 경우에는 빌딩풍에 의한 영향을 검토해야 한다.

　① 50층 이상 또는 200m 이상인 신축건축구조물을 건설할 경우

　② 16층 이상이면서 연면적이 10만 제곱미터 이상일 경우

(2) 풍환경 평가는 풍동실험 중 풍환경실험을 실시하여 수행하고, 신축 건축구조물 장변 폭의 3배 이내에 속하는 주변의 인도 및 사람이 이용하는 외부공간을 대상으로 한다.

❺ 풍동실험

(1) 풍동실험 종류 및 실험조건

　① 풍동실험의 종류에는 풍력실험, 풍압실험, 공기력진동실험 및 풍환경실험이 있다.

　　㉠ 풍력실험은 주골조설계용 풍응답 및 풍하중을 평가할 경우

　　㉡ 풍압실험은 외장재설계용 풍하중 또는 주골조설계용 풍응답과 풍하중을 평가할 경우

　　㉢ 공기력진동실험은 주골조의 풍진동으로 인한 부가적인 공기력의 효과를 반영한 풍응답과 풍하중을 평가할 경우

ⓔ 풍환경실험은 신축 건축구조물의 건설로 인하여 발생하는 빌딩풍에 의한 풍환경의 악화 상태를 평가할 경우

② 풍동실험을 수행할 때는 다음 조건을 만족하여야 한다.
  ㉠ 풍동 내의 평균풍속의 고도분포, 난류강도분포 및 변동풍속의 특성은 건축 현지의 자연대기경계층 조건에 적합하도록 재현하여야 한다.
  ㉡ 대상건축구조물을 포함하여 주변의 건축구조물 및 지형조건을 건축 현지조건에 적합하도록 재현하여야 한다.
  ㉢ 실험풍향은 11.25도 이하의 등간격으로 최소 32개 풍향 이상이 되도록 하여야 한다.
  ㉣ 풍동 내의 압력 분포는 일정하도록 하여야 한다.

③ 풍환경실험은 신축 건축구조물의 건설로 인하여 발생하는 빌딩풍에 의한 풍환경 영향을 평가하기 위하여 실시하며 다음 조건을 만족해야 한다.
  ㉠ 주변 건축구조물 및 시가지역의 재현범위는 신축 건축구조물 높이의 2.5배로 한다.
  ㉡ 풍환경 평가를 위한 풍속은 보행자 높이를 기준으로 하고, 신축 건축구조물의 건설 전과 건설 후에 발생하는 풍속비율을 사용한다.

제6절 ┃ 지진하중과 내진설계

1 용어의 정의

① **건물골조방식** : 수직하중은 입체골조가 저항하고, 지진하중은 전단벽/가새골조가 저항하는 구조방식

② **기반암** : 연암층, 퇴적층 또는 토층 아래에 위치하는 전단파속도가 760m/s 이상인 단단한 암석층

③ **중간모멘트골조** : 연성모멘트골조의 일종으로서 중연성도의 연성능력을 가지도록 설계된 모멘트골조

④ **특수모멘트골조** : 연성모멘트골조의 일종으로서 고연성도의 연성능력을 가지도록 설계된 모멘트골조

⑤ **수집재** : 구조물 일부분에서 지진력저항시스템의 수직요소로 횡력을 전달하기 위해 설치된 부재나 요소

⑥ **유연한 격막** : 격막의 횡변위가 그 층에서 평균 층간변위의 두 배를 초과하는 격막

⑦ **유효강성** : 면진시스템의 수평력을 그에 상응하는 수평변위로 나눈 값

⑧ **이중골조방식** : 지진력의 25% 이상을 부담하는 연성모멘트골조가 전단벽, 가새골조와 조합된 구조방식

② 내진설계의 개요

(1) 건축물의 일반적 내진설계 절차

① 내진등급, 성능목표의 결정, ② 내진구조계획, ③ 지진력저항시스템 결정, ④ 지진하중의 산정, ⑤ 구조해석, ⑥ 해석결과의 분석, ⑦ 부재에 대한 강도설계, ⑧ 구조상세(부재, 연결부) 설계, ⑨ 비선형 해석에 대한 결과 검증 (필요시), ⑩ 비구조요소에 대한 설계

(2) 건축물의 내진등급과 중요도계수

건축물의 중요도에 따른 내진등급과 중요도계수는 옆의 표와 같으며,

2개 이상 건물에 공유 부분 또는 하나의 구조물이 2개 이상 용도로 사용되는 경우에는 가장 높은 중요도를 적용한다.

📖 내진등급과 중요도계수

건축물의 중요도[1]	내진등급	내진설계 중요도계수(I_E)
중요도(특)	특	1.5
중요도(1)	I	1.2
중요도(2), (3)	II	1.0

1) 기준(KDS 41 10 05)에 따름.

(3) 지진위험도

① 최대고려지진은 내진설계시 고려하는 가장 큰 지진으로 국가지진위험지도의 2400년 재현주기에 해당한다.

② 기본설계지진은 스펙트럼가속도가 최대고려지진에 의한 값의 2/3 수준에 해당하는 지진

(4) 성능목표

① 건축물의 성능수준은 기능수행, 즉시복구, 인명보호, 붕괴방지로 구분한다.

② 내진안전성을 위하여 내진설계에서 고려되어야 하는 내진등급별 최소성능목표는 아래 표와 같다.

📖 건축물의 내진등급별 최소성능목표

내진등급	성능목표		설계지진
	재현주기	성능수준	
특	2400년	**인명보호**	**기본설계지진×중요도계수(I_E)**
	1000년	기능수행	–
I	2400년	붕괴방지	–
	1400년	**인명보호**	**기본설계지진×중요도계수(I_E)**
II	2400년	붕괴방지	
	1000년	**인명보호**	**기본설계지진×중요도계수(I_E)**

(5) 지진구역 및 지진구역계수(Z)

유효지반가속도(S)는 지진구역계수(Z)에 기준 2400년 재현주기 해당 위험도계수(I) 2.0을 곱한 값으로 하거나, 국가지진위험지도로부터 구할 수 있다(단, 지도이용시 위에서 구한 S값의 80% 이상).

③ 지반조건

(1) 지반 조건

① 기반암깊이가 3m 미만인 경우 S_1 지반으로 볼 수 있다.

② 기반암위치가 기준면~30m 초과하는 경우 상부 30m 평균전단파속도를 토층 평균전단파속도로 적용한다.

③ 지반조사 : 대규모, 경사지 건물, 불균일 지반에서 지반조사는 최소 3곳 이상 수행한다.

④ 내진설계범주

(1) 내진설계범주의 결정

모든 구조물은 앞에서 결정된 내진등급과 설계스펙트럼가속도 S_{DS} 및 S_{D1}을 사용하여, 아래 2개의 표로부터 내진설계범주를 결정한다. 표에 따라 결정한 내진설계범주가 다를 경우에는 높은 내진설계범주로 분류한다.

▥ 단주기 설계스펙트럼가속도에 따른 내진설계범주

S_{DS}의 값	내진등급		
	특	I	II
$0.50 \leq S_{DS}$	D	D	D
$0.33 \leq S_{DS} < 0.50$	D	C	C
$0.17 \leq S_{DS} < 0.33$	C	B	B
$S_{DS} < 0.17$	A	A	A

▥ 주기 1초 설계스펙트럼가속도에 따른 내진설계범주

S_{D1}의 값	내진등급		
	특	I	II
$0.20 \leq S_{D1}$	D	D	D
$0.14 \leq S_{D1} < 0.20$	D	C	C
$0.07 \leq S_{D1} < 0.14$	C	B	B
$S_{D1} < 0.07$	A	A	A

⑤ 건물의 비정형성

- 모든 구조물은 이 조항에 따라 평면 비정형 및 수직 비정형의 유형을 구분한다.
- 평면 비정형성 표에 나열된 특징 중 하나 이상에 해당되는 건물은 평면 비정형으로 정의한다.
- 수직 비정형성 표에 나열된 특징 중 하나 이상에 해당되는 건물은 수직 비정형으로 정의한다.

(1) 평면 비정형성

▥ 평면 비정형성의 유형과 정의

유형 번호	유형	정 의	적용내진 설계범주
H-1	비틀림 비정형	격막이 유연하지 않을 때 고려함.	C, D
		어떤 축에 직교하는 구조물의 한 단부에서 우발편심을 고려한 최대 층변위가 그 구조물 양단부 층변위 평균값의 1.2배보다 클 때	D
			C, D
H-2	요철형 평면	돌출 부분 치수가 해당하는 방향의 평면치수의 15%를 초과하는 경우	−
H-3	격막의 불연속	격막에서 잘리거나 뚫린부분이 전체 격막 면적의 50%를 초과하거나 또는 인접한 층간 격막 강성의 변화가 50%를 초과하는 경우	−
H-4	면외 어긋남	수직부재 면외 어긋남 같이 하중전달경로로 불연속성이 존재하는 경우	B, C, D
H-5	비평행 시스템	횡력저항 수직 요소가 전체 횡력저항 시스템에 직교하는 주축에 평행하지 않은 경우	C
			D

(2) 수직 비정형성

▪▪ 수직 비정형성의 유형과 정의

유형 번호	유형	정 의	내진설계 범주
V-1	강성비정형 - 연층	어떤 층의 횡강성이 인접한 상부층 횡강성의 70% 미만이거나 상부 3개 층 평균강성의 80% 미만인 **연층**이 존재하는 경우	D
V-2	중량비정형	어떤 층의 유효중량이 인접층 유효중량의 150%를 초과할 때 (단, 지붕층이 하부층보다 가벼운 경우는 적용하지 않음)	D
V-3	기하학적 비정형	횡력저항 시스템의 수평치수가 인접층치수의 130%를 초과할 경우	D
V-4	횡력저항수직 요소 비정형	횡력저항요소의 면내 어긋남이 그 요소의 길이보다 크거나 인접한 하 부층 저항요소에 강성감소가 일어나는 경우	B, C, D
V-5	강도불연속 - 약층	임의 층의 횡강도가 직상층 횡강도의 80% 미만인 **약층**이 존재하는 경우	B, C, D

❻ 지진력저항시스템

(1) 지진력저항시스템의 정의

① 내력벽시스템

내력벽시스템은 수직하중과 함께 횡하중을 벽체가 지지하는 지진력저항시스템으로, 벽체는
지진하중에 대하여 충분한 면내 횡강성과 횡강도를 발휘해야 한다.

② 모멘트저항골조 시스템

모멘트저항골조시스템은 수직하중과 횡하중을 보와 기둥으로 구성된 모멘트골조가 저항하는
지진력저항시스템이다.

③ 건물골조시스템

건물골조시스템은 수직하중은 보, 슬래브, 기둥으로 구성된 골조가 저항하고, 지진하중은 전단
벽이나 가새골조등이 저항하는 시스템이다.

④ 특수모멘트골조 혹은 중간모멘트골조를 가진 이중골조시스템

이중골조시스템에서 모멘트골조는 설계지진력(밑면전단력)의 25%를 저항할 수 있어야 한다.

▪▪ 지진력저항시스템별 설계계수

기본 지진력저항시스템	설계계수		
	반응수정계수 R	시스템초과 강도계수 Ω_0	변위증폭계수 C_d
1. **내력벽**　1-a. 철근콘크리트 특수전단벽	5	2.5	5
1-b. **철근콘크리트 보통전단벽**	4	2.5	4
1-c. 철근보강 조적 전단벽	2.5	2.5	1.5

2.**건물골조** 2-a. 철골 편심가새골조(타단 모멘트접합)	8	2	4
2-c. 철골 특수중심가새골조	6	2	5
2-d. 철골 보통중심가새골조	3.25	2	3.25
2-n. 철근콘크리트 특수전단벽	6	2.5	5
2-o. 철근콘크리트 보통전단벽	5	2.5	4.5
2-p. 철근보강 조적 전단벽	3	2.5	2
3. **모멘트골조** 3-a. 철골 특수모멘트골조	8	3	5.5
3-b. **철골 중간모멘트골조**	4.5	3	4
3-c. 철골 보통모멘트골조	3.5	3	3
3-h. 철근콘크리트 특수모멘트골조	8	3	5.5
3-i. **철근콘크리트 중간모멘트골조**	5	3	4.5
3-j. 철근콘크리트 보통모멘트골조	3	3	2.5
4. **특수모멘트골조** 4-a. 철골 편심가새골조	8	2.5	4
4-b. 철골 특수중심가새골조	7	2.5	5.5
4-j. 철근콘크리트 특수전단벽	7	2.5	5.5
4-k. 철근콘크리트 보통전단벽	6	2.5	5
5. **중간모멘트골조** 5-a. 철골 특수중심가새골조	6	2.5	5
5-b. 철근콘크리트 특수전단벽	6.5	2.5	5
5-c. 철근콘크리트 보통전단벽	5.5	2.5	4.5
7. 철근콘크리트 보통 전단벽-골조 상호작용 시스템	4.5	2.5	4
10. **지하외벽으로 둘러싸인 지하구조시스템**	3	3	2.5

❼ 지진하중의 계산 및 구조해석

(1) 해석법의 적용

내진설계범주에 따라 다음과 같은 구조해석방법을 적용한다.

① 내진설계범주 'A'와 'B'에 해당하는 구조물의 해석은 기준의 등가정적해석법에 의해 설계

② 내진설계범주 'C'에 해당하는 구조물의 해석은 등가정적해석법에 의하여 설계 가능

　단, C범주에서 다음 중 하나에 해당하는 경우에는 동적해석법을 사용해야 함.

　　㉠ 높이 70m 이상 또는 21층 이상 정형구조물

　　㉡ 높이 20m 이상 또는 6층 이상 비정형구조물

③ 내진설계범주 'D' 해당구조물은 아래 표에 지정 해석방법 또는 그보다 정밀한 해석방법을 사용하여야 한다.

📖 내진설계범주 'D'에 대한 해석법

구조물 형태	내진설계를 위한 해석방법
1. 3층 이하 경량골조구조와 2층 이하 기타 구조로서 내진등급 Ⅱ의 구조물	등가정적해석법 또는 동적해석법
2. 상기 1항 이외의 높이 70m 미만의 정형구조물	〃
3. 일부 비정형성을 가지면서 높이가 5층 또는 20m를 초과하지 않는 구조물	〃
4. **평면 또는 수직 비정형성을 갖는 기타 구조물 또는 높이가 70m를 초과하는 정형구조물**	**동적해석법**

(2) 등가정적해석법

① 밑면전단력: V 는 다음 식 ㉠에 따라 구한다.

$$V = C_s\, W \qquad \cdots ㉠$$

여기서, C_s : 식 ㉡에 따라 산정한 지진응답계수

W : 고정하중 + 부가(별도) 하중을 포함한 유효 건물 중량

② 지진응답계수: C_s 는 식 ㉡에 따라 구한다.

$$C_s = \frac{S_{DS}\, I_E}{R} \leq \frac{S_{D1}\, I_E}{R\,T} \qquad \cdots ㉡$$

③ 고유주기 산정법

구조물의 고유주기는 아래의 약산법에 따라 산정하거나 구조적 특성을 고려한 수치해석적 방법으로 구할 수 있다. 다만, 수치해석적 방법에 의하여 산정한 고유주기는 약산식에 따라 구한 고유주기 T_a 에 다음 표의 주기상한계수 C_u 를 곱한 값을 초과할 수 없다.

④ 고유주기의 약산법

근사고유주기 T_a(초)는 다음 식에 따라 구한다.

$$T_a = C_t\, h_n^x$$

여기서, $C_t = 0.0466,\ x = 0.9$: RC 모멘트골조

$\quad\quad\quad C_t = 0.0724,\ x = 0.8$: 철골모멘트 골조

$\quad\quad\quad C_t = 0.0731,\ x = 0.75$: 철골 편심/좌굴방지 가새골조

$\quad\quad\quad C_t = 0.0488,\ x = 0.75$: RC 전단벽구조, 기타골조

$\quad\quad\quad h_n$: 건축물의 밑면~최상층까지의 전체높이(m)

📖 주기상한계수, C_u

S_{D1}	C_u
0.4 이상	1.4
0.3	1.4
0.2	1.5
0.15	1.6
0.1 이하	1.7

※ S_{D1} 중간값은 C_u 직선보간한다.

철근콘크리트와 철골 모멘트저항골조에서 12층을 넘지 않고 층의 최소높이가 3m 이상일 때 근사고유주기 T_a 는 아래 식에 의하여 구할 수 있다.

$$T_a = 0.1N \qquad 여기서,\ N : 층수$$

(3) 동적해석법

동적해석을 수행하는 경우 다음 중 한 가지 방법을 선택, 세부 절차는 이 조항의 규정에 따른다.

① 응답스펙트럼해석법, ② 선형시간이력해석법, ③ 비선형시간이력해석법

8 하중조합 및 설계 요구사항

(1) 특별지진하중

필로티 같이 불안정성 붕괴를 야기하거나 지진하중 흐름을 급변시키는 부재설계는 다음의 특별
지진하중(E_m)을 사용한다.

$$E_m = \Omega_0 E \pm 0.2 S_{DS} D$$

여기서, Ω_0는 기준의 시스템초과강도계수,

S_{DS}는 단주기설계스펙트럼가속도, D는 고정하중이다.

(2) 지진하중의 방향

① 내진설계범주 'B'

설계지진력은 직교 임의 두방향중 각 부재에 가장 큰 하중효과가 발생하는 방향으로 적용한다.

② 내진설계범주 'D'

설계부재력은 다음의 두 가지 방법 중 한 가지 방법을 이용하여 결정

㉠ 한 방향 지진하중 100%와 그에 직교하는 방향 지진하중 30%에 대한 하중효과의 절대값을
더하여 산정

㉡ 직교하는 두 방향 하중효과의 100%를 제곱합제곱근(SRSS) 방법으로 조합

(3) 설계 요구사항

① 변형과 횡변위 제한

설계층간변위 Δ는 어느 층에서도 아래 표에 규정한 허용층간변위 Δ_a를 초과할 수 없다.

■ 허용층간변위 Δ_a

구분	내진등급		
	특	I	II
허용층간변위 Δ_a	$0.010\ h_{sx}$	$0.015\ h_{sx}$	$0.020\ h_{sx}$

h_{sx} : x층 층고

9 콘크리트구조의 고려사항

(1) 재료요구사항 (중연성도와 고연성도가 요구되는 구조형식의 구조물에 사용하는 재료)

① 철근: 모멘트골조 부재, 벽체의 경계요소, 연결보에 사용되는 주철근에 대해서는 한국산업규
격의 내진용 철근(SD400S, SD500S, SD600S)을 사용해야 한다.

⑵ **보−기둥 접합부에 대한 요구사항(중연성도와 고연성도가 요구되는 구조)**

① 모멘트골조 모든 접합부에서 상하기둥의 휨강도 합은 해당방향 좌우 보의 휨강도 합보다 커야 한다.

② ①을 만족하지 못하는 기둥에서는 전길이에 걸쳐서 횡보강근의 간격이 부재춤의 1/2 이하이고 기둥 단면 각 방향으로 1개 이상의 크로스타이를 설치해야 한다.

③ 소성힌지구간에서 보와 기둥의 횡보강근 간격은 부재 춤의 1/2을 초과하지 않아야 한다.

⑶ **외부접합부에서 보철근의 정착**

외부접합부와 코너접합부에서 보의 상하 휨철근은 90도 표준갈고리를 사용하여 정착되어야 하며, 충분한 정착길이를 가져야 한다. 접합부내에서 철근의 직선길이는 압축정착길이를 만족해야 한다.

⑷ **필로티 기둥에 대한 고려사항**

① 상부 내력벽구조와 하부 필로티 기둥으로 된 3층 이상 수직비정형 골조의 경우 이 조항 준수해야 한다.

② 콘크리트 코어벽구조는 건물평면에 1개소 이상 설치하여야 하며 전이층에서 기초까지 연속되도록 하고, 코어벽 없는 경우 평면상 직각방향의 각방향에 두개소 이상 내력벽을 설치해야 하며 전이층에서 기초까지 연속되도록 한다.

③ 하부 필로티기둥과 상부 내력벽이 연결되는 층바닥에는 전이슬래브 또는 전이보를 설치하여야 한다.

④ 계산시 반응수정계수 등 지진력저항시스템의 내진설계계수는 내력벽구조에 해당하는 값을 사용한다.

⑤ 필로티기둥, 전이구조 및 그 연결부는 기준의 특별지진하중을 적용하여 증폭된 지진하중으로 설계한다.

⑥ 필로티 기둥은 전 길이에 걸쳐 횡보강근 배근한다(간격은 단면최소폭의 1/4이하. 최소 150mm).

⑦ 횡보강근으로 각방향 최소 1개 이상 단면내부 크로스타이를 설치한다(135°+90° 갈고리).

⑧ 필로티기둥의 접합부에는 필로티기둥에 사용되는 횡보강근 간격과 동일한 간격의 횡보강근 배치하여야 한다.

⑨ 기둥, 코어벽, 전단벽등의 주요 구조부재 내부에는 우수관등 비구조재를 삽입할 수 없다.

⑩ 강구조의 고려사항

⑴ **재료요구사항**

① 강구조의 지진력저항시스템 중 반응수정계수가 상대적으로 큰 특수 및 중간모멘트골조, 가새골조 및 특수강판벽에서는 취성파단 방지 및 안정적 지진에너지 소산을 위해 내진강재를 사용하여야 한다.

※ 내진구조용 강재는 ㉠ 항복비가 0.85 이하이고, ㉡ 항복강도의 상한과 하한이 규정되어 있으며,

ⓒ 항복후 분명한 항복참을 형성한 후 충분히 변형경화하는 물성, 그리고 ⓔ 양호한 용접성을 지녀야 한다.

(2) 보-기둥 접합부에 대한 요구사항(중연성도와 고연성도 시스템의 경우 다음을 따른다.)

특수모멘트골조와 중간모멘트골조의 접합부는 각각 최소 0.03 라디안, 0.01 라디안의 소성회전능력을 발휘할 수 있어야 한다. 특수모멘트골조의 기둥은 규정에 따라 강기둥-약보 조건을 만족해야 한다.

11 성능기반설계

(1) 성능목표 및 설계지진력의 정의

성능기반설계법으로 설계할 때 기준에 제시된 최소성능목표 중 2가지 이상 만족하여야 한다.

(2) 구조물과 부재의 허용변위

① 성능목표를 달성할 수 있도록 변형특성과 연성상세를 고려하여 구조물의 층간변위와 각 부재의 변형은 허용값 이내로 제어되어야 한다.

② 내진특등급의 기능수행검토시 구조물의 허용층간변위는 1.0%로 한다.

(3) 최소강도규정

설계용 밑면전단력 크기는 등가정적해석법에 의한 밑면전단력의 75% 이상으로 하여야 한다.

제7절 콘크리트구조 내진설계

1 중간모멘트골조 요구 사항

(1) 설계전단강도

① 지진에 저항하는 보, 기둥 및 2방향 슬래브의 설계전단강도는 다음 ② 또는 ③에 따라 계산할 수 있다.

② 순경간의 각 고정단에서 부재 공칭휨강도 값에 따라 계산된 전단력과 계수 중력하중에 의한 전단력의 합 이상이어야 한다.

③ 내진설계기준의 설계용 하중조합에서 지진하중을 2배로 하여 계산한 최대 전단력 이상이어야 한다.

(2) 보

① 접합면에서 정 휨강도는 부 휨강도의 1/3 이상이 되어야 한다. 또한 부재의 어느 위치에서나 정 또는 부 휨강도는 양측 접합부의 접합면의 최대 휨강도의 1/5 이상이 되어야 한다.

② 보부재의 양단에서 지지부재의 내측 면부터 경간 중앙으로 향하여 보 깊이의 2배 길이 구간에는 후프철근을 배치하여야 한다. 첫 번째 후프철근은 지지 부재 면부터 50mm 이내의 구간에

배치하여야 한다. 후프철근의 최대 간격은 $d/4$, 감싸고 있는 종방향 철근의 최소 지름의 8배, 후프철근 지름의 24배, 300mm 중 가장 작은 값 이하이어야 한다.

③ 스터럽의 간격은 부재 전 길이에 걸쳐서 $d/2$ 이하이어야 한다.

⑶ 기둥

① 기둥은 기준에 따라 나선철근을 배치하거나, 다음 ⑵, ⑶ 및 ⑷의 규정을 따라야 한다.

② 부재의 양단부에는 후프철근을 접합면부터 길이 l_o 구간에 걸쳐서 s_o 이내의 간격으로 배치하여야 한다. 간격 s_o 는 후프철근이 감싸게 될 종방향 철근의 최소 지름의 8배, 띠철근 지름의 24배, 골조 부재 단면의 최소 치수의 1/2, 300mm 중에서 가장 작은 값 이하이어야 한다. 그리고 길이 l_o 는 부재의 순경간의 1/6, 부재 단면의 최대 치수, 450mm 중 가장 큰 값 이상이어야 한다.

③ 첫 번째 후프철근은 접합면부터 거리 $s_o/2$ 이내에 있어야 한다.

⑷ 보가 없는 2방향 슬래브

① 슬래브 받침부에서 지진에 의한 계수휨모멘트는 시설물별 기준에서 제시하는 조합하중에 따라 결정하여야 한다. 슬래브의 휨모멘트 M_s 에 저항할 모든 철근은 주열대 내에 배치하여야 한다.

② 외단부의 접합부와 모서리 접합부에서 슬래브 유효폭은 기둥 표면에서 슬래브 경간에 수직한 방향으로 c_t 보다 더 연장될 수 없다.

③ 받침부에서 주열대 내의 철근 중 1/2 이상은 기둥을 중심으로 슬래브의 유효폭$(c_2 + 3h)$ 내에 배치하여야 한다.

④ 주열대 내 받침부의 상부철근 중 1/4 이상은 전체 경간에 걸쳐서 연속되어야 한다.

⑤ 주열대 내 하부 연속철근은 주열대 내 받침부의 상부철근의 1/3 이상이어야 한다.

⑥ 경간 중앙부의 모든 중간대 하부철근과 주열대 하부철근 중 1/2 이상이 연속되어야 한다.

❷ 특수모멘트골조의 휨부재

⑴ 적용 범위

① 이 규정은 지진력을 받고, 주로 휨을 받도록 설계된 특수모멘트골조 부재에 적용한다.

② 이러한 골조 부재는 다음의 규정도 만족시켜야 한다.
ㄱ 부재의 계수축력은 $(A_g f_{ck}/10)$ 을 초과하지 않아야 한다.
ㄴ 부재의 순경간이 유효깊이의 4배 이상이어야 한다.
ㄷ 깊이에 대한 폭의 비가 0.3 이상이어야 한다.
ㄹ 부재의 폭은 250 mm 이상이어야 한다.
ㅁ 부재의 폭은 휨부재 축방향과 직각으로 잰 지지부재의 폭에 받침부 양측면으로 휨부재 깊이의 3/4을 더한 값보다 작아야 한다.

(2) 축방향 철근

① 휨부재의 어떤 단면에서나 철근비 ρ는 0.025 이하이어야 한다. 상부와 하부에 최소한 연속된 두 개의 철근으로 보강하여야 한다.

② 접합면에서 정모멘트에 대한 강도는 부모멘트에 대한 강도의 1/2 이상이어야 한다. 또 부재의 어느 위치에서나 정 또는 부모멘트에 대한 강도는 부재 양단 접합면의 최대 휨강도의 1/4 이상이어야 한다.

③ 휨철근의 겹침이음은 이음길이 부분에 후프철근이나 나선철근이 배치되어 있는 경우에만 사용할 수 있다. 겹침이음 철근을 둘러싸는 횡방향 철근의 간격은 $d/4$ 이하, 또한 100 mm 이하이어야 한다. 겹침이음은 접합부의 내부, 접합면부터 부재 깊이의 2배 이내의 거리 구간, 구조해석에서 골조의 비탄성 횡변위에 의한 휨 항복이 일어나는 곳에서 사용할 수 없다.

(3) 횡방향 철근

① 골조부재의 다음 부분에는 후프철근을 배치하여야 한다.
 ㉠ 휨부재 양단의 받침부 면에서 경간의 중앙방향으로 잰 휨부재 깊이의 2배 구간
 ㉡ 골조의 비탄성 횡변위로 인한 휨 항복이 일어날 수 있는 단면 좌우로 부재 깊이의 2배 이상의 거리 구간

② 첫 번째 후프철근은 지지부재의 면부터 50 mm 이내에 위치하여야 한다. 후프철근의 최대 간격은 $d/4$, 축방향 철근의 최소 지름의 8배, 후프철근 지름의 24배, 300mm 중 가장 작은 값을 초과하지 않아야 한다.

③ 후프철근이 필요하지 않은 곳에서는 부재의 전 길이에 걸쳐서 $d/2$ 이내의 간격으로 양단 내진갈고리를 갖춘 스터럽을 배치하여야 한다.

④ 휨부재의 후프철근은 2개의 철근으로 구성할 수 있다. 즉, 양단에 내진갈고리를 갖는 스터럽과 연결철근으로 구성되는 폐쇄형 후프철근을 사용할 수 있다. 동일한 축방향 철근과 접속되는 연속 연결철근은 휨부재의 반대측면에 번갈아가며 90°갈고리를 두어야 한다.

❸ 휨모멘트와 축력을 받는 특수모멘트골조 부재

(1) 적용 범위

① 이 절의 요구 조건은 지진하중을 받고, 계수축력이 $(A_g f_{ck}/10)$을 초과하는 특수모멘트골조 부재에 적용하여야 한다.

② 이러한 골조 부재는 다음을 만족시켜야 한다.
 ㉠ 도심을 지나는 직선상에서 잰 최소 단면치수는 300 mm 이상이어야 한다.
 ㉡ 최소 단면치수의 직각방향 치수에 대한 길이 비는 0.4 이상이어야 한다.

(2) 축방향 철근

① 철근비 ρ_g는 0.01 이상, 0.06 이하이어야 한다.

② 겹침이음은 부재의 중앙부에서 부재 길이의 1/2 구역 내에서만 할 수 있고 인장이음으로 설계하여야 하며, 또한 기준의 규정을 따르는 횡방향 철근으로 둘러싸야 한다.

단원 핵심 체크

제1절 건축구조설계기준(KDS)의 구성과 적용, **제2절** 구조기준 총칙

❶ 건축물의 중요도 (특)

① 연면적 (   )m² 이상인 위험물 저장 및 처리시설

② 연면적 (   )m² 이상인 관공서(청사 · 공관 · 소방서 · 전화국 · 발전소 · 방송국,데이터센터)

③ 종합병원, 수술시설이나 응급시설이 있는 병원

④ 지진과 태풍 또는 다른 비상시의 긴급대피수용시설로 지정한 건축물

❷ 건축물의 중요도 (I)

① 연면적 (   )m² 미만인 위험물 저장 및 처리시설

② 연면적 (   )m² 미만인 관공서(청사 · 공관 · 소방서 · 발전소 · 방송국 · 전화국,데이터센터)

③ 연면적 (   )m² 이상인 다중이용시설(운동, 집회, 판매, 공연, 관람, 전시장(시설)

④ 아동관련시설, (,   ,   )복지시설, 학교

⑤ (   )층 이상의 아파트, 오피스텔, 기숙사, 숙박시설

❸ 구조설계의 원칙

① 건축구조물은 (,   ,   )을 확보하고 (   )을 고려하여야 한다.

❹ 시공중 구조안전 확인 사항

① 구조물 (   )에 관한 검토 · 확인

② 사용구조(   )의 적합성 검토 · 확인

③ 구조(   )에 대한 시험성적표 검토

④ (   )의 적정성 및 이음 · 정착 검토

⑤ 설계 (   )에 관한 사항의 구조검토 · 확인

⑥ 시공 (   )에 대한 구조내력검토 및 보강방안

⑦ 기타 시공과정에서 구조의 안전이나 품질에 영향을 줄 수 있는 사항에 대한 검토

⑤ 유지관리중 구조안전 확인 사항

① 안전진단

② (　　　　)을 위한 구조검토

③ (　　　　)을 위한 구조검토

④ (　　　　)을 위한 구조검토

제3절 설계하중(KDS 41 12 00)

① 하중기준 주요 용어

① (　　　　) : 바람의 난류로 인해 발생되는 구조물의 동적 거동 성분을 나타내는 것으로 평균변위에 대한 최대변위의 비를 통계적인 값으로 나타낸 계수

② (　　　　) : 지표면의 거칠기에 의해 발생하는 마찰력의 영향을 받지 않아 풍속이 거의 일정하게 되는 지상으로부터의 높이

③ (　　　　) : 시시각각 변하는 바람의 난류성분이 물체에 닿아 물체를 풍방향으로 불규칙하게 진동시키는 현상

④ (　　　　) : 건축물 배후면에서 좌우 상호 규칙적으로 발생하는 와류의 영향에 의해 발생하는 건축물의 진동

② 기본등분포 활하중 최솟값

① (주거) 거실, (숙박) 객실, (병원) 병실 : $2.0 \ \text{kN/m}^2$

② 일반사무실 : (　　　　) kN/m^2

③ (학교) 교실 일반실험실, (병원) 수술실, 실험실 : (　　　　) kN/m^2

④ 상점 백화점, 복도(1층) 로비, 체육관바닥, 스탠드 : $5.0 \ \text{kN/m}^2$

⑤ 창고형매장, 경량품창고, 경공업공장 : (　　　　) kN/m^2

⑥ 도서관 서고 : (　　　) kN/m^2

⑦ 중공업공장 : $12.0 \ \text{kN/m}^2$

③ 활하중의 저감

① 지붕활하중을 제외한 등분포활하중은 부재의 영향면적(A)이 (　　　　) m^2 이상인 경우 기본등분포활하중에 활하중저감계수 C를 곱하여 저감할 수 있다($C = 0.3 + \dfrac{4.2}{\sqrt{A}}$)

② 영향면적은 기둥, 기초에서는 부하면적의 (　　　)배, 보 벽체에서는 부하면적의 (　　　)배, 슬래브에서는 부하면적을 적용한다. 단, 캔틸레버 부분은 (4배 또는 2배를) 적용하지 않는다.

③ 1개 층을 지지하는 부재의 저감계수 C는 (　　　) 이상, 2개 층 이상을 지지하는 부재의 저감계수 C는 0.4 이상으로 한다.

④ 5 kN/m²를 초과하는 활하중은 저감할 수 없으나 2개 층 이상을 지지하는 부재의 저감계수 C는 (　　　)까지 적용할 수 있다.

⑤ 활하중 (　　　) kN/m² 이하의 공중집회 용도에 대해서는 활하중을 저감할 수 없다.

⑥ 승용차 전용 주차장의 활하중은 저감할 수 없으나 2개 층 이상을 지지하는 부재의 저감계수 C는 (　　　)까지 적용할 수 있다.

⑦ 1방향 슬래브의 영향면적은 슬래브 경간에 슬래브 폭을 곱하여 산정한다. 이때 슬래브 폭은 슬래브 경간의 (　　　)배 이하로 한다.

④ 유사활하중

① 손스침하중 : 지붕, 발코니, 계단 등의 난간 손스침 부분에 대해서는 (　　　) kN의 (집중하중) 또는 2세대 이하의 주거용 구조물일 때 0.4kN/m, 기타의 구조물일 때 0.8kN/m의 (등분포하중)을 임의의 방향으로 고려하여야 한다.

② 내벽횡하중 : 건축물 내부에 설치되는 높이 (　　　) m 이상의 각종 내벽은 벽면에 직각방향으로 작용하는 0.25kN/m² 이상의 등분포하중에 대하여 안전하도록 설계한다.

③ 고정사다리하중 : 가로대를 가진 고정사다리의 활하중은 최소한 (　　　) kN의 집중하중을 각 부재에 가장 큰 하중효과를 일으키는 위치에 적용하여야 하며 3m 높이마다 하나 이상이 작용하도록 하여야 한다.

제4절 설하중(snow load), 제5절 풍하중(wind load)

① 설하중(snow)

① 설계용 지붕설하중은 기본지상설하중을 기준으로 기본지붕설하중계수, 노출계수, 온도계수, 중요도계수 및 지붕의 형상계수와 기타 재하분포상태 등을 고려하여 산정한다.

② 기본지상설하중은 재현기간 (　　　)년에 대한 수직 최심적설깊이를 기준으로 한다.

③ 최소 지상설하중은 (　　　) kN/m²로 한다.

④ 경사지붕설하중은 평지붕설하중에 지붕경사도계수 C_s를 곱하여 산정한다.

❷ 풍하중(wind)

① 풍하중은 주골조설계용 수평풍하중·지붕풍하중과 외장재설계용 풍하중으로 구분한다.

② 설계풍속은 (기본풍속)에 (풍향계수), (풍속고도분포계수), (지형계수) 및 건축구조물의 중요도 분류에 따라 정한 (중요도계수)를 곱하여 산정한다.

③ 풍하중은 10분간 평균풍속의 재현기간 (   )년에 대한 값을 기본으로 산정한다.

❸ 빌딩풍에 대한 풍환경의 검토

① 대상: ㉠ (   )층 이상 또는 (   ) m 이상인 신축건축구조물을 건설할 경우

　　　　 ㉡ (   )층 이상이면서 연면적이 (   ) 제곱미터 이상일 경우

② 방법: 풍환경 평가는 풍동실험 중 (풍환경실험)을 실시하여 수행하고, 신축 건축구조물 장변 폭의 (   )배 이내에 속하는 주변의 인도 및 외부공간을 대상으로 한다.

❹ 풍동실험

① 풍동 내의 평균풍속의 고도분포, 난류강도분포 및 변동풍속의 특성은 건축 현지의 자연대기경계층 조건에 적합하도록 재현하여야 한다.

② 대상건축구조물을 포함하여 주변의 건축구조물 및 지형조건을 건축 현지조건에 적합하도록 재현하여야 한다. 풍동 내의 압력 분포는 일정하도록 하여야 한다.

③ 실험풍향은 (11.25)도 이하의 등간격으로 최소 (   )개 풍향 이상이 되도록 하여야 한다.

④ 주변 건축구조물 및 시가지역의 재현범위는 신축 건축구조물 높이의 (   )배로 한다.

제6절 지진하중과 내진설계, 제7절 콘크리트구조 내진설계

❶ 내진설계 주요 용어

① (   ): 규정과 절차에 따라 설계하는 사양기반설계에서 벗어나서 목표로 하는 내진성능수준을 달성할 수 있는 다양한 설계기법의 적용을 허용하는 설계

② 변위의존형 감쇠장치: 하중응답이 주로 장치 양 단부 사이의 (   )에 의해 결정되는 감쇠장치로서, 근본적으로 장치 양단부의 상대속도와 진동수에는 독립적임.

③ (   ): 하중응답이 주로 장치 양 단부 사이의 (상대속도)에 의해 결정되는 감쇠장치로서, 추가로 상대변위의 함수에 종속될 수도 있음.

④ (   ): 구조물의 일부분으로부터 지진력저항시스템의 수직요소로 횡력을 전달하기 위해 설치된 부재 혹은 요소

⑤ (　　　　　) : 횡력에 대한 저항능력을 증가시키기 위하여 부재와 접합부의 연성을 증가시킨 모멘트골조. 중연성도와 고연성도의 연성능력을 발휘할 수 있도록 각 재료기준에 따라서 연성요구조건을 만족해야 함.

❷ 내진설계 개요

① 건축물의 중요도(특)에 해당하는 내진등급은 (　　　)등급이고 중요도계수는 (　　　)이다.
② 2개 이상 건물에 공유 부분 또는 하나의 구조물이 2개 이상 용도로 사용되는 경우에는 가장 높은 중요도를 적용한다.
③ 최대고려지진은 내진설계시 고려하는 가장큰지진으로 국가지진위험지도의 (　　　)년 재현 주기에 해당한다.
④ 건축물의 성능수준은 (　　　　　), 즉시복구, (　　　　　), 붕괴방지로 구분한다.

❸ 건물의 비정형성

① 평면 비정형성은 (　　　　　), (　　　　　), 격막의 불연속, 면외 어긋남, 비평행시스템 등이 있다. 대부분 비정형은 내진설계범주 C, D에 해당한다.
② 수직 비정형성은 강성비정형, (　　　　　), (　　　　　), 횡력저항수직요소 비정형, 강도불연속(약층) 등이 있다.

❹ 지진력저항시스템

① (　　　　　)은 수직하중과 함께 횡하중을 벽체가 지지하는 지진력저항시스템으로, 벽체는 지진하중에 대하여 충분한 면내 횡강성과 횡강도를 발휘해야 한다.
② (　　　　　)은 수직하중과 횡하중을 보와 기둥으로 구성된 모멘트골조가 저항하는 지진력저항시스템이다.
③ (　　　　　)은 수직하중은 보, 슬래브, 기둥으로 구성된 골조가 저항하고, 지진하중은 전단벽이나 가새골조 등이 저항하는 시스템이다.
④ (　　　　　)은 모멘트골조와 전단벽(또는 가새골조)으로 이루어진 시스템으로 모멘트골조는 설계지진력(밑면전단력)의 25%를 저항할 수 있어야 한다.

❺ 반응수정계수

① 내력벽시스템의 RC특수전단벽은 (　　　), RC 보통전단벽은 (　　　)
② 건물골조시스템의 철골 편심가새골조는 (　　　), 철골 특수중심가새골조는 (　　　)
　　RC 특수전단벽은 (　　　), RC 보통전단벽은 (　　　)

③ 모멘트골조시스템의 철골 특수모멘트골조는 (　　), 철골 중간모멘트골조는 (　　)

　　RC 특수전단벽은 (　　), RC 보통전단벽은 (　　)

④ 특수모멘트골조시스템의 철골 편심가새골조는 (　　), 철골 특수중심가새골조는 (　　)

　　RC 특수전단벽은 (　　), RC 보통전단벽은 (　　)

⑤ 중간모멘트골조시스템의 철골 특수중심가새골조는 (　　)

　　RC 특수전단벽은 (　　), RC 보통전단벽은 (　　)

⑥ RC 보통전단벽-골조 상호작용 시스템 (　　), 지하외벽으로 둘러싸인 시스템 (　　)

6 등가정적해석법의 지진하중

① 밑면전단력 V = (　　)

② 지진응답계수 Cs = (　　)

7 허용층간변위

① 내진 (특)등급 : $\Delta_a = (\qquad)h_{sx}$,

② 내진 (I)등급 : $\Delta_a = 0.015\,h_{sx}$

정답

제1절 ～ 제2절

1 ① 1,000, ② 1,000

2 ① 1,000, ② 1,000, ③ 5,000, ④ (노인, 사회, 근로)복지시설, ⑤ 5

3 ① 안전성, 사용성, 내구성, 친환경성

4 ① 규격, ② 자재, ③ 재료, ④ 배근, ⑤ 변경, ⑥ 하자

5 ② 리모델링, ③ 용도변경, ④ 증축

제3절

1 ① 가스트영향계수, ② 기준경도풍 높이, ③ 버펫팅, ④ 와류진동

2 ② 2.5, ③ 3.0, ⑤ 6.0, ⑥ 7.5

3 ① 36, ② 4, 2, ③ 0.5, ④ 0.8 ⑤ 5, ⑥ 0.8, ⑦ 0.5

4 ① 9, ② 1.8, ③ 1.5

제4절 ～ 제5절

1 ② 100, ③ 0.5

2 ③ 500

3 ① ㉠ 50, 200, ㉡ 16, 10민, ② 3

4 ③ 32, ④ 2.5

제6절 ～ 제7절

1 ① 성능기반 내진설계, ② 상대변위, ③ 속도의존형 감쇠장치, ④ 수집재, ⑤ 연성모멘트골조

2 ① 특, 1.5, ③ 2,400, ④ 기능수행, 인명보호

3 ① 비틀림 비정형, 요철형 평면, ② 중량비정형, 기하학적 비정형

4 ① 내력벽시스템, ② 모멘트저항골조 시스템, ③ 건물골조 시스템, ④ 이중골조 시스템

5 ① 내력벽시스템의 RC특수전단벽은 (5), RC 보통전단벽은 (4), ② 건물골조시스템의 철골 편심가새골조는 (8), 철골 특수중심가새골조는 (6), RC 특수전단벽은 (6), RC 보통전단벽은 (5), ③ 모멘트골조시스템의 철골 특수모멘트골조는 (8), 철골 중간모멘트골조는 (4.5) RC 특수모멘트골조는 (8), RC 중간모멘트골조는 (5) ④ 특수모멘트골조시스템의 철골 편심가새골조는 (8), 철골 특수중심가새골조는 (7), RC 특수전단벽은 (7), RC 보통전단벽은 (6), ⑤ 중간모멘트골조시스템의 철골 특수중심가새골조는 (6), RC 특수전단벽은 (6.5), RC 보통전단벽은 (5.5), ⑥ RC 보통전단벽 골조 상호작용 시스템 (4.5), 지하외벽으로 둘러싸인 시스템 (3)

6 ① 밑면전단력 $V = (C_s W)$,

② 지진응답계수 $C_s = \left(\dfrac{S_{DS} I_E}{R} \leq \dfrac{S_{D1} I_E}{R T} \right)$

7 ① 0.010

단원 기본 문제

01 건축구조설계법으로 적절하지 않은 것은? ⁰⁹ 지

① 강도설계법
② 하중설계법
③ 한계상태설계법
④ 허용응력도설계법

02 건축물 및 공작물의 유지·관리 중 구조안전을 확인하기 위하여 책임구조기술자가 수행해야 하는 업무의 종류에 해당하지 않는 것은? ¹⁶ 국

① 증축을 위한 구조검토
② 리모델링을 위한 구조검토
③ 용도변경을 위한 구조검토
④ 설계변경에 관한 사항의 구조검토·확인

03 다음에서 설명하는 구조설계법은? ²⁵ 지

> 구조부재를 구성하는 재료의 비탄성거동을 고려하여 산정한 부재단면의 공칭강도에 강도감소계수를 곱한 설계용 강도의 값이 계수하중에 의한 부재력 이상이 되도록 구조부재를 설계하는 방법

① 강도설계법
② 성능기반설계법
③ 허용강도설계법
④ 한계상태설계법

04 건축구조기준에서 규정한 목표성능을 만족하면서, 건축주가 선택한 성능지표(안전성능, 사용성능, 내구성능 및 친환경성능 등)를 만족하도록 건축구조물을 설계하는 방법은?

23 지

① 성능기반설계법
② 강도설계법
③ 한계상태설계법
④ 허용응력설계법

05 건축물 구조설계법에 대한 설명으로 옳지 않은 것은? 19 국

① 허용응력설계법은 탄성이론에 의한 구조해석으로 산정한 부재단면의 응력이 허용응력을 초과하도록 구조부재를 설계하는 방법이다.
② 강도설계법은 구조부재를 구성하는 재료의 비탄성거동을 고려하여 산정한 부재단면의 공칭강도에 강도감소계수를 곱한 설계강도가 계수하중에 의한 소요강도 이상이 되도록 구조부재를 설계하는 방법이다.
③ 성능설계법은 건축설계기준에서 규정한 목표성능을 만족하면서 건축구조물을 건축주가 선택한 성능지표에 만족하도록 설계하는 방법이다.
④ 한계상태설계법은 한계상태를 명확히 정의하여 하중 및 내력의 평가에 준해서 한계상태에 도달하지 않는 것을 확률통계적 계수를 이용하여 설정하는 설계법이다.

06 건축구조물의 구조설계 원칙으로 규정되어 있지 않은 것은? 20 국

① 친환경성
② 경제성
③ 사용성
④ 내구성

07 건축물의 중요도 분류에서 중요도(특)에 해당하지 않는 것은? 25 국

① 15층 아파트
② 연면적 30,000 m²의 종합병원
③ 연면적 1,500 m²의 방송국
④ 비상시의 긴급대피수용시설로 지정된 학교 건축물

08 건축구조기준에 따른 건축물의 중요도 분류 중 '중요도(1)'에 해당하는 것은? [23 지]

① 연면적 1,000 m² 이상인 위험물 저장 및 처리시설
② 연면적 1,000 m² 이상인 국가 또는 지방자치단체의 청사·외국공관·소방서·발전소·방송국·전신전화국
③ 5층 이상인 숙박시설·오피스텔·기숙사·아파트
④ 가설구조물

09 건축물의 중요도 분류에 대한 설명으로 옳지 않은 것은? [20 국]

① 15층 아파트는 연면적에 관계없이 중요도(1)에 해당한다.
② 아동관련시설은 연면적에 관계없이 중요도(1)에 해당한다.
③ 응급시설이 있는 병원은 연면적에 관계없이 중요도(1)에 해당한다.
④ 가설구조물은 연면적에 관계없이 중요도(3)에 해당한다.

10 건축구조기준의 용어에 대한 설명으로 옳지 않은 것은? [16 국]

① 층간변위각 : 층간변위를 층 높이로 나눈 값
② 지진구역 : 동일한 지진위험도에 따라 분류한 지역
③ 형상비 : 건축물 높이 H를 바닥면 평균길이 $\sqrt{BD}$로 나눈비율(B : 건물폭, D : 건물깊이)
④ 가스트영향계수 : 언덕 및 산 경사지의 정점 부근에서 풍속이 증가하므로 이에 따른 정점 부근의 풍속을 증가시키는 계수

11 건축구조 용어에 대한 설명으로 옳지 않은 것은? [25 국]

① 강성이란 구조물이나 구조부재의 변형에 대한 저항능력이다.
② 가설구조물이란 건축구조물의 축조를 위하여 임시로 설치하는 시설이다.
③ 강도란 구조물이나 구조부재가 외력에 의해 발생하는 힘 또는 모멘트에 저항하는 능력이다.
④ 부재력이란 하중 및 외력에 의하여 구조부재에 생기는 단위면적당 힘의 세기이다.

12 건축구조기준에 의해 구조물을 강도설계법으로 설계할 경우 소요강도 산정을 위한 하중 조합으로 옳지 않은 것은? (여기서 D는 고정하중, L은 활하중, F는 유체압 및 용기내용 물하중, E는 지진하중, S는 설하중, W는 풍하중이다. 단, L에 대한 하중계수 저감은 고려 하지 않는다) 20 지

① $1.4(D + F)$
② $1.2\,D + 1.0\,E + 1.0\,L + 0.2\,S$
③ $0.9\,D + 1.2\,W$
④ $0.9\,D + 1.0\,E$

13 강도설계법을 사용하여 구조물의 소요강도를 산정하는 경우, 고정하중과 지진하중만으로 하중을 조합할 때 고정하중에 적용하는 하중계수는? 24 지

① 0.9
② 1.0
③ 1.2
④ 1.4

14 건축구조기준(KDS)에 따른 철근콘크리트 구조물의 처짐 검토를 위해 적용하는 하중은?

12 국

① 계수하중(Factored load)
② 설계하중(Design load)
③ 사용하중(Service load)
④ 극한하중(Ultimate load)

15 지붕활하중을 제외한 등분포활하중의 저감에 대한 설명으로 옳지 않은 것은? 19 지

① 부재의 영향면적이 $25\,\mathrm{m^2}$ 이상인 경우 기본등분포활하중에 활하중저감계수를 곱하여 저 감할 수 있다.
② 1개 층을 지지하는 부재의 저감계수는 0.5 이상으로 한다.
③ 2개 층 이상을 지지하는 부재의 저감계수는 0.4 이상으로 한다.
④ 활하중 $5\,\mathrm{kN/m^2}$ 이하의 공중집회 용도에 대해서는 활하중을 저감할 수 없다.

16 건축물 설계하중의 활하중 저감에 대한 설명으로 가장 옳지 않은 것은? [24 군]

① 지붕활하중을 제외한 등분포활하중은 부재의 영향면적이 36m² 이상인 경우 기본등분포활하중에 활하중저감계수를 곱하여 저감할 수 있다.

② 승용차 전용 주차장의 활하중은 저감할 수 없으나, 2개 층 이상을 지지하는 부재의 저감계수는 0.8까지 적용할 수 있다.

③ 5 kN/m² 초과하는 활하중을 저감할 수 없으나 2개 층 이상을 지지하는 부재의 저감계수는 0.8까지 적용할 수 있다.

④ 활하중 5 N/m² 이하의 공중집회 용도에 대해서는 활하중을 저감할 수 없다.

17 다음 중 건축구조기준에서 규정하고 있는 기본등분포활하중의 용도별 최솟값이 가장 큰 건축물 용도는? [23 지]

① 주거용 건축물의 거실

② 일반사무실

③ 도서관 서고

④ 30 kN 이하 차량용 옥외주차장

18 건축구조기준(KDS 41 12 00)에서 규정한 기본등분포활하중이 가장 큰 부분은? [13 지]

① 기계실(공조실, 전기실, 기계실 등)

② 옥내주차구역 중 30 kN 이하의 승용차 전용 주차장

③ 판매장 중 창고형 매장

④ 체육시설 중 체육관 바닥, 옥외 경기장

19 다음 용도 중 기본 등분포활하중이 가장 큰 곳은? [23 군]

① 도서관 서고

② 점유, 사용하지 않는 지붕

③ 주거용 건축물의 거실

④ 체육관 바닥, 옥외경기장

20 다음 유사 활하중에 관한 기술 중 가장 적절하지 않은 것은? [23 군]

① 옥상, 발코니, 계단 등의 난간 손스침 부분에 대해서, 0.9 kN의 집중하중을 임의의 방향으로 고려해야 한다.

② 옥상, 발코니, 계단 등의 난간 손스침 부분에 대해서, 2세대 이하의 주거용 구조물의 경우 0.4 kN/m의 등분포하중을 임의의 방향으로 고려해야 한다.

③ 건축물 내부에 설치되는 높이 2.0m 이상의 각종 내벽은 벽면에 직각 방향으로 작용하는 0.2 kN/m² 이상의 등분포하중에 대하여 안전하도록 설계한다.

④ 가로대를 가진 고정사다리의 활하중은 최소한 1.5 kN의 집중하중을 각 부재에 가장 큰 하중효과를 일으키는 위치에 적용한다.

21 건축구조물에 작용하는 하중에 대한 설명으로 옳지 않은 것은? [17 지 추가]

① 한계상태설계법을 사용하는 구조기준에서는 하중계수를 사용하여 증가시킨 소요강도와 강도감소계수를 사용하여 공칭강도를 감소시킨 설계강도를 비교하여 구조물의 안전성을 확보한다.

② 기본지상설하중은 재현기간 100년에 대한 수직 최심적설 깊이를 기준으로 한다.

③ 활하중은 점유 또는 사용에 의하여 발생할 것으로 예상되는 최소의 하중이어야 한다.

④ 풍하중은 각각의 설계풍압에 유효수압면적을 곱하여 산정한다.

22 설계하중의 용어에 대한 설명으로 옳지 않은 것은? [24 국]

① 와류진동 : 시시각각 변하는 바람의 난류 성분이 물체에 닿아 물체를 풍방향으로 불규칙하게 진동시키는 현상

② 외압계수 : 건축물 외피의 임의 수압면에 가해지는 평균풍압과 기준 높이에서 속도압의 비

③ 강체건축구조물 : 바람과 구조물의 동적 상호작용에 의해 발생하는 부가적인 하중효과를 무시할 수 있는 안정된 건축구조물

④ 골바람효과 : 산과 산 사이의 골짜기를 따라 평행하게 바람이 불어가면서 유선이 수평 방향으로 수렴하여 풍속이 급격하게 증가하는 현상

23 설하중에 대한 설명으로 옳지 않은 것은? [19 지]

① 기본지상설하중은 재현기간 50년에 대한 수직 최심적설깊이를 기준으로 한다.

② 최소 지상설하중은 0.5 kN/m²로 한다.

③ 평지붕설하중은 기본지상설하중에 기본지붕설하중계수, 노출계수, 온도계수 및 중요도계수를 곱하여 산정한다.

④ 경사지붕설하중은 평지붕설하중에 지붕경사도계수를 곱하여 산정한다.

24 평지붕설하중에 대한 설명으로 옳지 않은 것은? 24 국

① 기본지붕설하중계수 Cb는 일반적으로 0.7로 한다.
② 건축물의 중요도가 1등급일 때 중요도 계수는 1.1이다.
③ 모든 면의 주변이 바람막이가 없이 노출된 지붕이고, 거센바람이 부는 지역의 노출계수는 0.8이다.
④ 난방 이외 동일한 조건일 경우 비난방구조물은 난방구조물에 비해 평지붕설하중이 감소된다.

25 풍하중 설계풍속 산정 시 건설지점의 지표면조도구분은 주변 지역의 지표면 상태에 따라 정해지는데, 높이 1.5~10 m 정도의 장애물이 산재해 있는 지역에 대한 지표면조도구분은? 17 지

① A 　　　② B
③ C 　　　④ D

26 건축구조물 설계하중에서 풍하중에 대한 설명으로 옳지 않은 것은? 22 지

① 가스트영향계수는 바람의 난류로 인해 발생되는 구조물의 동적 거동 성분을 나타내는 것으로 평균변위에 대한 최대변위의 비를 통계적인 값으로 나타낸 계수이다.
② 기본풍속은 지표면조도 구분 C인 지역의 지표면으로부터 10 m 높이에서 측정한 10분간 평균풍속에 대한 재현기간 100년 기대풍속이다.
③ 지표면의 영향을 받아 마찰력이 작용함으로써 지상의 높이에 따라 풍속이 변하는 영역을 기준경도풍 높이라 한다.
④ 바람이 불어와 맞닿는 측의 반대쪽으로 바람이 빠져나가는 측을 풍하측이라 한다.

27 풍하중 산정에 대한 설명으로 옳지 않은 것은?

① 풍하중은 주골조설계용 수평풍하중, 지붕풍하중 및 외장재설계용 풍하중으로 구분하고, 각각의 설계풍압에 유효면적을 곱하여 산정한다.
② 주골조설계용 설계풍압은 설계속도압, 가스트영향계수, 풍력계수 또는 외압계수를 곱하여 산정한다.
③ 주골조설계용 지붕풍하중을 산정할 때 내압의 영향은 고려하지 않는다.
④ 강도설계법에서 풍하중은 10분간 평균풍속의 재현기간 100년에 대한 값을 기본으로 산정한다.

28 건축물의 내진구조계획 시 고려해야 할 사항으로 옳지 않은 것은? 10 국

① 연성 재료의 사용
② 가볍고 강한 재료의 사용
③ 약한 기둥－강한 보 시스템의 적용
④ 단순하고 대칭적인 구조물의 형태

29 등가정적해석법에 의한 지진하중 산정 시 고려하지 않아도 되는 것은? 15 지

① 가스트영향계수(G_f)
② 반응수정계수(R)
③ 중요도계수(I_E)
④ 건물의 중량(W)

30 건축물 내진설계에 대한 내용으로 옳지 않은 것은?

① 건물의 중요도를 고려하여 내진등급과 내진설계 중요도계수를 결정한다.
② 내진등급은 내진특등급, 내진 I 등급, 내진 II 등급, 내진 III 등급으로 구분된다.
③ 평면비정형성의 유형에는 비틀림비정형, 요철형평면, 격막의 불연속, 면외 어긋남, 비평행 시스템이 있다.
④ 수직비정형성의 유형에는 강성비정형－연층, 중량비정형, 기하학적 비정형, 횡력저항 수직저항 요소의 비정형, 강도의 불연속－약층이 있다.

31 건축물 내진설계기준에서 수직하중은 입체골조가 저항하고, 지진하중은 전단벽이나 가새골조가 저항하는 구조방식은?

① 내력벽방식
② 필로티구조
③ 건물골조방식
④ 연성모멘트골조방식

32 건축물 내진설계기준에서 수직하중과 횡력을 보와 기둥으로 구성된 라멘골조가 저항하는 구조방식은? [24 지]

① 건물골조방식
② 모멘트골조방식
③ 내력벽방식
④ 이중골조방식

33 지진력저항시스템에 대한 설계계수 중에서 반응수정계수(R) 값이 가장 큰 것은?

① 내력벽시스템의 무보강 조적전단벽
② 건물 골조시스템의 철골 강판전단벽
③ 중간 모멘트골조를 가진 이중골조시스템의 철근보강 조적전단벽
④ 모멘트－저항골조시스템의 철근콘크리트 중간 모멘트골조

34 내진설계 시 반응수정계수(R)가 가장 작은 구조형식은?

① 모멘트－저항골조 시스템에서의 철근콘크리트 보통모멘트 골조
② 내력벽시스템에서의 철근콘크리트 보통전단벽
③ 건물골조시스템에서의 철근콘크리트 보통전단벽
④ 철근콘크리트 보통 전단벽－골조 상호작용 시스템

35 건축물의 내진구조 계획에서 고려해야 할 사항으로 옳지 않은 것은? [20 지]

① 한 층의 유효질량이 인접층의 유효질량과 차이가 클수록 내진에 유리하다.
② 가능하면 대칭적 구조형태를 갖는 것이 내진에 유리하다.
③ 보－기둥 연결부에서 가능한 한 강기둥－약보가 되도록 설계한다.
④ 구조물의 무게는 줄이고, 구조재료는 연성이 좋은 것을 선택한다.

36 건축물의 지진력저항시스템에 대한 설명으로 옳지 않은 것은? [20 국]

① 이중골조방식은 지진력의 25 % 이상을 부담하는 연성모멘트골조가 전단벽이나 가새골조와 조합되어 있는 구조방식이다.

② 연성모멘트골조방식은 횡력에 대한 저항능력을 증가시키기 위하여 부재와 접합부의 연성을 증가시킨 모멘트골조방식이다.

③ 내력벽방식은 수직하중과 횡력을 모두 전단벽이 부담하는 구조방식이다.

④ 모멘트골조방식은 보와 기둥이 각각 횡력과 수직하중에 독립적으로 저항하는 구조방식이다.

37 내진설계를 위한 등가정적해석법에 대한 설명으로 옳지 않은 것은? [16 국]

① 밑면전단력을 결정하기 위해서는 지진응답계수를 계산해야 한다.

② 반응수정계수는 건축물의 구조시스템별로 내구성을 고려하기 위한 계수이다.

③ 건축물의 고유주기는 건축물의 전체 높이가 증가할수록 증가 한다.

④ 밑면전단력은 유효 건물 중량이 증가할수록 증가한다.

38 등가정적해석법에 의한 내진설계에서 밑면전단력 산정에 대한 설명으로 옳지 않은 것은? [19 국]

① 반응수정계수가 클수록 밑면전단력은 감소한다.

② 건축물 중요도계수가 클수록 밑면전단력은 감소한다.

③ 건축물 고유주기가 클수록 밑면전단력은 감소한다.

④ 유효건물중량이 작을수록 밑면전단력은 감소한다.

정답 및 해설

01 ②	02 ④	03 ①	04 ①	05 ①	06 ②	07 ①	08 ③	09 ③	10 ①	11 ④	12 ③
13 ①	14 ③	15 ①	16 ④	17 ③	18 ③	19 ①	20 ③	21 ③	22 ①	23 ①	24 ④
25 ③	26 ③	27 ③	28 ③	29 ①	30 ②	31 ③	32 ②	33 ②	34 ①	35 ①	36 ④
37 ②	38 ②										

01 ② 건축구조설계법은 허용응력도설계법 → 강도설계법 → 한계상태설계법으로 발전해 왔고, 하중설계법이라는 건축구조 설계법은 없다.

02 ④ "유지 · 관리 중" 구조안전을 확인하기 위하여 책임구조기술자가 수행해야 하는 업무는 안전진단 및 리모델링, 용도변경, 증축 등을 위한 구조검토가 있다. 설계변경에 관한 사항의 구조검토는 "시공 중"에 수행하는 업무이다.

03 ① 건축구조설계법 중에서 부재의 공칭강도에 강도감소계수를 곱한 설계강도가 계수하중에 의한 부재력(소요강도) 이상이 되도록 설계하는 방법은 "강도설계법"이다.

04 ① 건축구조설계법 중에서 건축구조기준에서 규정한 목표성능을 만족하면서, 건축주가 선택한 성능지표(안전성능, 사용성능, 내구성능 및 친환경성능 등)를 만족하도록 건축구조물을 설계하는 방법은 "성능(기반)설계법"이다.

05 ① 건축구조설계법 중에서 "허용응력설계법"은 탄성이론에 의한 구조해석으로 산정한 부재단면의 응력이 허용응력을 초과하지 않도록 구조부재를 설계하는 방법이다.

06 ② 건축물의 구조설계 원칙은 안전성, 사용성, 내구성, 친환경성 이다.

07 ① 건축물의 중요도(특)은 국가 사회 유지를 위해 중요한 관공서나 병원, 방송국, 비상시 대피시설 등이 있고, 15층 아파트는 중요도(1)에 해당한다.

08 ③ 건축물의 중요도(1)은 5층 이상인 숙박시설 · 오피스텔 · 기숙사 · 아파트가 해당한다.

09 ③ 응급시설이 있는 병원은 연면적에 관계없이 중요도(특)에 해당한다.

10 ① 가스트영향계수는 바람의 난류로 인해 발생되는 구조물의 동적 거동 성분을 나타내는 것으로 평균변위에 대한 최대변위의 비를 나타낸 계수를 말하고, "언덕 및 산 경사지의 정점 부근에서 풍속이 증가하므로 이에 따른 정점 부근의 풍속을 증가시키는 계수"는 지형에 의한 풍속할증계수를 말한다.

11 ④ 하중 및 외력에 의하여 구조부재에 생기는 단위면적당 힘의 세기는 응력을 말하고, 부재력은 하중이나 외력에 의하여 단순히 부재 내에 생기는 힘들(축력, 전단력, 및 휨모멘트)을 말한다.

12 ③ 풍하중은 그 자체가 500년 재현주기의 극한하중이기 때문에 이미 계수가 내포된 극한하중에 해당한다. 따라서 별도로 추가적인 계수를 곱하지 않는다. 그러므로 풍하중이 포함된 선택지 ③의 하중조합은 $0.9D + 1.0W$가 된다.

13 ① 고정하중과 지진하중만으로 하중조합을 하는 경우는 $0.9D + 1.0$ 이므로, 고정하중에 적용하는 계수는 0.9이다.

14 ③ 처짐과 진동, 균열 등은 구조물의 사용성을 나타내는 것이므로 사용하중을 적용한다.

15 ① 부재의 영향면적이 36 m² 이상인 경우에 활하중을 저감할 수 있다.

16 ④ 활하중 "5 kN/m² 이하"의 공중집회 용도에 대해서는 활하중을 저감할 수 없다.

17 ③ 주거용 건축물의 거실-2.0, 일반사무실-2.5, 도서관 서고-7.5, 30 kN 이하 차량용 옥외주차장-5.0이므로 가장 큰 활하중은 도서관 서고이다.

18 ③ 기계실-3.0, 옥내 승용차 전용주차장-5.0, 판매장 중 창고형 매장-6.0, 체육시설중 체육관 바닥, 옥외경기장-5.0이며, 가장 큰 활하중은 창고형 매장이다.

19 ① 도서관 서고-7.5, 점유, 사용하지 않는 지붕-1.0, 주거용 건축물의 거실-2.0, 체육관 바닥, 옥외경기장-5.0이므로 가장 큰 활하중은 도서관 서고이다.

20 ③ 건축물 내부에 설치되는 "높이 1.8m 이상의 각종 내벽"은 벽면에 직각 방향으로 작용하는 "0.25 kN/m² 이상의 등분포하중"에 대하여 안전하도록 설계한다.

21 ③ 활하중은 점유 또는 사용에 의하여 발생할 것으로 예상되는 "최대의 하중"이어야 한다.

22 ① "와류진동"은 건축물 배후면에서 좌우 상호 규칙적으로 발생하는 와류의 영향에 의해 발생하는 건축물의 진동을 말하고, 시시각각 변하는 바람의 난류 성분이 물체에 닿아 물체를 풍방향으로 불규칙하게 진동시키는 현상은 "버펫팅"을 말한다.

23 ① 기본지상설하중은 재현기간 "100년에 대한 수직 최심적설깊이"를 기준으로 한다.

24 ④ 동일한 조건일 경우 난방구조물은 난방하지 않는 구조물에 비해 평지붕설하중이 감소된다.

25 ③ 높이 1.5~10 m 정도의 장애물이 산재해 있는 지역은 "지표면조도구분 C"에 해당한다.

26 ③ "기준경도풍높이"는 지표면의 영향을 받아 마찰력이 작용함으로써 지상의 높이에 따라 풍속이 일정하게 되는 영역을 말한다.

27 ③ 주골조설계용 지붕풍하중을 산정할 때 내압의 영향은 고려해야 한다.

28 ③ 지진시에 보는 파괴되어도 일부분만 손상되고, 기둥은 파괴되면 건물 전체가 무너질 수 있으므로 내진 구조는 강한 기둥– 약한 보 시스템으로 해야 한다.

29 ① 가스트영향계수는 풍하중 산정에 고려하는 계수이다.

30 ② 내진등급은 "내진특등급, 내진Ⅰ등급, 내진Ⅱ등급"으로 구분된다.

31 ③ 직하중은 입체골조가 저항하고, 지진하중은 전단벽이나 가새골조가 저항하는 구조방식은 건물골조방식을 말한다.

32 ② 수직하중과 횡력을 보와 기둥으로 구성된 라멘골조가 저항하는 구조방식은 모멘트골조방식이다.

33 ② 내력벽시스템의 무보강 조적전단벽 – 1.5, 건물 골조시스템의 철골 강판전단벽 – 7, 중간 모멘트골조를 가진 이중골조시스템의 철근보강 조적전단벽 – 3, 모멘트–저항골조시스템의 철근콘크리트 중간 모멘트골조 – 5 이므로, 가장 큰 것은 ②이다.

34 ① 모멘트–저항골조 시스템에서의 철근콘크리트 보통모멘트 골조 – 3, 내력벽시스템에서의 철근콘크리트 보통전단벽 – 4, 건물골조시스템에서의 철근콘크리트 보통전단벽 – 5, 철근콘크리트 보통 전단벽–골조 상호작용 시스템 – 4.5 이므로 가장 작은 것은 ①이다.

35 ① 내진구조계획에서 수직 방향으로 질량이 비정형이 되지 않도록 한 층의 유효질량이 인접층의 유효질량과 차이가 "작게 하는 것"이 내진에 유리하다.

36 ④ 모멘트골조방식은 보와 기둥이 수직하중과 횡력을 함께 저항하는 구조방식이다.

37 ② 반응수정계수는 건축물의 연성과 감쇠능력을 고려하기 위한 계수이다.

38 ② 등가정적해석법에서 밑면전단력은 건물의 중량과 중요도계수에는 비례하고, 건물의 고유주기와 반응수정계수에는 반비례한다.

김현
건축구조

학습의 주안점

제3장은 건축구조 과목의 가장 큰 비중을 차지하고 있는 철근콘크리트구조 부분이다. 이 단원에서는 철근콘크리트구조를 구성하는 재료와 보, 기둥, 기초 등 각 부재의 해석과 설계에 대하여 기본 이론부터 구조설계기준(KDS)의 주요 내용 및 부재설계와 상세에 이르기까지 공부하게 된다. 특히 주 재료인 콘크리트 재료의 특성과 강도설계법의 개념, 휨재의 해석 이론 및 설계, 전단설계, 철근의 정착과 이음, 슬래브 설계, 기초 설계 등 각 부재의 특성과 설계 부분에서 많은 문제들이 출제되고 있다. 시험 문제의 많은 부분은 구조설계기준(KDS)의 관련 조항들을 토대로 출제되고 있으니, 이 단원의 공부에서는 꼭 구조설계기준의 내용을 중심으로 정리하도록 하자.

크리프, 건조수축	★☆☆☆☆
피복두께와 배근 상세	★★☆☆☆
휨거동 해석	★★★☆☆
휨, 전단 등 부재설계	★★★☆☆
정착 이음	★★★☆☆
기둥의 띠철근 규정	★★★☆☆
슬래브의 최소두께	★★☆☆☆

철근콘크리트(RC)구조

철근콘크리트(RC)구조

제1절　철근 콘크리트구조의 개요 및 특징

① 철근콘크리트구조의 개요

콘크리트는 압축에 저항하고 철근은 인장을 보완하여 함께 효율적으로 일체가 되어 외력에 저항하며, 각종 건축물(주택, 관공서, 상업건물, 오피스 등)의 구조에 가장 많이 사용된다.

② 철근콘크리트구조 성립 이유 ★★★

(1) 철근과 콘크리트의 열팽창계수(α)가 거의 같다.

　① 철근의 열팽창계수(α): $1.2 \times 10^{-5}/℃$

　② 콘크리트의 α: $(1.0 \sim 1.3) \times 10^{-5}/℃$

(2) 콘크리트는 철근의 부식을 방지하고, 화재로부터 보호한다.

　− 콘크리트 속 수산화칼슘은 pH. 12.5 정도의 강알칼리성이다.

(3) 철근과 콘크리트 사이의 부착강도가 커서 두 재료가 일체화되어 외력에 저항한다.

③ 철근콘크리트구조의 특징

(1) 장점

　① 내구성, 내화성이 크고 조형성이 좋다.

　② 구조물의 유지관리 쉽고, 내진과 충격에 강하다.

　③ 강구조에 비해서 경제적이다.

(2) 단점

　① 균열이 생기기 쉽고, 자중이 크다.

　② 검사나 개조 및 보강이 어렵다.

　③ 물을 사용하여 시공하므로 공기가 소요되고 시공관리가 어렵다.

제2절 **구성 재료 및 재료의 특성**

1 철근

(1) 강재의 기계적 특성

① 강도가 크다.

② 연성(연신율)이 좋아 변형능력이 우수하고, 내진성이 좋다.

③ 가공성이 우수하여 복잡한 형상으로 가공해 활용할 수 있다.

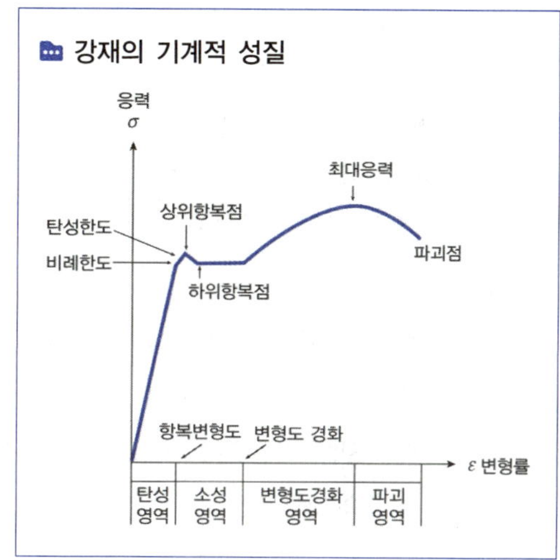

(2) 철근의 종류

① 원형철근: 표면이 매끈한 봉강

② 이형철근(철선): 표면에 돌기(리브와 마디)를 가진 봉강

③ 용접철망: 철선을 가로 세로 격자형으로 용접으로 선조립한 망 형태의 소재

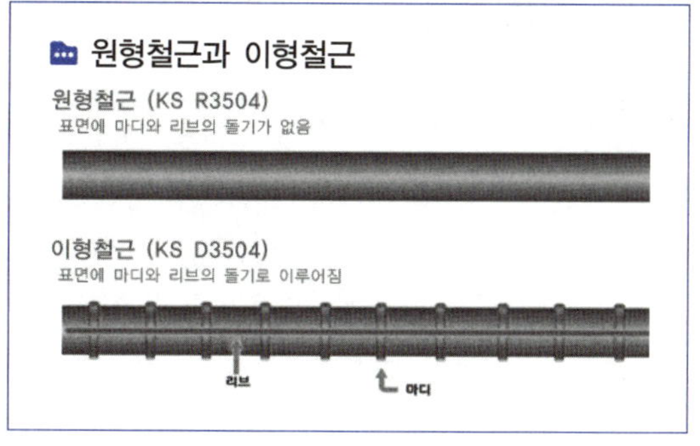

(3) 철근의 규격 표시

철근의 규격은 KS에서 정해진 표기법으로 "종류+항복강도"로 연결해서 표기한다.

① SR400 - 원형(rounded)철근으로 항복강도 400MPa

② SD400 - 이형(deformed)철근으로 항복강도 400MPa

③ SD500W - 용접용(weldable) 이형철근으로 항복강도 500MPa

④ SD500S - 내진용(seismic) 이형철근으로 항복강도 500MPa

(4) 철근의 설계강도

① (긴장재 제외) 철근의 설계기준항복강도 f_y는 600MPa을 초과하지 않아야 한다.

② 전단철근의 설계기준항복강도 f_y는 500MPa을 초과하지 않아야 한다. 단, 벽체의 전단철근 및 용접이형철망을 사용할 경우는 600MPa을 초과하지 않아야 한다.

② 콘크리트

(1) 콘크리트의 구성

① 콘크리트 = 물(W) + 시멘트(C) + 모래(S) + 자갈(G) + (기타 혼화재료)

② Concrete : 골재를 결합재(시멘트)로 일체화시킨 결합체

③ 골재(체적의 약 70%)+ 물(약 15%)+ 시멘트(약 10%)+ 공기(약 5%)

    ㉠ W+C　　　 : 시멘트 페이스트

    ㉡ W+C+S　　 : 모르타르

    ㉢ W+C+S+G : 콘크리트

(2) 골재

① 굵은골재(자갈) : 체 규격 5mm 표준망체를 이용하여 85% 이상 남는 골재

② 잔골재(모래) : 체 규격 5mm 표준망체를 이용하여 85% 이상 통과하는 골재

(3) 굵은골재의 최대 공칭치수 ★

① 굵은골재의 최대 공칭치수는 다음 값을 초과하지 말아야 한다.

    ㉠ 거푸집 양 측면 사이의 최소 거리의 1/5

    ㉡ 슬래브 두께의 1/3

    ㉢ 개별 철근, 다발철근, 긴장재 또는 덕트 사이 최소 순간격의 3/4

(4) 물(Water) : 음용 가능한 깨끗한 물(유해 물질 불포함)

① 수화작용에 필요한 물은 시멘트 중량의 25% 정도

② 유동성 확보를 위하여 10~15% 정도

③ 최소 물-시멘트비 35~40% 정도[w/c≒0.4]

    ※ 과다한 물 → 증발 후 공극 형성 → 강도 저하

(5) 시멘트 (Hydraulic cement) :

① 물과 반응하여 응결(setting), 경화된다. [수화반응]

② 포틀랜드시멘트(Portland) : 석회석(CaO)+점토+규석+석고+광물 등

(6) 혼화재료

① 혼화재(材) : 재료적 성격

    － 5% 이상 첨가 ➡ 배합설계 시 첨가량 계산

    ㉠ 고로슬래그(slag)

    ㉡ 플라이애쉬(fly ash)

    ㉢ 실리카 흄(silica fume)

② 혼화제(劑) : 약품적 성격

    ㉠ 소량(5% 미만) 첨가 ➡ 배합설계 시 무시

    ㉡ AE제, 유동화제, 감수제, AE감수제

③ 콘크리트의 강도 측정

(1) 콘크리트 압축강도용 공시체

① $\phi 150 \times 300$ mm을 기준

② 실무에서는 $\phi 100 \times 200$ mm 공시체 사용(강도보정계수 0.97)

(2) 압축강도에 영향 요인

① 물/시멘트비, 재령(age)

② 시멘트의 종류, 단위시멘트량

③ 골재의 입도

④ 양생 방법

(3) 배합강도의 결정

콘크리트 배합을 선정할 때 기초하는 배합강도 f_{cr} 은 규정에 따라 계산된 표준편차를 이용하여 다음 표와 같이 계산한다.

$f_{ck} \leq 35$ MPa인 경우	$f_{ck} > 35$ MPa인 경우
$f_{cr} = f_{ck} + 1.34s$ $f_{cr} = (f_{ck} - 3.5) + 2.33s$	$f_{cr} = f_{ck} + 1.34s$ $f_{cr} = 0.9 f_{ck} + 2.33s$

(4) 콘크리트 강도시험용 시료 채취 기준 ★★

각 날짜에 친 각 등급의 콘크리트 강도시험용 시료는 다음과 같이 채취하여야 한다.

① 하루에 1회 이상

② 체적 120 m³당 1회 이상

③ 슬래브나 벽체의 표면적 500 m²마다 1회 이상

④ 배합이 변경될 때마다 1회 이상

④ 콘크리트의 재료 특성

(1) 건조수축과 크리프 ★★★

① 건조수축(drying shrinkage) : 콘크리트 공극내 수분이 건조되어서 콘크리트가 수축하는 현상 (1년 경과시 80% 이상 진행)

② 크리프(creep) : 하중을 작용시킨 상태에서 시간이 경과함에 따라 변형이 지속적으로 발생하는 현상(응력이 장시간 계속 작용할 때 변형이 계속 진행, 2년 경과시 90% 진행)

(2) 건조수축과 크리프의 영향요인 ★★

① 건조수축과 크리트는 모두 콘크리트의 건조 양생과 관련이 깊다. 콘크리트 속의 잉여 수분이 건조되면서 남은 빈 공극과 수화반응으로 생성된 수산화칼슘, 에트린자이트 등의 미세 공극들이 모세관 장력 현상으로 수축되어 콘크리트의 부피가 수축하는 현상으로, 하중과 관계없이

수축되는 현상이 건조수축(shrinkage)이고, 하중이 장시간 가해진 상태로 유지되면 지속적으로 수축변형이 증가되는 현상이 크리프(creep)이다.

② 따라서 두 현상 모두 대기중의 습도가 낮고 건조하면 많이 생기고, 물-시멘트비가 높아도 많이 생긴다. 그리고 단위골재량이 많으면 적게 생기고, 특별히 크리프 현상은 작용하는 하중이 작으면 적게 생기고, 압축측에 철근이 배근되어 있으면 적게 생기게 된다.

(3) 콘크리트의 탄성계수 ★★★

보통중량골재를 사용한 콘크리트($m_c = 2,300\,\text{kg/m}^3$)의 탄성계수는 할선탄성계수로부터 다음 식과 같이 구해진다.

$$E_c = 8,500 \sqrt[3]{f_{cm}}\ (\text{MPa})$$

여기서, 평균강도 f_{cm}에 대한 충분한 시험자료가 없는 경우에는 다음 식으로 구한다.

$$f_{cm} = f_{ck} + \Delta f$$

여기서, Δf는 f_{ck}가 $40\,\text{MPa}$ 이하이면 $4\,\text{MPa}$, 60 MPa 이상이면 $6\,\text{MPa}$이며, 그 사이는 직선보간으로 구한다.

① 콘크리트의 탄성계수는 일반적으로 할선탄성계수 사용

② 초기접선탄성계수 : 크리프 계산에 사용

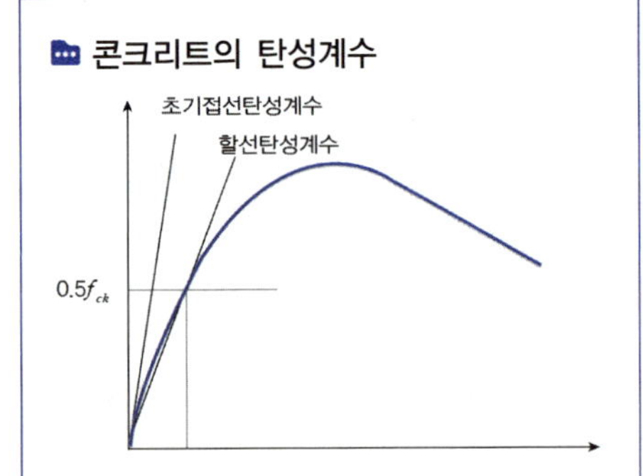

제3절 RC 구조 설계 개요

① RC 구조 설계 이론의 적용

철근콘크리트 구조물의 설계는 철근콘크리트 기본가정으로부터 유도된 평형조건과 적합조건 및 응력-변형률 관계식을 이용한다.

⑴ **평형조건 :** $\Sigma F_x = 0,\ \Sigma F_y = 0,\ \Sigma M = 0$

⑵ **적합조건 (Compatibility condition) :** 철근과 콘크리트는 완전부착이므로 같은 위치에서 철근의 변형률과 콘크리트의 변형률은 같다.

⑶ **응력-변형률 관계식**

❷ RC 구조설계방법

(1) 허용응력설계법

부재의 탄성해석에서 작용하중에 의한 부재 응력이 재료의 허용응력을 넘지 않도록 설계하는 방법(사용하중을 고려, 탄성이론 적용)

① 부재(재료)의 응력 ≤ 허용응력

② 구조 설계 (부재계산)가 간편함

(2) 강도설계법 ★★

공칭강도에 감소계수를 곱하여 저감시킨 부재의 강도가 계수하중을 지지하도록 설계하는 방법

① 재료의 비탄성을 고려(극한강도)하여 공칭강도 산정

② 부재의 종류에 따라 강도감소계수를 적용, 하중의 유형에 따라 하중계수를 적용

③ 파괴에 대한 안전성(강도) 확보, 사용성 별도 검토

④ 설계강도(ϕR_n) ≥ 소요강도 ($U = \Sigma \alpha_i Q_i$)

   (ϕ : 강도감소계수, R_n : 공칭강도, α : 하중계수, Q : 하중효과)

(3) 한계상대설계법

구조물의 사용목적에 적합하지 않게 되는 한계상태를 정하고, 이 한계상태에 이르는 확률을 허용한도 이하가 되도록 설계하는 방법(하중-저항계수설계법(LRFD)라고 함)

① 하중과 재료에 대하여 각각 부분안전계수를 적용

② 한계상태 : 극한한계상태, 사용성한계상태 등

(4) 강도감소계수(ϕ) ★★★

① 기준(KDS)에 정의된 인장지배단면	0.85
② 기준(KDS)에 정의된 압축지배단면, 가) 나선철근 보강 부재	0.70
나) 그 외의 부재	0.65
③ 전단력과 비틀림모멘트	0.75
④ 콘크리트의 지압력(PT 정착부나 스트럿-타이 모델은 제외)	0.65
⑤ 포스트텐션 정착구역	0.85
⑥ 스트럿-타이 모델에서, 가) 스트럿, 절점부 및 지압부	0.75
나) 타이	0.85
⑦ 긴장재 묻힘길이가 작은 프리텐션 부재의 휨 단면	0.75
⑧ 무근콘크리트(휨모멘트, 압축력, 전단력, 지압력)	0.55

제4절 휨해석과 설계

1 단철근 직사각형 보의 해석과 설계

(I) 설계 가정 ★★★

① 휨모멘트와 축력을 받는 부재의 강도설계는 다음 ②부터 ⑦까지에 규정된 가정에 따라야 하며, 힘의 평형조건과 변형률 적합조건을 만족시켜야 한다.

② 철근과 콘크리트의 변형률은 중립축부터 거리에 비례하는 것으로 가정할 수 있다. 그러나 깊은보는 비선형 변형률 분포를 고려하여야 한다. 깊은보의 설계에서 비선형 변형률 분포를 고려하는 대신 스트럿-타이 모델을 적용할 수도 있다.

③ 휨모멘트 또는 휨모멘트와 축력을 동시에 받는 부재의 콘크리트 압축연단의 극한변형률은 콘크리트의 설계기준압축강도가 40 MPa 이하인 경우에는 0.0033으로 가정하며, 40 MPa을 초과할 경우에는 매 10 MPa의 강도 증가에 대하여 0.0001씩 감소시킨다.

④ 철근의 응력이 설계기준항복강도 f_y 이하일 때 철근의 응력은 그 변형률에 E_s를 곱한 값으로 하고, 철근의 변형률이 f_y에 대응하는 변형률보다 큰 경우 철근의 응력은 변형률에 관계없이 f_y로 하여야 한다.

⚬ 단철근 직사각형 보의 휨거동

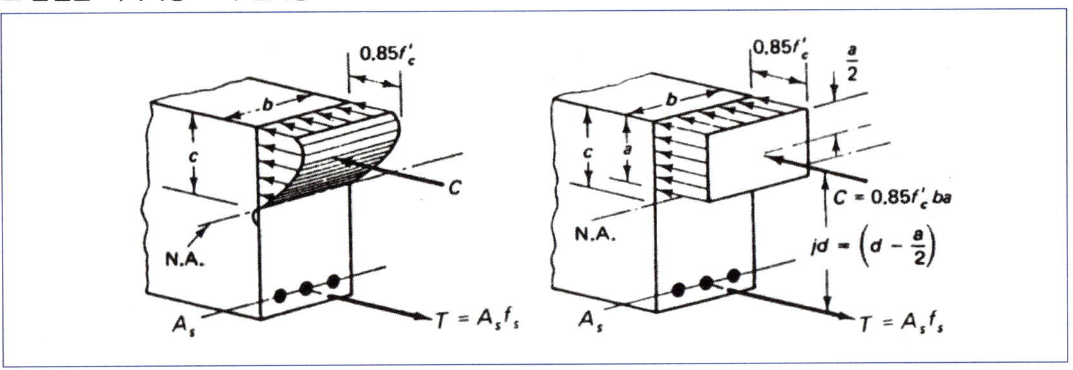

⑤ 콘크리트의 인장강도는 프리스트레스트콘크리트의 콘크리트 허용응력 규정(KDS기준)에 해당하는 경우를 제외하고는 철근콘크리트 부재 단면의 축강도와 휨강도 계산에서 무시할 수 있다.

⑥ 콘크리트 압축응력의 분포와 콘크리트변형률 사이의 관계는 직사각형, 사다리꼴, 포물선형 또는 강도의 예측에서 광범위한 실험의 결과와 실질적으로 일치하는 어떤 형상으로도 가정할 수 있다.

📖 단철근 보의 응력 변형과 등가직사각형 응력 블록

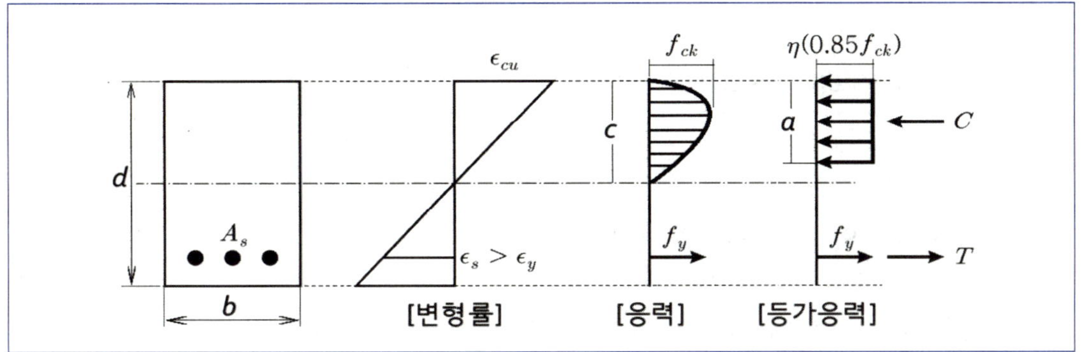

⑦ 위 ⑥의 규정은 다음에 정의되는 포물선-직선 형상의 응력-변형률 관계로 나타낼 수 있다.

  ㉠ 포물선-직선 형상의 응력-변형률 관계에 의하여 콘크리트에 작용하는 압축응력의 평균값은 $\alpha(0.85f_{ck})$로, 압축연단으로부터 합력의 작용위치는 중립축 깊이 c와 β의 곱으로 나타내며, 응력분포의 각 변수 및 계수는 아래 표의 값을 적용한다.

📖 응력분포의 변수 및 계수 값

f_{ck}(MPa)	≤40	50	60	70	80	90
ε_{cu}	0.0033	0.0032	0.0031	0.003	0.0029	0.0028
α	0.80	0.78	0.72	0.67	0.63	0.59
β	0.40	0.40	0.38	0.37	0.36	0.35

⑧ 상기 ⑥의 규정은 상기 ⑦에 규정된 포물선-직선 형상의 응력-변형률 관계 대신 다음에 정의되는 등가 직사각형 압축응력블록으로 나타낼 수 있다.

  ㉠ 단면의 가장자리와 최대 압축변형률이 일어나는 연단부터 $a = \beta_1 c$ 거리에 있고 중립축과 평행한 직선에 의해 이루어지는 등가 압축영역에 $\eta(0.85f_{ck})$인 콘크리트 응력이 등분포하는 것으로 가정한다.

  ㉡ 최대 변형률이 발생하는 압축연단에서 중립축까지 거리 c는 중립축에 대해 직각방향으로 측정한 것으로 한다.

  ㉢ 계수 η와 β_1은 아래 표의 값을 적용한다.

📖 등가직사각형 응력분포 변수 값

f_{ck}(MPa)	≤40	50	60	70	80	90
ε_{cu}	0.0033	0.0032	0.0031	0.003	0.0029	0.0028
η	1.00	0.97	0.95	0.91	0.87	0.84
β_1	0.80	0.80	0.76	0.74	0.72	0.70

⑨ 등가직사각형 응력블록의 깊이(a)와 중립축 거리(c) ★★★

$$C=T \implies \eta(0.85f_{ck})ab = A_s f_y \quad \therefore a = \frac{A_s f_y}{\eta\,0.85 f_{ck} b}$$

$$a = \beta_1 c \quad \Rightarrow \quad c = \frac{a}{\beta_1}$$

⑩ 단철근 직사각형보의 공칭휨강도(M_n)

$$M_n = T(jd) = A_s f_y \left(d - \frac{a}{2}\right)$$

(2) 균형변형률 상태와 지배단면 구분 ★★★

① 휨모멘트나 축력 또는 휨모멘트와 축력을 동시에 받는 단면의 설계강도 산정은 앞의 가정에서 사용된 힘의 평형조건과 변형률의 적합조건에 기초하여야 한다.

② 인장철근이 설계기준항복강도 f_y에 대응하는 변형률에 도달하고 동시에 압축 콘크리트가 가정된 극한변형률(ε_{cu})에 도달할 때, 그 단면이 균형변형률 상태에 있다고 본다.

▥ 지배단면의 변형률 : ㉠ 압축지배단면　　㉡ 변화구간단면　　㉢ 인장지배단면

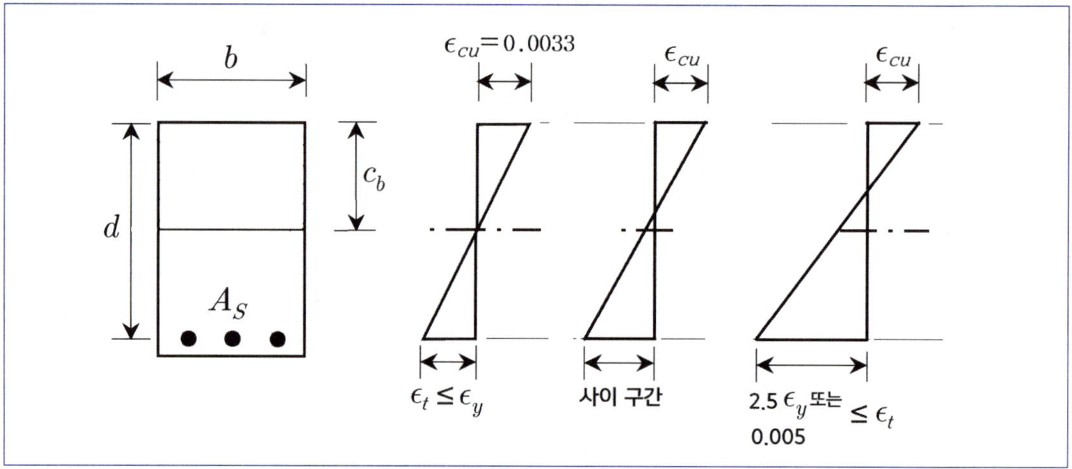

③ 압축연단 콘크리트가 가정된 극한변형률에 도달할 때 최외단 인장철근의 순인장변형률 ε_t 가 압축지배변형률 한계 이하인 단면을 압축지배단면이라고 한다. 압축지배변형률 한계는 균형변형률 상태에서 인장철근의 순인장변형률과 같다(프리스트레스트콘크리트의 경우에는 최외단 긴장재의 순인장변형률을 기준으로 하며 압축지배변형률 한계는 0.002로 한다).

④ 압축연단 콘크리트가 가정된 극한변형률에 도달할 때 최외단 인장철근의 순인장변형률 ε_t가 0.005의 인장지배변형률 한계 이상인 단면을 인장지배단면이라고 한다. 다만, 철근의 항복강도가 400 MPa을 초과하는 경우에는 인장지배변형률 한계를 철근 항복변형률의 2.5배로 한다. (※ 인장지배단면: $\varepsilon_t \geq [0.005,\ \text{or}\ 2.5\,\varepsilon_y]$)

⑤ 순인장변형률 ε_t가 압축지배변형률 한계와 인장지배변형률 한계 사이인 단면은 변화구간 단면이라고 한다.

⑥ 프리스트레스를 가하지 않은 휨부재는 공칭강도 상태에서 순인장변형률 ε_t가 휨부재의 최소 허용변형률 이상이어야 한다. 휨부재의 최소 허용변형률은 철근의 항복강도가 400 MPa 이하인

경우 0.004로 하며, 철근의 항복강도가 400 MPa을 초과하는 경우 철근 항복변형률의 2배로 한다. (※ **휨부재의 최소허용변형률**: $\varepsilon_{t,\,min} \geq [0.004,\ or\ 2.0\,\varepsilon_y]$)

⑦ 휨모멘트와 축력을 동시에 받는 철근콘크리트 부재로서 계수축력이 $0.10 f_{ck} A_g$보다 작은 경우는 축력의 영향을 무시하고 휨부재로 취급하여 휨강도를 계산할 수 있다.

⑧ 휨부재의 강도를 증가시키기 위하여 추가 인장철근과 이에 대응하는 압축철근을 사용할 수 있다.

② 휨부재 설계의 제한 사항

(1) 휨부재의 횡지지 간격

① 보의 횡지지 간격은 압축 플랜지 또는 압축면의 최소 폭의 50배를 초과하지 않도록 하여야 한다.

② 하중의 횡방향 편심의 영향은 횡지지 간격을 결정할 때 고려되어야 한다.

(2) 휨부재의 최소 철근량

① 해석에 의하여 인장철근 보강이 요구되는 휨부재의 모든 단면에 대하여 설계휨강도가 다음 식의 조건을 만족하도록 인장철근을 배치하여야 한다.

$$\phi M_n \geq 1.2 M_{cr}$$

여기서, M_{cr}은 휨부재의 균열휨모멘트이다.

② 철근의 최대 간격은 슬래브 또는 기초판 두께의 3배와 450 mm 중 작은 값을 초과하지 않도록 하여야 한다.

③ 복철근 직사각형 보

(1) 복철근보 사용 이유 ★★★

① 장기처짐의 감소: 크리프 억제로 장기처짐 감소

② 연성 증대: 압축측 철근으로 인한 연성적 거동

③ 시공 용이: 보 철근(스터럽) 배근 용이

④ 설계강도 증가

⑤ 정, 부 모멘트 교반하중 작용시(지진 등)

④ T형보

(1) T형보의 구성

보에 연결된 슬래브를 압축영역으로 활용하기 위하여 보와 슬래브(플랜지)를 함께 고려하여 T형보로 설계한다. 설계개념은 직사각형보와 유사하며, T형보에서 보의 압축영역으로 고려하는 슬래브(플랜지) 부분의 폭을 유효폭이라고 한다.

◗◗ T형보의 형상과 보의 경간

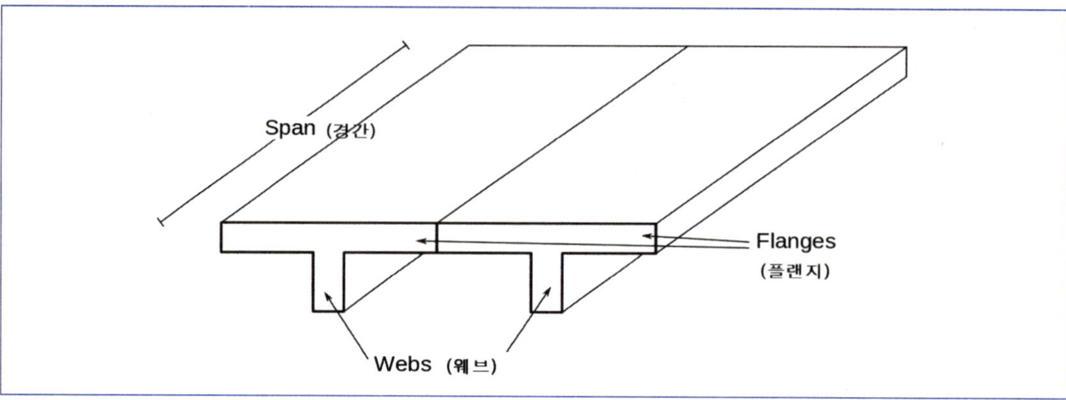

(2) T형보의 유효폭 ★★★

슬래브와 일체로 친 T형 단면보는 그림과 같이 외단의 반T형보와 내부의 T형보로 나누어 각각 유효폭을 아래와 같이 산정한다.

◗◗ 슬래브와 보의 일체로 친 구조

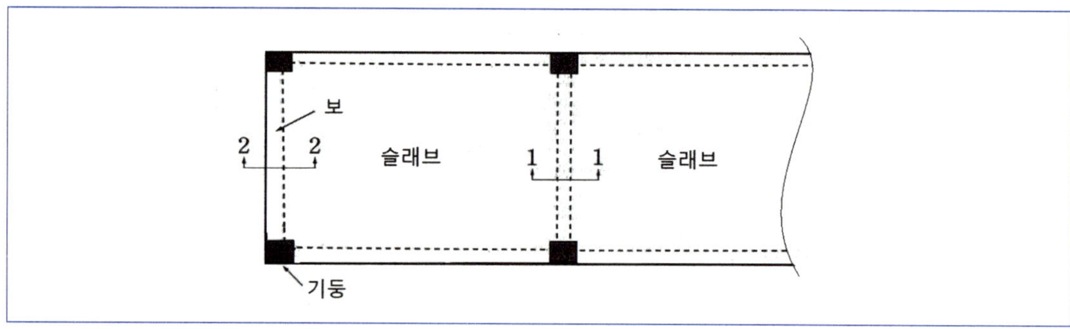

① T형보 (그림의 1−1 단면)

   ㉠ (양쪽 각각 내민 플랜지 두께의 8배씩)$+ b_w$

   ㉡ 양쪽의 슬래브의 중심 간 거리

   ㉢ 보의 경간의 1/4

◗◗ 반T형보와 T형보의 유효폭

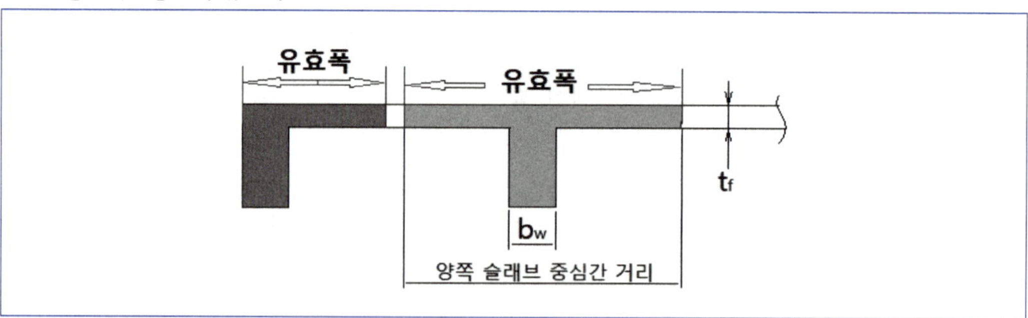

② 반 T형보(그림의 2-2 단면)
  ㉠ (한쪽 내민 플랜지 두께의 6배)$+ b_w$
  ㉡ (보의 경간의 1/12)$+ b_w$
  ㉢ (인접 보와의 내측 거리의 1/2)$+ b_w$

제5절 | 압축재(기둥)

❶ 기둥의 정의

축방향 압축을 주로 받는 부재를 압축재 또는 기둥이라고 하며, RC조에서는 단면 최소치수보다 길이(높이)가 3배 이상으로 긴 부재를 말한다.

❷ 기둥의 종류

(Ⅰ) 부재의 유형에 따른 송류

① 띠철근기둥
② 나선철근기둥
③ 합성기둥

(2) 좌굴 거동에 따른 종류

① 단주
세장비가 특정 한계값 미만으로 작은 기둥으로, 주로 콘크리트의 압축파괴나 철근의 항복으로 파괴되는 기둥

② 장주
세장비가 특정 한계값 이상으로 커서 가늘고 긴(세장한) 기둥으로, 파괴거동이 주로 좌굴(buckling)에 의해 지배되는 기둥

③ 세장비(λ)

$$\lambda = \frac{kL}{r}$$

here, k : 유효길이계수, L : 기둥의 길이, r : 단면2차반지름($r = \sqrt{\dfrac{I}{A}}$)

(3) 횡구속 조건에 따른 구분

다음과 같이 횡구속조건에 따라 세장비(λ)가 다음의 조건을 만족하면 단주로 고려하고, 만족하지 않으면 장주로 고려한다.

① 횡변위가 구속된 경우

$$\lambda < 34 - 12\left(\frac{M_1}{M_2}\right) \le 40 \quad \Rightarrow \quad 단주$$

here, M_1 (M_2) : 기둥의 상하단 모멘트 중 작은 값 (큰 값)

$(\frac{M_1}{M_2})$의 부호 : 단곡률인 경우(+), 복곡률인 경우 (−)

② 횡변위가 구속되지 않은 경우

$$\lambda < 22 \quad \Rightarrow \quad 단주$$

❸ 기둥(압축부재)의 설계 제한 사항

(1) 압축부재의 철근량 제한 ★★★

① 비합성 압축부재의 축방향 주철근 단면적은 전체 단면적 A_g의 0.01배 이상, 0.08배 이하로 하여야 한다. 주철근이 겹침이음되는 경우 철근비는 0.04를 초과하지 않아야 한다(1% ∼ 8%).

② 축방향 철근량 최소한계(최소철근비 0.01) 설정 사유
　㉠ 예상치 못한 편심 등으로 인해 생기는 휨에 저항하도록
　㉡ 콘크리트의 건조수축과 크리프 영향 감소
　㉢ 시공상의 결함(재료분리 등)을 보완하기 위해

③ 압축부재의 축방향 주철근의 최소 개수는 사각형이나 원형 띠철근으로 둘러싸인 경우 4개, 삼각형 띠철근으로 둘러싸인 경우 3개, 기준에 규정하는 나선철근으로 둘러싸인 철근의 경우 6개로 하여야 한다.

(2) 압축부재의 횡철근 ★★★

① 압축부재에 사용되는 나선철근은 다음 규정을 따라야 한다.
　㉠ 현장치기콘크리트 공사에서 나선철근 지름은 10 mm 이상으로 하여야 한다.
　㉡ 나선철근의 순간격은 25 mm 이상, 75 mm 이하이어야 한다.

② 압축부재에 사용되는 띠철근은 다음 규정을 따라야 한다.
　㉠ D32 이하의 축방향 철근은 D10 이상의 띠철근으로, D35 이상의 축방향 철근과 다발철근은 D13 이상의 띠철근으로 둘러싸야 하며, 띠철근 대신 등가단면적의 이형철선 또는 용접철망을 사용할 수 있다.
　㉡ 띠철근의 수직간격은 축방향 철근지름의 16배 이하, 띠철근이나 철선지름의 48배 이하, 또한 기둥단면의 최소 치수의 1/2 이하로 하여야 한다.

③ 띠철근(횡철근)의 역할 : 주철근(종방향철근)의 위치 확보 및 좌굴방지, 연성 증진, 전단 저항

(3) 옵셋굽힘철근 ★★

기둥 연결부에서 단면 치수가 변하는 경우 다음 규정의 옵셋굽힘철근을 배치하여야 한다.

① 옵셋굽힘철근의 굽힘부에서 기울기는 1/6을 초과할 수 없다.

② 옵셋굽힘철근의 굽힘부를 벗어난 상·하부철근은 기둥 축에 평행하여야 한다.

③ 옵셋굽힘철근의 굽힘부에는 띠철근, 나선철근 또는 바닥구조에 의해 수평지지가 이루어져야 하고, 옵셋굽힘철근은 거푸집 내에 배치하기 전에 굽혀 두어야 한다.

④ 기둥 연결부에서 상·하부의 기둥면이 75 mm 이상 차이가 나는 경우는 축방향 철근을 구부려서 옵셋굽힘철근으로 사용할 수 없다.

④ 압축부재의 설계강도 ★★

(1) 압축부재의 설계축강도 ϕP_n은 다음 값을 초과하지 않도록 하여야 한다.

① 나선철근을 가진 비프리스트레스 부재: $\phi P_{n(\max)} = 0.85\phi[0.85\,f_{ck}(A_g - A_{st}) + f_y\,A_{st}]$

② 띠철근을 가진 비프리스트레스 부재: $\phi P_{n(\max)} = 0.80\phi[0.85\,f_{ck}(A_g - A_{st}) + f_y\,A_{st}]$

⑤ 바닥판 구조를 통한 기둥하중의 전달

(1) 기둥 콘크리트의 설계기준압축강도가 바닥판 구조에 사용된 콘크리트 강도의 1.4배를 초과하는 경우 바닥판 구조를 통한 하중의 전달은 다음의 (2)에서 (4)까지 방법 중 한 가지에 의해 이루어져야 한다.

(2) 기둥 주변의 바닥판은 기둥과 동일한 강도를 가진 콘크리트로 시공하여야 한다. 기둥 콘크리트의 윗면은 기둥면에서 슬래브 내로 600 mm 정도 확대하고, 기둥 콘크리트와 바닥판 콘크리트가 일체화되도록 기둥 Con'c가 굳지 않은 상태에서 바닥판 Con'c를 시공하여야 한다.

(3) 바닥판 구조를 통과하는 기둥의 강도는 소요 연직 다월 철근과 나선철근을 가진 콘크리트 강도의 하한값을 기준으로 하여야 한다.

(4) 깊이가 거의 같은 보나 슬래브로 네 면이 횡방향 구속된 기둥의 접합부 강도는 기둥 콘크리트 강도의 75%와 바닥판 콘크리트 강도의 35%를 합한 콘크리트의 강도로 가정하여 계산할 수 있다. 여기서, 기둥의 콘크리트 강도는 바닥판 콘크리트 강도의 2.5배를 초과할 수 없다.

⑥ 기둥의 설계

(1) 기둥 단면 최소 치수 200 mm 이상, 단면적 60,000 mm² 이상

(2) **기둥의 피복두께 :** 40 mm 이상

(3) **단주의 설계 :** 설계축강도$(\phi P_n) \geq$ 소요축강도(P_u)
압축지배단면의 강도감소계수(ϕ) : 나선철근 − 0.70, 그 외(띠철근) − 0.65

(4) **장주의 설계 :** 좌굴이 중요
기둥에 가해지는 하중이 작으면 부재는 길이방향으로만 줄어들지만 어느 한계를 넘어서면 갑자기

구부러지고 불안정해진다. 축방향으로 압축력을 받는 세장한 부재는 자신이 부담할 수 있는 최대 압축응력에 도달하기 전에 갑자기 옆으로 휘어지면서 내력을 잃어버리는데 이런 현상을 **좌굴** (Buckling)이라고 한다.

7 좌굴하중과 지지조건별 좌굴거동 ★★★

(1) 오일러의 탄성좌굴하중(P_{cr}) = 임계하중

중심축하중을 받는 길이가 l인 기둥의 탄성 좌굴하중(P_{cr})은 다음과 같다.

$$P_{cr} = \frac{\pi^2 EI}{(Kl)^2}$$

(2) 양단 지지조건에 따른 유효길이계수 : K

축하중을 받는 기둥의 양단 지지조건에 따른 유효길이계수 K는 다음 표와 같다.

📖 **기둥의 지지조건별 유효길이계수**

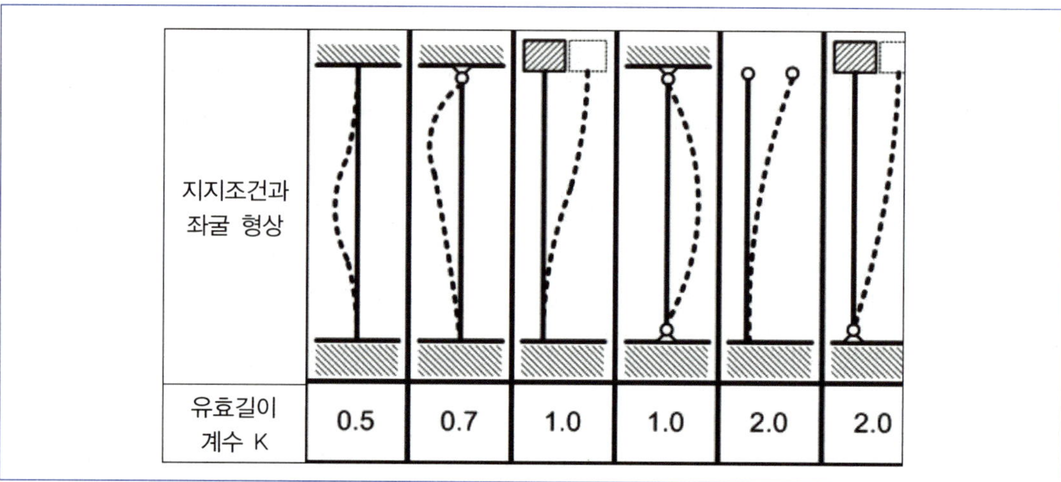

지지조건과 좌굴 형상						
유효길이 계수 K	0.5	0.7	1.0	1.0	2.0	2.0

8 축하중 작용과 P-M상관도

강도설계법에서 기둥 단면을 설계할 때, 축하중의 편심정도에 따라 단면을 다음과 같이 압축지배 영역, 균형상태, 인장지배영역으로 분류하여 P-M 상관도를 이용하여 설계한다.

• 균형상태 : 최외단 압축측콘크리트 변형률이 극한변형률ε_{cu}에 도달할 때, 인장철근의 변형률이 항복변형률ε_y에 도달한 상태

(여기서, e_b = 균형편심거리, P_b = 균형축하중, M_b = 균형모멘트이다)

(1) 축하중의 작용상태에 따른 단면 분류

최외단 압축측콘크리트 변형률이 극한변형률ε_{cu}에 도달할 때, 최외단 인장철근의 변형률(ε_s)의 항복상태에 따라서 균형상태 및 압축지배영역, 인장지배영역으로 분류된다.

📖 기둥의 단면 분류

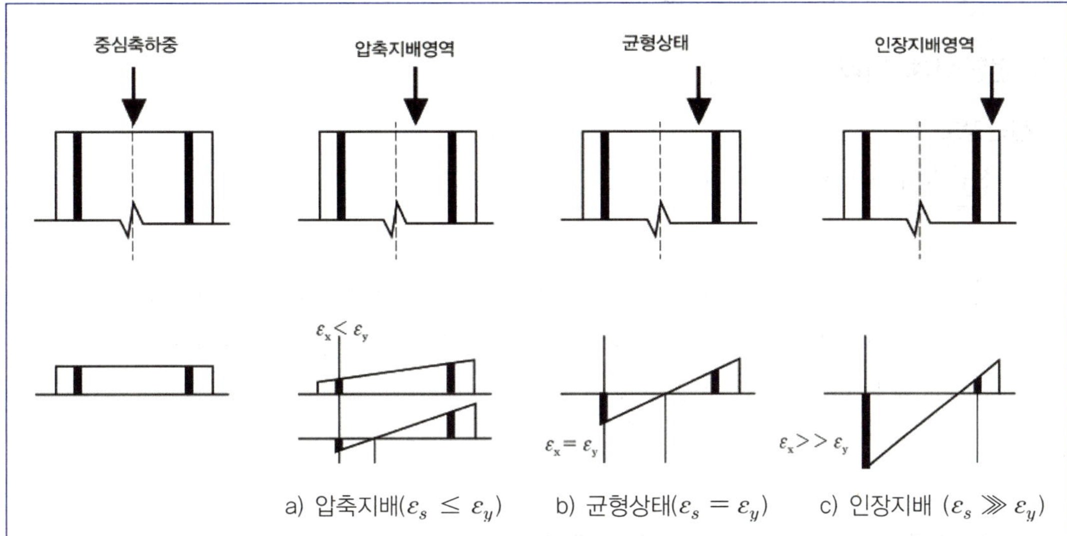

(2) 축하중을 받는 기둥의 P–M 상관도

① 편심거리에 따른 기둥의 파괴 유형

㉠ $e = e_b$: 균형파괴

㉡ $e < e_b$: 압축파괴

㉢ $e > e_b$: 인장파괴

9 모멘트 증대

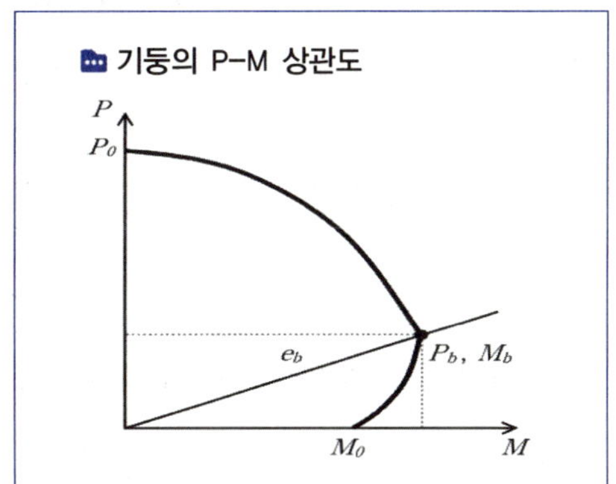

철근콘크리트 기둥은 횡방향 하중이나 라멘구조와 같은 기둥 보 연결에 의해서 축력과 휨모멘트를 동시에 받는 경우가 많다. 이 경우 기둥에 횡방향 변위가 생기면 기둥은 횡방향 변위위치에 축력이 작용하게 되어 휨모멘트가 증대하게 된다. 이를 고려하기 위하여 모멘트 증대(확대) 계수를 곱하여 모멘트를 증대시킨다.

📖 확대계수모멘트

$$M_c = \delta_{ns} M_2 = \frac{C_m}{1 - \dfrac{P_u}{0.75 P_c}} M_2$$

here, $\delta_{ns} = \dfrac{C_m}{1 - \dfrac{P_u}{0.75 P_c}}$: 모멘트확대(증대)계수

$C_m = 0.6 + 0.4 \dfrac{M_1}{M_2} \geq 0.4$, M_2 : 기둥 양단 계수모멘트 중 큰 값

제6절 | 전단 및 비틀림 설계

① 전단설계 원칙

(I) 전단강도

① 전단력이 작용하는 단면의 설계

$$V_u \leq \phi V_n$$

여기서, V_u는 해당 단면의 계수전단력이며, V_n은 공칭전단강도이고, $\phi = 0.75$ 이다.

② 단면의 공칭전단강도는 다음과 같이 콘크리트에 의한 공칭전단강도(V_c)와 철근에 의한 공칭전단강도(V_s)의 합으로 구성된다.

$$V_n = V_c + V_s$$

② RC 부재의 콘크리트에 의한 전단강도 ★★

(I) 다음 ②의 규정에 따라 상세한 계산을 하지 않는 한, 식 ㉠과 식 ㉡에 따라 전단강도 V_c를 계산하여야 한다.

① 전단력과 휨모멘트만을 받는 부재의 경우 식 ㉠에 의해 계산할 수 있다.

$$V_c = \frac{1}{6}\lambda\sqrt{f_{ck}}\,b_w d \qquad \cdots ㉠$$

② 축방향 압축력을 받는 부재의 경우 식 ㉡에 의해 계산할 수 있다.

$$V_c = \frac{1}{6}\left(1 + \frac{N_u}{14A_g}\right)\lambda\sqrt{f_{ck}}\,b_w d \qquad \cdots ㉡$$

여기서, N_u / A_g의 단위는 N/mm²이다.

③ 전단철근에 의한 전단강도

(I) 전단철근의 형태 ★★

① 다음과 같은 형태의 전단철근을 사용하여야 한다.
  ㉠ 부재축에 직각인 스터럽
  ㉡ 부재축에 직각으로 배치한 용접철망
  ㉢ 나선철근, 원형 띠철근 또는 후프철근

② 철근콘크리트 부재의 경우 다음과 같은 형태의 전단철근을 사용할 수 있다.
  ㉠ 주인장 철근에 45° 이상의 각도로 설치되는 스터럽
  ㉡ 주인장 철근에 30° 이상의 각도로 구부린 굽힘철근
  ㉢ 스터럽과 굽힘철근의 조합

▥ 전단철근의 형태

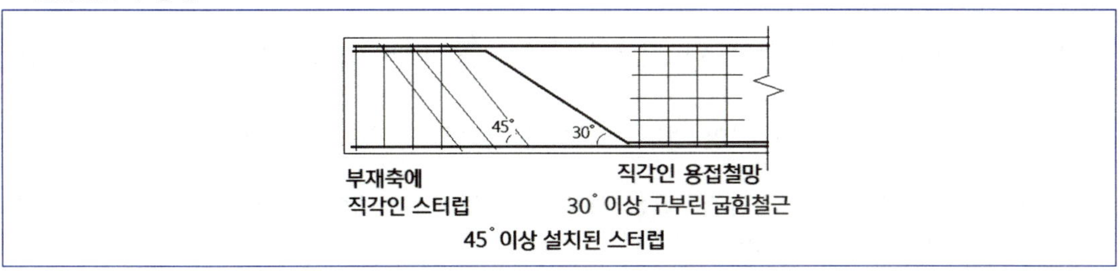

③ 전단철근의 설계기준항복강도는 500 MPa을 초과할 수 없다. 다만, 벽체의 전단철근 또는 용접 이형철망을 사용할 경우 전단철근의 설계기준항복강도는 600 MPa을 초과할 수 없다.

④ 경사스터럽과 굽힘철근은 부재의 중간 높이에서 반력점 방향으로 주인장철근까지 연장된 45° 선과 한 번 이상 교차되도록 배치하여야 한다.

(2) 최소 전단철근

① 계수전단력 V_u가 콘크리트에 의한 설계전단강도 ϕV_c의 $1/2$을 초과하는 모든 철근콘크리트 휨부재에는 최소 전단철근을 배치하여야 한다.

② 최소전단철근 제외 부재

    ㉠ 슬래브와 기초판

    ㉡ 콘크리트 장선구조

    ㉢ 전체 깊이가 250 mm 이하인 보(얇은 I형 T형보)

    ㉣ 교대 벽체 및 날개벽, 옹벽의 벽체, 암거 등과 같이 휨이 주거동인 판부재

③ 최소 전단철근량

$$A_{v,\min} = 0.0625 \sqrt{f_{ck}} \frac{b_w s}{f_{yt}}$$

그러나 최소 전단철근량은 $0.35 b_w s / f_{yt}$보다 작지 않아야 한다.

여기서, f_{yt}는 전단철근의 설계기준항복강도이고, b_w와 s의 단위는 mm이다.

(3) 전단철근의 설계

① 계수전단력 V_u가 설계전단강도 ϕV_c를 초과하는 곳에는 전단철근을 배치하여야 하며, 전단철근에 의한 전단강도 V_s를 다음 규정에 따라 산정하여야 한다.

② 부재축에 직각인 전단철근을 사용하는 경우의 전단강도 V_s :

$$V_s = \frac{A_v f_{yt} d}{s}$$

여기서, A_v는 거리 s 내의 전단철근의 전체 단면적이다.

③ 경사스터럽을 전단철근으로 사용하는 경우의 전단강도 V_s :

$$V_s = \frac{A_v f_{yt} (\sin\alpha + \cos\alpha) d}{s}$$

여기서, α는 경사스터럽과 부재축의 사이각이며 s는 전단 철근 간격이다.

④ 부재축에 직각으로 배치된 전단철근의 간격은 $\dfrac{d}{2}$ 또한 $600\,\mathrm{mm}$ 이하($V_s \leq 2V_c$인 경우)

⑤ $V_s > 2V_c(=\dfrac{1}{3}\sqrt{f_{ck}}\,b_w d)$인 경우 전단철근 간격은 $\dfrac{d}{4}$ 또한 300mm 이하로 감소한다.

⑥ 종방향 철근을 구부려 전단철근으로 사용할 때는 그 경사길이의 중앙 3/4만이 전단철근으로서 유효하다고 보아야 한다.

제7절 정착 및 이음

1 인장 이형철근(이형철선)의 정착 ★★

(1) 인장 이형철근 및 이형철선의 정착길이 l_d는 다음 (2)와 같이 기본정착길이 l_{db}에 보정계수를 고려하는 방법 또는 상세식에 의한 방법 중에서 어느 하나를 선택하여 적용할 수 있다.
다만, 이렇게 구한 정착길이 l_d는 항상 300 mm 이상이어야 한다.

(2) 인장 이형철근 및 이형철선의 기본정착길이 l_{db}는 다음 식에 의해 구하여야 한다. 그리고 배근 위치, 철근 도막(도금) 여부 등에 따른 보정계수는 다음 표에 의해 구한다.

$$l_{db} = \frac{0.6 d_b f_y}{\lambda \sqrt{f_{ck}}} \qquad \cdots \,\text{㉠}$$

▶ 정착길이 보정계수

조건 \ 철근지름	D19 이하 철근(철선)	D22 이상 철근
정착되는 철근의 순간격이 d_b 이상이고, 피복 두께도 d_b 이상이면서 l_d 전 구간에 기준 규정된 최소 철근량 이상의 스터럽 또는 띠철근을 배치한 경우 또는 정착 철근의 순간격이 $2d_b$ 이상이고 피복 두께가 d_b 이상인 경우	$0.8\,\alpha\beta$	$\alpha\beta$
기타	$1.2\,\alpha\beta$	$1.5\,\alpha\beta$

위의 표에 수록된 α, β는 다음과 같이 구할 수 있다.

① α = 철근배치 위치계수
   ㉠ 상부철근(정착길이 아래 300mm를 초과되게 콘크리트를 친 수평철근) : 1.3
   ㉡ 기타 철근 : 1.0
② β = 도막계수
   ㉠ 피복 두께가 $3d_b$ 미만 또는 순간격이 $6d_b$ 미만인 에폭시 도막 철근 : 1.5
   ㉡ 기타 에폭시 도막 혹은 아연-에폭시 이중 도막 철근 또는 철선 : 1.2
   ㉢ 아연도금 혹은 도막되지 않은 철근 또는 철선 : 1.0

③ 에폭시 도막철근이 상부철근인 경우 계수 α와 β의 곱, $\alpha\beta$가 1.7보다 클 필요는 없다.

④ λ는 기준의 경량콘크리트계수이다.

(3) 휨부재에 배치된 철근량이 해석에 의해 요구되는 소요철근량을 초과하는 경우는 계산된 정착길이에 $\left(\dfrac{\text{소요}A_s}{\text{배근}A_s}\right)$를 곱하여 정착길이 l_d를 감소시킬 수 있다.

② 압축 이형철근의 정착

(1) 압축 이형철근의 정착길이 l_d는 다음 (2)의 기본정착길이 l_{db}에 다음 (3)의 적용가능한 모든 보정계수를 곱하여 구하여야 한다. 다만, 이때 구한 l_d는 항상 200 mm 이상이어야 한다.

(2) 압축 이형철근의 기본정착길이 l_{db}는 다음 식에 따라 구하여야 한다.

$$l_{db} = \frac{0.25 d_b f_y}{\lambda \sqrt{f_{ck}}} \qquad \cdots \text{ⓛ}$$

(3) 압축 이형철근의 기본정착길이 l_{db}에 대한 보정계수는 다음과 같다.

① 지름이 6 ㎜ 이상이고 나선 간격이 100 ㎜ 이하인 나선철근 또는 중심 간격 100 ㎜ 이하로 기준의 조건에 따라 배치된 D13 띠철근으로 둘러싸인 압축 이형철근 : 0.75

③ 다발철근의 정착

(1) 인장 또는 압축을 받는 하나의 다발철근 내에 있는 개개 철근의 정착길이 l_d는 다발철근이 아닌 경우의 각 철근의 정착길이보다 3개의 철근으로 구성된 다발철근에 대해서는 20%, 4개의 철근으로 구성된 다발철근에 대해서는 33%를 증가시켜야 한다.

(2) 다발철근의 정착길이 l_d를 계산할 때 순간격, 피복 두께 및 도막계수 그리고 구속효과 관련 항을 계산할 경우에는 다발철근 전체와 동등한 단면적과 도심을 가지는 하나의 철근으로 취급하여야 한다.

④ 표준갈고리를 갖는 인장 이형철근의 정착 ★

(1) 단부에 표준갈고리가 있는 인장 이형철근의 정착길이 l_{dh}는 다음 (2)의 기본정착길이 l_{hb}에 다음 (3)의 적용 가능한 모든 보정계수를 곱하여 구하여야 한다.

다만, 이렇게 구한 정착길이 l_{dh}는 항상 8 d_b 이상, 또한 150 mm 이상이어야 한다.

(2) 기본정착길이 l_{hb}는 다음 식에 의해 구할 수 있다. β는 에폭시 도막 혹은 아연-에폭시 이중 도막 철근의 경우 1.2, 아연도금 또는 도막되지 않은 철근의 경우 1.0이다.

$$l_{hb} = \frac{0.24 \beta d_b f_y}{\lambda \sqrt{f_{ck}}} \qquad \cdots \text{ⓒ}$$

(3) 표준갈고리를 갖는 인장 이형철근의 기본정착길이 l_{hb}에 대한 보정계수는 다음과 같다.

  ① D35 이하 철근에서 측면 피복 두께가 70 mm 이상 : 0.7

  ② D35 이하 90°갈고리 정착구간을 $3d_b$ 이하 간격으로 띠철근 : 0.8

(4) 갈고리는 압축을 받는 경우 철근정착에 유효하지 않은 것으로 보아야 한다.

5 인장 용접이형철망의 정착

(1) 위험단면에서 철선 단부까지 거리로 나타내는 용접이형철망의 정착길이 l_d는 ㉠식에서 구한 정착 길이에 다음 (3)과 (4)에 기술된 철망계수를 곱하여 구하여야 한다.

(2) 휨부재에 배치 철근량이 소요철근량을 초과하는 경우는 $\left(\dfrac{소요 A_s}{배근 A_s}\right)$를 곱하여 정착길이 l_d를 감 소시킬 수 있다. 다만, 감소시킨 정착길이 l_d는 200 mm 이상이어야 한다.

(3) 정착길이 내에 1개 이상의 교차철선이 있고 이 교차철선이 위험단면에서 50 mm 이상 떨어져 있 는 용접이형철망의 철망계수는 다음 중 큰 값을 택하여야 한다.

$$\left(\frac{f_y - 245}{f_y}\right) \ \text{또는} \ \left(\frac{5d_b}{s_w}\right)$$

그러나 이 계수는 1.0 이하이어야 한다.

(4) 정착길이 내에 교차철선이 없거나 위험단면에서 50 mm 이내에 1개의 교차철선이 있는 용접이형철 망의 철망계수는 1.0으로 하고, 정착길이 l_d는 이형철선의 정착길이 산정 방법에 따라 구하여야 한다.

6 정착철근 상세 ★★

(1) 휨철근의 정착 일반

  ① 휨철근은 휨모멘트를 저항하는 데 더 이상 철근을 요구하지 않는 점에서 부재의 유효깊이 d 또는 $12\,d_b$ 중 큰 값 이상으로 더 연장하여야 한다. 다만, 단순경간의 받침부와 캔틸레버의 자유단에서 이 규정은 적용되지 않는다.

  ② 연속철근은 구부러지거나 절단된 인장철근이 휨을 저항하는 데 더 이상 필요하지 않은 점에서 정착길이 l_d 이상의 묻힘길이를 확보하여야 한다.

  ③ 인장철근은 구부려서 복부를 지나 정착하거나 부재의 반대 측에 있는 철근 쪽으로 연속하여 정착시켜야 한다.

  ④ 휨철근은 원칙적으로 전체 철근량의 50%를 초과하여 한 단면에서 절단할 수 없다.

(2) 정모멘트 철근의 정착

단순부재에서 정모멘트 철근의 1/3 이상, 연속부재에서 정모멘트 철근의 1/4 이상을 부재의 같은 면을 따라 받침부까지 연장하여야 한다. 보의 경우는 이러한 철근을 받침부 내로 150 mm 이상 연장하여야 한다.

(3) 부모멘트 철근의 정착

반침부에서 부모멘트에 대해 배치된 전체 인장철근량의 1/3 이상은 변곡점을 지나 부재의 유효깊이 d, $12d_b$ 또는 순경간의 1/16 중 제일 큰 값 이상의 묻힘길이를 확보하여야 한다.

(4) 복부철근의 정착

① 복부철근은 피복 두께 요구 조건과 다른 철근과 간격이 허용하는 한 부재의 압축면과 인장면 가까이까지 연장하여야 한다.

② 단일 U형 또는 다중 U형 스터럽의 단부는 다음 중 한 가지 방법으로 정착시켜야 한다.

   ㉠ D16 이하 철근 또는 지름 16 mm 이하 철선으로 종방향 철근을 둘러싸는 표준갈고리로 정착하여야 한다.

   ㉡ f_{yt}가 300 MPa 이상인 D19, D22 및 D25 스터럽은 종방향 철근을 둘러싸는 표준갈고리 외에 추가로 부재의 중간 깊이에서 갈고리 단부의 바깥까지 묻힘길이를 확보하여야 한다.

③ 단일 U형 또는 다중 U형 스터럽의 양 정착단 사이의 연속구간 내의 굽혀진 부분은 종방향 철근을 둘러싸야 한다.

④ 전단철근으로 사용하기 위해 굽혀진 종방향 주철근이 인장 구역으로 연장되는 경우에 종방향 주철근과 연속되어야 하고, 압축 구역으로 연장되는 경우는 부재의 중간 깊이 $d/2$를 지나서 정착길이 만큼을 확보하여야 한다.

7 철근의 이음

(1) 이음 일반 ★★

① 철근은 설계도 또는 책임구조기술자가 승인하는 경우에만 이음을 할 수 있으며, 이음은 가능한 한 최대 인장응력점부터 떨어진 곳에 두어야 한다.

② 겹침이음은 다음 규정에 따라야 한다.

   ㉠ D35를 초과하는 철근은 겹침이음을 할 수 없다.

   ㉡ 다발철근의 겹침이음은 다발 내의 개개 철근에 대한 겹침이음길이를 기본으로 하여 결정하여야 하며, 철근개수에 따라 겹침이음길이를 증가시켜야 한다.

   ㉢ 휨부재에서 서로 직접 접촉되지 않게 겹침이음된 철근은 횡방향으로 소요 겹침이음길이의 1/5 또는 150 mm 중 작은 값 이상 떨어지지 않아야 한다.

③ 용접이음과 기계적이음은 다음 강도 규정에 따라야 한다.

   ㉠ 용접이음은 용접용 철근을 사용해야 하며, 철근의 설계기준항복강도 f_y의 125% 이상을 발휘할 수 있는 용접이어야 한다.

   ㉡ 기계적이음은 철근의 설계기준항복강도 f_y의 125% 이상을 발휘할 수 있는 기계적이음이어야 한다.

④ 철근이 굽혀진 부위에서는 용접이음할 수 없으며, 굽힘이 시작되는 부위에서 철근지름의 2배 이상 떨어진 곳에서부터 용접이음을 시작할 수 있다.

⑤ 겹침 용접이음은 한 면에만 철근 바깥까지 용접되어야 하고, 이 경우 설계 용접목두께는 $0.3d_b$ 로 한다.

⑵ 인장 이형철근(이형철선)의 이음

① 인장력을 받는 이형철근 및 이형철선의 겹침이음길이는 A급과 B급으로 분류하며 다음 값 이상 또한 300 mm 이상이어야 한다.
　㉠ A급 이음: 1.0 l_d
　㉡ B급 이음: 1.3 l_d

② 겹침이음에서 A급 이음과 B급 이음은 다음과 같이 분류한다.
　㉠ A급 이음: 배치된 철근량이 이음부 전체 구간에서 해석 결과 요구되는 소요철근량의 2배 이상이고 소요겹침이음길이 내 겹침이음된 철근량이 전체 철근량의 1/2 이하인 경우
　㉡ B급 이음: ㉠에 해당되지 않는 경우

③ 서로 다른 크기의 철근을 인장 겹침이음하는 경우 이음길이는 크기가 큰 철근의 정착길이와 크기가 작은 철근의 겹침이음길이 중 큰 값 이상이어야 한다.

⑶ 압축 이형철근의 이음

① 압축철근의 겹침이음길이는 다음과 같이 구할 수 있다.

$$l_s = \left(\frac{1.4f_y}{\lambda \sqrt{f_{ck}}} - 52 \right)d_b$$

이때 겹침이음길이는 300 mm 이상이어야 하며, 콘크리트의 설계기준압축강도가 21 MPa 미만인 경우는 겹침이음길이를 1/3 증가시켜야 한다.

② 서로 다른 크기의 철근을 압축부에서 겹침이음하는 경우 이음길이는 크기가 큰 철근의 정착길이와 크기가 작은 철근의 겹침이음길이 중 큰 값 이상이어야 한다. 이때 D41과 D51 철근은 D35 이하 철근과의 겹침이음을 할 수 있다.

③ 압축부에서 사용하는 용접이음 또는 기계적이음은 f_y의 125% 이상을 발휘하여야 한다.

⑷ 인장 용접이형철망의 이음

① 용접이형철망을 겹침이음하는 최소 길이는 두 장의 철망이 겹쳐진 길이가 1.3 l_d 이상 또한 200 mm 이상이어야 한다. 이때 겹침이음길이 내에서 각 철망의 가장 바깥에 있는 교차철선 사이의 간격은 50 mm 이상이어야 한다. 여기서, l_d 는 기준에 따라 f_y 에 대하여 계산된 정착길이이다.

② 이음구간에 교차철선이 없는 용접철망은 이형철선의 겹침이음 규정에 따라야 한다.

제8절 | 슬래브 및 기초판

1 슬래브(slab)의 개요

(1) 슬래브는 건축물의 바닥을 구성하는 부재로 두께가 얇고 폭이 넓은 구조부재를 말한다.

(2) 슬래브의 구조적 거동은 보와 유사한 휨거동으로 주로 휨모멘트와 전단력을 고려해서 설계한다.

(3) 무량판 슬래브의 경우 지지점 주변의 뚫림전단(punching shear)에 주의해야 한다.

2 슬래브의 종류

(1) **일방향 슬래브 (1-way slab)** : 2변(1-way)지지 또는 4변 지지 슬래브 중 단변 대 장변의 비가 2배를 초과하는 슬래브

(2) **이방향 슬래브 (2-way slab)** : 단변 대 장변의 비가 2 이하인 슬래브

(3) **플랫슬래브 (flat slab)** : 보 없이 기둥 위에 지판으로 지지된 슬래브

(4) **평판슬래브 (flat plate slab)** : 보 없이 기둥에 직접 지지된 슬래브

(5) **와플 슬래브 (waffle slab)** : 와플모양으로 된 슬래브

3 슬래브의 경간(span)

(1) 받침부와 일체로 되어 있지 않은 부재는 순경간에 보나 슬래브의 두께를 더한 값을 경간으로 하여야 한다. 그러나 그 값이 받침부의 중심간 거리를 초과할 필요는 없다.

(2) 골조 또는 연속구조물의 해석에서 휨모멘트를 구할 때 사용하는 경간은 받침부의 중심간 거리로 하여야 한다. 받침부와 일체로 시공된 보의 경우 받침부 전면의 휨모멘트로 설계할 수 있다.

(3) 받침부와 일체로 된 3 m 이하의 순경간을 갖는 슬래브는 그 지지보의 폭을 무시하고 순경간을 경간으로 하는 연속보로 해석할 수 있다.

▣ 슬래브의 종류

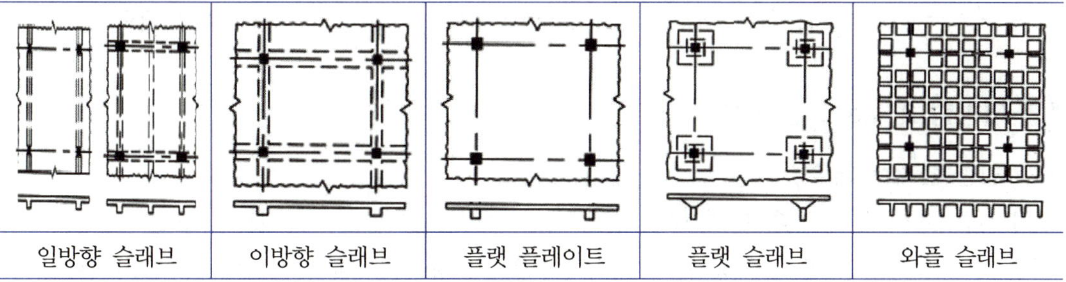

일방향 슬래브	이방향 슬래브	플랫 플레이트	플랫 슬래브	와플 슬래브

④ 일방향(1-way) 슬래브 ★★

(1) 1 방향 슬래브의 근사해법 적용 조건

① 2경간 이상인 경우

② 인접 2경간의 차이가 짧은 경간의 20% 이하인 경우

③ 등분포하중이 작용하는 경우

④ 활하중이 고정하중의 3배를 초과하지 않는 경우

⑤ 부재의 단면 크기가 일정한 경우

(2) 1 방향 슬래브 구조 상세

① 1방향 슬래브의 두께는 기준에 따라야 하며, 최소 100 mm 이상으로 하여야 한다.

② 슬래브의 정·부모멘트 철근의 중심 간격은

　　㉠ 위험단면에서는 슬래브 두께의 2배 이하, 또한 300 mm 이하로 하고

　　㉡ 기타의 단면에서는 슬래브 두께의 3배 이하, 또한 450 mm 이하로 한다.

③ 1방향 슬래브에서는 정모멘트 철근 및 부모멘트 철근에 직각방향으로 수축·온도철근을 기준에 따라 배치하여야 한다.

④ 슬래브 끝의 단순받침부에서도 내민슬래브에 의하여 부모멘트가 일어나는 경우에는 이에 상응하는 철근을 배치하여야 한다.

(3) 1 방향 철근콘크리트 슬래브의 수축·온도철근

① 수축·온도철근으로 배치되는 이형철근 및 용접철망은 다음의 철근비 이상으로 하여야 하나, 어떤 경우에도 0.0014 이상이어야 한다.

　　㉠ 설계기준항복강도 f_y가 400 MPa 이하인 이형철근 사용한 슬래브 : 0.0020 이상

　　㉡ 설계기준항복강도 f_y가 400 MPa 초과하는 이형철근 사용한 슬래브 : $0.0020 \times \dfrac{400}{f_y}$

② 다만, 상기 (1)에 따라 계산한 수축·온도철근 단면적을 단위 폭 m당 1,800 mm²보다 크게 취할 필요는 없다.

③ 수축·온도철근의 간격은 슬래브 두께의 5배 이하, 또한 450 mm 이하로 하여야 한다.

④ 수축·온도철근은 설계기준항복강도 f_y를 발휘할 수 있도록 정착되어야 한다.

⑤ 이방향(2-way) 슬래브

(1) 2 방향 슬래브 개요

① 4변 지지 슬래브 중, 단변 대 장변의 비가 2배를 넘지 않는 슬래브를 말한다.

② 주열대는 기둥 중심선 양쪽으로 $0.25l_2$와 $0.25l_1$ 중 작은 값을 한쪽의 폭으로 하는 슬래브의 영역을 가리킨다.

③ 중간대는 두 주열대 사이의 슬래브 영역을 가리킨다.

④ 보가 슬래브와 일체로 되어 있을 때, 보의 단면은 보의 내민 깊이 만큼을 보의 양측으로 연장한 슬래브 부분을 포함한 것으로서, 보의 한 측으로 연장되는 거리는 슬래브 두께의 4배 이하로 하여야 한다.

⑤ 슬래브와 기둥의 접합부에서 전단에 대한 위험단면을 확장시킬 때는 전단머리를 슬래브 아래로 돌출시켜야 하고, 돌출된 두께만큼 기둥 표면부터 최소 위험단면을 넓혀야 한다.

(2) 설계 방법

① 슬래브 시스템은 평형조건과 기하학적 적합조건을 만족한다면 어떠한 방법으로도 설계할 수 있다. 다만, 모든 단면의 설계강도 및 처짐의 제한 등 사용성을 만족하여야 한다.

② 슬래브와 보가 있을 경우 받침부 사이의 보 및 이들과 직교하여 골조를 이루는 기둥 또는 벽체를 포함하는 슬래브 시스템은 연직하중에 대하여 기준의 직접설계법이나 등가골조법으로 설계할 수 있다.

③ 횡방향 변위가 발생하는 골조의 횡력해석을 위한 부재의 강성은 철근과 균열의 영향을 고려하여야 한다.

④ 슬래브 시스템이 횡하중을 받는 경우 횡력해석과 연직하중의 해석 결과는 조합하여야 한다.

▥ 플랫 슬래브의 지판

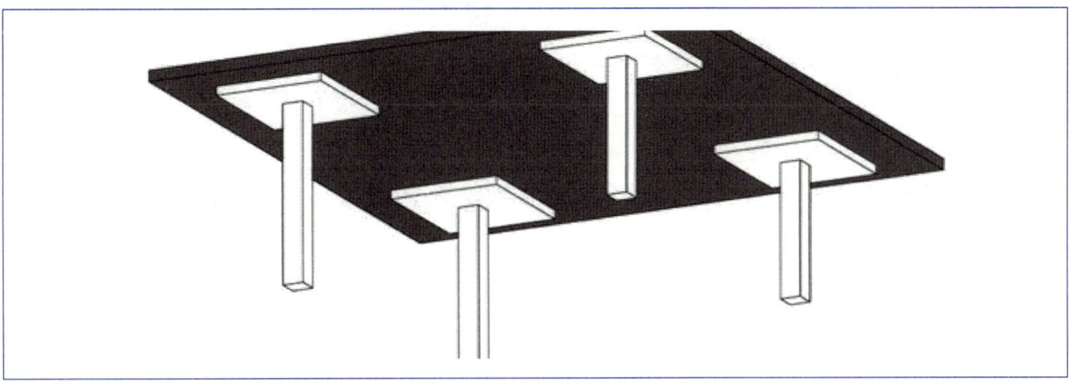

(3) 플랫 슬래브의 지판 ★★

① 플랫 슬래브에서 기둥 상부의 부모멘트에 대한 철근을 줄이기 위하여 지판을 사용하는 경우 지판의 크기는 다음 ②에서 ④까지 규정에 따라야 한다.

② 지판은 받침부 중심선에서 각 방향 받침부 중심 간 경간의 1/6 이상을 각 방향으로 연장시켜야 한다.

③ 지판의 슬래브 아래로 돌출한 두께는 돌출부를 제외한 슬래브 두께의 1/4 이상으로 하여야 한다.

④ 지판 부위의 슬래브 철근량을 계산할 때 슬래브 아래로 돌출한 지판의 두께는 지판의 외단부에서 기둥이나 기둥머리 면까지 거리의 1/4 이하이어야 한다.

(4) 직접설계법을 적용할 수 있는 제한 사항

① 각 방향으로 3경간 이상 연속되어야 한다.

② Slab 단변 경간 대 장변 경간의 비가 2 이하인 직사각형이어야 한다.

③ 연속한 받침부 중심간 경간 차이는 긴 경간의 1/3 이하이어야 한다.

④ 연속한 기둥 중심선 기준 기둥의 어긋남은 그 방향 경간의 10% 이하이어야 한다.

⑤ 모든 하중은 등분포 연직하중, 활하중은 고정하중의 2배 이하이어야 한다.

⑥ 모든 변에서 보가 슬래브를 지지할 경우 직교하는 두 방향에서 보의 상대강성은 0.2 이상~5.0 이하이어야 한다.

⑦ 직접설계법으로 설계한 슬래브 시스템은 기준의 휨모멘트 재분배를 적용할 수 없다.

(5) 전체 정적 계수휨모멘트

① 각 경간의 전체 정적 계수휨모멘트는 받침부 중심선 양측의 슬래브 판 중심선을 경계로 하는 설계대 내에서 산정하여야 한다.

② 정계수휨모멘트와 평균 부계수휨모멘트의 절댓값의 합은 어느 방향에서나 다음 값 이상으로 하여야 한다.

$$M_o = \frac{w_u l_2 l_n^2}{8}$$

③ 받침부 중심선 양측 슬래브 판의 직각방향 경간이 다른 경우, 위 식의 l_2는 이들 횡방향 두 경간의 평균값으로 하여야 한다.

④ 순경간 l_n은 기둥, 기둥머리, 브래킷 또는 벽체의 내면 사이의 거리이다. 다만, 위 식의 l_n값은 0.65 l_1 이상으로 하여야 한다.

(6) 정 및 부계수휨모멘트

① 부계수휨모멘트는 직사각형 받침부 면에 위치하는 것으로 한다. 원형이나 정다각형 받침부는 같은 단면적의 정사각형 받침부로 취급할 수 있다.

② 내부 경간에서는 전체 정적 계수휨모멘트 M_o를 다음과 같은 비율로 분배하여야 한다.

　㉠ 부계수휨모멘트 : 0.65

　㉡ 정계수휨모멘트 : 0.35

(7) 2 방향 슬래브의 배근 상세

① 2방향 슬래브 시스템의 각 방향의 철근 단면적은 위험단면의 휨모멘트에 의해 결정하며 기준에서 요구하는 최소 철근량 이상이어야 한다.

② 위험단면의 철근 간격은 슬래브 두께의 2배 이하, 또한 300 mm 이하로 하여야 한다. 다만 와플구조나 리브구조로 된 부분은 예외로 한다.

③ 불연속 단부에 직각방향인 정모멘트에 대한 철근은 슬래브의 끝까지 연장하여 직선 또는 갈고리로 150 mm 이상 테두리보, 기둥 또는 벽체 속에 묻어야 한다.

④ 불연속 단부에 직각방향인 부모멘트에 대한 철근은 KDS 규정에 따라 구부림, 갈고리 또는 다른 방법으로, 받침부 면에서 테두리보, 기둥 또는 벽체 속으로 정착하여야 한다.

(8) 전단에 대한 위험 단면

2방향 슬래브와 기초판의 전단파괴 유형은 펀칭전단(punching shear)이다. 이들의 펀칭 전단에 대한 위험단면의 위치는 지지점으로부터 d/2 만큼 떨어진 곳이다.

6 슬래브 시스템의 개구부

(1) 구조해석에 의하여 설계강도가 소요강도 이상이고 처짐제한을 포함하여 모든 사용성을 만족할 경우, 어떤 크기의 개구부도 슬래브 시스템 내에 둘 수 있다.

(2) (1)에 따른 해석을 하지 않는다면, 보가 없는 슬래브 시스템은 다음에 따라 개구부를 둘 수 있다.

① 양 방향의 중간대가 겹치는 부분은 개구부가 없을 때의 소요철근량을 유지한다면 어떤 크기의 개구부도 둘 수 있다.

② 양 방향의 주열대가 겹치는 부분은 어느 쪽의 경간에서나 주열대 폭의 1/8 이상이 개구부에 의해 절단되지 않아야 한다. 개구부에 의해 절단된 철근량은 개구부 주변에 추가 배치하여야 한다.

③ 주열대와 중간대가 겹치는 부분은 어느 설계대에 대해서도 개구부에 의하여 절단되는 철근이 1/4 이하이어야 한다. 개구부에 의해 절단된 철근량은 개구부 주변에 추가 배치하여야 한다.

(3) 개구부 크기가 슬래브 판 크기에 비해 상대적으로 작은 경우 개구부에 의해 절단되는 철근과 같은 단면적의 철근을 개구부 양쪽에 보강하여야 한다.

(4) 개구부가 슬래브 판 크기에 비해 상대적으로 큰 경우 각 모서리에서 캔틸레버 슬래브로 가정하여 설계할 수 있으며, 인접 슬래브를 설계할 때는 개구부의 영향을 고려하여야 한다.

(5) 개구부가 크고 한쪽으로 치우쳐서 위치한 경우 3변 연속이고 1변 자유인 슬래브로 취급할 수 있으며, 인접 슬래브를 설계할 때는 개구부의 영향을 고려하여야 한다.

7 기초판 설계

(1) 설계 일반 ★★

① 기초판은 이 기준의 규정에 따라 계수하중과 그에 의해 발생되는 반력에 견디도록 설계하여야 한다.

② 기초판의 밑면적, 말뚝의 개수와 배열은 기초판에 의해 지반 또는 말뚝에 전달되는 힘과 휨모멘트, 그리고 토질역학의 원리에 의하여 계산된 지반 또는 말뚝의 허용지지력을 사용하여 산정하여야 한다. 이때 힘과 휨모멘트는 하중계수를 곱하지 않은 사용하중을 적용하여야 한다.

③ 말뚝기초의 기초판 설계에서 말뚝의 반력은 각 말뚝의 중심에 집중된다고 가정하여 휨모멘트와 전단력을 계산할 수 있다.

④ 기초판에서 휨모멘트, 전단력 그리고 철근정착에 대한 위험단면의 위치를 정할 경우, 원형 또는 정다각형인 콘크리트 기둥이나 주각은 같은 면적의 정사각형 부재로 취급할 수 있다.

⑤ 기초판 윗면부터 하부철근까지 깊이는 직접기초의 경우는 150 mm 이상, 말뚝기초의 경우는 300 mm 이상으로 하여야 한다.

⑵ 기초의 크기 결정

① 원칙 : 하중의 면적당 크기 < 허용지내력 q_a

(하중계수 적용하지 않은 사용하중)

㉠ 허용응력도 설계법의 원리가 적용

㉡ 안전율은 허용지내역에서 이미 적용되었음

② 하중을 지지하는 기초의 크기 : 고정하중 D, 적재하중 L, (풍하중 W 또는 지진하중 E)
기초의 자중 D_b, 기초위에 채워지는 흙 및 흙 위의 상재하중 D_s

$$\therefore \ 기초의 \ 크기 \ A \ \geq \ \frac{(D+D_b+D_s)+L}{q_a}$$

📖 **기초에 작용하는 하중 및 압력**

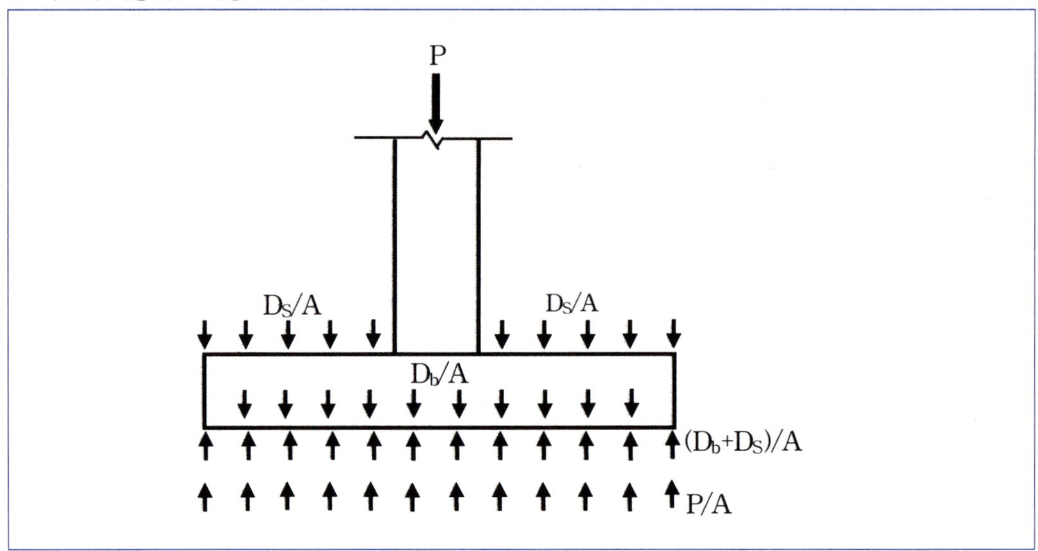

③ 기둥/벽체로부터 전달되는 상부하중에 의한 지내력을 유효허용지내력 q_e 로 표시하면,

$q_e = q_a - \dfrac{D_b+D_s}{A}$ 이므로, 이 식은 다음과 같이 됨. $A \geq \dfrac{D+L}{q_e}$

④ 기초설계용 토압 q_u → 기초판 계산용 외력 : $q_u = \dfrac{1.2D+1.6L}{A}$

여기서, 기초판의 자중(D_b)과 상재하중(D_s)에 의한 토압은 힘의 평형으로 상쇄되기 때문에 고려되지 않음

8 독립기초의 설계

단일 기둥을 지지하는 기초로서 보통 정사각형으로 설계되지만, 기둥 단면이 직사각형일 때는 직사각형으로 하기도 한다. 휨모멘트, 전단, 철근의 정착, 기둥과 접합면에서의 지압 등이 검토되어야 한다.

(1) 휨모멘트와 철근배근 ★★

① 작용하는 힘: 기초판의 돌출한 부분에 작용하는 상부방향의 지내력에 의한 휨모멘트

    ㉠ 최대 휨모멘트:

$$\text{가로방향(A-A)}(M_u)_Y = \frac{q_u l_2}{2}\left(\frac{l_1 - c_1}{2}\right)^2$$

$$\text{세로방향(B-B)}(M_u)_X = \frac{q_u l_1}{2}\left(\frac{l_2 - c_2}{2}\right)^2$$

여기서, l_1 , l_2 : 기초판의 가로, 세로 길이

       C_1 , C_2 : 기둥의 가로, 세로 길이

       q_u : 설계용 토압

▶▶ 기초판의 휨모멘트

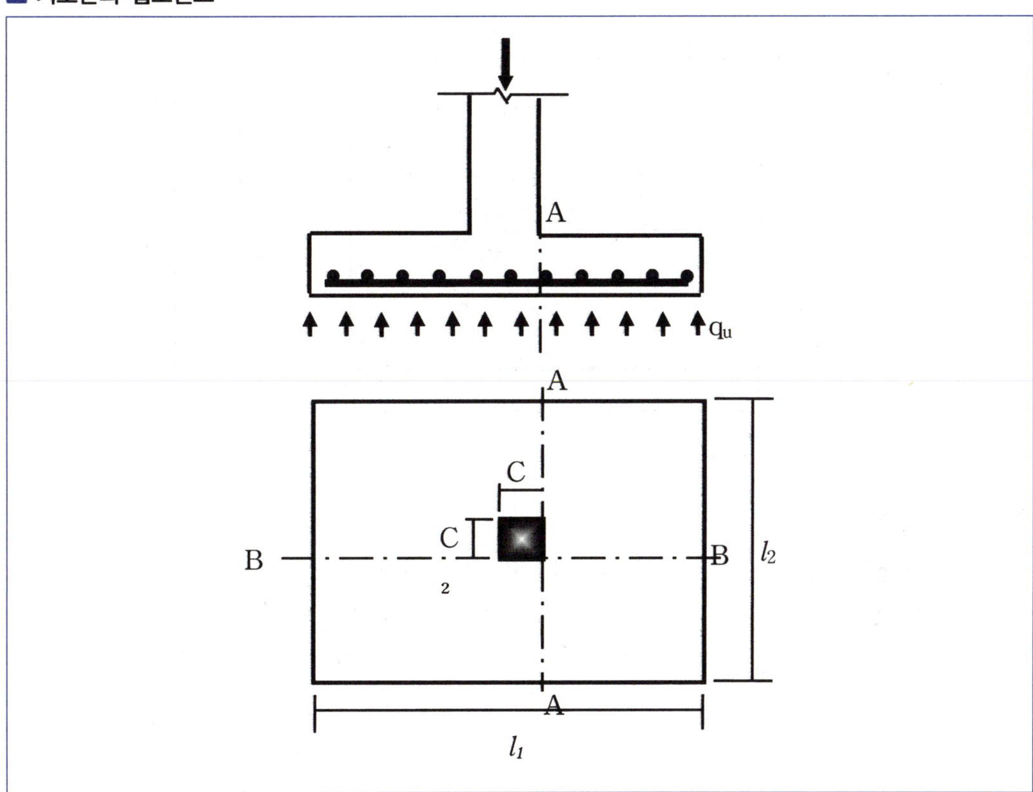

② 기초판의 휨모멘트에 대한 위험단면

　㉠ 콘크리트 기둥, 주각, 벽체를 지지하는 기초에서는 기둥, 주각, 벽체의 외면

　㉡ 조적조 벽체를 지지하는 기초에서는 벽체 중심과 벽체 단부의 중간

　㉢ 강재 밑판(base plate) 가진 기둥을 지지하는 기초에서는 기둥 외측면과 강재 밑판(base plate) 단부의 중간

③ 휨보강 철근량 As

$$A_s = \frac{M_u}{\phi f_y\, jd}\quad ,\quad j{=}0.9$$

　㉠ 계산된 철근양을 1방향 기초판 또는 2방향 정사각형 기초판에서는 양방향으로 기초판 전체 폭에 걸쳐 균등하게 배근하고,

　㉡ 2방향 직사각형 기초판에서는 장변방향으로는 전체폭에 균등하게 배근하고, 단변방향으로는 그림과 같이 유효폭(B)내와 밖의 영역 3구간으로 나누어 배근한다.

　㉢ 유효폭(B)내에 배근되는 철근량$=\dfrac{2}{\beta+1}\times A_{st}$ (여기서, A_{st} : 전체철근량, $\beta = \dfrac{\text{장변}\,(l_1)}{\text{단변}\,(B)}$)

■ 직사각형 기초 배근구간

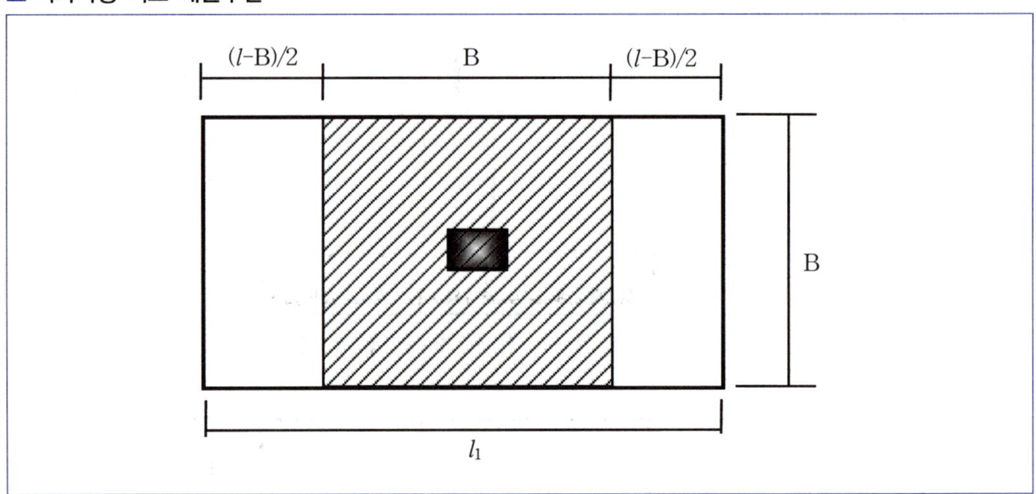

(2) 기초판의 전단 ★★

① 1방향 전단 : 보 또는 슬래브의 1방향 전단과 유사하다.

② 다음 그림과 같이 기둥면에서 d만큼 떨어진 위치가 전단위험단면.
　기초판은 전단보강이 불가능하므로 $V_u \le \phi V_c$ 를 만족하도록 해야 한다.

$$V_u = q_u \times \text{위험단면 바깥 부분 빗금친 부분의 단면적}$$

▣ 기초판의 전단

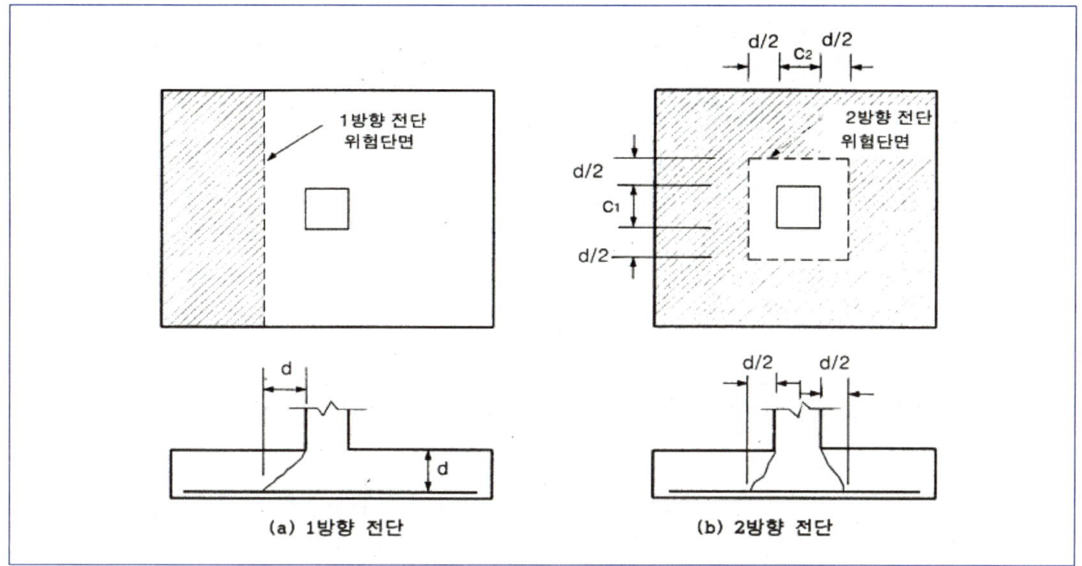

③ 2방향 전단 : 기둥 4면 주위의 뚫림 전단현상

   ㉠ 위험단면 : 그림의 (b)와 같이 기둥면에서 $d/2$만큼 떨어진 위치

$$둘레길이 \ b_0 = 2(c_1 + d) + 2(c_2 + d)$$

   ㉡ 기초판은 전단보강이 불가능하므로 $V_u \leq \phi V_c$ 를 만족하도록 해야 한다.

$$V_u = q_u \times 위험단면 \ 바깥부분 \ 빗금친 \ 부분의 \ 단면적$$

   ㉢ 콘크리트 기초판의 유효춤은 전단에 의해 결정된다.

제9절 사용성 및 내구성

❶ 처짐

(1) **1 방향 구조** ★★

   ① 큰 처짐에 의하여 손상되기 쉬운 칸막이벽이나 기타 구조물을 지지하지 않는 1방향 구조물의
최소 두께

▣ 처짐을 계산하지 않는 경우의 보 또는 1방향 슬래브의 최소 두께

구 분	단순 지지	1단 연속	양단 연속	캔틸레버
	큰 처짐에 의해 손상되기 쉬운 칸막이벽이나 기타 구조물을 지지/부착하지 않은 부재			
1방향 슬래브	$l/20$	$l/24$	$l/28$	$l/10$
보	$l/16$	$l/18.5$	$l/21$	$l/8$

※ 이 표의 값은 보통중량콘크리트와 400 MPa 철근을 사용한 부재에 대한 값

② 처짐을 계산할 때 하중의 작용에 의한 순간처짐은 부재강성에 대한 균열과 철근의 영향을 고려하여 탄성처짐공식을 사용하여 계산하여야 한다.

③ 부재의 강성도를 엄밀한 해석 방법으로 구하지 않는 한, 부재의 순간처짐은 콘크리트 탄성계수 E_c(보통중량콘크리트 및 경량콘크리트)와 식 ㉠의 유효단면2차모멘트를 이용하여 구하여야 하며, 어느 경우라도 I_e는 I_g 이하이어야 한다.

$$I_e = \left(\frac{M_{cr}}{M_a}\right)^3 I_g + \left[1 - \left(\frac{M_{cr}}{M_a}\right)^3\right] I_{cr} \qquad \cdots ㉠$$

$$여기서, \ M_{cr} = \frac{f_r I_g}{y_t}, \ f_r = 0.63\lambda\sqrt{f_{ck}}$$

④ 연속부재인 경우에 정 및 부모멘트에 대한 위험단면의 유효단면2차모멘트를 식 ㉠로 구하고 그 평균값을 사용할 수 있다.

⑤ 엄밀한 해석에 의하지 않는 한, 일반 또는 경량콘크리트 휨부재의 크리프와 건조수축에 의한 추가 장기처짐은 해당 지속하중에 의해 생긴 순간처짐에 다음 계수를 곱하여 구할 수 있다.

$$\lambda_\Delta = \frac{\xi}{1 + 50\rho'} \qquad \cdots ㉡$$

여기서, ρ'는 압축철근비이고, 지속하중에 대한 시간경과계수 ξ는 다음과 같다.
ⓐ 5년 이상   2.0
ⓑ 12개월   1.4
ⓒ 6개월   1.2
ⓓ 3개월   1.0

⑥ 식 ㉠의 I_e값과 식 ㉡의 장기처짐 효과를 고려하여 계산한 처짐량이 아래 표에 제시된 최대 허용처짐값 이하이어야 한다.

📖 최대 허용처짐

부재의 형태	고려하여야 할 처짐	처짐 한계
과도한 처짐에 의해 손상되기 쉬운 비구조 요소를 지지 또는 부착하지 않은 평지붕구조	활하중 L에 의한 순간처짐	$\dfrac{l}{180}$
과도한 처짐에 의해 손상되기 쉬운 비구조 요소를 지지 또는 부착하지 않은 바닥구조	활하중 L에 의한 순간처짐	$\dfrac{l}{360}$
과도한 처짐에 의해 손상되기 쉬운 비구조 요소를 지지 또는 부착한 지붕 또는 바닥구조	전체 처짐 중에서 비구조 요소가 부착된 후에 발생하는 처짐부분(모든 지속하중에 의한 장기처짐과 추가적인 활하중에 의한 순간처짐의 합)	$\dfrac{l}{480}$
과도한 처짐에 의해 손상될 염려가 없는 비구조 요소를 지지 또는 부착한 지붕 또는 바닥구조		$\dfrac{l}{240}$

⑵ 2 방향 구조

① 테두리보를 제외하고 슬래브 주변에 보가 없거나 보의 강성비 α_m 이 0.2 이하일 경우, 슬래브 최소 두께는 다음 표의 값을 만족하여야 하고, 또한 다음 값 이상으로 하여야 한다.

ㄱ (기준 규정의) 지판이 없는 슬래브의 경우 : 120 mm

ㄴ (기준 규정의) 지판을 가진 슬래브의 경우 : 100 mm

내부에 보가 없는 슬래브의 최소 두께

설계기준 항복강도 f_y(MPa)	지판이 없는 경우			지판이 있는 경우		
	외부 슬래브		내부 슬래브	외부 슬래브		내부 슬래브
	테두리보가 없는 경우	테두리보가 있는 경우		테두리보가 없는 경우	테두리보가 있는 경우	
300	$l_n/32$	$l_n/35$	$l_n/35$	$l_n/35$	$l_n/39$	$l_n/39$
350	$l_n/31$	$l_n/34$	$l_n/34$	$l_n/34$	$l_n/37.5$	$l_n/37.5$
400	$l_n/30$	$l_n/33$	$l_n/33$	$l_n/33$	$l_n/36$	$l_n/36$
500	$l_n/28$	$l_n/31$	$l_n/31$	$l_n/31$	$l_n/33$	$l_n/33$
600	$l_n/26$	$l_n/29$	$l_n/29$	$l_n/29$	$l_n/31$	$l_n/31$

② 콘크리트구조 내구성

⑴ 내구성 확보를 위한 요구조건

① 콘크리트 설계기준압축강도는 노출등급에 따라 다음 표에서 규정하는 값 이상이라야 한다. 다만, 별도의 내구성 설계를 통해 입증된 경우나 성능이 확인된 별도의 보호 조치를 취하는 경우에는 다음 표에서 규정하는 값보다 낮은 강도를 적용할 수 있다.

노출등급에 따른 최소 설계기준압축강도

항목	노출등급															
	−	EC				ES				EF				EA		
	E0	EC1	EC2	EC3	EC4	ES1	ES2	ES3	ES4	EF1	EF2	EF3	EF4	EA1	EA2	EA3
f_{ck} (MPa)	21	21	24	27	30	30	30	35	35	24	27	30	30	27	30	30

② 노출범주 EC와 ES의 경우 기준의 최소 피복두께 이상의 피복두께를 확보해야 한다.

제10절 | 벽체 및 옹벽

1 벽체(wall)의 개요

(1) 설계 일반

① 체는 계수연직축력이 $0.4\,A_g f_{ck}$ 이하이고 총 수직철근량이 단면적의 0.01배 이하인 부재를 가리키며, 벽체는 이에 작용하는 편심축하중, 수평하중 및 기타 하중에 대하여 안전하게 저항할 수 있도록 설계하여야 한다.

② 정밀한 구조해석에 의하지 않는 한, 각 집중하중에 대한 벽체의 유효수평길이는 하중 사이의 중심거리, 그리고 하중 지지폭에 벽체 두께의 4배를 더한 길이 중 작은 값을 초과하지 않도록 하여야 한다.

(2) 벽체의 최소 철근비 ★★

① 벽체의 전체 단면적에 대한 최소 수직철근비는 다음 규정을 따라야 한다.
    ㉠ 설계기준항복강도 400 MPa 이상으로서 D16 이하의 이형철근   : 0.0012
    ㉡ 기타 이형철근   : 0.0015
    ㉢ 지름 16 mm 이하의 용접철망   : 0.0012

② 벽체의 전체 단면적에 대한 최소 수평철근비는 다음 각 항에 따라야 한다.

    ㉠ 설계기준항복강도 400 MPa 이상으로서 D16 이하의 이형철근 $: 0.0020 \times \dfrac{400}{f_y}$

    (다만, 이 철근비의 계산에서 f_y는 500 MPa를 초과할 수 없다.)
    ㉡ 기타 이형철근   : 0.0025
    ㉢ 지름 16 mm 이하의 용접철망   : 0.0020

③ 두께 250 mm 이상의 벽체에 대해서는 다음의 각 항에 따라 수직 및 수평철근을 벽면에 평행하게 양면으로 배치하여야 한다(단, 지하실 벽체에는 이 규정을 적용하지 않을 수 있다).
    ㉠ 벽체의 외측면 철근은 각 방향에 대하여 전체 소요철근량의 1/2 이상, 2/3 이하로 하며, 외측 면부터 50 mm 이상, 벽 두께의 1/3 이내에 배치하여야 한다.
    ㉡ 벽체의 내측면 철근은 각 방향에 대한 소요철근량의 잔여분을 내측면부터 20 mm 이상, 벽 두께의 1/3 이내에 배치하여야 한다.

④ 수직 및 수평철근의 간격은 벽두께의 3배 이하 또한 450 mm 이하로 하여야 한다.

⑤ 수직철근이 집중배치된 벽체 부분의 수직철근비가 0.01배 이상인 경우 횡방향 띠철근을 설치하여야 하며, 이외의 경우에는 횡방향 띠철근을 설치하지 않을 수 있다. 이때 띠철근의 수직간격은 벽체두께 이하로 하여야 하며, 수직철근이 압축력을 받는 철근이 아닌 경우에는 횡방향 띠철근을 설치할 필요가 없다.

⑥ 모든 창이나 출입구 등의 개구부 주위에는 최소 철근량 이외에도 수직 및 수평방향으로 이열배근된 벽체에서 두 개의 D16 이상 철근, 일렬배근된 벽체에서 한 개의 D16 이상의 철근을 창이나 출입구 등의 개구부 주변에 배치하여야 한다.

(3) 벽체의 실용 설계법

① 직사각형 단면의 벽체로서 계수하중의 합력이 벽두께의 중앙 1/3 이내에 작용하는 경우에는 실용 설계법에 의하여 설계할 수 있다.

② 이때 벽체의 설계축강도 ϕP_{nw}는 다음 식에 의하여 산정하여야 한다.

$$\phi P_{nw} = 0.55\phi\, f_{ck}\, A_g \left[1 - \left(\frac{kl_c}{32\,h} \right)^2 \right]$$

여기서, $\phi = 0.65$이고 유효길이계수 k는 다음과 같다.

　㉠ 상·하단이 횡구속 벽체로서

　　ⓐ 상·하 양단 중의 한쪽 또는 양쪽의 회전이 구속된 경우 　: 0.8

　　ⓑ 상·하 양단 모두 회전이 구속되지 않은 경우 　: 1.0

　㉡ 비횡구속 벽체 　: 2.0

③ 벽체의 최소 두께는 다음 ㉠, ㉡에 따라야 한다.

　㉠ 벽체의 두께는 수직 또는 수평 받침점 간 거리 중에서 작은 값의 1/25 이상이어야 하고, 또한 100 mm 이상이어야 한다.

　㉡ 지하실 외벽 및 기초 벽체의 두께는 200 mm 이상으로 하여야 한다.

　㉢ 비내력벽의 두께는 100 mm 이상이어야 하고, 횡방향지지 부재간 최소 거리의 1/30 이상이어야 한다.

② 옹벽

(1) 옹벽의 개요

① 경사면 또는 터파기한 면의 배면 토사의 붕괴를 방지할 목적으로 만들어진 구조물을 옹벽이라고 한다.

② 옹벽은 전후면의 토압과 상재하중을 고려하여 설계하여야 하고, 하중의 크기와 작용 위치에 따라 발생할 수 있는 전도와 미끄러짐(활동) 및 침하에 대하여 안정하도록 설계하여야 한다.

(2) 옹벽의 종류

① **중력식 옹벽** : 자중에 의한 안정 유지 (무근콘크리트)

② **캔틸레버 옹벽(역T형 옹벽)** : 역 T으로 설치한 옹벽

③ **앞부벽식 옹벽** : 캔틸레버 옹벽의 전면에 일정한 간격의 부벽을 설치하여 보강한 옹벽

▣ 옹벽의 유형 (1)

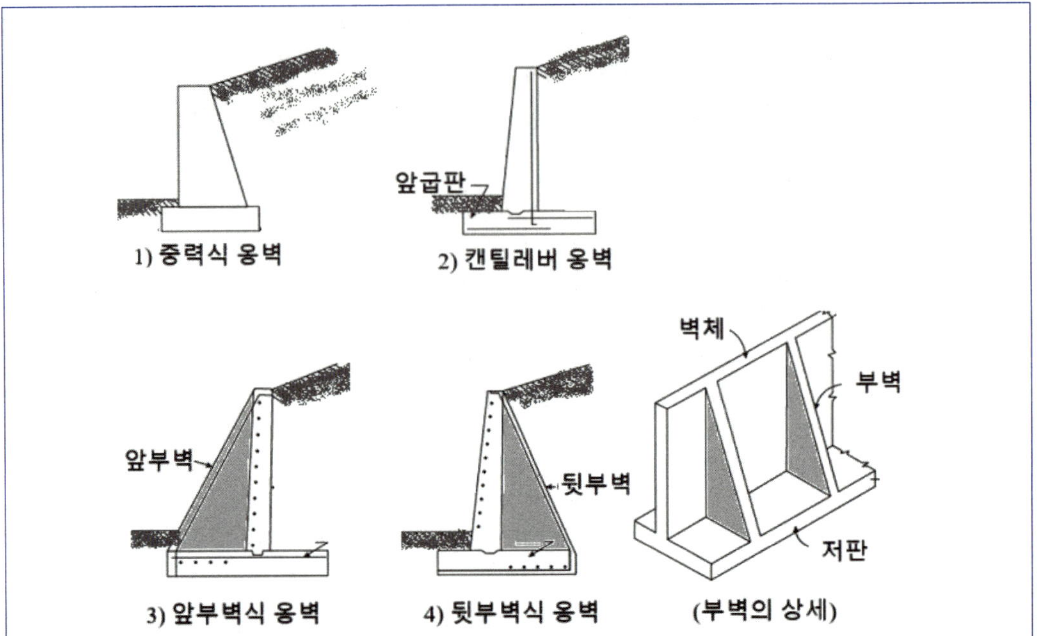

④ **뒷부벽식 옹벽**: 캔틸레버 옹벽의 후면에 일정한 간격의 부벽을 설치하여 보강한 옹벽

▣ 옹벽의 유형 (2)

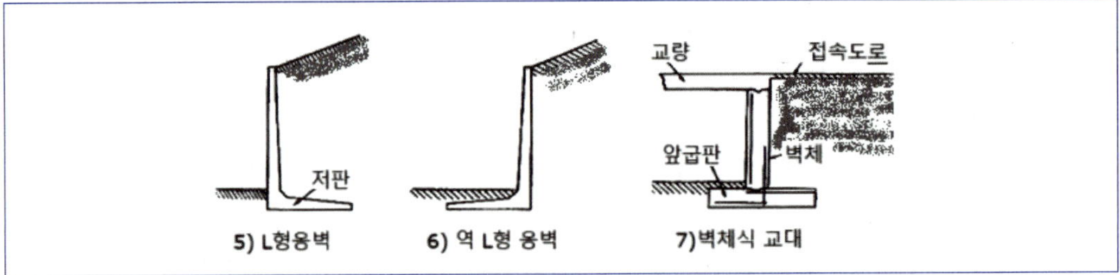

⑤ L형 옹벽

⑥ 역 L형 옹벽

⑦ **벽체식 교대**: 벽체상부에 작용하는 수평력의 영향을 제외하면 캔틸레버 옹벽과 같다.

⑶ **옹벽에 작용하는 힘**

① **토압**: 토압의 종류는 작용하는 유형에 따라 주동토압과 수동토압 등이 있다.

　㉠ **주동토압**: 옹벽의 배면에 작용하는 토압으로 옹벽의 안정에 주요한 토압이다.

　㉡ **수동토압**: 옹벽의 전면에 작용하는 토압으로 주동토압에 반대 방향으로 작용한다.

② **구조체 자중**: 옹벽을 구성하는 벽체와 기초판의 자중을 말한다.

③ **상재하중**: 옹벽 주변 지상에 구조물이나 토사 등 재하된 하중을 말한다.

(4) 옹벽의 안정 ★★

① 전도(overturning)에 대한 안정

　㉠ 전도에 대한 저항모멘트는 횡토압에 의한 전도모멘트의 2.0배 이상이어야 한다.

　㉡ 전도에 대한 안전율은 2.0이다.

② 활동(미끄러짐, sliding)에 대한 안정

　㉠ 활동에 대한 저항력은 옹벽에 작용하는 수평저항력의 1.5배 이상이어야 한다.

　㉡ 활동에 대한 안전율은 1.5이다.

　㉢ 활동(미끄러짐)에 대한 저항력을 높이기 위해 옹벽의 폭을 확대하거나 활동방지벽 또는 횡
　방향 앵커를 추가로 설치한다.

③ 침하(settlement)에 대한 안정

　㉠ 지반에 유발되는 최대 지반반력이 지반의 허용지지력을 초과하지 않아야 한다.

　㉡ 침하에 대한 안전율은 1.0이다.

제11절 철근 상세

1 표준갈고리 ★★

(1) 주철근

주철근의 표준갈고리는 다음과 같이 180°표준갈고리와 90°표준갈고리로 분류되며, 각 표준갈고리
는 다음 규정을 만족하여야 한다.

① 180°표준갈고리는 구부린 반원 끝에서 $4\,d_b$ 이상, 또한 $60\,mm$ 이상 더 연장되어야 한다.

② 90°표준갈고리는 구부린 끝에서 $12\,d_b$ 이상 더 연장되어야 한다.

▣ 주철근의 표준갈고리

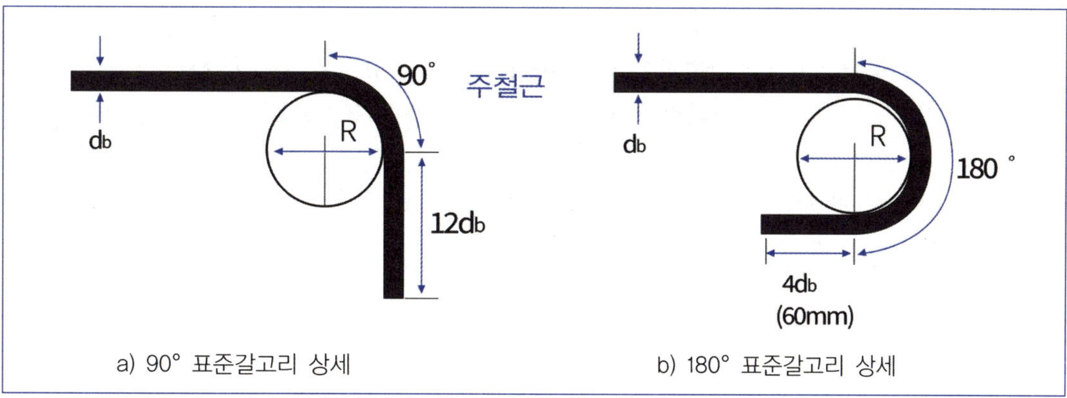

(2) 스터럽과 띠철근

스터럽과 띠철근의 표준갈고리는 90°표준갈고리와 135°표준갈고리로 분류되며, 다음과 같이 제작하여야 한다.

① 90°표준갈고리

　㉠ D16 이하의 철근은 구부린 끝에서 $6\,d_b$ 이상 더 연장하여야 한다.

　㉡ D19, D22 및 D25 철근은 구부린 끝에서 $12\,d_b$ 이상 더 연장하여야 한다.

② 135°표준갈고리

　D25 이하의 철근은 구부린 끝에서 $6\,d_b$ 이상 더 연장하여야 한다.

띠철근과 스터럽의 표준갈고리 및 상세

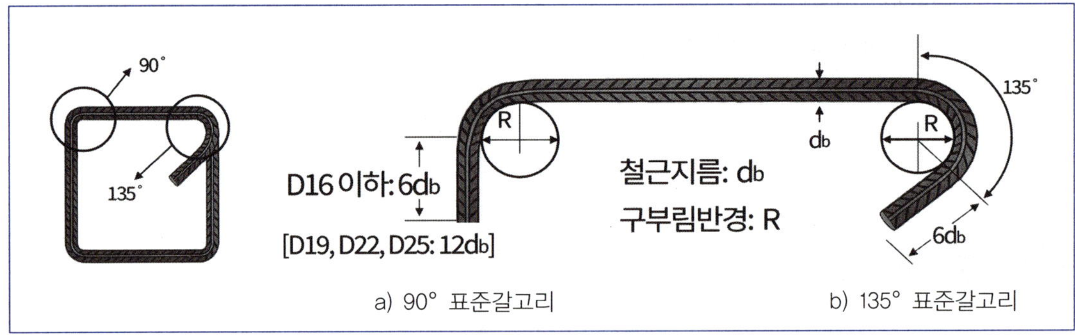

(3) 구부림의 최소 내면 반지름

① 주철근의 180°표준갈고리와 90°표준갈고리의 구부림 최소 내면 반지름은 다음 표의 값 이상으로 하여야 한다.

구부림의 최소 내면 반지름

철근 크기	최소 내면 반지름
D10 ~ D25	$3d_b$
D29 ~ D35	$4d_b$
D38 이상	$5d_b$

② 스터럽과 띠철근용 표준갈고리의 내면 반지름은 다음 규정을 따라야 한다.

　㉠ D16 이하의 철근을 스터럽과 띠철근으로 사용할 때, 표준갈고리의 구부림 내면 반지름은 $2\,d_b$ 이상으로 하여야 한다.

　㉡ D19 이상의 철근을 스터럽과 띠철근으로 사용할 때, 표준갈고리 구부림 내면 반지름은 위의 표에 따라야 한다.

❷ 철근 배치 원칙

(1) 원칙

① 철근, 긴장재 및 덕트는 콘크리트를 치기 전에 정확하게 배치되고 움직이지 않도록 적절하게 지지되어야 하며, 시공이 편리하도록 배치되어야 한다.

② 철근(긴장재 및 덕트)은 허용오차 이내에서 규정된 위치에 배치하여야 한다.

    ㉠ 휨부재, 벽체, 압축부재에서의 유효깊이 d에 대한 허용오차와 콘크리트의 최소 피복 두께에 대한 허용오차는 아래 표에 따라야 한다.

▣ 허용오차

유효깊이(d)	허용범위	콘크리트 최소 피복 두께[1]
$d \leq 200\,mm$	$\pm 10\,mm$	$-10\,mm$
$d > 200\,mm$	$\pm 13\,mm$	$-13\,mm$

주 1) 다만, 하단 거푸집까지의 순거리에 대한 허용오차는 $-7\,mm$이다. 또한 모든 경우의 피복 두께 허용오차는 최소 피복 두께의 $-1/3$을 초과하지 않아야 한다.

    ㉡ 종방향으로 철근을 구부리거나 철근이 끝나는 단부의 허용오차는 $\pm 50\,mm$이다. 다만, 브래킷과 내민받침의 불연속단에서 허용오차는 $\pm 13\,mm$이며 그 밖의 부재의 불연속단에서 허용오차는 $\pm 25\,mm$이다. 또한 부재의 불연속단에서도 상기 ①의 최소 피복 두께 규정을 적용하여야 한다.

    ㉢ 철근이 설계된 도면상의 배치 위치에서 d_b 이상 벗어나야 할 경우에는 책임구조기술자의 승인을 받아야 한다.

(2) 간격 제한 ★★

① 동일 평면에서 평행한 철근 사이의 수평 순간격은 $25\,mm$ 이상, 철근의 공칭지름 이상으로 하여야 한다.

    ㉠ 상단과 하단에 2단 이상으로 배치된 경우 상하 철근은 동일 연직면 내에 배치되어야 하고, 이때 상하 철근의 순간격은 $25\,mm$ 이상으로 하여야 한다.

    ㉡ 나선철근 또는 띠철근이 배근된 압축부재(기둥)에서 축방향 철근의 순간격은 $40\,mm$ 이상, 또한 철근 공칭 지름의 1.5배 이상으로 하여야 한다.

    ㉢ 벽체 또는 슬래브에서 휨 주철근의 간격은 벽체나 슬래브 두께의 3배 이하로 하여야 하고, 또한 $450\,mm$ 이하로 하여야 한다.

    ㉣ 다발철근은 다음의 규정에 따라야 한다.

        ⓐ 2개 이상의 철근을 묶어서 사용하는 다발철근은 이형철근으로, 그 개수는 4개 이하이어야 하며, 이들은 스터럽이나 띠철근으로 둘러싸여져야 한다.

        ⓑ 휨부재의 경간 내에서 끝나는 한 다발철근 내의 개개 철근은 $40\,d_b$ 이상 서로 엇갈리게 끝나야 한다.

        ⓒ 다발철근의 간격과 최소 피복 두께를 철근지름으로 나타낼 경우, 다발철근의 지름은 등가단면적으로 환산된 한 개의 철근지름으로 보아야 한다.

        ⓓ 보에서 D35를 초과하는 철근은 다발로 사용할 수 없다.

③ 최소 피복 두께

(1) 프리스트레스하지 않는 부재의 현장치기콘크리트 ★★

① 프리스트레스하지 않는 부재의 현장치기콘크리트의 최소 피복 두께는 다음 규정을 따라야 한다.

   ㉠ 수중에서 치는 콘크리트   100 mm

   ㉡ 흙에 접하여 콘크리트를 친 후 영구히 흙에 묻혀 있는 콘크리트   75 mm

   ㉢ 흙에 접하거나 옥외의 공기에 직접 노출되는 콘크리트

      ⓐ D19 이상의 철근   50 mm

      ⓑ D16 이하의 철근, 지름 16 mm 이하의 철선   40 mm

   ㉣ 옥외의 공기나 흙에 직접 접하지 않는 콘크리트

      ⓐ 슬래브, 벽체, 장선

        − D35 초과하는 철근   40 mm

        − D35 이하인 철근   20 mm

      ⓑ 보, 기둥   40 mm

        (f_{ck}가 40 MPa 이상인 경우 규정된 값에서 10 mm 저감시킬 수 있다.)

      ⓒ 쉘, 절판부재   20 mm

(2) 프리캐스트 콘크리트

① 공장제품 생산조건과 동일한 조건으로 제작되는 프리캐스트 콘크리트의 최소 피복두께는 프리스트레스에 관계없이 다음 규정을 만족하여야 한다.

   ㉠ 흙에 접하거나 옥외의 공기에 직접 노출된 콘크리트

      ⓐ 벽체

        − D35를 초과하는 철근 및 지름 40 mm를 초과하는 긴장재   40 mm

        − D35 이하의 철근(지름 40 mm 이하인 긴장재, 16이하 철선)   20 mm

      ⓑ 기타 부재

        − D35를 초과하는 철근(지름 40 mm를 초과 긴장재)   50 mm

        − D19~D35 이하의 철근(지름 16 mm~40 mm 이하 긴장재)   40 mm

        − D16 이하의 철근(지름 16 mm 이하의 철선, 긴장재)   30 mm

   ㉡ 옥외의 공기나 흙에 직접 접하지 않는 콘크리트

      ⓐ 슬래브, 벽체, 장선구조

        − D35를 초과하는 철근 및 지름 40 mm를 초과하는 긴장재   30 mm

        − D35 이하의 철근 및 지름 40 mm 이하인 긴장재   20 mm

        − 지름 16 mm 이하의 철선   15 mm

      ⓑ 보, 기둥

        − 주철근(단, 15 mm 이상이어야 하고, 40 mm 이상일 필요는 없다.): d_b

        − 띠철근, 스터럽, 나선철근   10 mm

(3) 다발철근

다발철근의 피복두께는 50 mm와 다발철근의 등가지름 중 작은 값 이상이라야 한다. 다만, 흙에 접하여 콘크리트를 친 후 영구히 흙에 묻혀 있는 경우는 피복두께를 75 mm 이상, 수중에서 콘크리트를 친 경우는 100 mm 이상으로 하여야 한다.

(4) 특수 환경에 노출되는 콘크리트

① 해수 또는 해수 물보라, 제빙화학제 등 염화물에 노출되어 철근 또는 긴장재의 부식이 우려되는 환경 (노출범주 ES)에서는 다음 값 이상의 피복두께를 확보하여야 한다.

    ㉠ 현장치기콘크리트

        ⓐ 벽체, 슬래브   50 mm

        ⓑ ⓐ외의 모든 부재

           −노출등급 ES1, ES2   60 mm

           −노출등급 ES3   70 mm

           −노출등급 ES4   80 mm

    ㉡ 프리캐스트콘크리트

        ⓐ 벽체, 슬래브   40 mm

        ⓑ ⓐ 외의 모든 부재   50 mm

제1절 철근 콘크리트구조의 개요 및 특징, **제2절** 구성 재료 및 재료의 특성, **제3절** RC 구조 설계 개요

1 철근콘크리트구조 성립 이유

① 철근과 콘크리트의 (　　　　(α))가 거의 같다.

② 철근과 콘크리트 사이의 부착강도가 커서 두 재료가 (　　　)되어 외력에 저항한다.

③ 콘크리트는 철근의 (　　　)하고, 화재로부터 (　　　)한다.

2 굵은골재의 최대 공칭치수는 다음 값을 초과하지 말아야 한다.

① 거푸집 양 측면 사이의 최소 거리의 (　　)이하

② 슬래브 두께의 (　　)이하

③ 개별 철근, (다발철근, 긴장재 또는 덕트) 사이 최소 순간격의 (　　)이하

3 각 날짜에 친 각 등급의 콘크리트 강도시험용 시료는 다음과 같이 채취하여야 한다.

① (　　　) 에 1회 이상

② 체적 (　　) m^3당 1회 이상

③ 슬래브나 벽체의 표면적 (　　) m^2마다 1회 이상

④ 배합이 (　　　)될 때마다 1회 이상

4 건조수축과 크리프

① 콘크리트를 친 후 시간의 경과에 따라 부피가 수축하는 현상으로,

② 하중과 관계없이 부피가 수축되는 현상이 (　　　　)이고,

③ 하중이 가해진 상태로 유지되면 지속적으로 수축변형이 증가되는 현상이 (　　　)이다.

④ 두 현상 모두 대기중의 습도가 낮고 건조하거나, 물-시멘트비가 높으면 (　　)한다.

⑤ 특별히 크리프 현상은 작용하는 하중이 작거나, 압축 철근이 배근되어 있으면 (　　)한다.

5 보통중량골재를 사용한 콘크리트($m_c = $ 2,300 kg/m³)의 탄성계수?

① $E_c = ($ $) \sqrt[3]{f_{cm}}$ (MPa), 여기서 평균강도 : $f_{cm} = f_{ck} + \Delta f$

6 강도감소계수

① 기준(KDS)에 정의된 인장지배단면   (0.85)

② 기준(KDS)에 정의된 압축지배단면, 가) 나선철근 보강 부재   (   )

③ 전단력과 비틀림모멘트   (   )

④ 무근콘크리트 (휨모멘트, 압축력, 전단력, 지압력)   (   )

제4절 휨해석과 설계

1 휨설계 가정과 변형률 한계

① 휨(압축)부재의 콘크리트 압축연단의 극한변형률은 콘크리트의 설계기준압축강도가 40 MPa 이하인 경우에는 (   )으로 가정한다.

② 압축연단 콘크리트가 극한변형률에 도달할 때 최외단 인장철근의 순인장변형률 ε_t 가 (   )의 인장지배변형률 한계 이상인 단면을 인장지배단면이라고 한다. 다만, 철근의 항복강도가 400MPa을 초과하는 경우에는 인장지배변형률 한계를 철근 항복변형률의 (   )배로 한다.

③ 휨부재의 최소 허용변형률은 철근의 항복강도가 400MPa 이하인 경우 (   )로 하며, 철근의 항복강도가 400MPa을 초과하는 경우 철근 항복변형률의 (   )배로 한다.

2 휨부재 설계 제한사항

① 보의 횡지지 간격은 압축 플랜지(면) 최소 폭의 (   )배를 초과하지 않도록 하여야 한다.

② 두께가 균일한 구조 슬래브와 기초판에 대하여 경간 방향으로 보강되는 휨철근의 최대 간격은 슬래브 또는 기초판 두께의 (   )배와 (   )mm 중 작은 값을 초과하지 않도록 하여야 한다.

3 T형보의 유효폭

① 플랜지 두께의 (   )배$+ b_w$

② 양쪽의 슬래브의 (   )간 거리

③ 보의 경간의 (   )

④ 복철근보 사용 이유(특징, 효과)

① (　　　　　) 감소 : 크리프 억제로 장기처짐 감소

② (　　　　) 증대 : 압축측 철근으로 인한 연성적 거동

③ (　　　　) 용이 : 보 철근(스터럽) 배근 용이

제5절 압축재(기둥)

① 압축재의 철근 상세 기준

① 비합성 압축부재의 축방향 주철근 단면적은 전체 단면적 A_g의 (　　　　)배 이상, (　　　　)배 이하로 하여야 한다.

② 현장치기콘크리트 공사에서 압축부재의 횡철근으로 사용되는 나선철근 지름은 (　　)mm 이상으로 하여야 하고, 나선철근의 순간격은 (　　)mm 이상, (　　)mm 이하이어야 한다.

③ 압축부재의 횡철근으로 사용되는 띠철근의 수직간격은 축방향 철근지름의 (　　)배 이하, 띠철근이나 철선지름의 (　　)배 이하, 또한 기둥단면의 (최소 치수) 이하로 하여야 한다.

② 횡구속 조건에 따른 단주와 장주의 구분 (※ 세장비(λ)가 다음의 조건을 만족하면 단주)

① 횡변위가 구속된 경우 : $\lambda \leq 34 - 12\left(\dfrac{M_1}{M_2}\right) \leq 40 \ \Rightarrow$ 단주

② 횡변위가 구속되지 않은 경우 : $\lambda \leq$ (　　　　) $\Rightarrow$ 단주

③ 옵셋굽힘철근 규정 (기둥 연결부에서 단면 치수가 변하는 경우 옵셋굽힘철근 배치)

① 옵셋굽힘철근의 굽힘부에서 기울기는 (　　　)을 초과할 수 없다.

② 기둥 연결부에서 상·하부의 기둥면이 (　　) mm 이상 차이가 나는 경우는 축방향 철근을 구부려서 옵셋굽힘철근으로 사용할 수 없다.

제6절 전단 및 비틀림 설계

1 전단철근의 종류

① 부재축에 직각인 스터럽, 용접철망
② 나선철근, 원형 띠철근 또는 후프철근
③ 주인장 철근에 (   ) 이상의 각도로 설치되는 스터럽
④ 주인장 철근에 (   ) 이상의 각도로 구부린 굽힘철근
⑤ 스터럽과 굽힘철근의 조합

2 전단철근의 설계 및 상세

① $V_u \leq \dfrac{1}{2}\phi V_c$ 인 경우: 전단철근 (   )

② $\dfrac{1}{2}\phi V_c < V_u \leq \phi V_c$ 인 경우: (   ) 전단철근($A_{v,\min}$) 배근

③ 부재축에 직각 배치된 전단철근의 간격은 $\dfrac{d}{2}$ 또한 (   )mm 이하 ($V_s \leq 2V_c$인 경우)

④ $V_s > 2V_c(=\dfrac{1}{3}\sqrt{f_{ck}}\,b_w d)$인 경우 전단철근 간격은 $\dfrac{d}{4}$ 또한 (   ) mm 이하"로 감소.

⑤ 전단철근의 설계기준항복강도는 (   ) MPa을 초과할 수 없다. 다만, 벽체의 전단철근 또는 용접 이형철망을 사용할 경우 전단철근의 설계기준항복강도는 600MPa을 초과할 수 없다.

⑥ 경사스터럽과 굽힘철근은 부재의 중간 높이에서 반력점 방향으로 주인장철근까지 연장된 45°선과 한 번 이상 교차되도록 배치하여야 한다.

⑦ 종방향 철근을 구부려 전단철근으로 사용할 때는 그 경사길이의 중앙 (   ) 만이 전단철근으로서 유효하다고 보아야 한다.

제7절 정착 및 이음

1 철근의 정착

① 인장 이형철근의 정착길이는 기본정착길이에 보정계수를 곱해서 산정하고 항상 (   ) mm 이상이어야 하고, 압축 이형철근의 정착길이는 항상 (   ) mm 이상이어야 한다.
② 다발철근의 정착: 인장 또는 압축을 받는 하나의 다발철근 내에 있는 개개 철근의 정착길이 l_d는 다발철근이 아닌 경우의 각 철근 정착길이보다 3개의 철근으로 구성된 다발철근에 대

해서는 (　　) %, 4개의 철근으로 구성된 다발철근에 대해서는 33 %를 증가시켜야 한다.

③ 표준갈고리 정착 : 단부에 표준갈고리가 있는 인장 이형철근의 정착길이 l_{dh} 는 항상 $8\,d_b$ 이상, 또한 (　　　) mm 이상이어야 한다.

④ 휨철근은 휨모멘트를 저항하는 데 더 이상 철근을 요구하지 않는 점에서 부재의 유효깊이 d 또는 (　　)d_b 중 큰 값 이상으로 더 연장하여야 한다.

⑤ 정모멘트 철근의 정착 : 단순부재에서 정모멘트 철근의 1/3 이상, 연속부재에서 정모멘트 철근의 1/4 이상을 부재의 같은 면을 따라 받침부까지 연장하여야 한다. 보의 경우는 이러한 철근을 받침부 내로 (　　　) mm 이상 연장하여야 한다.

⑥ 부모멘트 철근의 정착 : 받침부에서 부모멘트에 대해 배치된 전체 인장철근량의 1/3 이상은 변곡점을 지나 부재의 유효깊이 d, $12\,d_b$ 또는 순경간의 1/16 중 제일 큰 값 이상의 묻힘길이를 확보하여야 한다.

② 철근의 이음

① 인장 이형철근의 겹침이음길이는 최소 (　　　)mm 이상이어야 하고, D35를 초과하는 철근은 겹침이음을 할 수 없다.

② 압축 이형철근의 겹침이음길이는 (　　　) mm 이상이어야 하며, 콘크리트의 설계기준압축강도가 21 MPa 미만인 경우는 겹침이음길이를 (　　) 증가시켜야 한다.

③ 휨부재에서 서로 직접 접촉되지 않게 겹침이음된 철근은 횡방향으로 소요 겹침이음길이의 1/5 또는 (　　　) mm 중 작은 값 이상 떨어지지 않아야 한다.

④ 용접이음과 기계적이음은 철근의 설계기준항복강도 f_y 의 (　　　) % 이상을 발휘할 수 있는 이음이어야 한다.

⑤ 서로 다른 크기의 철근을 겹침이음하는 경우 이음길이는 크기가 큰 철근의 (　　　)길이와 크기가 작은 철근의 (　　　　)길이 중 큰 값 이상이어야 한다.

제8절 슬래브 및 기초판

① 일방향슬래브

① 1 방향 슬래브의 근사해법 적용 조건
  ㉠ (　　)경간 이상인 경우
  ㉡ 인접 2경간의 차이가 짧은 경간의 (　　) % 이하인 경우
  ㉢ 등분포하중이 작용하는 경우
  ㉣ 활하중이 고정하중의 (　　)배를 초과하지 않는 경우

ⓜ 부재의 단면 크기가 일정한 경우

② 정·부모멘트 철근의 중심 간격은 위험단면에서는 슬래브 두께의 2배 이하, 또한 (   ) mm 이하로 하고, 기타의 단면에서는 슬래브 두께의 3배 이하, 또한 (   ) mm 이하로 한다.

③ 1방향 슬래브에서는 정모멘트 철근 및 부모멘트 철근에 (   ) 방향으로 수축·온도철근을 기준에 따라 배치하여야 한다(철근비 0.0014 이상).

④ 수축·온도철근의 간격은 슬래브 두께의 5배 이하, 또한 (   ) mm 이하로 하여야 한다.

⑤ 수축·온도철근은 설계기준항복강도 f_y를 발휘할 수 있도록 정착되어야 한다.

② 이방향슬래브

① 직접설계법을 적용할 수 있는 제한 사항

　ㄱ 각 방향으로 (   )경간 이상 연속되어야 한다.

　ㄴ Slab 단변 경간 대 장변 경간의 비가 (   ) 이하인 직사각형이어야 한다.

　ㄷ 연속한 받침부 중심간 경간 차이는 긴 경간의 (   ) 이하이어야 한다.

　ㄹ 연속한 기둥 중심선 기준 기둥의 어긋남은 그 방향 경간의 (   ) % 이하이어야 한다.

　ㅁ 모든 하중은 등분포 연직하중, 활하중은 고정하중의 (   ) 배 이하이어야 한다.

　ㅂ 모든 변에서 보가 슬래브를 지지할 경우 직교 두 방향 보의 상대강성은 0.2 이상~5.0 이하

　ㅅ 직접설계법으로 설계한 슬래브 시스템은 기준의 휨모멘트 재분배를 적용할 수 없다.

② 내부 경간에서는 전체 정적 계수휨모멘트 M_o를 다음과 같은 비율로 분배하여야 한다.

　ㄱ 부계수휨모멘트 : (   )

　ㄴ 정계수휨모멘트 : (   )

③ 2 방향 슬래브의 배근 상세

　ㄱ 위험단면의 철근 간격은 슬래브 두께의 2배 이하, 또한 (   ) mm 이하로 하여야 한다.

　ㄴ 불연속 단부에 직각방향인 정모멘트에 대한 철근은 슬래브의 끝까지 연장하여 직선 또는 갈고리로 (   ) mm 이상 테두리보, 기둥 또는 벽체 속에 묻어야 한다.

③ 기초판의 설계

ㄱ 말뚝기초의 기초판 설계에서 말뚝의 반력은 각 말뚝의 중심에 집중된다고 가정하여 휨모멘트와 전단력을 계산할 수 있다.

ㄴ 기초판에서 휨모멘트, 전단력 그리고 철근정착에 대한 위험단면의 위치를 정할 경우, 원형 또는 정다각형인 콘크리트 기둥이나 주각은 같은 면적의 (   ) 부재로 취급할 수 있다.

ㄷ 기초판 윗면부터 하부철근까지 깊이는 직접기초의 경우는 (   ) mm 이상, 말뚝기초의 경우는 (   ) mm 이상으로 하여야 한다.

❹ 기초판의 휨모멘트에 대한 위험단면

㉠ 콘크리트 기둥 (주각, 벽체)를 지지하는 기초에서는 기둥(주각, 벽체)의 (   )

㉡ 조적조 벽체를 지지하는 기초에서는 벽체 중심과 단부의 (   )

㉢ 강재 밑판(base plate)을 가진 기둥을 지지하는 기초에서는 기둥 외면과 밑판 단부와의 중간

제9절 사용성 및 내구성

❶ 큰 처짐으로 손상쉬운 칸막이벽이나 기타 구조물을 지지하지 않는 1방향 구조물의 최소 두께

① 1방향슬래브(f_y=400) : 단순지지 (   ), 일단연속 (   ), 양단연속 (   ), 캔틸레버 (   )

② 보(리브슬래브)(″   ) : 단순지지 (   ), 일단연속 (   ), 양단연속 (   ), 캔틸레버 (   )

③ f_y 400 이외의 경우 : 위의 최소두께 $\times (0.43 + \dfrac{f_y}{700})$로 산정한다.

❷ 장기처짐효과를 고려한 최대 허용처짐

① 과도한 처짐에 의해 손상 쉬운 비구조 요소를 지지(부착)하지 않은 평지붕구조 : (   )

② 과도한 처짐에 의해 손상 쉬운 비구조 요소를 지지(부착)하지 않은 바닥구조   : (   )

③ 과도한 처짐에 의해 손상 쉬운 비구조 요소를 지지(부착)한 지붕 또는 바닥구조 : (   )

④ 과도한 처짐에 의해 손상 염려가 없는 비구조 요소를 지지(부착)한 지붕, 바닥구조 : (   )

제10절 벽체 및 옹벽

❶ 벽체 설계

① 정밀한 구조해석에 의하지 않는 한, 각 집중하중에 대한 벽체의 유효수평길이는 하중 사이의 중심거리, 그리고 하중 지지폭에 벽체 두께의 (   )배를 더한 길이 중 작은 값을 초과하지 않도록 하여야 한다.

② 벽체의 전체 단면적에 대한 최소 수직철근비

㉠ 설계기준항복강도 400 MPa 이상으로서 D16 이하의 이형철근   : (   )

③ 벽체의 전체 단면적에 대한 최소 수평철근비

㉠ 설계기준항복강도 400 MPa 이상으로서 D16 이하의 이형철근　: (　　　　) $\times \dfrac{400}{f_y}$

(다만, 이 철근비의 계산에서 f_y는 500 MPa를 초과할 수 없다.)

④ 두께 250 mm 이상의 벽체에 대해서는 다음의 각 항에 따라 수직 및 수평철근을 벽면에 평행하게 (　　　　)으로 배치하여야 한다.

⑤ 수직 및 수평철근의 간격은 벽두께의 (　　)배 이하 또한 (　　　)mm 이하로 하여야 한다.

⑥ 수직철근이 집중배치된 벽체 부분의 수직철근비가 0.01배 이상인 경우 횡방향 띠철근을 설치하여야 하며, 띠철근의 수직간격은 벽체두께 이하로 하여야 한다.

② 벽체의 최소 두께

① 내력벽의 최소두께

㉠ 벽체의 두께는 수직 또는 수평 받침점 간 거리 중에서 작은 값의 (　　　) 이상이어야 하고, 또한 (　　　)mm 이상이어야 한다.

㉡ 지하실 외벽 및 기초 벽체의 두께는 (　　　)mm 이상으로 하여야 한다.

② 비내력벽의 두께는 (　　　)mm 이상이어야 히고, 또한 이를 횡방항으로 지지하고 있는 부재 사이 최소 거리의 (　　　) 이상이 되어야 한다.

③ 옹벽의 안정조건 (안전율)

① 활동에 대한 저항력은 옹벽에 작용하는 수평력의 (　　)배 이상이어야 한다.

② 전도에 대한 저항휨모멘트는 횡토압에 의한 전도모멘트의 (　　)배 이상이어야 한다.

③ 지반에 유발되는 최대 지반반력은 지반의 (　　　)지지력을 초과할 수 없다.

④ 지반의 침하에 대한 안정성 검토는 지반반력의 분포경사가 비교적 작은 경우에는 최대 지반반력 $q_{\max}$ 이 지반의 허용지지력 q_a 이하가 되도록 하여야 한다($q_a = q_u/3$).

제11절 철근 상세

1 표준갈고리

① 주철근의 표준갈고리는 다음과 같이 90°표준갈고리와 180°표준갈고리로 분류되며,
　㉠ 90°표준갈고리는 구부린 끝에서 (　　) d_b 이상 더 연장되어야 한다.
　㉡ 180°표준갈고리는 구부린 반원 끝에서 (　　) d_b 이상, (　　) mm 이상 더 연장되어야 한다.

② 스터럽과 띠철근의 표준갈고리는 90°표준갈고리와 135°표준갈고리로 분류되며,
　㉠ 90°표준갈고리에서 D16 이하의 철근은 구부린 끝에서 (　　) d_b 이상 더 연장하고, D19, D22 및 D25 철근은 구부린 끝에서 (　　) d_b 이상 더 연장하여야 한다.
　㉡ 135°표준갈고리는 (D25 이하의 철근) 구부린 끝에서 (　　) d_b 이상 더 연장하여야 한다.

2 철근의 배근 간격 제한

① 동일 평면에서 평행한 철근 사이의 수평 순간격은 (　　) mm 이상, 철근의 공칭지름 이상으로 하여야 한다.

② 상단과 하단에 2단 이상으로 배치된 경우 상하 철근은 동일 연직면 내에 배치되어야 하고, 이때 상하 철근의 순간격은 (　　) mm 이상으로 하여야 한다.

③ 나선철근 또는 띠철근이 배근된 압축부재에서 축방향 철근의 순간격은 (　　) mm 이상, 또한 철근 공칭 지름의 (　　)배 이상으로 하여야 한다.

④ 벽체 또는 슬래브에서 휨 주철근의 간격은 벽체나 슬래브 두께의 3배 이하로 하여야 하고, 또한 (　　) mm 이하로 하여야 한다.

3 (프리스트레스하지 않는 부재의) 현장치기콘크리트 최소피복두께

① 수중에서 치는 콘크리트 　　　　　　　　　　　　　　　　　　　　(　　) mm
② 흙에 접하여 콘크리트를 친 후 영구히 흙에 묻혀 있는 콘크리트　(　　) mm
③ 흙에 접하거나 옥외의 공기에 직접 노출되는 콘크리트
　㉠ D19 이상의 철근 　　　　　　　　　　　　　　　　　　　　　　(　　) mm
　㉡ D16 이하의 철근, 지름 16 mm 이하의 철선 　　　　　　　　　(　　) mm
④ 옥외의 공기나 흙에 직접 접하지 않는 콘크리트
　㉠ 슬래브, 벽체, 장선 (D35 이하인 철근) 　　　　　　　　　　　　(　　) mm
　㉡ 보, 기둥 　　　　　　　　　　　　　　　　　　　　　　　　　　(　　) mm

정답

제1절 ～ 제3절

❶ ① 선팽창계수, ② 일체화, ③ 부식방지, 보호
❷ ① 1/5, ② 1/3, ③ 3/4
❸ ① 하루, ② 120, ③ 500, ④ 변경
❹ ②. 건조수축, ③ 크리프, ④ 증가, ⑤ 감소
❺ ① 8,500
❻ ② 0.65, ③ 0.75, ④ 0.55

제4절

❶ ① 0.0033, ② 0.005, 2.5, ③ 0.004, 2.0
❷ ① 50, ② 3, 450
❸ ① 16, ② 중심, ③ 1/4
❹ ① 장기처짐, ② 연성, ③ 시공

제5절

❶ ① 0.01, 0.08, ② 10, 25, 75, ③ 16, 48
❷ ② 22
❸ ① 1/6, ② 75

제6절

❶ ③ 45°, ④ 30°
❷ ① 필요없음, ② 최소, ③ 600, ④ 300, ⑤ 500, ⑦ 3/4

제7절

❶ ① 300, 200, ② 20, ③ 150, ④ 12, ⑤ 150
❷ ① 300, ② 300, 1/3, ③ 150, ④ 125, ⑤ 정착, 겹침이음

제8절

❶ ① ㉠ 2, ㉡ 20, ㉣ 3, ② 300, 450, ③ 직각, ④ 450
❷ ① ㉠ 3, ㉡ 2, ㉢ 1/3, ㉣ 10, ㉤ 2,
  ② ㉠ 0.65, ㉡ 0.35, ③ ㉠ 300, ㉡ 150
❸ ② 정사각형, ③ 150, 300
❹ ① 외면, ② 중간

제9절

❶ ① $\dfrac{l}{20}$, $\dfrac{l}{24}$, $\dfrac{l}{28}$, $\dfrac{l}{10}$
  ② $\dfrac{l}{16}$, $\dfrac{l}{18.5}$, $\dfrac{l}{21}$, $\dfrac{l}{8}$
❷ ① $\dfrac{l}{180}$, ② $\dfrac{l}{360}$, ③ $\dfrac{l}{480}$, ④ $\dfrac{l}{240}$

제10절

❶ ① 4, ② ㉠ 0.0012, ③ ㉠ 0.0020, ④ 양면, ⑤ 3, 450
❷ ① ㉠ 1/25, 100, ㉡ 200, ② 100, 1/30
❸ ① 1.5, ② 2.0, ③ 허용

제11절

❶ ① ㉠ 12, ㉡ 4, 60, ② ㉠ 6, 12, ㉡ 6
❷ ① 25, ② 25, ③ 40, 1.5, ④ 450
❸ ① 100, ② 75, ③ ㉠ 50, ㉡ 40, ④ ㉠ 20, ㉡ 40

제1절 **철근 콘크리트구조의 개요 및 특징**

01 철근콘크리트구조의 성립요인에 대한 설명으로 옳지 않은 것은? 21 지

① 콘크리트와 철근은 역학적 성질이 매우 유사하다.
② 철근과 콘크리트의 열팽창계수가 거의 같다.
③ 콘크리트가 강알칼리성을 띠고 있어 콘크리트 속에 매립된 철근의 부식을 방지한다.
④ 철근과 콘크리트 사이의 부착강도가 크므로 두 재료가 일체화되어 외력에 대해 저항한다.

02 철근콘크리트 공사에서 각 날짜에 친 각 등급의 콘크리트 강도시험용 시료 채취기준으로 옳지 않은 것은? 19 지

① 하루에 1회 이상
② 250 m^3당 1회 이상
③ 슬래브나 벽체의 표면적 500 m^2마다 1회 이상
④ 배합이 변경될 때마다 1회 이상

03 응력을 작용시킨 상태에서 탄성변형 및 건조수축 변형을 제외시킨 변형으로 시간이 경과함에 따라 변형이 증가되는 현상은? 22 국

① 레이턴스(Laitance)
② 크리프(Creep)
③ 블리딩(Bleeding)
④ 알칼리골재반응(Alkali aggregate reaction)

04 콘크리트의 크리프 및 건조수축에 대한 설명으로 옳지 않은 것은? 17 국

① 콘크리트 강도가 증가하면 크리프는 감소한다.
② 단위골재량이 증가하면 크리프는 증가한다.
③ 대기 중의 습도가 증가하면 건조수축은 감소한다.
④ 물−시멘트비가 증가하면 건조수축은 증가한다.

05 보통중량 콘크리트의 설계기준압축강도(f_{ck})가 30 MPa일 때 콘크리트의 할선탄성계수(E_c, MPa)는? (단, 콘크리트의 평균 압축강도(f_{cm})에 대한 충분한 시험자료는 없는 상태이다) 24 국

① $8,500 \sqrt[3]{30}$　　　　　　② $8,500 \sqrt[3]{33}$

③ $8,500 \sqrt[3]{34}$　　　　　　④ $8,500 \sqrt[3]{35}$

06 철근콘크리트구조에서 굵은 골재의 최대 공칭치수 제한 기준으로 옳지 않은 것은?

① 거푸집 양 측면 사이의 최소 거리의 1/5 이하
② 기둥 단면 최소치수의 1/4 이하
③ 슬래브 두께의 1/3 이하
④ 개별 철근, 다발철근, 긴장재 또는 덕트 사이 최소 순간격의 3/4 이하

07 철근콘크리트 휨부재 설계에 대한 설명으로 옳지 않은 것은? (단, f_y는 철근의 설계기준항복강도이다) 24 국

① 휨모멘트를 받는 부재의 콘크리트 압축연단의 극한변형률은 콘크리트의 설계기준압축강도가 40 MPa 이하인 경우에는 0.003으로 가정한다.
② 철근과 콘크리트의 변형률은 중립축부터 거리에 비례하는 것으로 가정할 수 있다. 그러나 설계 기준에 규정된 깊은 보는 비선형 변형률 분포를 고려하여야 한다.
③ 철근의 변형률이 f_y에 대응하는 변형률보다 큰 경우 철근의 응력은 변형률에 관계없이 f_y로 하여야 한다.
④ 콘크리트 압축응력의 분포와 콘크리트변형률 사이의 관계는 직사각형, 사다리꼴, 포물선형 등으로 가정할 수 있다.

08 철근과 콘크리트의 재료특성과 휨 및 압축을 받는 철근콘크리트 부재의 설계가정에 대한 설명으로 옳지 않은 것은? (현행화) 18 국

① 철근은 설계기준항복강도가 높아지면 탄성계수도 증가한다.
② 콘크리트 압축응력 분포와 콘크리트변형률 사이의 관계는 직사각형, 사다리꼴, 포물선형 또는 강도의 예측에서 광범위한 실험의 결과와 실질적으로 일치하는 어떤 형상으로도 가정할 수 있다.
③ 등가직사각형 응력블록계수 β_1 의 범위는 $0.70 \leq \beta_1 \leq 0.80$ 이다.
④ 철근의 변형률이 f_y에 대응하는 변형률보다 큰 경우 철근의 응력은 변형률에 관계없이 f_y로 하여야 한다.

제4절 휨 해석과 설계

01 철근콘크리트구조의 용어에 대한 설명으로 옳지 않은 것은? [21 지]

① 인장철근비는 콘크리트의 전체 단면적에 대한 인장철근 단면적의 비이다.

② 설계강도는 단면 또는 부재의 공칭강도에 강도감소계수를 곱한 강도이다.

③ 계수하중은 사용하중에 설계법에서 요구하는 하중계수를 곱한 하중이다.

④ 균형변형률 상태는 인장철근이 설계기준항복강도 f_y에 대응하는 변형률에 도달하고, 동시에 압축 콘크리트가 가정된 극한변형률에 도달할 때의 단면상태를 말한다.

02 철근콘크리트구조에서 휨모멘트나 축력 또는 휨모멘트와 축력을 동시에 받는 단면 설계 시 적용하는 일반원칙에 대한 설명으로 옳지 않은 것은? (단, 콘크리트의 설계기준압축강도는 40MPa 이하임) (현행화) [15 국]

① 인장지배변형률한계는 균형변형률상태에서 인장철근의 순인장 변형률과 같다.

② 압축콘크리트가 가정된 극한변형률인 0.0033에 도달할 때, 최외단 인장철근의 순인장변형률이 압축지배변형률한계 이하인 단면을 압축지배단면이라고 한다.

③ 휨부재의 강도를 증가시키기 위하여 추가 인장철근과 이에 대응하는 압축철근을 사용할 수 있다.

④ 인장철근이 설계기준항복강도에 대응하는 변형률에 도달하고 동시에 압축콘크리트가 극한변형률인 0.0033에 도달할 때, 그 단면이 균형변형률상태에 있다고 본다.

03 콘크리트의 균열모멘트(M_{cr})를 계산하기 위한 콘크리트 파괴계수 f_r[MPa]은? (단, 일반콘크리트이며, 콘크리트 설계기준압축강도 (f_{ck})는 25 MPa이다) [14 국]

① 3.15

② 4.15

③ 5.15

④ 6.15

04 휨 모멘트를 받는 부재의 콘크리트 설계기준압축강도가 40 MPa일 때, 콘크리트 압축연단의 극한변형률 ϵ_{cu} 값은? [24 지]

① 0.0030

② 0.0031

③ 0.0032

④ 0.0033

05 그림과 같이 정휨모멘트를 받는 철근콘크리트 단면에 대한 공칭휨모멘트를 산정하기 위해 필요한 유효깊이[mm]는? (단, 단면은 인장지배단면이고, 인장철근의 종류는 동일하며, 보 폭 $b = 400$ mm, $d_1 = 570$ mm, $d_2 = 600$ mm, $d_3 = 630$ mm, $d_4 = 700$ mm이다) 25 지

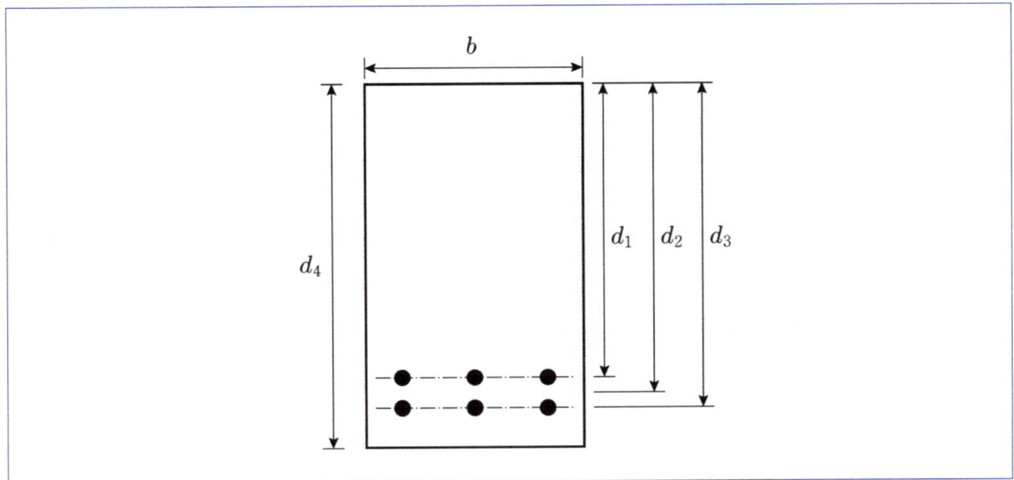

① 570

② 600

③ 630

④ 700

06 폭 400 mm와 전체 깊이 700 mm를 가지는 직사각형 철근콘크리트 보에서 인장철근이 2단으로 배근될 때, 최대 유효깊이에 가장 가까운 값은? (단, 피복두께는 40 mm, 스터럽 직경은 10 mm, 인장철근 직경은 25 mm로 1단과 2단에 배근되는 인장철근량은 동일하며, 모두 항복하는 것으로 한다) 20 지

① 650.0 mm

② 637.5 mm

③ 612.5 mm

④ 587.5 mm

07 보폭(b)이 400 mm인 직사각형 단근보에서 인장철근이 항복할 때 등가직사각형 응력블록의 깊이(a)는? (단, 인장철근량 As=2,700mm², 콘크리트 설계기준압축강도 f_{ck}=27 MPa, 철근 설계기준항복강도 f_y=400 MPa이다) [11 지]

① 100.0 mm

② 117.6 mm

③ 133.3 mm

④ 153.8 mm

08 그림과 같은 철근콘크리트 보 단면에서 극한상태에서의 중립축 위치 c(압축연단으로부터 중립축까지의 거리)에 가장 가까운 값은? (단, 콘크리트의 설계기준압축강도는 20 MPa, 철근의 설계기준항복강도는 400 MPa로 가정하며, AS는 인장철근량이다) [19 지]

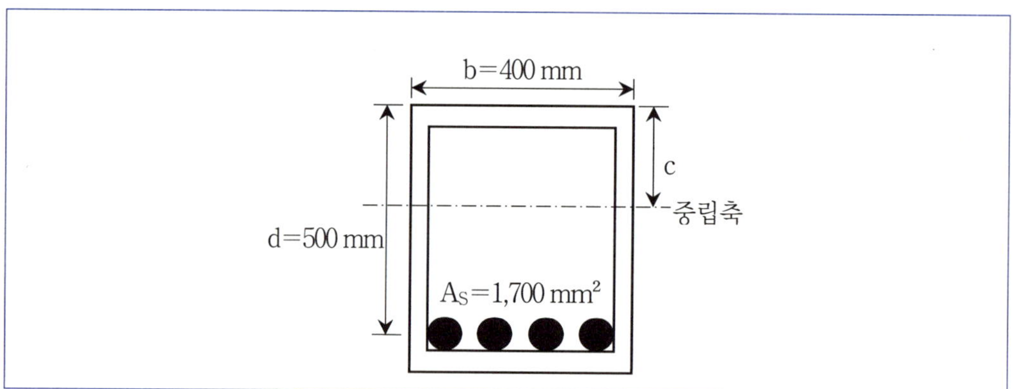

① 113.4 mm

② 117.6 mm

③ 125.0 mm

④ 150.0 mm

09 그림과 같은 철근콘크리트 보의 단면과 변형률 분포에서 설계휨강도를 계산할 때, 중립축 깊이 c[mm]의 값은? (단, 최외단 인장철근의 순인장변형률 ε_t 는 0.0099, 콘크리트의 설계기준압축강도 f_{ck} 는 27MPa, 단면의 유효깊이는 600mm, ε_{cu} 는 콘크리트의 극한변형률이다) 25 국

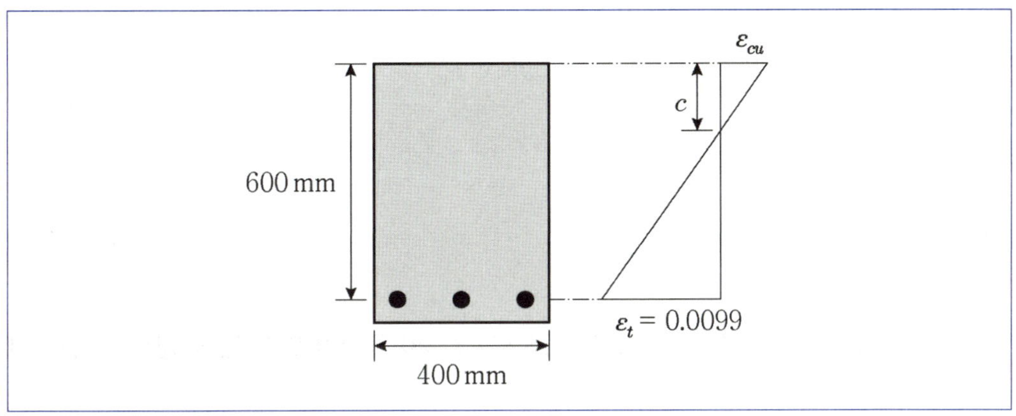

① 100

② 120

③ 150

④ 200

10 철근콘크리트 복근보에서 압축철근을 배근하는 이유로 옳지 않은 것은? 09 국

① 파괴 시까지 인장철근의 변형률이 증가하여 보의 연성을 증가시킨다.

② 장기하중에 의한 처짐을 감소시킨다.

③ 파괴모드를 인장파괴에서 압축파괴로 전환시킨다.

④ 철근의 배치가 용이해진다.

11 슬래브와 보를 일체로 타설하고, 보의 양쪽에 슬래브가 있는 철근콘크리트 T형보의 유효폭을 산정하는 세 가지 방법에 해당하지 않는 것은? (단, b_w 는 보의 복부(웨브)폭이며, 슬래브(플랜지)의 두께는 균일하다) 23 지

① 슬래브 두께의 16배 + b_w

② 인접 보와의 내측거리

③ 양쪽 슬래브의 중심 간 거리

④ 보 경간의 1/4

12 한쪽에만 슬래브가 있는 반 T형보의 유효폭 산정 조건으로 옳지 않은 것은? (단, b_w는 반 T형보의 복부 폭이며, 두께가 균일한 슬래브와 보를 일체로 타설하였다) 25 국

① 보의 경간의 1/4
② (보의 경간의 1/12)$+b_w$
③ (인접 보와 내측 거리의 1/2)$+b_w$
④ (한쪽으로 내민 플랜지 두께의 6배)$+b_w$

제5절 압축재(기둥)

01 철근콘크리트 기둥의 축방향 주철근이 겹침이음되어 있지 않을 경우, 주철근의 최대 철근비는? 21 국

① 1%
② 4%
③ 6%
④ 8%

02 철근콘크리트 압축부재에 사용되는 띠철근의 수직간격 규정에 대한 설명으로 옳은 것은? 22 국

① 축방향 철근지름의 16배 이하로 배근하여야 한다.
② 띠철근이나 철선지름의 48배 이상으로 배근하여야 한다.
③ 기둥단면의 최소 치수의 1/2 이상으로 배근하여야 한다.
④ 500 mm 이상으로 배근하여야 한다.

03 콘크리트구조 기둥에 사용되는 띠철근의 주요한 역할에 대한 설명으로 옳지 않은 것은?

18 지

① 축방향 주철근을 정해진 위치에 고정시킨다.
② 기둥의 휨내력을 증가시킨다.
③ 축방향력을 받는 주철근의 좌굴을 억제시킨다.
④ 압축콘크리트의 파괴 시 기둥의 벌어짐을 구속하여 연성을 증가시킨다.

04 보통모멘트골조에서 압축을 받는 철근콘크리트 기둥의 띠철근에 대한 설명으로 옳지 않은 것은? (단, 전단이나 비틀림 보강철근 등이 요구되는 경우, 실험 또는 구조해석 검토에 의한 예외사항 등과 같은 추가 규정은 고려하지 않는다) (현행화) [19 국]

① 모든 모서리 축방향철근은 135° 이하로 구부린 띠철근의 모서리에 의해 횡지지되어야 한다.

② 띠철근의 수직간격은 축방향 철근지름의 16배 이하, 띠철근이나 철선지름의 48배 이하, 또한 기둥단면의 최소 치수의 1/2 이하로 하여야 한다.

③ D35 이상의 축방향 철근은 D10 이상의 띠철근으로 둘러싸야 하며, 이 경우 띠철근 대신 용접철망을 사용할 수 없다.

④ 기초판 또는 슬래브의 윗면에 연결되는 기둥의 첫 번째 띠철근 간격은 다른 띠철근 간격의 1/2 이하로 하여야 한다.

05 그림은 휨모멘트와 축력을 동시에 받는 철근콘크리트 기둥의 공칭강도 상호작용곡선이다. 이에 대한 설명으로 옳지 않은 것은? [20 국]

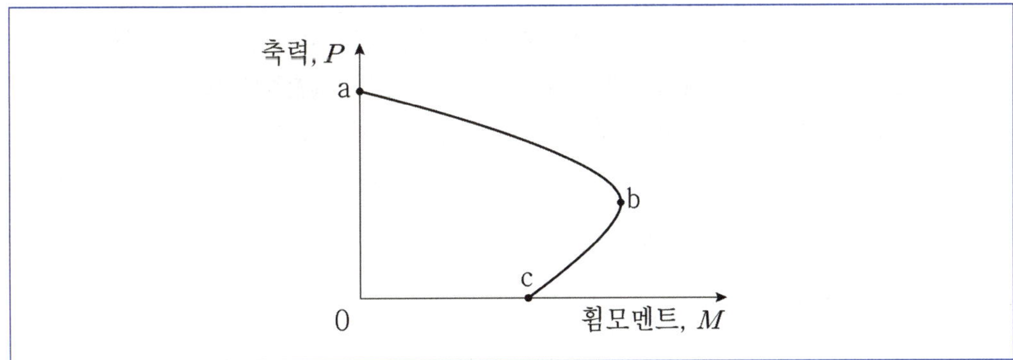

① 휨성능은 압축력의 크기에 따라서 달라진다.

② 구간 a−b에서 최외단 인장철근의 순인장변형률은 설계기준항복강도에 대응하는 변형률 이하이다.

③ 구간 b−c에서 압축연단 콘크리트는 극한변형률에 도달하지 않는다.

④ 점 b는 균형변형률 상태에 있다.

06 직경 D인 원형 단면을 갖는 철근콘크리트 기둥이 중심축하중을 받는 경우 최대 설계축강도($\phi P_{n(\max)}$)는? (단, 종방향 철근의 전체단면적은 A_{st}, 콘크리트의 설계기준 압축강도는 f_{ck}, 철근의 설계기준 항복강도는 f_y이고, 나선철근을 갖고 있는 프리스트레스를 가하지 않은 기둥이다) [21 지]

① $\phi P_{n(\max)} = 0.8\phi\left[0.85f_{ck}(\pi D^2/4 + A_{st}) + f_y A_{st}\right]$

② $\phi P_{n(\max)} = 0.85\phi\left[0.85f_{ck}(\pi D^2/4 + A_{st}) + f_y A_{st}\right]$

③ $\phi P_{n(\max)} = 0.8\phi\left[0.85f_{ck}(\pi D^2/4 - A_{st}) + f_y A_{st}\right]$

④ $\phi P_{n(\max)} = 0.85\phi\left[0.85f_{ck}(\pi D^2/4 - A_{st}) + f_y A_{st}\right]$

제6절 전단 및 비틀림 설계

01 보통모멘트골조에서 철근콘크리트 보의 전단철근 설계에 대한 설명으로 옳지 않은 것은? (단, 스트럿-타이모델에 따라 설계하지 않은 일반적인 보 부재로, 전단철근에 의한 전단강도는 콘크리트에 의한 전단강도의 2배 이하이며, d는 보의 유효깊이이다) [19 국]

① 용접이형철망을 사용한 전단철근의 설계기준항복강도는 $600\,\text{MPa}$를 초과할 수 없다.

② 부재축에 직각으로 배치된 전단철근의 간격은 철근콘크리트 부재인 경우 $\dfrac{d}{2}$ 이하 또한 $600\,\text{mm}$ 이하로 하여야 한다.

③ 종방향 철근을 구부려 전단철근으로 사용할 때는 그 경사길이의 중앙 $\dfrac{3}{4}$ 만이 전단철근으로서 유효하다.

④ 경사스터럽과 굽힘철근은 부재의 중간 높이에서 반력점 방향으로 주인장철근까지 연장된 $30°$ 선과 한 번 이상 교차되도록 배치하여야 한다.

02 철근콘크리트구조에서 부재축에 직각인 전단철근을 사용하는 경우, 전단철근에 의한 전단강도의 크기에 영향을 미치는 요인이 아닌 것은? [17 국]

① 전단철근의 설계기준항복강도

② 인장철근의 중심에서 압축콘크리트 연단까지의 거리

③ 전단철근의 간격

④ 부재의 폭

03 철근콘크리트 부재의 전단철근으로 적절하지 않은 것은? [24 지]

① 부재축에 평행하게 배치한 용접철망

② 나선철근 또는 원형 띠철근

③ 주인장철근에 45도 이상의 각도로 설치되는 스터럽

④ 주인장철근에 30도 이상의 각도로 구부린 굽힘철근

04 다음과 같은 전단력과 휨모멘트만을 받는 철근콘크리트 보에서 콘크리트에 의한 공칭전단강도[kN]는? (단, 계수전단력과 계수휨모멘트는 고려하지 않는다) [20 국]

- 보통중량콘크리트
- 콘크리트의 설계기준압축강도 : 25 MPa
- 보의 복부 폭: 300 mm
- 인장철근의 중심에서 압축콘크리트 연단까지의 거리: 500 mm

① 100   ② 125

③ 150   ④ 175

05 다음은 콘크리트구조 전단 및 비틀림 설계기준에서 철근콘크리트 슬래브의 2방향 거동에 대한 공칭전단강도 산정에 사용되는 위험단면의 둘레길이에 관한 내용이다. (가)에 들어갈 내용은? (단, d는 슬래브의 유효깊이이다) [25 지]

위험단면의 둘레길이 $b0$는 최소로 되어야 하나 집중하중, 반력구역, 기둥, 기둥머리 또는 지판 등의 경계로부터 　(가)　보다 가까이 위치시킬 필요는 없다.

① 0.5d   ② 1.0d

③ 1.5d   ④ 2.0d

제7절 정착 및 이음

01 철근의 정착에 대한 설명으로 옳지 않은 것은? 22 국

① 정착길이는 위험단면에서 철근의 설계기준항복강도를 발휘하는 데 필요한 최소한의 묻힘
길이를 말한다.
② 인장 이형철근의 정착길이는 항상 300 mm 이상이어야 한다.
③ 압축 이형철근의 정착길이는 항상 200 mm 이상이어야 한다.
④ 단부에 표준갈고리가 있는 인장 이형철근의 정착길이는 항상 $4\,d_b$ 이상, 또한 100 mm 이
상이어야 한다.

02 철근콘크리트 구조물의 인장 이형철근의 정착길이 산정에 고려하지 않는 것은? 25 국

① 철근의 공칭지름
② 철근의 탄성계수
③ 철근의 설계기준항복강도
④ 콘크리트의 설계기준압축강도

03 철근콘크리트 설계에서 인장이형철근의 정착길이 산정에 사용되는 보정계수가 아닌 것
은? (단, 정착길이는 기본정착길이에 보정계수를 고려하는 방법으로 구한다) 23 국

① 마찰계수
② 도막계수
③ 경량콘크리트계수
④ 철근배치 위치계수

04 철근콘크리트구조에서 철근의 정착 및 이음에 대한 설명으로 옳지 않은 것은? 13 국

① 인장이형철근의 기본정착길이는 철근의 공칭지름과 철근의 설계기준항복강도에 비례한다.
② 압축이형철근의 정착길이는 기본정착길이에 적용 가능한 모든 보정계수를 곱하여 구하여
야 한다. 다만, 이때 구한 압축이형철근의 정착길이는 항상 200 mm 이상이어야 한다.
③ 휨부재에서 서로 직접 접촉되지 않게 겹침이음된 철근은 횡방향으로 소요 겹침이음길이
의 1/5 또는 150 mm 중 작은 값 이상 떨어지지 않아야 한다.
④ 인장이형철근의 B급 겹침이음길이는 인장이형철근 정착길이의 1.3배 이상으로 하여야 한
다. 그러나 150 mm 이상이어야 한다.

05 다음은 인장력을 받는 이형철근의 겹침이음설계에 대한 내용이다. (가), (나)에 들어갈 내용을 바르게 연결한 것은? 25 지

> 서로 다른 크기의 철근을 인장 겹침이음하는 경우 이음길이는 크기가 큰 철근의 [(가)] 와 크기가 작은 철근의 [(나)] 중 큰 값 이상이어야 한다.

	(가)	(나)
①	정착길이	정착길이
②	정착길이	겹침이음길이
③	겹침이음길이	정착길이
④	겹침이음길이	겹침이음길이

06 철근의 정착길이에 대한 설명으로 옳지 않은 것은? (단, d_b : 철근의 공칭지름[mm])

17 지

① 단부에 표준갈고리가 있는 인장 이형철근의 정착길이는 항상 $8d_b$ 이상 또한 150 mm 이상 이어야 한다.

② 압축 이형철근의 정착길이는 항상 200 mm 이상이어야 한다.

③ 확대머리 이형철근의 인장에 대한 정착길이는 $8\,d_b$ 또한 150 mm 이상이어야 한다.

④ 인장 이형철근의 정착길이는 항상 200 mm 이상이어야 한다.

07 표준갈고리를 갖는 인장이형철근의 정착길이[mm]는? (단, 사용 철근의 공칭지름(d_b)은 22.0 mm이고, 철근의 설계기준항복강도 (f_y)는 500 MPa이며, 콘크리트의 설계기준압축강도(f_{ck})는 25 MPa 이다. 철근의 설계기준항복강도에 대한 보정계수만을 고려한다)

14 국

① 300   ② 400

③ 440   ④ 528

제8절 슬래브 및 기초판

01 철근콘크리트 슬래브의 두께 및 철근배근에 대한 설명으로 옳은 것은? [11 국]

① 1방향 슬래브의 두께는 최소 120 mm 이상으로 하여야 한다.

② 동일 평면에서 평행하는 철근 사이의 수평 순간격은 철근의 공칭지름 이상, 또한 22 mm 이상, 또한 굵은 골재 최대 치수의 5/3 이상으로 한다.

③ 2방향슬래브의 위험단면에서 철근 간격은 슬래브두께의 2배 이하 또한 300 mm 이하로 하여야 한다. 단, 와플구조나 리브구조로 된 부분은 예외로 한다.

④ 슬래브 철근의 피복 두께는 10 mm 이상으로 한다.

02 일반적인 현장타설콘크리트를 이용한 보 슬래브(Beam Slab) 구조 시스템에 비하여 플랫 슬래브(Flat Slab) 구조 시스템이 가지는 특성 중 옳지 않은 것은? [14 지]

① 거푸집 제작이 용이하여 공기를 단축할 수 있다.

② 기둥 지판의 철근 배근이 복잡해지고 바닥판이 무거워진다.

③ 층고를 낮출 수 있어 실내이용률이 높다.

④ 골조의 강성이 높아서 고층 건물에 유리하다.

03 철근콘크리트 슬래브 구조에서 기둥과 기둥 사이에 보를 사용하지 않고, 지판에 의해 기둥이 직접 바닥을 지지하므로 내부공간을 효율적으로 이용할 수 있는 구조는? [08 국]

① 합성슬래브 구조

② 프리캐스트 슬래브 구조

③ 중공슬래브 구조

④ 플랫슬래브 구조

04 철근콘크리트구조의 슬래브 설계에 대한 설명으로 옳지 않은 것은? [12 지]

① 1방향슬래브의 두께는 최소 100 mm 이상으로 하여야 한다.

② 1방향슬래브의 정모멘트철근 및 부모멘트철근의 중심간격은 위험단면에서는 슬래브두께의 2배 이하이어야 하고, 또한 300 mm 이하로 하여야 한다.

③ 등가골조법에서 직접응력에 의한 기둥과 슬래브의 길이변화와 전단력에 의한 처짐은 무시할 수 있다.

④ 직접설계법을 사용하여 슬래브 시스템을 설계하기 위해서는 각 방향으로 연속한 받침부 중심간 경간길이의 차이는 긴 경간의 1/2 이하이어야 한다.

05 **철근콘크리트 구조의 슬래브에 대하여 서술한 것으로 옳지 않은 것은? (현행화)** 07 국

① 1방향 슬래브는 단위 폭의 직사각형보로 간주하여 설계하며, 작용하는 모든 하중은 단변 방향으로 전달되는 것으로 가정한다.

② 1방향 슬래브의 두께는 최소 100 mm이상으로 하며, 위험 단면에서의 철근 간격은 슬래브 두께의 2배 이하, 또한 300 mm이하로 한다.

③ 보가 지지하는 직사각형 슬래브의 변장비가 1.5 이하일 때를 2방향 슬래브라 한다.

④ 워플 슬래브는 장선 슬래브의 장선을 직교시켜 구성한 우물반자 형태로 된 2방향 슬래브 구조를 말하며, 격자형의 작은 리브(rib)를 가지고 있다.

06 **플랫 슬래브에서 기둥 상부의 부모멘트에 대한 철근 배근량을 줄이기 위하여 지판을 사용하는 경우, 지판에 대한 규정으로 옳지 않은 것은?** 22 지

① 지판은 받침부 중심선에서 각 방향 받침부 중심 간 경간의 1/6 이상을 각 방향으로 연장시켜야 한다.

② 지판이 있는 2방향 슬래브의 유효지지단면은 이의 바닥 표면이 기둥축을 중심으로 30° 내로 펼쳐진 기둥과 기둥머리 또는 브래킷 내에 위치한 가장 큰 정원추, 정사면추 또는 쐐기 형태의 표면과 이루는 절단면으로 정의된다.

③ 지판의 슬래브 아래로 돌출한 두께는 돌출부를 제외한 슬래브 두께의 1/4 이상으로 하여야 한다.

④ 지판 부위 슬래브 철근량을 계산 시, 슬래브 아래로 돌출한 지판 두께는 지판의 외단부에서 기둥이나 기둥머리 면까지 거리의 1/4 이하이어야 한다.

07 **철근콘크리트 기초판 설계에 대한 설명으로 옳지 않은 것은?** 21 국

① 조적조 벽체를 지지하는 기초판의 최대 계수휨모멘트를 계산할 때 위험단면은 벽체 중심과 단부 사이의 1/4 지점으로 한다.

② 휨모멘트에 대한 설계 시 1방향 기초판 또는 2방향 정사각형 기초판에서 철근은 기초판 전체 폭에 걸쳐 균등하게 배치하여야 한다.

③ 말뚝기초의 기초판 설계에서 말뚝의 반력은 각 말뚝의 중심에 집중된다고 가정하여 휨모멘트와 전단력을 계산할 수 있다.

④ 기초판 윗면부터 하부철근까지 깊이는 직접기초의 경우는 150 mm 이상, 말뚝기초의 경우는 300 mm 이상으로 하여야 한다.

08 **철근콘크리트 기초판을 설계할 때 주의해야 할 사항으로 옳지 않은 것은?** 20 지

① 말뚝기초의 기초판 설계에서 말뚝의 반력은 각 말뚝의 중심에 집중된다고 가정하여 휨모멘트와 전단력을 계산할 수 있다.

② 독립기초의 기초판 밑면적 크기는 허용지내력에 반비례한다.

③ 독립기초의 기초판 전단설계 시 1방향 전단과 2방향 전단을 검토한다.

④ 기초판 밑면적, 말뚝의 개수와 배열 산정에는 1.0을 초과하는 하중계수를 곱한 계수하중이 적용된다.

09 **철근콘크리트 기초판 설계에 대한 설명으로 옳지 않은 것은?** 12 지

① 기초판에서 휨모멘트, 전단력 및 철근정착에 대한 위험단면의 위치를 정할 경우, 원형 또는 정다각형인 콘크리트 기둥이나 받침대는 같은 면적의 정사각형 부재로 취급할 수 있다.

② 기초판 상연에서부터 하부 철근까지의 깊이는 흙에 놓이는 기초의 경우는 150 mm 이상, 말뚝기초의 경우는 300 mm 이상으로 하여야 한다.

③ 기초판 각 단면에서의 휨모멘트는 기초판을 자른 수직면에서 그 수직면의 1/4 면적에 작용하는 힘에 대해 계산한다.

④ 기초판철근은 각 단면에서 계산된 철근의 인장력 또는 압축력을 기준으로 묻힘길이, 인장갈고리, 기계적 장치 또는 이들의 조합에 의하여 그 단면의 양방향으로 정착하여야 한다.

10 **한 변의 길이가 600 mm인 정사각형 기둥이 고정하중 1,700 kN과 활하중 1,300 kN을 지지할 때 이 기둥에 대한 정사각형 독립기초의 최소 크기[m²]는? (단, 기초 무게 및 상재하중은 고정하중과 활하중의 10 %로 가정하며 허용지내력 q_a는 300 kN/m²이다)**

16 국

① 9   ② 11

③ 13   ④ 15

11 그림과 같은 2방향 직사각형 독립 기초판의 단변방향으로 배근할 전체 철근량이 15,000 mm²이면, 유효폭 내에 배근해야 하는 단변방향 철근량[mm²]은? 23 국

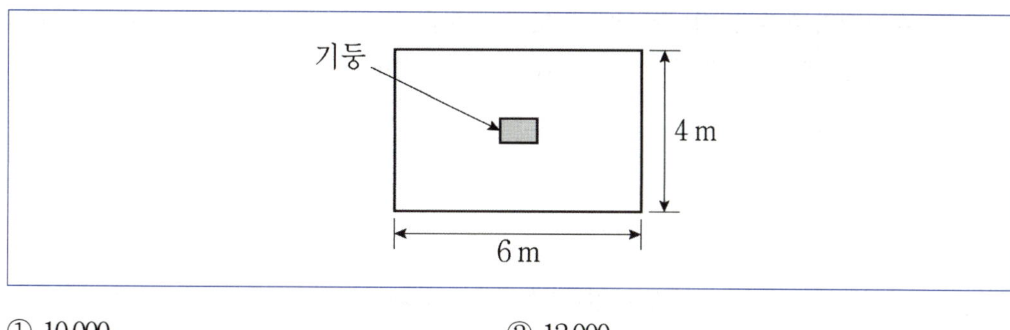

① 10,000

② 12,000

③ 12,500

④ 13,500

제9절 사용성 및 내구성

01 보통중량콘크리트를 사용하고 설계기준항복강도가 400 MPa인 철근을 사용할 경우, 처짐을 계산하지 않아도 되는 1방향슬래브(슬래브 길이 l)의 최소두께를 지지조건에 따라 나타낸 것으로 옳지 않은 것은? (단, 해당부재는 큰 처짐에 의해 손상되기 쉬운 칸막이벽이나 기타 구조물을 지지 또는 부착하지 않은 부재이다) 21 국

① 단순 지지 : $l/18$

② 1단 연속 : $l/24$

③ 양단 연속 : $l/28$

④ 캔틸레버 : $l/10$

02 철근콘크리트 슬래브의 길이가 ℓ이고 처짐을 계산하지 않는 경우, 리브가 있는 1방향 슬래브의 최소 두께로 옳지 않은 것은? (단, 보통중량 콘크리트와 설계기준항복강도가 400 MPa인 철근을 사용하며, 큰 처짐에 의해 손상되기 쉬운 칸막이벽이나 기타 구조물을 지지 또는 부착하지 않는다) 24 지

① 단순 지지인 경우 $\ell/16$

② 1단 연속인 경우 $\ell/18.5$

③ 양단 연속인 경우 $\ell/21$

④ 캔틸레버인 경우 $\ell/10$

03 리브가 없는 철근콘크리트 일방향 캔틸레버 슬래브의 캔틸레버된 길이가 2 m일 때, 처짐을 계산하지 않는 경우의 해당 슬래브 최소두께는? (단, 해당 슬래브는 큰 처짐에 의해 손상되기 쉬운 칸막이벽이나 기타 구조물을 지지 또는 부착하지 않으며, 보통 콘크리트 (단위질량 w_c =2,300 kg/㎥)와 설계기준항복강도 400 MPa 철근을 사용한다) 16 지

① 80 mm　　　　　　　　　② 100 mm

③ 150 mm　　　　　　　　　④ 200 mm

04 긴 변의 순경간(ℓ_n)이 5 m이며, 테두리보를 제외하고 슬래브 주변에 보가 없는 2방향 슬래브의 최소 두께에 대한 설명으로 옳지 않은 것은? (단, 제시된 조건 외에 비교되는 슬래브의 조건은 동일하며, 슬래브의 두께는 120 mm를 초과한다) 24 국

① 철근의 설계기준항복강도가 증가할수록 슬래브 최소 두께는 감소한다.

② 외부 슬래브의 경우 테두리보가 없는 슬래브보다 테두리보가 있는 슬래브의 최소 두께가 작다.

③ 지판이 있는 경우 테두리보가 없는 외부 슬래브보다 내부 슬래브의 최소 두께가 작다.

④ 내부 슬래브의 경우 지판이 없는 슬래브보다 지판이 있는 슬래브의 최소 두께가 작다.

05 건축구조기준(KBC2009)에 따른 철근콘크리트 구조물의 처짐 검토를 위해 적용하는 하중은? 12 국

① 계수하중(Factored load)

② 설계하중(Design load)

③ 사용하중(Service load)

④ 극한하중(Ultimate load)

06 철근콘크리트 보의 처짐에 대한 설명으로 옳지 않은 것은? 16 국

① 균일단면을 가지는 탄성보의 처짐은 보 단면의 이차모멘트에 반비례한다.

② 장기처짐은 압축철근비가 증가함에 따라 증가한다.

③ 하중작용에 의한 순간처짐은 부재강성에 대한 균열과 철근의 영향을 고려하여 탄성처짐 공식을 사용하여 산정하여야 한다.

④ 과도한 처짐에 의해 손상되기 쉬운 비구조 요소를 지지 또는 부착하지 않은 평지붕구조의 활하중 L에 의한 순간처짐한계는 $l/180$이다. (l : 보의 경간)

07 콘크리트구조의 사용성 설계기준에 대한 설명으로 옳지 않은 것은? 19 지

① 사용성 검토는 균열, 처짐, 피로의 영향 등을 고려하여 이루어져야 한다.

② 특별히 수밀성이 요구되는 구조는 적절한 방법으로 균열에 대한 검토를 하여야 하며, 이 경우 소요 수밀성을 갖도록 하기 위한 허용균열폭을 설정하여 검토할 수 있다.

③ 미관이 중요한 구조는 미관상의 허용균열폭을 설정하여 균열을 검토할 수 있다.

④ 균열제어를 위한 철근은 필요로 하는 부재 단면의 주변에 분산시켜 배치하여야 하고, 이 경우 철근의 지름과 간격을 가능한 한 크게 하여야 한다.

08 철근콘크리트 구조물 휨부재의 추가 장기처짐 설계에서 5년 이상 지속압축하중을 받는 구조물의 지속하중에 대한 시간경과계수 ζ 의 값은? 25 국

① 1.0 ② 1.2

③ 1.4 ④ 2.0

09 철근콘크리트 보에 10년 동안 지속하중이 작용할 때, 이 보의 장기 추가처짐에 대한 계수 (λ_Δ)는? (단, 압축철근비(ρ')는 0.00096이며, 인장철근비(ρ)는 0.0066이다) 24 국

① $\lambda_\Delta = \dfrac{1}{1+50(0.0066)}$

② $\lambda_\Delta = \dfrac{2}{1+50(0.0066)}$

③ $\lambda_\Delta = \dfrac{1}{1+50(0.00096)}$

④ $\lambda_\Delta = \dfrac{2}{1+50(0.00096)}$

10 콘크리트구조 내구성 설계기준에서 규정하고 있는 내구성 평가의 주된 성능저하 인자와 가장 관련성이 적은 것은? 22 지

① 크리프 ② 탄산화

③ 화학적 침식 ④ 염해

제10절 벽체 및 옹벽

01 콘크리트 벽체 설계기준에 따른 벽체 설계에 대한 설명으로 옳지 않은 것은? 23 지

① 수직 및 수평철근의 벽두께의 3배 이하 또한 450 mm 이하로 하여야 한다.

② 두께 250 mm 이상의 벽체에서는 수직 및 수평 철근을 벽면에 평행하게 양면으로 배근한다. 단, 지하실 벽체에는 이 간격은 규정을 적용하지 않을 수 있다.

③ 비내력벽의 두께는 100 mm 이상이어야 하고, 또한 이를 횡방향으로 지지하고 있는 부재 사이 최소 거리의 1/30 이상이 되어야 한다.

④ 지하실 외벽의 두께는 150 mm 이상이어야 한다.

02 콘크리트구조 벽체설계에서 실용설계법에 대한 설명으로 옳지 않은 것은? 18 지

① 벽체의 축강도 산정 시 강도감소계수 ϕ는 0.65이다.

② 벽체의 두께는 수직 또는 수평받침점 간 거리 중에서 작은 값의 1/25 이상이어야 하고, 또한 100 mm 이상이어야 한다.

③ 지하실 외벽 및 기초벽체의 두께는 150 mm 이상으로 하여야 한다.

④ 상·하단이 횡구속된 벽체로서 상·하 양단 모두 회전이 구속되지 않은 경우 유효길이계수 k는 1.0이다.

03 콘크리트구조기준(KDS)에 따라 철근콘크리트 벽체를 설계할 경우 이에 대한 설명으로 옳지 않은 것은? 14 지

① 지름 10 mm 용접철망의 벽체의 전체 단면적에 대한 최소 수평철근비는 0.0012이다.

② 두께 250 mm 이상인 지상 벽체에서 외측면 철근은 외측면 으로부터 50 mm 이상, 벽두께의 1/3 이내에 배치하여야 한다.

③ 정밀한 구조해석에 의하지 않는 한, 각 집중하중에 대한 벽체의 유효 수평길이는 하중 사이의 중심거리 그리고 하중 지지폭에 벽체 두께의 4배를 더한 길이 중 작은 값을 초과하지 않도록 하여야 한다.

④ 수직 및 수평철근의 간격은 벽두께의 3배 이하, 또한 450 mm 이하로 하여야 한다.

04 철근콘크리트구조 벽체의 설계제한 규정에 대한 설명으로 옳지 않은 것은? (현행화)

11 지

① 벽체의 수직 및 수평철근의 간격은 벽두께의 5배 이하, 또한 500 mm 이하로 하여야 한다.
② 지하실 벽체를 제외한 두께 250 mm 이상의 벽체에 대해서는 수직 및 수평철근을 벽면에 평행하게 양면으로 배치하여야 한다.
③ 설계기준 항복강도 400 MPa 이상으로서 D16 이하의 이형 철근을 사용하는 벽체의 최소 수직철근비는 0.0012이다.
④ 설계기준 항복강도 400 MPa 이상으로서 D16 이하의 이형 철근을 사용하는 벽체의 최소 수평철근비는 $0.0020 \times \dfrac{400}{f_y}$ 이다.

05 철근콘크리트옹벽의 안정 확보를 위한 검토 항목이 아닌 것은? 16 국

① 전도에 대한 안정
② 진동에 대한 안정
③ 지지력에 대한 안정
④ 사면활동에 대한 안정

06 다음은 옹벽 설계에 대한 규정이다. (가)에 들어갈 내용으로 옳은 것은? (단, 지진하중은 고려하지 않는다) 2024 지

> 옹벽은 지반의 횡작용에 의한 활동(미끄러짐)에 대하여 안전율이 [(가)] 이상이 되도록 설계하여야 한다.

① 1.2 ② 1.3
③ 1.4 ④ 1.5

07 옹벽의 안정조건에 대한 설명으로 옳지 않은 것은? 13 지

① 활동에 대한 저항력은 옹벽에 작용하는 수평력의 1.5배 이상이어야 한다.
② 전도에 대한 저항모멘트는 횡토압에 의한 전도휨모멘트의 2.0배 이상이어야 한다.
③ 지반에 유발되는 최대 지반반력이 지반의 극한지지력을 초과하지 않아야 한다.
④ 활동에 대한 안정조건만을 만족하지 못한 경우에는 활동 방지벽을 설치하여 활동저항력을 증대시킬 수 있다.

제11절 철근 상세

01 철근콘크리트구조에서 철근배근에 대한 설명으로 옳지 않은 것은? (현행화) 14 국

① 동일 평면에서 평행하는 철근 사이의 수평 순간격은 25 mm 이상, 또한 철근의 공칭지름 이상으로 하며, 굵은골재 공칭 최대치수 규정도 만족해야 한다.

② 1방향 철근콘크리트 슬래브에서 수축·온도철근은 설계기준 항복강도를 발휘할 수 있도록 정착되어야 한다.

③ 나선철근과 띠철근 기둥에서 종방향철근의 순간격은 40 mm 이상, 또한 철근공칭지름의 1.5배 이상으로 하며, 굵은골재 공칭 최대치수 규정도 만족해야 한다.

④ 외기 노출 현장치기 콘크리트에 배근되는 D25 철근의 최소피복두께는 40 mm이다.

02 프리스트레스하지 않는 현장치기콘크리트 부재의 최소피복두께에 대한 설명으로 옳지 않은 것은? (현행화) 17 지

① 옥외의 공기에 직접 노출되는 D29철근을 사용하는 기둥: 50 mm

② 흙에 접하여 콘크리트를 친 후 영구히 흙에 묻혀 있는 보: 60 mm

③ 수중에서 타설하는 기둥: 100 mm

④ 옥외의 공기나 흙에 직접 접하지 않는 콘크리트 설계기준강도가 30MPa인 보: 40 mm

03 특수환경에 노출되지 않고 프리스트레스하지 않는 부재에 대한 현장치기콘크리트의 최소 피복두께로 옳지 않은 것은? 21 지

① D19 이상 철근을 사용한 옥외의 공기에 직접 노출되는 콘크리트의 경우: 50 mm

② D35 이하 철근을 사용한 옥외의 공기나 흙에 직접 접하지 않는 벽체의 경우: 20 mm

③ 흙에 접하여 콘크리트를 친 후 영구히 흙에 묻혀 있는 콘크리트의 경우: 60 mm

④ 설계기준압축강도가 30 MPa인 옥외의 공기나 흙에 직접 접하지 않는 기둥: 40 mm

04 철근콘크리트 구조에서 철근의 피복두께에 대한 설명으로 옳지 않은 것은? (단, 특수환경에 노출되지 않은 콘크리트로 한다) (현행화) 20 지

① 옥외의 공기나 흙에 직접 접하지 않는 프리캐스트콘크리트 기둥의 띠철근에 대한 최소피복두께는 10 mm이다.

② 피복두께는 철근을 화재로부터 보호하고, 공기와의 접촉으로 부식되는 것을 방지하는 역할을 한다.

③ 프리스트레스하지 않는 수중타설 현장치기콘크리트 부재의 최소피복두께는 100 mm이다.

④ 피복두께는 콘크리트 표면과 그에 가장 가까이 배치된 철근 중심까지의 거리이다.

05 철근콘크리트 구조에서 피복두께에 대한 설명으로 옳지 않은 것은? (현행화) [10 지]

① 콘크리트 표면으로부터 최외단 철근 중심까지의 거리로 정의된다.

② 철근콘크리트 구조물의 내구성 및 철근과 콘크리트의 부착력 확보 관점에서 규정된 것이다.

③ 기초판과 같이 흙에 접하여 콘크리트가 타설되고 영구히 흙에 묻혀 있는 부재의 피복두께는 80 mm 이상이어야 한다.

④ 옥외 공기나 흙에 노출되지 않는 보와 기둥의 최소피복두께는 40 mm이지만 콘크리트 압축강도가 40MPa 이상인 경우 10 mm를 저감할 수 있다.

06 콘크리트구조에서 표준갈고리에 대한 설명으로 옳지 않은 것은? [18 지]

① 주철근의 표준갈고리는 180°표준갈고리와 90°표준갈고리로 분류된다.

② 주철근의 90°표준갈고리는 구부린 끝에서 공칭지름의 12배 이상 더 연장되어야 한다.

③ 스터럽과 띠철근의 표준갈고리는 90°표준갈고리와 135°표준갈고리로 분류된다.

④ D19 철근을 사용한 스터럽의 90°표준갈고리는 구부린 끝에서 공칭지름의 6배 이상 더 연장되어야 한다.

07 옥내에 시공되는 철근콘크리트 보가 주근은 D22, 스터럽은 D13을 사용할 때, 보의 콘크리트표면에서 첫 번째 주근 중심까지의 최소거리(mm)는? (단, 콘크리트 설계기준강도 f_{ck}=24N/mm² 이고 최소 피복두께는 건축구조설계기준(KBC)에 따른다) [09 지]

① 54

② 59

③ 64

④ 69

정답 및 해설

제1절

| 01 ① | 02 ② | 03 ② | 04 ② | 05 ③ | 06 ② | 07 ① | 08 ① |

01 ① 철근과 콘크리트의 강도, 탄성계수, 연신율 등의 역학적 성질은 크게 다르다.

02 ② 강도시험용 시료채취기준에 체적 기준은 "120 m³당 1회 이상"이다.

03 ② 응력을 작용시킨 상태에서 시간이 경과함에 따라 변형이 증가되는 현상은 크리프를 말한다.

04 ② 골재 자체는 크리프 수축이 생기지 않으므로, 단위골재량이 증가하면 크리프는 감소한다.

05 ③ 탄성계수 $E_c = 8{,}500\sqrt[3]{f_{cm}} = 8{,}500\sqrt[3]{f_{ck} + \Delta f} = 8{,}500\sqrt[3]{30 + 4} = 8{,}500\sqrt[3]{34}$

06 ② 굵은 골재의 최대 공칭치수 제한 기준에 "기둥 단면 최소치수"에 대한 값은 없다.

07 ① 콘크리트 압축연단의 극한변형률은 f_{ck}가 40 MPa 이하인 경우에는 "0.0033"으로 가정한다.

08 ① 철근의 탄성계수는 설계기준항복강도의 크기와 관계가 없다.

제4절

| 01 ① | 02 ① | 03 ① | 04 ④ | 05 ② | 06 ③ | 07 ② | 08 ③ | 09 ④ | 10 ③ | 11 ② | 12 ① |

01 ① 인장철근비는 콘크리트의 "유효 단면적(bd)"에 대한 인장철근 단면적의 비이다.

02 ① 인장지배변형률한계는 항복변형률의 2.0배 또는 0.004 이상이다.

03 ① 콘크리트의 파괴계수 : $f_r = 0.63\sqrt{f_{ck}} = 0.63\sqrt{25} = 3.15$

04 ④ 콘크리트 설계기준압축강도가 40 MPa이하인 경우, 콘크리트 압축연단의 $\epsilon_{cu} = 0.0033$이다.

05 ② 유효깊이는 철근이 단배근된 경우에는 철근의 중심이고, 복배근된 경우에는 전체 단면적의 중심이 된다.

06 ③ 유효깊이 : d=700−40(피복)−10(스터럽 직경)−25(인장철근 직경)−12.5(배근간격/2)=612.5

07 ② 등가응력블록의 깊이 : $a = \dfrac{A_s f_y}{0.85 f_{ck} b} = \dfrac{2700 \times 400}{0.85 \times 27 \times 400} = 117.6$

08 ③ $a = \dfrac{A_s f_y}{0.85 f_{ck} b} = \dfrac{1700 \times 400}{0.85 \times 20 \times 400} = 100$, $c = \dfrac{a}{\beta_1} = \dfrac{100}{0.8} = 125$

09 ④ ε_{cu}=0.0033이므로, 삼각형의 비례식을 사용 ε_{cu}:c=0.0099:(600−c) ∴c=200

10 ③ 압축철근은 장기처짐감소, 연성증진, 배근 용이 등의 효과가 있고, 파괴모드에 관련한다면 오히려 인장파괴로 유도한다.

11 ② T형보의 유효폭 산정기준에서 "인접 보와의 내측거리"는 관계가 없다.

12 ① 반T형보의 유효폭 산정기준에서 "보의 경간의 1/4(T형보)"은 관계가 없다.

제5절

01 ④   02 ④   03 ②   04 ③   05 ③   06 ④

01 ④ 겹침이음되어 있지 않을 경우, 주철근의 철근비는 1%~8%이다. 따라서, 최대 철근비는 8%이다.

02 ④ 띠철근의 수직간격 규정에서 "500 mm 이상으로 배근하여야 한다."는 규정은 없다.

03 ② 띠철근의 주요한 역할은 "주철근 고정 및 좌굴방지, 연성 증진" 등이 있으며, 기둥의 휨내력은 주철근이 담당하고 띠철근과는 관계가 없다.

04 ③ D35 이상의 축방향 철근은 "D13 이상"의 띠철근으로 둘러싸야 한다.

05 ③ 구간 b−c는 균형변형률에서 변화구간 및 인장지배단면으로 변화해 가면서 균형 파괴 및 휨파괴, 좌굴 파괴를 일으키는 영역이 된다. 균형파괴나 휨 파괴에서 콘크리트는 "극한변형률에 도달한다."

06 ④ 나선철근 기둥의 설계축강도는 "$\phi P_{n(\max)} = 0.85\phi\left[0.85 f_{ck}\left(\pi D^2/4 - A_{st}\right) + f_y A_{st}\right]$"이다.

제6절

01 ④   02 ④   03 ①   04 ②   05 ①

01 ④ 경사스터럽과 굽힘철근은 부재의 중간 높이에서 반력점 방향으로 주인장철근까지 연장된 "45°선과 한 번 이상 교차되도록 배치하여야 힌다."

02 ④ 전단철근의 전단강도 : $V_s = A_v f_y \dfrac{d}{s}$ 이므로, 부재의 폭과는 관계가 없다.

03 ① 전단철근은 "부재축에 직각으로 배치된 용접철망"이다.

04 ② $V_c = \dfrac{1}{6}\sqrt{f_{ck}}\, b_w\, d = \dfrac{1}{6}\sqrt{25} \times 300 \times 500 = 125{,}000\,[N]$

05 ① 슬래브의 2방향 전단에 대한 위험단면은 기둥면 등에서 0.5d 떨어진 곳이다.

제7절

01 ④   02 ②   03 ①   04 ④   05 ②   06 ④   07 ④

01 ④ 표준갈고리 인장 이형철근의 정착길이는 항상 "$8\,d_b$ 이상, 또한 150 mm 이상"이어야 한다.

02 ② 인장 이형철근의 정착길이 : $l_{db} = \dfrac{0.6\,d_b f_y}{\lambda\sqrt{f_{ck}}}$ 이므로, 철근의 탄성계수는 관계없다.

03 ① 정착길이 보정계수에는 위치계수, 도막계수, 경량콘크리트계수 등이 있고, 마찰계수는 관계없다.

04 ④ B급 겹침이음길이는 정착길이의 1.3배 이상이다. 그러나, "최소 300 mm 이상"이어야 한다.

05 ② 서로 다른 크기의 철근을 인장 겹침이음하는 경우 이음길이는 크기가 큰 철근의 "정착길이"와 크기가 작은 철근의 "겹침이음길이" 중 큰 값 이상이어야 한다.

06 ④ 인장 이형철근의 정착길이는 항상 "300 mm 이상"이어야 한다.

07 ④ 표준갈고리 인장 이형철근의 정착길이 : $l_{dh} = \dfrac{0.24\,d_b f_y}{\lambda\sqrt{f_{ck}}} = \dfrac{0.24 \times 22 \times 500}{\sqrt{25}} = 528$

제8절

| 01 ③ | 02 ④ | 03 ④ | 04 ④ | 05 ③ | 06 ② | 07 ① | 08 ④ | 09 ③ | 10 ② | 11 ② |

01 ③ ① 1방향 슬래브의 두께는 최소 "100 mm 이상"으로 하여야 한다. ② 동일 평면에서 평행하는 철근 사이의 수평 순간격은 철근의 공칭지름 이상, 또한 "25 mm 이상"이다. ④ 슬래브 철근(지름 35 이하)의 피복 두께는 "20 mm 이상"으로 한다.

02 ④ 플랫 슬래브(Flat Slab) 구조는 일반 보-슬래브-기둥에 비하여 강성이 낮다.

03 ④ 보를 사용하지 않고, 지판에 의해 기둥이 직접 바닥을 지지하는 구조는 "플랫슬래브 구조"이다.

04 ④ 직접설계법을 사용하여 슬래브 시스템을 설계하기 위해서는 각 방향으로 연속한 받침부 중심간 경간길이의 차이는 "긴 경간의 1/3 이하"이어야 한다.

05 ③ 보가 지지하는 직사각형 슬래브의 변장비가 "2.0 이하일 때를 2방향 슬래브"라 한다.

06 ② 지판이 있는 2방향 슬래브의 유효지지단면은 이의 바닥 표면이 기둥축을 중심으로 "45° 내로 펼쳐진" 기둥과 기둥머리 또는 브래킷 내에 위치한 가장 큰 정원추, 정사면추 또는 쐐기 형태의 표면과 이루는 절단면으로 정의된다.

07 ① 조적조 벽체를 지지하는 기초판의 최대 계수휨모멘트를 계산할 때 위험단면은 "벽체 중심과 단부 사이의 중간(1/2 지점)으로 한다."

08 ④ 기초판 밑면적, 말뚝의 개수와 배열 산정에는 "사용하중"이 적용된다.

09 ③ 기초판 각 단면에서의 휨모멘트는 기초판을 자른 수직면에서 "그 수직면의 한쪽 전체 면적에 작용하는 힘에 대해 계산한다."

10 ② 기초판의 크기: $A = \dfrac{(D+D_b+D_s)+L}{q_a} = \dfrac{(1700+1300)\times 1.1}{300} = 11$

11 ② 유효폭 내 배근량 $= \dfrac{2}{\beta+1} A_{st} = \dfrac{2}{(6/4)+1} 15,000 = 0.8 \times 15000 = 12,000$

제9절

| 01 ① | 02 ④ | 03 ④ | 04 ① | 05 ③ | 06 ② | 07 ④ | 08 ④ | 09 ④ | 10 ① |

01 ① 1방향슬래브의 최소두께 "단순 지지: $l/20$"

02 ④ 보/리브가 있는 1방향 슬래브의 최소 두께 "캔틸레버인 경우: $\ell/8$"

03 ④ 캔틸레버 슬래브 최소두께: $\ell/10 = 200$

04 ① 철근의 설계기준항복강도가 증가할수록 "슬래브 최소 두께는 증가한다."

05 ③ RC 구조물의 처짐(사용성) 검토를 위해 적용하는 하중은 "사용하중(Service load)"이다.

06 ② 장기처짐은 압축철근비가 증가함에 따라 "감소한다." (압축철근 효과)

07 ④ 균열제어를 위한 철근의 지름과 간격을 가능한 한 "작게 하여야 한다."

08 ④ 휨부재의 추가 장기처짐 설계에서 5년 이상 지속하중에 대한 시간경과계수 ζ-2.0 이다.

09 ④ 추가장기처짐계수: $\lambda_\Delta = \dfrac{2}{1+50\rho'} = \dfrac{2}{1+50(0.00096)}$

10 ① 내구성 평가의 주된 성능저하 인자는 탄산화, 염해(화학적 침식), 동결융해, 알칼리골재반응 등이고, 크리프는 관계 없다.

01 ④	02 ③	03 ①	04 ①	05 ②	06 ④	07 ③

01 ④ 지하실 외벽 및 기초 벽체의 두께는 "200 mm 이상이어야 한다."

02 ③ 지하실 외벽 및 기초 벽체의 두께는 "200 mm 이상이어야 한다."

03 ① 지름 16 mm이하의 용접철망의 벽체의 전체 단면적에 대한 "최소 수평철근비는 0.0020이다."

04 ① 벽체의 수직 및 수평철근의 간격은 "벽두께의 3배 이하, 또한 450 mm 이하"로 하여야 한다.

05 ② 옹벽의 안정에는 전도, 활동, 지지력이 관련 있고, 진동은 관계없다.

06 ④ 옹벽의 활동에 대한 안전율은 1.5 이다.

07 ③ 지반에 유발되는 최대 지반반력이 지반의 "허용지지력을 초과하지 않아야 한다."

01 ④	02 ②	03 ③	04 ④	05 ①	06 ④	07 ③

01 ④ 외기 노출 현장치기 콘크리트에 배근되는 D25 철근의 최소피복두께는 "50 mm"이다.

02 ② 흙에 접하여 콘크리트를 친 후 영구히 흙에 묻혀 있는 부재의 최소피복두께는 75 mm이다.

03 ③ 흙에 접하여 콘크리트를 친 후 영구히 흙에 묻혀 있는 콘크리트의 경우: 75 mm이다.

04 ④ 피복두께는 콘크리트 표면과 그에 가장 가까이 배치된 철근 "표면까지의 거리이다."

05 ① 콘크리트 표면으로부터 최외단 철근 "표면까지의 거리"로 정의된다.

06 ④ D19, D22, D25 철근을 사용한 스터럽의 90°표준갈고리는 구부린 끝에서 "공칭지름의 12배 이상 더 연장되어야 한다."

07 ③ 거리 = 피복두께(40)+(스터럽지름(13)+주근 중심(22/2) = 64

김현
건축구조

🚧 학습의 주안점

제4장 강구조 파트는 고층건축물과 장경간건축물이 증가하면서 많이 활용되고 있는 구조로 공무원 시험에서도 꾸준하게 출제되고 있다. 강구조 과목은 강구조를 구성하는 강재의 특성과 관련된 용어들, 강구조의 특징, 용접부 결함 및 고장력볼트 접합, 필릿용접의 사이즈(면적), 인장재의 단면적 구하기, 압축재의 H형강 판폭두께비 구하기, 기둥의 좌굴하중과 세장비 구하기 등의 문제들이 빈번하게 출제되었고 평균적으로 약 20% 비중으로 출제되고 있다.

강구조 건축의 특징은 공장에서 제작된 보와 기둥 등의 부재를 현장에서 접합하여 시공하는 것이므로 접합과 관련된 상세 및 문제점(결함)에 대해서 꾸준하게 출제되고 있어 이 부분은 꼭 잘 정리하여 기억해야 한다.

강구조의 특징	★☆☆☆☆	인장재의 순단면적	★★☆☆☆
고장력볼트 접합	★★☆☆☆	압축재의 판폭두께비	★★☆☆☆
필릿용접의 면적 구하기	★★★☆☆	압축재 탄성좌굴하중	★★★☆☆

강구조(철골구조)

강구조(철골구조)

제1절 강구조 개요

❶ 강구조의 특징 (장/단점) ★★

(1) [장점] 단위면적당 강도가 크다.

(2) 인성이 커서 변형에 유리하고 소성변형능력이 우수하다.

(3) 재료가 균질하다.

(4) 세장한 부재가 가능하다.

(5) 공사기간이 빠르고, 기존건축물의 증축, 보수가 용이하다.

(6) [단점] 내화성이 낮다(내화 피복 필요).

(7) 좌굴의 영향이 크다.

(8) 접합부의 신중한 설계와 용접부의 검사가 필요하다.

(9) 처짐 및 진동 및 반복하중에 의한 피로를 고려해야 한다.

❷ 강구조 설계법

(1) **허용응력설계법(과거 기준, 토목구조물에서는 병용)**
   ① 부재(재료)의 최대 응력이 허용응력보다 작게 되도록 설계하는 방법으로 탄성해석에 근거한 설계법이다.
   ② 허용응력은 최대강도나 항복강도를 안전율로 나누어 정한다.
   ③ 계산은 간편하나 비경제적인 설계가 되기 쉽다.

(2) **한계상태설계법(현재 강구조건축물 설계시 적용)**
   ① 구조물의 하중효과나 저항능력을 확률통계적인 방법으로 설정하여 한계상태에 도달하지 않게 설계하는 방법이다.
   ② 구조체(부재)의 공칭강도에 저항계수를 곱한 저항능력이 하중효과에 하중계수를 곱한 소요강도보다 크도록 설계하는 것으로 RC의 강도설계법과 유사한 개념이다.

❸ 구조용 강재 기계적 성질 ★★

⑴ **항복강도(Fy) :** 강재의 항복강도는 하위항복점 강도를 의미한다.

강재에 따라서는 응력–변형도 곡선에서 항복점이 뚜렷하게 보이지 않을 경우는, 제하(unloading)시에 0.2%의 영구변형도를 가지는 점의 응력을 항복강도(Fy)로 정의하거나, 0.5%의 총변형도에 해당하는 응력을 항복강도로 정의하기도 한다.

⑵ **항복비(yield ratio) :** 항복비는 인장강도에 대한 항복강도의 비

⑶ **포와송비(ν) :** 인장이나 압축을 받는 부재의 하중작용 방향의 변형도에 대한 수직방향의 변형도 비(比)의 절대값으로 정의된다. ※ 강재의 포아송비 = 0.3

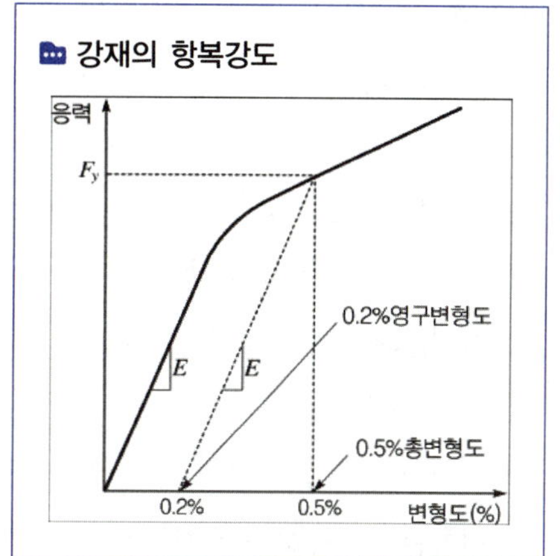

⑷ **연신률 :** 인장시험편의 파단 후의 표점간거리와 시험전의 표점간거리의 차이를 시험 전의 표점간거리에 대한 백분율로 나타낸 것이다.

※ **연성(ductility) :** 재료가 하중을 받아 항복 후 파괴에 이르기까지 소성변형을 할 수 있는 능력을 연성이라 한다.

⑸ **단면수축율 :** 인장시험편의 파단후의 단면적과 시험전의 단면적의 차이를 시험전의 단면적에 대한 백분율로 나타낸 것이다.

⑹ **인성(toughness) :** 인성은 재료의 변형에너지를 흡수할 수 있는 능력을 의미한다. 그림에서 응력–변형도 곡선에서 면적으로 정의된다.

❹ 구조용강재의 종류 및 표기

⑴ **강재(H–형강)의 종류**

① SS 275(일반구조용 압연강재, 항복강도 275 MPa)

② SN 355(건축구조용 압연강재, 항복강도 355 MPa)

③ SM 420 A(용접구조용 내후성 열간압연강재, 항복강도 420 MPa)

⑵ **강재(H–형강)의 치수 표기**

$$H- H\times B\times t_{1(web)}\times t_{2(flange)} \quad \text{(H:높이, B:폭)}$$

예 $H- 400\times 200\times 8\times 13$

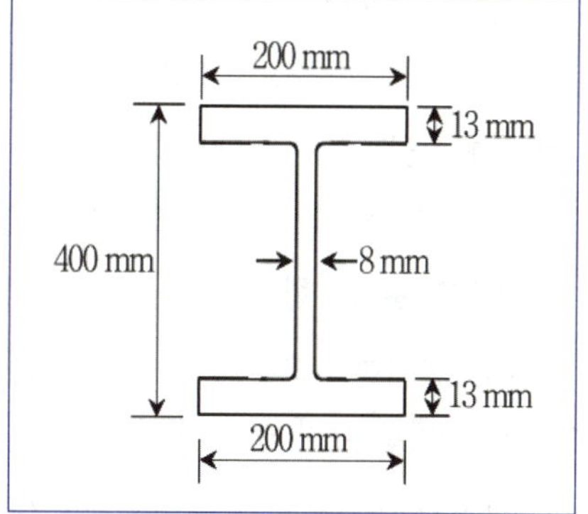

제2절 | 한계상태설계법(LRFD)에 의한 강구조 설계

1 용어 ★★

(1) **강도저항계수** : 공칭강도와 설계강도 사이의 불가피한 오차 또는 파괴모드 및 파괴결과가 부차적으로 유발하는 위험도를 반영하기 위한 계수, ϕ(strength resistance factor)

(2) **강도한계상태** : 항복, 소성힌지의 형성, 골조 또는 부재의 안정성, 인장파괴, 피로파괴 등안정성과 최대하중 지지력에 대한 한계상태(strength limit state)

(3) **거셋플레이트** : 트러스의 부재, 스트럿, 또는 가새재(브레이싱)를 보 또는 기둥에 연결하는 판요소(gusset plate)

(4) **게이지** : 연결재 게이지선 사이의 응력 수직방향 중심간격(gage)

(5) **겹침판** : 집중하중에 대하여 내력을 향상시키기 위해, 보나 기둥에 웨브와 평행하도록 부착하는 판재(doubler)

(6) **국부크리플링** : 집중하중이나 반력에 바로 인접한 부분에서 웨브판의 국부파괴의 한계상태

(7) **끼움재** : 부재의 두께를 늘리기 위해 사용되는 판재(filler)

(8) **내후성강** : 대기중에 있어서의 합금원소 등의 첨가로 부식에 견딜 수 있도록 압연한 강재

(9) **뒴** : 비틀림 하중에 의하여 보의 투영된 단면형상이 유지되면서 축방향으로 발생하는 변위모드(warping)

(10) **띠판** : 조립기둥, 조립보 등의 2개의 나란한 요소를 결집하기 위한 판재(tie plate)

(11) **매입형 합성기둥** : 콘크리트 기둥과 하나 이상의 매입된 강재 단면으로 이루어진 합성기둥

(12) **밀스케일** : 열간압연 과정에서 생성되는 강재의 산화피막(mill scale)

(13) **밀착조임 접합부** : 볼트를 임팩트렌치로 수회 또는 일반렌치로 최대로 조여서 접합되는 판들이 서로 충분히 밀착되도록 한 접합부(snug-tightened connection)

(14) **변형률적합법** : 각 재료의 응력-변형률 관계와 단면의 중립축에 대한 위치를 고려하여 합성부재의 응력을 결정하는 방법(strain compatibility method)

(15) **블록전단파단** : 접합부에서, 한쪽 방향으로는 인장파단, 다른 방향으로는 전단항복 혹은 전단파단이 발생하는 한계상태(block shear rupture)

(16) **비지지길이** : 한 부재의 횡지지가새 사이의 간격으로서, 가새부재의 도심 간의 거리로 측정

(17) **비조밀단면** : 국부좌굴이 발생하기 전에 압축요소에 항복응력이 발생할 수 있으나 소성힌지의 회전능력을 갖지 못하는 단면(noncompact section)

(18) **사양적 내화설계** : 건축법규에 명시된 사양적 규정에 의거하여 건축물의 용도, 구조, 층수, 규모에 따라 요구내화시간 및 부재의 선정이 이루어지는 내화설계방법

(19) **샤르피V노치충격시험**: 시험편을 40 mm 간격으로 벌어진 2개의 지지대에 올려놓고 V노치 부분을 지지대 사이의 중간에 놓고 노치부의 배면을 해머로 1회 타격을 주어 시험편을 파단시켜 그때의 흡수에너지, 충격치, 파면율, 천이온도 등을 측정하는 시험(Charpy V-notch impact test)

(20) **성능적 내화설계**: 건축물에 실제로 발생되는 화재를 대상으로 합리적이고 공학적인 해석방법을 사용하여 화재크기, 부재의 온도상승, 고온환경에서 부재의 내력 및 변형 등을 예측하여 건축물의 내화성능을 평가하는 내화설계 방법

(21) **세장판 단면**: 탄성범위 내에서 국부좌굴이 발생할 수 있는 세장판 요소가 있는 단면

(22) **소성단면계수**: 휨에 저항하는 완전 항복 단면의 단면계수로서 소성중립축 상하의 단면적의 중립축에 대한 1차모멘트(plastic modulus)

(23) **수직보강재**: 웨브에 부착하는 플랜지와 직각을 이루는 웨브 보강재

(24) **수집재**: 바닥 다이아프램과 부재 사이에 하중을 전달해 주는 부재

(25) **아이바**: 균일한 두께를 가진 특수한 형태의 핀접합 부재로서, 핀구멍이 있는 머리와 구멍이 없는 몸체에 거의 동일한 강도를 부여하도록, 몸체의 폭보다 크게 단조되거나 산소절단된 머리 폭을 가진 인장부재(eye bar)

(26) **용접접근공(scallop)**: 뒷받침판 등의 설치를 위한 구멍, 일명 스켈럽(weld access hole)

(27) **인장역작용**: 프랫 트러스와 유사하게 전단력이 작용할 때 웨브의 대각방향으로 인장력이 발생하고 수직보강재에 압축력이 발생하는 패널의 거동(tension field action)

(28) **전단뒤짐(전단지연)**: 접합부에서 응력이 집중되거나 응력이 전달되지 않는 현상(shear lag)

(29) **조밀단면**: 휨을 받을 때 플랜지나 웨브에 국부좌굴이 일어나지 않고 완전소성상태에 도달하는 단면으로서 이 단면은 플랜지와 웨브의 세장비와 가새에 관한 요구조건들을 만족해야 함.

(30) **지레작용**: 하중점과 볼트, 접합된 부재의 반력사이에서 지렛대와 같은 거동에 의해 볼트에 작용하는 인장력이 증폭되는 작용(praying action)

(31) **커버플레이트**: 단면적, 단면계수, 단면2차모멘트를 증가시키기 위하여 부재의 플랜지에 용접이나 볼트로 연결된 플레이트(cover plate)

(32) **타이플레이트**: 조립기둥, 조립보, 조립스트럿의 2개의 나란한 요소를 결집하기 위한 판재

(33) **파괴인성**: 구조용 재료 또는 요소가 파괴되지 않고 흡수할 수 있는 에너지의 양. 일반적으로 샤르피V노치충격시험에 의해 결정함.

(34) **패널존**: 접합부를 관통하는 보와 기둥의 플랜지의 연장에 의해 구성되는 보-기둥 접합부의 웨브영역으로, 전단패널을 통하여 모멘트를 전달하는 영역(panel zone)

(35) **허용강도설계법**: 구조요소의 요구강도보다 구조요소의 허용강도가 동일하거나 초과되도록 구조요소를 설계하는 설계법(ASD: Allowable Strength Design)

② LRFD 설계 기본사항

(1) 일반사항

각 부재와 연결부(접합부)는 시공성, 경제성, 미관 및 유지관리를 고려한 안전성 및 사용성을 확보하기 위하여 규정된 한계상태에 대하여 설계한다. 해석의 종류에 상관없이 한계상태에 따라 조합된 하중의 효과는 다음 식을 만족해야 한다.

$$\sum \eta_i \gamma_i q_i \leq \phi R_n$$

여기서, η_i : 하중수정계수, γ_i : 하중계수, q_i : 하중 또는 하중효과

ϕ :공칭저항에 곱하는 강도저항계수, R_n : 공칭저항

(2) 한계상태

부재 및 연결부의 설계는 일반적으로 다음의 한계상태를 만족해야 하며, 구조물의 상황 및 조건에 따라 적절한 한계상태를 적용한다. 각 한계상태에서 적용하는 하중, 하중계수, 저항계수 등은 구조물별 설계기준에 따른다.

① 강도한계상태 : 부재와 연결부의 강도 및 안정성을 고려하는 한계상태이다.

② 사용한계상태 : 정상적인 사용하중상태에서 응력, 변형, 또는 균열 등을 고려하는 한계상태이다.

③ 피로 및 파단한계상태 : 피로 및 재료의 인성에 관계된 파괴를 고려하는 한계상태이다.

④ 극한하중한계상태 : 지진, 홍수 또는 충돌 등의 극한적 상황을 고려하는 한계상태이다.

(3) 재료정수

① 구조용 강재의 탄성계수, 전단탄성계수, 푸아송비 및 선팽창계수 등의 재료정수는 다음 표에 나타낸 값으로 한다.

▣ 강재의 재료정수

재료 \ 정수	탄성계수(E)	전단탄성계수(G)	푸아송비 ν	선팽창계수 α
강재	210,000 (MPa)	81,000 (MPa)	0.3	0.000012 (/℃)

제3절 │ 접합

1 일반사항 ★★

(1) 단순접합

설계도서에서 별도 지정이 없는 한 작은보, 큰보 또는 트러스의 단부접합은 일반적으로 반력에 따른 전단력에 대해서만 설계한다.

(2) 모멘트접합

단부가 구속된 작은보, 큰보 및 트러스의 접합은 접합강성에 의하여 유발되는 모멘트와 전단의 조합력에 따라 설계하여야 한다.

(3) 기둥의 이음 및 지압접합

기둥이음부의 고장력볼트 및 용접이음은 이음부의 응력을 전달함과 동시에 이들 인장내력은 피접합재 압축강도의 1/2 이상이 되도록 한다. 다만, 이음부에서 단면에 인장응력이 발생할 염려가 없고, 접합부 단부의 면이 절삭마감(메탈터치)에 의하여 밀착되는 경우에는 소요압축력 및 소요 휨모멘트 각각의 1/2은 접촉면에 의해 직접 응력전달시킬 수 있다.

(4) 접합부의 최소강도

접합부의 설계강도는 45 kN 이상이어야 한다. 다만, 연결재, 새그로드, 띠장은 제외한다.

(5) 용접과 볼트의 병용

볼트는 용접과 조합해서 하중을 부담시킬 수 없다. 이러한 경우 용접에 전체하중을 부담시키도록 한다.

(6) 볼트와 용접접합의 제한

다음의 접합에 대해서는 용접접합, 마찰접합 또는 전인장조임을 적용해야 한다.

① 높이가 38 m 이상되는 다층구조물의 기둥이음부

② 높이가 38 m 이상되는 구조물에서, 모든 보와 기둥의 접합부 그리고 기둥에 횡지지를 제공하는 기타의 모든 보의 접합부

③ 용량 50 kN 이상의 크레인구조물 중 지붕트러스이음, 기둥과 트러스접합, 기둥이음, 기둥횡지지가새, 크레인지지부

④ 기계류 지지부 접합부 또는 충격이나 하중의 반전을 일으키는 활하중을 지지하는 접합부

(7) 이음부 설계세부규칙 ★★

① 응력을 전달하는 단속필릿용접 이음부의 길이는 필릿사이즈의 10배 이상 또한 30 mm 이상을 원칙으로 한다.

② 응력을 전달하는 겹침이음은 2열 이상의 필릿용접을 원칙으로 하고, 겹침길이는 얇은쪽 판두께의 5배 이상 또한 25 mm 이상 겹치게 해야 한다.

③ 고장력볼트의 구멍중심간의 거리는 공칭직경의 2.5배 이상으로 한다.

④ 고장력볼트의 구멍중심에서 볼트머리 또는 너트가 접하는 재의 연단까지의 최대거리는 판두께의 12배 이하 또한 150 mm 이하로 한다.

📖 고장력볼트의 구멍치수, mm

고장력볼트의 호칭	표준구멍	대형구멍	단슬롯구멍	장슬롯구멍
M16	18	20	18×22	18×40
M20	22	24	22×26	22×50
M22	24	28	24×30	24×55
M24	27	30	27×32	27×60
M27	30	35	30×37	30×67

② 용접 접합

(1) 그루브용접(groove welding, (구)맞댄용접, 홈용접)

① 그루브용접은 접합하는 두 부재간의 사이에 홈(groove)을 만들어 그 사이에 용착금속을 채워 넣어서 두 부재를 접합하는 것이다.

📖 그루브용접

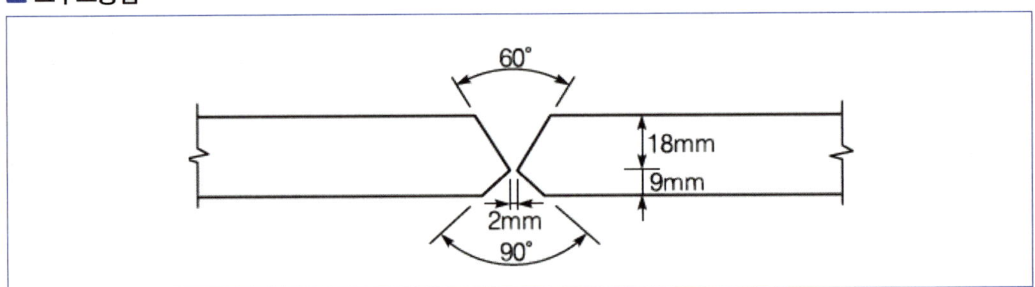

② 그루브용접의 설계

   ㉠ 그루브용접의 유효면적은 용접의 유효길이에 유효목두께를 곱한 것으로 한다.

   ㉡ 그루브용접의 유효길이는 접합되는 부분의 폭으로 한다.

   ㉢ 완전용입된 그루브용접의 유효목두께는 접합판 중 얇은 쪽 판두께로 한다.

(2) 필릿용접(fillet welding, (구)모살용접) ★★

① 필릿용접은 목두께의 방향이 모재의 면과 약 45도 정도의 각을 이루는 용접으로 가장 많이 사용되는 용접방법이다.

필릿용접의 유형

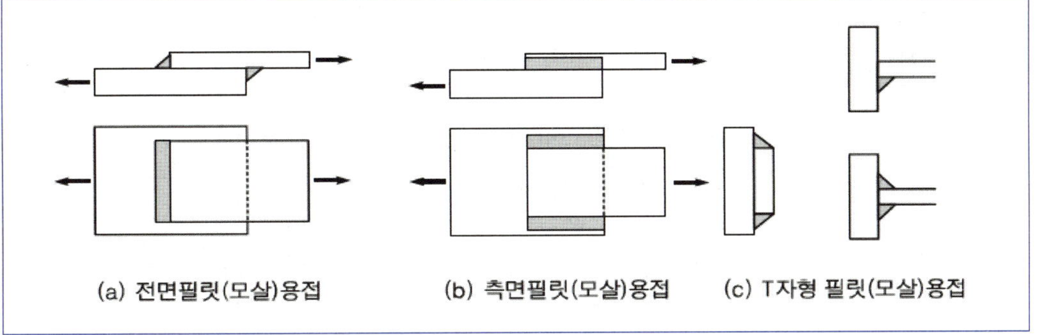

② 필릿용접의 설계
  ㉠ 필릿용접의 유효면적은 유효길이에 유효목두께를 곱한 것으로 한다.
  ㉡ 필릿용접의 유효길이는 필릿용접의 총길이에서 2배의 필릿사이즈를 공제한 값으로 하여야 한다.
  ㉢ 필릿용접의 유효목두께는 용접루트로부터 용접표면까지의 최단거리로 한다. 단, 이음면이 직각인 경우에는 필릿사이즈의 0.7배로 한다.

③ 제한사항
  ㉠ 건축구조물 필릿용접의 최소 사이즈 및 최대 사이즈는 다음 표와 같다.

필릿용접의 최소 사이즈, mm

(얇은 쪽) 모재두께 t	최소 사이즈(s)
< 6	3
$6 \leq t < 13$	5
$13 \leq t < 20$	6
$20 \leq t$	8

필릿용접의 최대 사이즈, mm

모재두께 t	최대 사이즈(s)
$t < 6$ mm	s = t
$t \geq 6$ mm	s = t-2

  ㉡ 강도를 기반으로 하여 설계되는 필릿용접의 최소길이는 공칭용접사이즈의 4배 이상으로 해야 한다. 또는 유효용접사이즈는 그 용접길이의 1/4 이하가 되어야 한다.
  ㉢ 겹침이음에 있어서의 최소겹침길이는 얇은 부재 두께의 5배가 되어야 하고 최소 25 mm이어야 한다.

(3) 용접결함의 종류와 특징

① 블로우홀(blow hole)
  용접부에 CO_2 가스의 기포가 발생되는 현상으로, 방지책은 저수조계 용접봉 사용, 습기 제거 등이 있다.

② 피트(pit)
  용접부 표면에 생기는 미세한 홈

③ 언더컷(under cut)
  과전류 등으로 모재가 녹아 파이는 현상으로, 방지책은 적정 전류(용접봉) 사용, 적정 속도 유지 등이다.

④ 용입부족

용착금속이 모두 채워지지 않고 빈 공간으로 남는 현상이다.

▣ 용접 결함의 유형

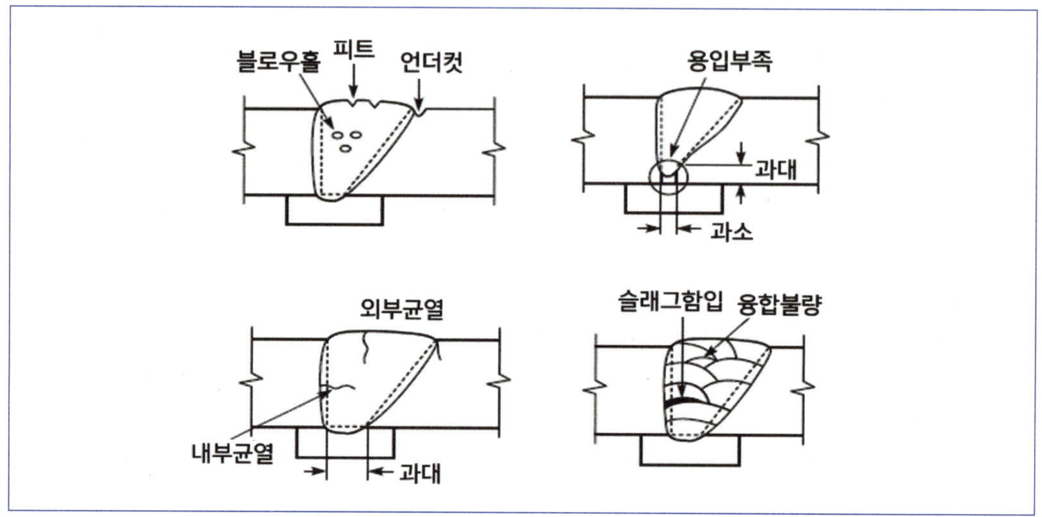

⑤ 용접 균열 (crack)

용착금속의 응고 수축할 때, 급랭과 비드길이 부족으로 발생하는 현상으로, 방지책은 냉각속도 조절, 저수소계 용접봉 사용 등이 있다.

⑥ 슬래그(slag)혼입(함입)

용접부에 슬래그(찌꺼기)가 내부로 혼입되는 현상으로, 방지책은 적정전류 사용, 용접부 예열, 하향 용접 실시 등이다.

⑦ 피쉬 아이(fish eye)

blow hole이나 슬래그가 모여 생선 눈알 모양의 은색 반점이 발생하는 현상으로, 방지책은 적정 전류 사용이다.

⑧ 오버랩(over lap)

과전류 등으로 용접금속과 모재가 융합되지 않고 겹쳐지는 것으로, 방지책은 적정 전류 사용, 적정 속도 유지 등이다.

⑨ 크레이터(crater) : 용접 끝부분에 용착금속이 덜 채워져 분화구처럼 패이는 현상이다.

(4) 용접부 비파괴검사법

① 방사선 투과법(radiographic test)

X선 등으로 용접부를 투과하여 내부의 결함을 검사

② 초음파 탐상법(ultrasonic test)

초음파를 용접부에 투입하여 화면에 나타나는 상태를 검사(두께 5mm 이상 불가)

③ 자기분말 탐상법(magnetic particle test)

자력선을 통하면 내부에 결함시 분말 분포가 불균일하게 되는 것을 이용하여 검사

④ 침투 탐상법(penetration test)

자광성 기름을 용접부 표면에 바르고 닦아내면 결함부위 기름이 흘러나오는 것으로 검사

(5) 용접부 부속재

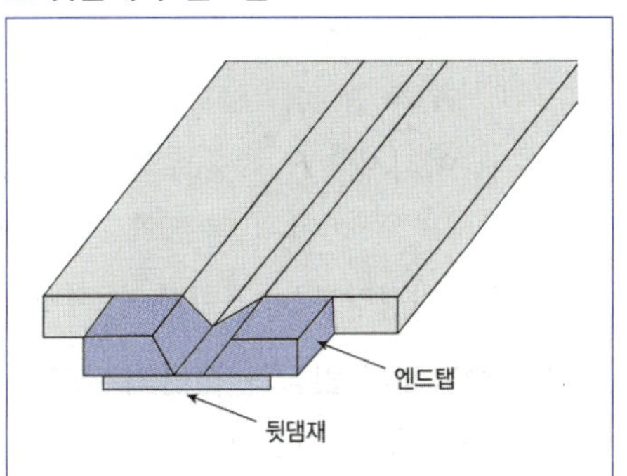

① 뒷댐재(backing strip, backing bar)

용접부재 뒷면에 대어 용접 초기에 생기기 쉬운 용융불량, 수축균열, 슬래그 함입 등의 결함을 없애기 위한 것이다.

② 엔드탭(end tab)

용접 개시점과 종료점에 용착금속에 결함이 없도록 하기 위하여 덧대는 부재이다.

3 볼트 접합

(1) 고장력볼트

① 마찰접합 또는 전인장조임되는 고장력볼트는 너트회전법, 직접인장측정법, 토크관리법, 토크 쉬어볼트 등을 사용히어 설계볼트장력 이상으로 조여야 한다.

② 마찰접합에서 하중이 접합 단부를 향할 때는 적절한 설계지압강도를 갖도록 해야 한다.

③ 다음의 경우에는 밀착조임이 사용될 수 있다(렌치로 수 회 조임).

㉠ 지압접합 또는 ㉡ 진동 또는 하중변동에 의한 고장력볼트의 풀림이나 피로를 설계에 고려할 필요가 없는 경우

(2) 일반볼트

일반볼트는 영구적인 구조물에는 사용하지 못하고 가체결용으로만 사용한다.

(3) 고장력 볼트의 접합부 파괴 유형

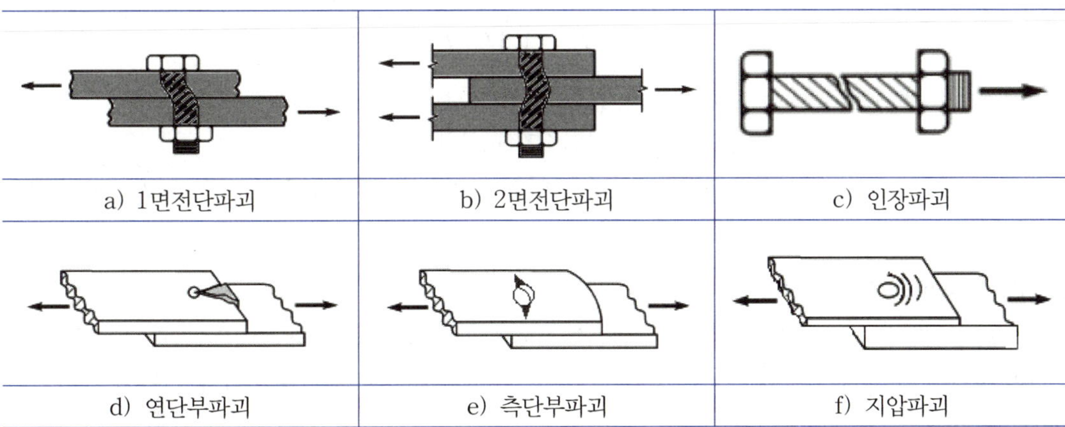

a) 1면전단파괴	b) 2면전단파괴	c) 인장파괴
d) 연단부파괴	e) 측단부파괴	f) 지압파괴

⑷ 볼트의 인장과 전단강도

① 밀착조임 또는 전인장조임된 볼트의 설계인장강도 또는 전단강도 ϕR_n 은 인장파단과 전단파단의 한계상태에 대하여 다음과 같이 산정한다.

$$\phi = 0.75$$

$$R_n = F_n A_b$$

여기서, F_n : 볼트의 공칭인장강도 F_{nt} 또는 공칭전단강도 F_{nv}, MPa

A_b : 볼트의 공칭단면적, mm²

② 소요인장강도는 접합부의 변형에 의한 지레작용을 고려한 인장력으로 한다.

⑸ 지압접합에서 인장과 전단의 조합

① 지압접합이 인장과 전단의 조합력을 받을 경우 볼트의 설계강도는 다음의 인장과 전단파괴의 한계상태에 따라서 산정한다.

$$\phi = 0.75$$

$$R_n = F_{nt}{}' A_b$$

여기서, $F_{nt}{}'$: 전단응력의 효과를 고려한 공칭인장강도, MPa

② 볼트의 설계전단응력이 단위면적당 전단소요응력 f_v 이상이 되도록 설계한다.

⑹ 볼트구멍의 지압강도

① 지압한계상태에 대한 볼트구멍에서 설계강도 ϕR_n 은 다음과 같이 산정한다.

$$\phi = 0.75$$

㉠ 표준구멍, 대형구멍, 단슬롯구멍의 모든 방향에 대한 지압력
 ⓐ 사용하중상태에서 볼트구멍의 변형이 설계에 고려되어야 하는 경우

$$R_n = 1.2L_c t F_u \leq 2.4 dt F_u$$

 ⓑ 사용하중상태에서 볼트구멍의 변형이 설계에 고려될 필요가 없는 경우

$$R_n = 1.5L_c t F_u \leq 3.0 dt F_u$$

여기서, d : 볼트 공칭직경, mm

F_u : 피접합재의 공칭인장강도, MPa

L_c : 하중방향 순간격, 구멍의 끝과 피접합재(인접구멍)의 끝까지의 거리, mm

t : 피접합재의 두께, mm

⑺ 고장력볼트의 미끄럼강도 ★★

① 마찰접합은 미끄럼을 방지하고 지압접합에 의한 한계상태에 대하여도 검토해야 한다.

② 미끄럼 한계상태에 대한 마찰접합의 설계강도는 다음과 같이 산정한다.

$$R_n = \mu h_f T_o N_s$$

㉠ 표준구멍 또는 하중방향에 수직인 단슬롯 구멍에 대하여, $\phi = 1.00$
㉡ 대형구멍 또는 하중방향에 평행한 단슬롯구멍에 대하여, $\phi = 0.85$

ⓒ 장슬롯구멍에 대하여, $\phi = 0.70$

여기서, μ ; 0.50, 미끄럼계수(페인트 칠하지 않은 블라스트 청소된 마찰면)

h_f ; 필러계수로서,(필러 0~1개: $h_f = 1.0$, 2개 이상 필러: $h_f = 0.85$)

T_o ; 설계볼트장력[kN], N_s ; 전단면의 수

④ 접합부재의 설계강도

(1) 설계인장강도

접합부재의 설계인장강도 ϕR_n 은 인장항복과 인장파단의 한계상태에 따라 다음 중 작은 값으로 산정한다.

① 접합부재의 인장항복에 대하여

$$R_n = F_y A_g$$
$$\phi = 0.90$$

② 접합부재의 인장파단에 대하여

$$R_n = F_u A_e$$
$$\phi = 0.75$$

여기서, A_e : 유효단면적, mm²(볼트접합부의 경우에는 $A_e = A_n \leq 0.85 A_g$)

(2) 설계전단강도

접합부재의 설계전단강도 ϕR_n 은 전단항복과 전단파단의 한계상태에 따라 다음 중 작은 값으로 산정한다.

① 접합부재의 전단항복에 대하여

$$R_n = 0.60 F_y A_g$$
$$\phi = 1.00$$

② 접합부재의 전단파단에 대하여

$$R_n = 0.6 F_u A_{nv}$$
$$\phi = 0.75$$

여기서, A_{nv} : 유효전단단면적, mm²

(3) 블록전단강도

블록전단파단의 한계상태에 대한 설계강도는 전단저항과 인장저항의 합으로 산정한다. 보단부 이음부의 상단플랜지 없는 이음부 및 거셋플레이트 등은 블록전단강도를 검토해야 한다. 설계블록전단강도 R_n 은 다음과 같이 산정한다.

$$\phi = 0.75$$
$$R_n = 0.6 F_u A_{nv} + U_{bs} F_u A_{nt} \leq 0.6 F_y A_{gv} + U_{bs} F_u A_{nt}$$

여기서, A_{gv} : 전단저항 총단면적 [mm²] A_{nv} : 전단저항 순단면적 [mm²] A_{nt} : 인장저항 순단면적 [mm²]

인장응력이 일정한 경우 $U_{bs} = 1.0$이고, 인장응력이 일정하지 않은 경우에는 $U_{bs} = 0.5$이다.

(4) 끼움재

① 용접구조에서 두께 6 mm 이상의 끼움재는 이음판의 연단 밖으로 돌출해야 하며 끼움재의 표면에 작용하는 하중을 이음판에 전달하는데 충분하도록 용접되어야 한다.

② 두께가 6 mm 이하인 끼움재의 단부는 이음판의 단부와 일치되게 용접해야 한다. 이음두께에 끼움재 두께를 더한 크기의 하중을 전달할 수 있도록 용접해야 한다.

③ 볼트접합에서 끼움재 두께가 6 mm 이하이면 전단강도는 감소하지 않는다고 가정한다.

(5) 이음

① 플레이트거더 또는 보의 맞댐용접이음은 작은쪽 이음단면의 전강도로 설계해야 한다.

② 플레이트거더 또는 보의 단면 내에서 다른 형태의 이음은 이음점에서의 소요강도에 충분하도록 설계해야 한다.

제4절 | 인장재

(1) 인장재의 개요

① 인장재란 부재의 축방향으로 인장력을 받는 구조부재로서 트러스구조의 현재, 고층구조물의 가새(bracing system), 현수구조(suspension structure)에 쓰이는 케이블 등이 있다.

② 인장재에 사용되는 강재는 강봉이나 ㄱ형강, T형강 등이 주로 사용되나 인장력이 큰 경우는 H형강이 사용되기도 한다.

③ 접합 시 인장재에 연결재(파스너)의 설치를 위한 구멍을 뚫어야 하며, 이로 인해 인장력을 지지하는 단면적이 줄어들므로 인장재의 설계에는 단면결손에 의한 영향을 고려하여야 한다.

(2) 인장재의 단면적 산정 ★★

① 순단면적(A_n)

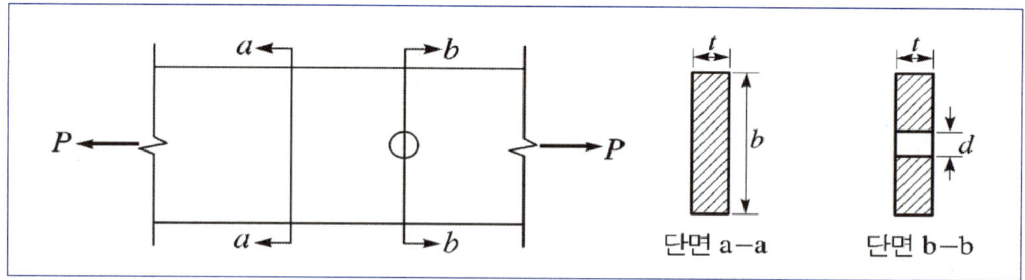

㉠ 정렬배치시는 총단면적에서 구멍 결손부분을 뺀다.

$$A_n = A_g - ndt$$

ⓛ 엇모배치시는 파단선을 나누어 계산한다.

$$A_n = A_g - ndt + \Sigma \frac{s^2}{4g} t$$

여기서, s : 인접한 2개 구멍의 응력 방향 중
심간격(mm)

g : 연결재 게이지선 사이의 응력
수직방향 중심간격(mm)

ⓒ 볼트구멍이 있는 ㄱ형강의 순단면적은
다리를 동일평면에 전개한 후 산정한다.
이 경우 전개된 인접한 두 면의 구멍의

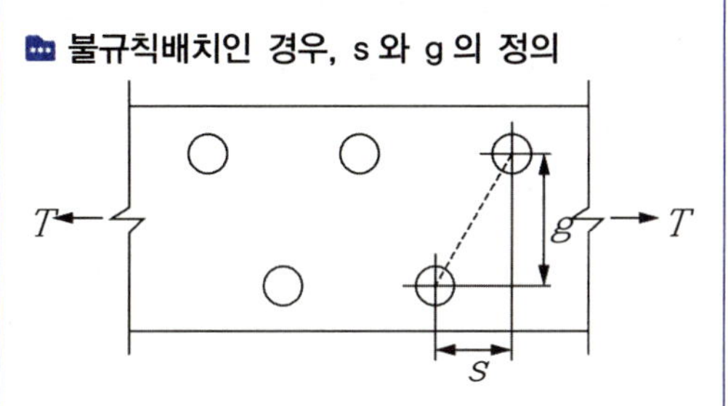

게이지는 ㄱ형강의 뒷면으로부터 산정한 게이지들의 합에서 두께를 감한 값이다.

② 유효순단면적 (A_e)

유효순단면적 A_e 는 다음과 같이 산정한다.

$$A_e = UA_n$$

여기서, U : 전단뒤짐에 의한 감소계수

(3) 인장강도 ★★

인장재의 설계인장강도 $\phi_t P_n (= \phi_t P_t)$ 은 총단면의 항복한계상태과 유효순단면의 파단한계상태
에 대해 식 ㉠와 식 ㉡에 의해 산정된 값 중 작은 값으로 한다.

① 총단면의 항복한계상태

총단면의 항복에 대한 공칭인장강도 P_n 은 다음 식과 같다. ($\phi_t = 0.9$)

$$P_n = F_y A_g \qquad \cdots ㉠$$

여기서, A_g : 부재의 총단면적 (mm²)

F_y : 항복강도 (MPa)

② 유효순단면의 파단한계상태

유효순단면의 파괴에 대한 공칭인장강도는 다음 식과 같다. ($\phi_t = 0.75$)

$$P_n = F_u A_e \qquad \cdots ㉡$$

여기서, A_e : 유효 순단면적 (mm²) $A_e = UA_n$

F_u : 인장강도 (MPa)

(4) 조립 인장부재

판재와 형강 등으로 조립 인장부재를 구성하는 경우 조립부재가 일체가 되도록 다음 조건에 맞게
적절하게 조립해야 한다.

① 판재와 형강 또는 2개의 판재로 구성되어 연속적으로 접촉되어 있는 조립 인장부재의 재축방
향 긴결간격은 다음 값 이하로 해야 한다.

    ㉠ 도장된 부재 또는 부식의 우려가 없어 도장되지 않은 부재의 경우 얇은 판 두께의 24배 또는 300 mm

    ㉡ 대기중 부식에 노출된 도장되지 않은 내후성강의 경우 얇은 판두께의 14배 또는 180mm

② 끼움재를 사용한 2개 이상의 형강으로 구성된 조립인장재는 개별부재의 세장비가 가급적 300을 넘지 않도록 한다.

③ 띠판은 조립 인장부재의 비충복면에 사용할 수 있으며, 다음 조건에 맞도록 해야 한다.

    ㉠ 띠판의 재축방향 길이는 조립부재 개별부재를 연결시키는 용접이나 연결재 사이거리의 2/3 이상이 되어야 하고, 띠판 두께는 이 열 사이거리의 1/50 이상 되어야 한다.

    ㉡ 띠판에서의 단속용접 또는 연결재의 재축방향 간격은 150 mm 이하로 한다.

    ㉢ 띠판간격을 결정할 때, 조립부재 개별부재의 세장비는 가급적 300을 넘지 않도록 한다.

제5절 압축재

1 압축재의 개요

압축재는 강구조 건축물의 기둥 등과 같이 압축력을 주로 받는 부재를 말하며, 압축재의 단면형상은 H형강, ㄱ형강 등과 같은 개단면이 있고, 더불어 각형강관, 원형강관 등과 같은 폐단면의 단일 압축재가 있으며, 단일압축재를 조합시킨 조립압축재도 있다.

2 압축재의 좌굴 ★★

(1) 좌굴(buckling)

압축재가 하중을 받아 휘어져 굽혀지는 현상(지지기능 상실)

① 단면크기에 비하여 길이가 긴 기둥의 경우, 압축하중이 가해졌을 때, 하중이 어느 크기에 이르면 기둥이 갑자기 휘어지는 현상

② 좌굴하중(Pcr) : 좌굴이 발생될 때의 한계상태하중

(2) 탄성좌굴하중

$$P_{cr} = \frac{\pi^2 EI}{(KL)^2}$$

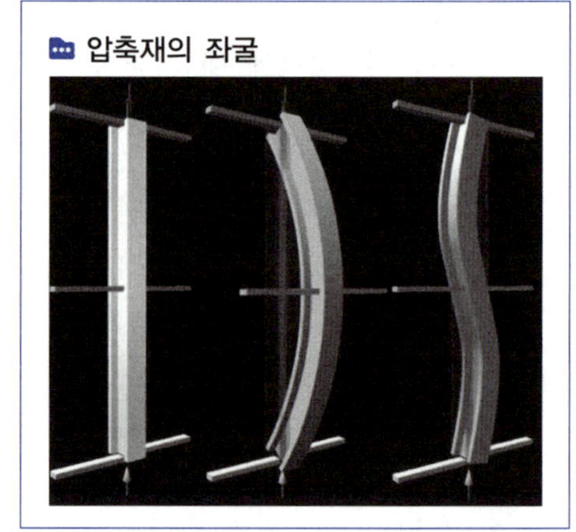

압축재의 좌굴

(3) 유효좌굴길이계수(K)

▥ 양단 지지조건에 따른 유효좌굴길이계수

기둥의 좌굴형태를 점선으로 표시	(a)	(b)	(c)	(d)	(e)	(f)
K 값	0.5	0.7	1.0	1.0	2.0	2.0

③ 압축재의 단면분류와 판 폭두께비 ★★

(1) 국부좌굴(local buckling)

① 압축재의 국부좌굴은 압축재를 구성하는 판이 너무 얇은 경우 부재가 국부적으로 변형하여 일으키는 좌굴(그림 참조)

② 압축재에서 국부좌굴이 생기면 부재의 지지 능력이 급격하게 저하되어 파괴가 일어나므로 판의 폭과 두께의 비를 규정하여 국부 좌굴을 방지하도록 하고 있다.

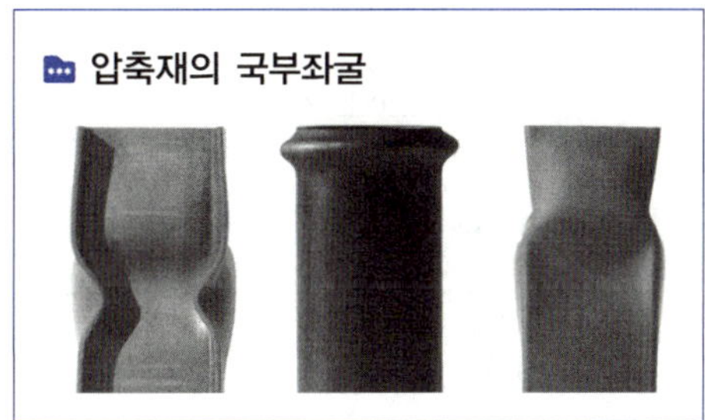

▥ 압축재의 국부좌굴

(2) 강재단면의 분류

① 압축재는 구성하는 판이 너무 얇아지면 부재좌굴 이외에 국부좌굴이 발생된다. 따라서 압축재의 판폭두께비(λp)에 따라 단면을 콤팩트단면(compact section, 조밀단면), 비콤팩트단면(noncompact section, 비조밀단면), 세장판 요소단면(slender section)으로 분류한다.

② 설계에서는 세장판단면이 되면 좌굴이 발생할 수 있으므로, 콤팩트단면 또는 비콤팩트단면이 되도록 판 폭 두께비를 검토해야 한다.

③ 콤팩트단면 - 좌굴이 생기기 전에 전체 소성응력 분포를 받을 수 있고 국부좌굴 발생 전 약 3 정도의 연성비를 갖는 단면

(3) 국부좌굴에 대한 단면의 분류

압축력을 받는 판 단면은 비세장판 단면 및 세장판 단면으로 구분된다.

① 비세장판 단면 : 판요소의 폭두께비 λ가 표의 λ_r를 초과하지 않는 단면($\lambda \le \lambda_r$)

② 세장판 단면 : 판요소의 폭두께비 λ가 표 4.2-2의 λ_r를 초과하는 단면($\lambda > \lambda_r$)

(4) 자유돌출판

압축력 방향과 평행한 면 중에서 한 쪽 면에만 지지되어 있는 자유돌출판의 폭은 다음 값을 취하고, 그 치수는 뒷면의 표에 따른다.

① I, H형강 및 T형강 플랜지에 대한 폭 b는 전체 플랜지폭 b_f의 반이다.

② ㄱ형강의 다리, ㄷ형강 및 Z형강의 플랜지에 대한 폭 b는 전체 공칭치수이다.

③ 플레이트에 대한 폭 b는 자유단으로부터 연결재의 첫 줄 혹은 용접선까지의 길이이다.

④ T형강의 스템에 대한 d는 단면의 전체 공칭높이로 한다.

▶▶ 자유돌출판(비구속판)요소의 폭

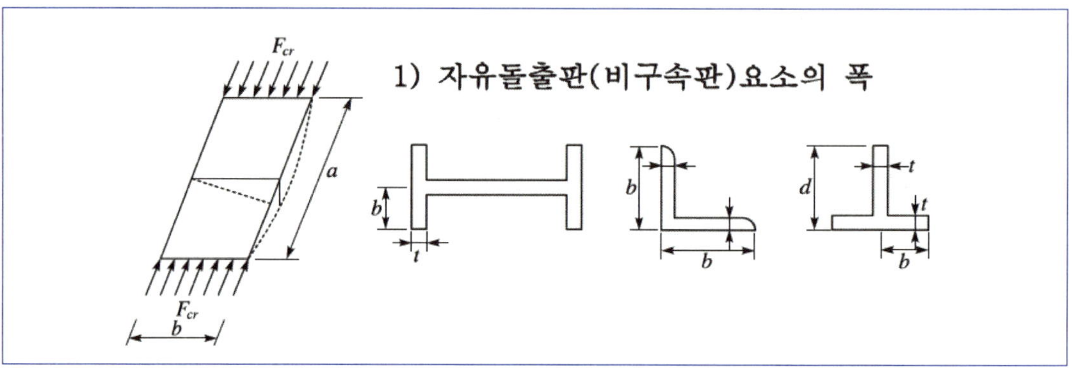

⑸ 양연지지판

압축력 방향과 평행한 양쪽 면에 지지된 양연지지판의 폭은 다음 값으로 취하고, 그 치수는 다음의 표에 따른다.

① 압연이나 성형단면의 웨브에 대하여, h는 각 플랜지에서 필릿이나 모서리반경을 감한 플랜지 사이의 순간격이다.

▶▶ 양연지지판(구속판)요소의 폭

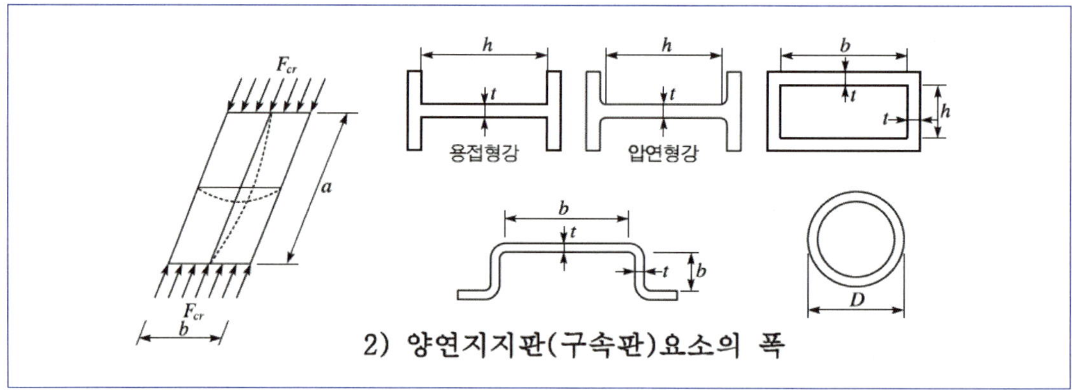

⑹ 압축재의 한계 판폭두께비

압축력을 받는 압축판요소의 비세장판 요소와 세장판 요소를 구분하는 폭두께비 한계값은 다음의 표에 따른다.

▣▪ 압축력을 받는 압축 판요소의 폭두께비

단면	구분	판요소에 대한 설명	폭두께비	폭두께비 한계값 λ_r (비세장 /세장)	예
자유돌출판	1	− 압연 H형강의 플랜지 − 압연 H형강으로부터 돌출된 플레이트 − 서로 접한 쌍ㄱ형강의 돌출된 다리 − ㄷ형강의 플랜지 − T형강의 플랜지	b/t	$0.56\sqrt{\dfrac{E}{F_y}}$	
	2	− 용접 H형강의 플랜지 − 용접 H형강으로부터 돌출된 플레이트 또는 ㄱ형강 다리	b/t	$0.64\sqrt{\dfrac{k_c E}{F_y}}$ 1)	
양연지지판	5	− 2축 대칭 H형강의 웨브와 ㄷ형강	h/t_w	$1.49\sqrt{\dfrac{E}{F_y}}$	
	6	− 균일한 두께를 갖는 각형강관과 박스의 벽	b/t	$1.40\sqrt{\dfrac{E}{F_y}}$	
	7	− 플랜지 커버플레이트 − 연결재 또는 용접선 사이의 다이아프램 플레이트	b/t	$1.40\sqrt{\dfrac{E}{F_y}}$	

주 1) $k_c = \dfrac{4}{\sqrt{h/t_w}}$, 여기서 $0.35 \le k_c \le 0.76$

4 압축재의 설계

압축재의 설계압축강도 $\phi_c P_n$은 다음과 같이 산정한다. 공칭압축강도 P_n은 적용하는 휨좌굴, 비틀림좌굴, 휨-비틀림좌굴의 한계상태 중 작은 값으로 한다.

강도저항계수는 $\phi_c = 0.90$를 적용한다.

제6절 | 합성부재

압연형강, 용접형강 또는 강관이 구조용 콘크리트와 합성된 부재에 적용한다.

① 합성단면의 공칭강도

합성단면의 공칭강도는 소성응력분포법과 변형률적합법에 따라 결정한다. 합성단면의 공칭강도를 결정하는 데 있어 콘크리트의 인장강도는 무시한다. 충전형 합성부재는 국부좌굴의 영향을 고려해야 하고, 매입형 합성부재는 국부좌굴을 고려할 필요가 없다.

(1) 소성응력분포법

소성응력분포법에서는 강재가 인장 또는 압축으로 항복응력에 도달할 때 콘크리트는 축력과/또는 휨으로 인한 압축으로 $0.85f_{ck}$의 응력에 도달한 것으로 가정하여 공칭강도를 계산한다. 충전형 원형강관 합성기둥의 콘크리트가 축력과 휨, 축력 또는 휨으로 인한 압축응력을 받는 경우 구속효과를 고려한다.

(2) 변형률적합법

변형률적합법에서는 단면에 걸쳐 변형률이 선형적으로 분포한다고 가정하며 콘크리트의 최대 압축변형률을 0.003으로 가정한다. 강재 및 콘크리트의 응력-변형률관계는 공인된 실험을 통해 구하거나 유사한 재료에 대한 공인된 결과를 사용한다.

(3) 매입형합성부재의 휨강도

매입형 합성부재의 설계휨강도는 다음과 같이 구한다.

$$\phi_b = 0.90$$

공칭휨강도 M_n은 다음 방법 중의 하나를 사용하여 구한다.

① 항복한계상태(항복모멘트) : 동바리의 효과를 고려하여 합성단면에 작용하는 탄성응력을 중첩하여 산정한다.

② 강재단면의 항복한계상태(소성모멘트) : 강재단면만의 소성응력분포를 사용하여 구한다.

③ 합성단면에 작용하는 소성응력분포를 사용하여 구하거나 변형률적합법을 사용하여 구한다. 매입형합성부재에는 강재앵커를 사용해야 한다.

(4) 충전형합성부재의 휨강도

충전형합성단면의 설계휨강도는 다음과 같이 구한다.

$$\phi_b = 0.90$$

공칭휨강도 M_n은 다음과 같이 구한다.

① 조밀단면

$$M_n = M_p$$

여기서, M_p = 합성단면의 소성응력분포로부터 구한 모멘트, N·mm

② 비조밀단면

$$M_n = M_p - (M_p - M_y)\left(\frac{\lambda - \lambda_p}{\lambda_r - \lambda_p}\right)$$

여기서, λ, λ_p와 λ_r은 판폭(직경)두께비 제한값

(5) 충전형 및 매입형 합성부재의 설계 전단강도

① 설계전단강도 $\phi_v V_n$은 다음 중에서 한 가지 방법으로 구한다.

　㉠ 강재단면만의 설계전단강도

　㉡ 철근콘크리트만의 설계전단강도(강도저항계수 $\phi_v = 0.75$를 사용)

　㉢ 강재단면의 공칭전단강도와 철근의 공칭전단강도의 합($\phi_v = 0.75$)

❷ 재료강도 제한

합성구조에 사용되는 구조용 강재, 철근 및 콘크리트는 실험 또는 해석으로 검증되지 않을 경우 다음과 같은 제한조건들을 만족해야 한다.

⑴ 설계강도의 계산에 사용되는 콘크리트의 설계기준 압축강도는 21 MPa 이상이어야 하며 70 MPa 를 초과할 수 없다. 경량 콘크리트의 경우에는 설계기준 압축강도는 21 MPa 이상이어야 하며 42 MPa를 초과할 수 없다.

⑵ 합성기둥의 강도를 계산하는 데 사용되는 구조용 강재 및 철근의 설계기준 항복강도는 650 MPa 를 초과할 수 없다.

❸ 축력을 받는 부재 ★

⑴ 매입형 합성부재의 구조제한

매입형 합성기둥 부재는 다음과 같은 조건을 만족해야 한다.

① 강재 코아의 단면적은 합성부재 총단면적의 1% 이상으로 한다.

② 강재 코아를 매입한 콘크리트는 연속된 길이방향 철근과 띠철근 또는 나선철근으로 보강되어 야 한다. 횡방향 철근의 중심간 간격은 직경 D10의 철근을 사용할 경우에는 300mm 이하, 직 경 D13 이상의 철근을 사용할 경우에는 400mm 이하로 한다.

⑵ 매입형 합성부재의 상세요구사항

① 강재코어와 길이방향 철근의 최소 순간격은 철근직경의 1.5배 이상 또는 40 mm 중 큰 값으로 한다.

② 플랜지에 대한 콘크리트 순피복두께는 플랜지폭의 1/6 이상으로 한다.

③ 합성단면이 2개 이상의 형강재를 조립한 단면인 경우 형강재들은 콘크리트가 경화하기 전에 가해진 하중에 의해 각각의 형강재가 독립적으로 좌굴하는 것을 막기 위해 띠판 등과 같은 부재들로 서로 연결해야 한다.

⑶ 충전형 합성부재의 구조제한

① 강관의 단면적은 합성기둥 총단면적의 1% 이상으로 한다.

 강구조 개요

❶ 강구조의 특징(장단점)

① 단위면적당 (　　　)가 크다.

② (　　　)이 커서 변형에 유리하고 소성변형능력이 우수하다.

③ 공사기간이 빠르고, 기존건축물의 증축, 보수가 용이하다.

④ (　　　　)이 낮다(내화 피복 필요).

⑤ (　　　)의 영향이 크다.

 한계상태설계법(LRFD)에 의한 강구조 설계

❶ 강구조 주요 용어

① (　　　　　) : 트러스의 부재, 스트럿, 또는 가새재(브레이싱)를 보 또는 기둥에 연결하는 판 요소(gusset plate)

② (　　　　　) : 부재의 두께를 늘리기 위해 사용되는 판재(filler)

③ (　　　　　) : 비틀림 하중에 의하여 박벽보의 면내변형으로 단면의 형상이 일그러지는 변위모드(distortion)

④ (　　　　　) : 비틀림 하중에 의하여 보의 투영된 단면형상이 유지되면서 축방향으로 발생하는 변위모드(warping)

⑤ (　　　　　) : 조립기둥, 조립보 등의 2개의 나란한 요소를 결집하기 위한 판재(tie plate)

⑥ (　　　　　) : 하중을 분배하거나, 전단력을 전달하거나, 좌굴을 방지하기 위해 부재에 부착하는 ㄱ형강이나 판재 같은 구조요소(stiffener)

⑦ (　　　　　) : 접합부에서, 한쪽 방향으로는 인장파단, 다른 방향으로는 전단항복 혹은 전단파단이 발생하는 한계상태(block shear rupture)

⑧ (　　　　　) : 한 부재의 횡지지가새 사이의 간격으로서, 가새부재의 도심 간의 거리로 측정(unbraced length)

❷ 강구조 주요 용어 2

① (　　　　　　) : 건축법규에 명시된 사양적 규정에 의거하여 건축물의 용도, 구조, 층수, 규모 에 따라 요구내화시간 및 부재의 선정이 이루어지는 내화설계방법

② (　　　　　　) : 용접접합부에 있어서 용접이음새나 받침쇠의 관통을 위해 또한 용접이음새끼 리의 교차를 피하기 위해 설치하는 원호상의 구멍, 용접접근공이라고도 함 (scallop)

③ (　　　　　　) : 접합부에서 응력이 집중되거나 응력이 전달되지 않는 현상(shear lag)

④ (　　　　　　) : 단면적, 단면계수, 단면2차모멘트를 증가시키기 위하여 부재의 플랜지에 용접 이나 볼트로 연결된 플레이트(cover plate)

⑤ (　　　　　　) : 접합부를 관통하는 보와 기둥의 플랜지의 연장에 의해 구성되는 보-기둥 접합 부의 웨브영역으로, 전단패널을 통하여 모멘트를 전달하는 영역(panel zone)

❸ 구조용 강재의 성질

① 구조용 강재의 탄성계수 : (　　　　　　　　　) MPa

② 구조용 강재의 전단탄성계수 : (　　　　　　　　　　) MPa

제3절 접합

❶ 연결(접합) 개요

① 기둥이음부의 고장력볼트 및 용접이음은 이음부의 응력을 전달함과 동시에 이들 인장내력은 피접합재 압축강도의 (　　) 이상이 되도록 한다. 다만, 이음부에서 단면에 인장응력이 발생할 염려가 없고, 접합부 단부의 면이 절삭마감(메탈터치)에 의하여 밀착되는 경우에는 소요압 축력 및 소요휨모멘트 각각의 1/2은 접촉면에 의해 직접 응력전달시킬 수 있다.

② 접합부의 설계강도는 (　　) kN 이상이어야 한다. 다만, 연결재, 새그로드, 띠장은 제외한다.

③ 볼트는 용접과 조합해서 하중을 부담시킬 수 없다. 이러한 경우 (　　)에 전체하중을 부담시 키도록 한다. (단, 전단접합은 분담 가능)

❷ 이음부 설계 세칙

① 응력을 전달하는 필릿용접의 최소유효길이는 필릿 치수의 (10배) 이상 또한 (　　) mm 이상 을 원칙으로 한다.

② 응력을 전달하는 겹침이음은 2열 이상의 필릿용접을 원칙으로 하고, 겹침길이는 얇은쪽 판 두께의 (5배) 이상 또한 (　　) mm 이상 겹치게 해야 한다.

③ 고장력볼트의 구멍중심간의 거리는 공칭직경의 (　　　)배 이상으로 한다.

④ 고장력볼트의 구멍중심에서 볼트머리 또는 너트가 접하는 재의 연단까지의 최대거리는 판두께의 (12배) 이하 또한 (　　　) mm 이하로 한다.

③ 필릿 용접

① 강도를 기반으로 하여 설계되는 필릿용접의 최소길이는 공칭용접치수의 (　　)배 이상으로 해야 한다. 또는 유효용접치수는 그 용접길이의 1/4 이하가 되어야 한다.

② 겹침이음에 있어서 최소겹침길이는 얇은 부재 두께의 (5배)가 되어야 하고 최소 (　　) mm이어야 한다.

제4절 인장재

① 판재와 형강 또는 2개의 판재로 구성된 조립 인장부재의 재축방향 긴결간격

① 도장된 부재 또는 부식의 우려가 없어 도장되지 않은 부재의 경우 얇은 판 두께의 24배 또는 (　　　) mm 이하

② 대기중 부식에 노출된 도장되지 않은 내후성강의 경우 얇은 판두께의 14배 또는 (　　) mm 이하

② 띠판은 조립 인장부재의 비충복면에 사용할 수 있으며, 다음 조건에 맞도록 해야 한다.

① 띠판의 재축방향 길이는 조립부재 개별부재를 연결시키는 용접이나 연결재 사이거리의 2/3 이상이 되어야 하고, 띠판 두께는 이 열 사이거리의 (　　　) 이상 되어야 한다.

② 띠판에서의 단속용접 또는 연결재의 재축방향 간격은 (　　　) mm 이하로 한다.

제5절 압축재

① 압축재의 단면 분류

① 압축재의 판폭두께비(λp)에 따라 단면을 콤팩트단면(조밀단면), (　　　), (　　　)으로 분류한다.

② 콤팩트단면 - 좌굴이 생기기 전에 전체 소성응력 분포를 받을 수 있고 국부좌굴 발생 전 약 (　　　) 정도의 연성비를 갖는 단면

Chapter 04

제6절 합성부재

❶ 합성부재의 단면 설계

① 합성단면의 공칭강도는 (소성응력분포법)과 (변형률적합법)에 따라 결정한다.

② 합성단면의 공칭강도를 결정하는데 있어 콘크리트의 인장강도는 무시한다.

③ 충전형 합성부재는 국부좌굴의 영향을 (　　　)해야 하고, 매입형 합성부재는 국부좌굴을 고려할 필요가 없다.

④ 충전형 및 매입형 합성부재의 설계 전단강도는 다음 중에서 한 가지 방법으로 구한다.

  ㉠ 강재단면만의 (　　　)전단강도

  ㉡ 철근콘크리트만의 (　　　)전단강도 (강도저항계수 $\phi_v = 0.75$를 사용)

  ㉢ 강재단면의 (　　　)전단강도와 철근의 (　　　)전단강도의 합 ($\phi_v = 0.75$)

❷ 재료강도 제한

① 설계강도의 계산에 사용되는 콘크리트의 설계기준 압축강도는 (　　) MPa 이상이어야 하며 (　　) MPa를 초과할 수 없다. (경량 콘크리트의 경우에는 21 MPa 이상∼42 MPa 이하)

② 합성기둥 강도를 계산하는 데 사용되는 구조용강재 및 철근의 설계기준 항복강도는 (　　) MPa를 초과할 수 없다.

❸ 매입형 합성부재의 구조 상세

① 강재 코아의 단면적은 합성부재 총단면적의 (　　) % 이상으로 한다.

② 강재 코아를 매입한 콘크리트는 연속된 길이방향 철근과 띠철근 또는 나선철근으로 보강되어야 한다. 횡방향 철근의 중심간 간격은 직경 D10의 철근을 사용할 경우에는 (　　)mm 이하, 직경 D13 이상의 철근을 사용할 경우에는 400mm 이하로 한다.

③ 강재코어와 길이방향 철근의 최소 순간격은 철근직경의 1.5배 이상 또는 (　　) mm 중 큰 값으로 한다.

④ 플랜지에 대한 콘크리트 순피복두께는 플랜지폭의 (　　) 이상으로 한다.

❹ 충전형 합성부재의 구조제한

① 강관의 단면적은 합성기둥 총단면적의 (　　) % 이상으로 한다.

정답

제1절

❶ ① 강도, ② 인성, ④ 내화성, ⑤ 좌굴

제2절

❶ ① 거셋플레이트, ② 끼움재, ③ 뒤틀림, ④ 뭡, ⑤ 띠판,
　⑥ 보강재, ⑦ 블록전단파단, ⑧ 비지지길이
❷ ① 사양적 내화설계, ② 스캘럽, ③ 전단뒤짐,
　④ 커버플레이트, ⑤ 패널존
❸ ① 210,000, ② 81,000

제3절

❶ ① 1/2, ② 45, ③ 용접
❷ ① 30, ② 25, ③ 2.5, ④ 150
❸ ① 4, ② 25

제4절

❶ ① 300, ② 180
❷ ① 1/50, ② 150

제5절

❶ ① 비콤팩트단면, 세장판단면, ② 3

제6절

❶ ③ 고려, ④ ㉠ 설계, ㉡ 설계, ㉢ 공칭, 공칭
❷ ① 21, 70, ② 650
❸ ① 1, ② 300, ③ 40, ④ 1/6
❹ ① 1

제1절 강구조 개요 ~ 제2절 한계상태설계법(LRFD)에 의한 강구조 설계

01 강구조 건축물 설계 시 고려하는 사용한계상태로 옳은 것은? [24 국]

① 구조물의 진동
② 소성힌지의 형성
③ 인장파괴
④ 골조의 안정성

02 강구조에 대한 설명으로 옳지 않은 것은? [23 지]

① 소성변형능력이 우수하다.
② 내화성능향상과 부식방지를 위한 유지관리 대책이 필요하다.
③ 지속적인 반복하중에 따른 피로에 의한 파단의 우려가 있다.
④ 강재보 부재는 압축력이 작용하지 않으므로 좌굴을 고려하지 않아도 된다.

03 강구조에서 집중하중에 대하여 내력을 향상시키기 위해, 보나 기둥에 웨브와 평행하도록 부착하는 판재는? [24 국]

① 띠판
② 겹침판
③ 뒷댐재
④ 끼움재

04 구조용 강재의 재료정수로 옳지 않은 것은? [22 국]

① 탄성계수 200,000 MPa
② 전단탄성계수 81,000 MPa
③ 푸아송비 0.3
④ 선팽창계수 0.000012/°C

05 H형강의 단면 치수표시법인 'H−A×B×t1×t2'에서 각 부분의 부재 명칭이 모두 바르게 연결된 것은? 08 국

	H	A	B	t1	t2
①	강재의 종류	플랜지의 폭	형강의 높이	플랜지 두께	웨브의 두께
②	강재의 종류	형강의 높이	플랜지의 폭	웨브의 두께	플랜지 두께
③	강재의 종류	플랜지의 폭	형강의 높이	웨브의 두께	플랜지 두께
④	강재의 종류	형강의 높이	플랜지의 폭	플랜지 두께	웨브의 두께

06 구조용 강재의 항복강도[MPa]로 옳지 않은 것은? 24 지

① 판두께 15 mm인 SS275: 275
② 판두께 30 mm인 SS275: 265
③ 판두께 15 mm인 SN275: 275
④ 판두께 30 mm인 SN275: 265

07 강구조의 재료 특성에 대한 설명으로 옳지 않은 것은? 24 지

① SHN275는 건축구조용 열간압연형강이다.
② 구조용 강재의 전단탄성계수는 81,000 MPa이다.
③ SN355 강재의 인장강도는 355 MPa이다.
④ 고장력볼트는 재료의 강도에 따라 F8T, F10T, F13T로 구분한다.

08 구조용강재의 명칭에 대한 설명으로 옳지 않은 것은? 19 지

① SN: 건축구조용 압연 강재
② SHN: 건축구조용 열간 압연 형강
③ HSA: 건축구조용 탄소강관
④ SMA: 용접구조용 내후성 열간 압연 강재

09 다음 중 용접성이 가장 양호한 용접 구조용 압연강재의 기호는? 25 지

① SM275A
② SN275A
③ SM275C
④ SN275C

10 항복점 이상의 응력을 받는 금속재료가 소성변형을 일으켜 파괴되지 않고 변형을 계속하는 성질은? 19 국

① 연성
② 취성
③ 탄성
④ 강성

11 강구조의 설계기본원칙에 대한 설명으로 옳지 않은 것은? 18 지

① 구조해석에서 연속보의 모멘트재분배는 소성해석에 의한다.
② 한계상태설계는 구조물이 모든 하중조합에 대하여 강도 및 사용성한계상태를 초과하지 않는다는 원리에 근거한다.
③ 강구조는 탄성해석, 비탄성해석 또는 소성해석에 의한 설계가 허용된다.
④ 강도한계상태에서 구조물의 설계강도가 소요강도와 동일한 경우는 구조물이 강도한계상태에 도달한 것이다.

12 강구조에서 단면적, 단면계수, 단면2차모멘트를 증가시키기 위하여 휨부재의 플랜지에 용접이나 볼트로 연결되는 플레이트는? 17 국

① 커버플레이트(cover plate)
② 베이스플레이트(base plate)
③ 윙플레이트(wing plate)
④ 거셋플레이트(gusset plate)

13 강구조 하중저항계수 설계법의 용어에 대한 설명으로 옳지 않은 것은? 25 국

① 거셋플레이트 : 트러스의 부재, 스트럿 또는 가새재(브레이싱)를 보 또는 기둥에 연결하는 판요소
② 네킹 : 재료의 압축시험 시 항복하중에 도달하여 시험체가 잘록해지는 부분
③ 필릿용접 : 용접되는 부재의 교차되는 면 사이에 일반적으로 삼각형의 단면이 만들어지는 용접
④ 비가새골조 : 부재 및 접합부의 휨저항으로 수평하중에 저항하는 골조

14 철골구조에서 사용하는 용어에 대한 설명으로 옳지 않은 것은? 15 국

① 필러 : 요소의 두께를 증가시키는 데 사용하는 플레이트
② 거셋플레이트 : 트러스의 부재, 스트럿 또는 가새재를 보 또는 기둥에 연결하는 판 요소
③ 스티프너 : 하중을 분배하거나, 전단력을 전달하거나, 좌굴을 방지하기 위해 부재에 부착하는 구조요소
④ 비콤팩트단면 : 완전소성 응력분포가 발생할 수 있고, 국부 좌굴이 발생하기 전에 약 3의 곡률연성비를 발휘할 수 있는 능력을 지닌 단면

제3절 접합

01 용접되는 부재의 교차되는 면 사이에 일반적으로 삼각형의 단면이 만들어지는 용접은?

22 국

① 필릿용접
② 맞댐용접
③ 슬롯용접
④ 플러그용접

02 강구조 용접접합부에서 용접 후 검사 시에 발생될 수 있는 결함의 유형으로 옳지 않은 것은? 21 국

① 비드
② 블로 홀
③ 언더컷
④ 오버랩

03 용접의 결함에 대한 설명으로 옳지 않은 것은? 15 국

① 피시아이 : 용접표면에 생기는 작은 구멍
② 블로홀 : 용접금속 중 가스에 의해 생긴 구형의 공동
③ 언더컷 : 용접부의 끝부분에서 모재가 패어져 도랑처럼 된 부분
④ 오버랩 : 용착금속이 끝부분에서 모재와 융합하지 않고 겹쳐있는 현상

04 용접금속과 모재가 융합되지 않고 겹쳐지는 용접 결함은? 25 지

① 크랙(crack)

② 오버랩(overlap)

③ 언더컷(under cut)

④ 크레이터(crater)

05 강구조 설계에서 용접에 대한 설명으로 옳지 않은 것은? 23 국

① 필릿용접의 유효면적은 유효길이에 유효목두께를 곱한 것으로 한다.

② 필릿용접의 유효길이는 필릿용접의 총길이에서 용접치수의 2배를 공제한 값으로 한다.

③ 플러그용접과 슬롯용접의 유효길이는 목두께의 중심을 잇는 용접중심선의 길이로 한다.

④ 강도를 기반으로 하여 설계되는 필릿용접의 최소길이는 공칭용접치수의 3배 이상으로 하여야 한다.

06 강구조 모살용접(필릿용접)의 최소 및 최대 사이즈는? (단, 접합부의 얇은 쪽 모재두께(t)는 10 mm이다) 14 지

① 최소 : 3 mm, 최대 : 8 mm

② 최소 : 5 mm, 최대 : 8 mm

③ 최소 : 3 mm, 최대 : 10 mm

④ 최소 : 5 mm, 최대 : 10 mm

07 그림과 같은 강구조 용접이음 표기에서 S는? 21 지

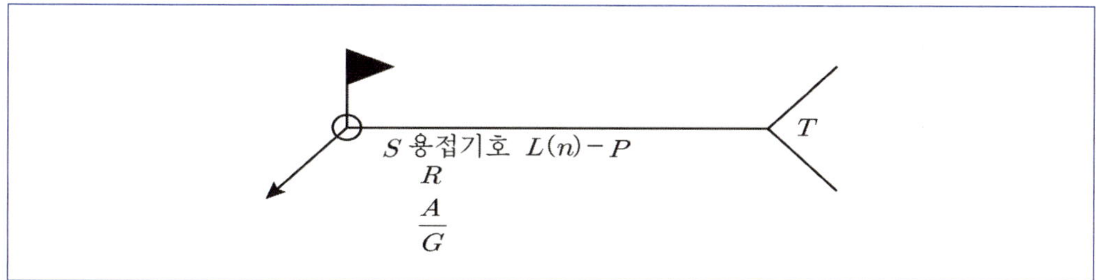

① 개선각

② 용접간격

③ 용접치수(사이즈)

④ 용접부처리방법

08 다음 용접기호에 대한 설명으로 옳지 않은 것은? 18 지

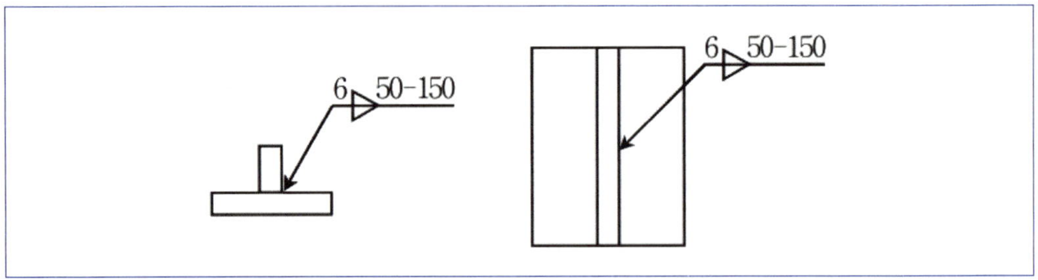

① 그루브(Groove) 용접을 부재 양면에 시행한다.

② 용접사이즈는 6 mm이다.

③ 용접길이는 50 mm이다.

④ 용접간격은 150 mm이다.

09 그림과 같이 평판두께가 13 mm인 2개의 강판을 하중(P)방향과 평행하게 필릿용접으로 겹침이음하고자 한다. 용접부의 설계강도를 산정하는 데 필요한 용접재의 유효면적과 가장 가까운 값(mm²)은? (단, 필릿용접부에 작용하는 하중은 단부하중이 아니며, 이음면은 직각이다) 17 국

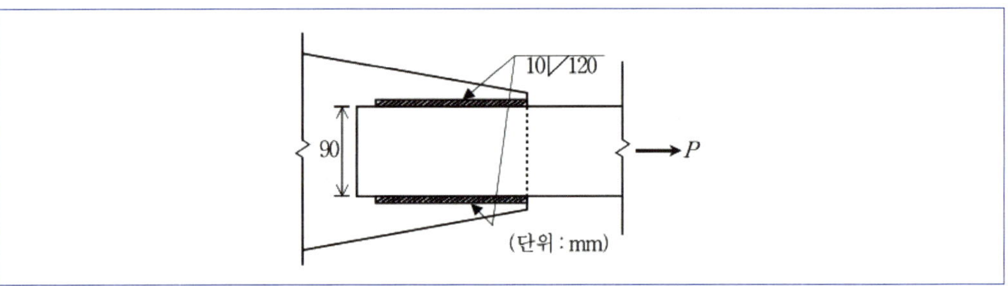

① 700

② 1,200

③ 1,400

④ 2,400

10 강구조 이음부 설계세칙에 대한 설명으로 옳지 않은 것은?(현행화) 16 지

① 응력을 전달하는 단속필릿용접 이음부의 길이는 필릿치수의 5배 이상 또한 25 mm 이상을 원칙으로 한다.

② 응력을 전달하는 겹침이음은 2열 이상의 필릿용접을 원칙으로 하고, 겹침길이는 얇은쪽 판 두께의 5배 이상 또한 25 mm 이상 겹치게 해야 한다.

③ 고력볼트의 구멍중심 간의 거리는 공칭직경의 2.5배 이상으로 한다.

④ 고력볼트의 구멍중심에서 볼트머리 또는 너트가 접하는 재의 연단까지의 최대거리는 판 두께의 12배 이하 또한 150 mm 이하로 한다.

11 강구조 연결 설계기준에 따른 M20 고장력볼트의 표준구멍의 직경과 과대구멍(대형구멍)의 직경[mm]으로 옳은 것은? 24 지

표준구멍 직경	과대구멍(대형구멍) 직경
① 20	22
② 21	23
③ 22	24
④ 23	25

12 강구조 부재의 접합에서 볼트 접합부의 파괴유형이 아닌 것은? 23 지

① 볼트의 압축파괴

② 볼트의 인장파괴

③ 볼트의 전단파괴

④ 피접합재의 연단부파괴

13 강재의 고력볼트에 의한 마찰접합 특성에 대한 설명으로 옳은 것은? 16 국

① 일반볼트접합과 비교하여 응력방향이 바뀌더라도 혼란이 일어나지 않는다.

② 일반볼트접합과 비교하여 응력집중이 크므로 반복응력에 대하여 약하다.

③ 설계미끄럼강도는 구멍의 종류와 무관하게 결정된다.

④ 설계미끄럼강도는 전단면의 수와 무관하게 결정된다.

14 고력볼트의 미끄럼강도 산정식과 관계 없는 것은? 12 국

① 피접합재의 공칭인장강도　　② 전단면의 수
③ 미끄럼계수　　　　　　　　④ 설계볼트장력

15 고장력볼트의 접합 방법으로 옳지 않은 것은? 24 지

① 휨접합　　　　　　　　　　② 마찰접합
③ 인장접합　　　　　　　　　④ 지압접합

16 강구조 접합에 대한 설명으로 옳지 않은 것은? 21 지

① 일반볼트는 영구적인 구조물에는 사용하지 못하고 가체결용으로만 사용한다.
② 완전용입된 그루브용접의 유효목두께는 접합판 중 얇은 쪽 판두께로 한다.
③ 필릿용접의 유효길이는 필릿용접의 총길이에서 2배의 필릿사이즈를 공제한 값으로 하여
야 한다.
④ 마찰접합되는 고장력볼트는 너트회전법, 토크관리법, 토크쉬어볼트 등을 사용하여 설계볼
트장력 이하로 조여야 한다.

제4절 인장재 ～ 제6절 합성부재

01 다음 그림과 같은 인장재의 순단면적[mm²]은? (단, 사용된 볼트의 구멍직경은 18 mm이
고 판의 두께는 5 mm이다) 14 국

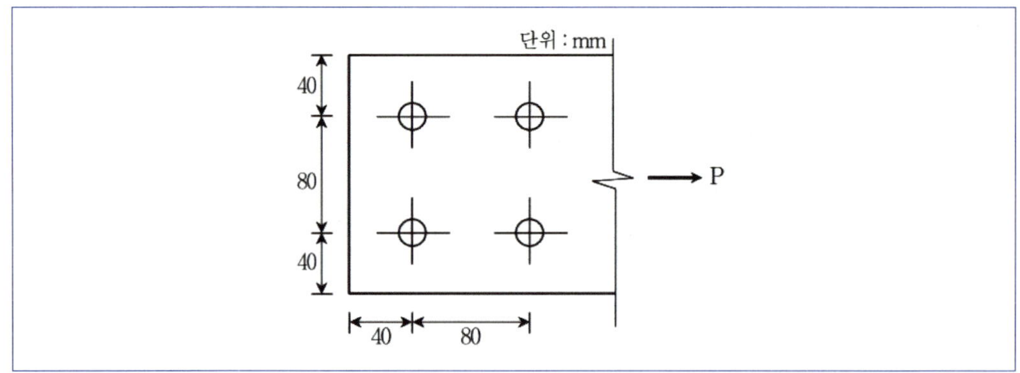

① 400　　　　　　　　　　　② 420
③ 600　　　　　　　　　　　④ 620

02 건축구조기준에 따른 강구조의 인장재에 대한 구조제한 사항으로 옳지 않은 것은? 14 국

① 중심축 인장력을 받는 강봉의 설계시 최대세장비의 제한은 없다.

② 판재, 형강 등으로 조립인장재를 구성하는 경우, 띠판에서의 단속용접 또는 파스너의 재축 방향 간격은 250 mm 이하로 한다.

③ 핀접합부재의 경우 핀이 전하중상태에서 접합재들간의 상대 변위를 제어하기 위해 사용 될 때, 핀구멍의 직경은 핀직경보다 1 mm 이상 크면 안 된다.

④ 아이바의 경우 핀직경은 아이바몸체폭의 7/8배보다 커야 한다.

03 다음은 강구조 부재 설계기준(하중저항계수설계법)에서 인장재 설계에 대한 내용이다. (가), (나)에 들어갈 내용을 바르게 연결한 것은? 25 지

> 총단면의 항복한계상태에서의 설계인장강도는 부재의 ┃ (가) ┃과 강재의 항복강도를 곱하여 산정한 공칭인장강도에 인장저항계수 ┃ (나) ┃을/를 곱하여 산정한다.

(가)	(나)
① 총단면적	0.90
② 순단면적	0.90
③ 총단면적	0.75
④ 순단면적	0.75

04 강구조의 인장재에 대한 설명으로 옳은 것은? 19 지

① 순단면적은 전단지연의 영향을 고려하여 산정한 것이다.

② 유효순단면의 파단한계상태에 대한 인장저항계수는 0.80이다.

③ 인장재의 설계인장강도는 총단면의 항복한계상태와 유효순단면의 파단한계상태에 대해 산정된 값 중 큰 값으로 한다.

④ 부재의 총단면적은 부재축의 직각방향으로 측정된 각 요소단면의 합이다.

05 강구조에서 집중하중이나 반력에 바로 인접한 부위 웨브판의 국부파괴 한계상태는? 25 국

① 국부휨

② 웨브 횡좌굴

③ 횡비틀림좌굴

④ 국부크리플링

06 강구조 압축부재의 하단부가 회전고정 및 이동고정 되어 있고 상단부가 회전자유 및 이동고정 되어 있을 경우 유효좌굴길이계수의 이론값은? [24 국]

① 0.5 ② 0.7 ③ 1.0 ④ 1.2

07 강구조의 국부좌굴에 대한 단면의 분류에서 구속판요소에 해당하지 않는 것은? [18 국]

① 압연 H형강 휨재의 플랜지
② 압축을 받는 원형강관
③ 휨을 받는 원형강관
④ 휨을 받는 ㄷ형강의 웨브

08 하중저항계수 설계법에 따른 강구조 부재설계 기준에서 압축부재의 상단부가 회전고정 및 이동자유, 하단부가 회전자유 및 이동고정일 경우 유효길이계수 K의 이론값은? [25 국]

① 0.8 ② 1.2 ③ 2.0 ④ 2.1

09 강재 단면에서 압축력을 받는 판요소를 콤팩트요소와 비콤팩트 요소로 분류하는 기준은?

① 압축력의 크기
② 판폭두께비
③ 단면 형상
④ 구멍의 존재 여부

10 강구조에서 압축재의 좌굴을 방지하는 방법으로 옳은 것은? [25 지]

① 부재의 유효좌굴길이계수를 증가시킨다.
② 부재의 세장비를 증가시킨다.
③ 부재의 비지지길이를 증가시킨다.
④ 강재의 좌굴축에 대한 단면2차모멘트를 증가시킨다.

11 높이 =3.0 m인 압연H형강 H−200 × 200 × 8 × 12 기둥이 하부는 고정단으로 지지되어 있고 상부는 단순지지되어 있다. 유효좌굴 길이계수로 이론적인 값을 사용할 경우, 기둥의 약축방향 세장비는? (단, 압연H형강 H−200 × 200 × 8 × 12의 약축방향 단면 2차 반경 r_y = 50.2 mm) [17 지]

① 29.9

② 41.8

③ 59.8

④ 71.7

12 용접 H형강 (H − 300 × 300 × 10 × 15) 판요소의 폭두께비는? [24 지]

	플랜지	웨브
①	10	27
②	10	30
③	20	27
④	20	30

13 압연 H형강(H−300×300×10×15, r = 18 mm)에서 웨브의 판폭 두께비는? [14 지]

① 23.4

② 25.2

③ 27.0

④ 28.8

14 (plate girder)의 웨브(web) 국부좌굴을 방지하기에 가장 적합한 방법은? (현행화)

[10 지]

① 웨브의 판폭두께비를 크게 한다.

② 커버플레이트(cover plate)를 사용한다.

③ 웨브에 사용하는 강재의 강도를 높인다.

④ 보강재(스티프너, stiffener)를 사용한다.

15 중심축하중을 받는 강재기둥의 탄성좌굴하중 산정을 위해 필요한 사항으로 옳지 않은 것은? [10 지]

① 유효좌굴길이

② 단면계수

③ 탄성계수

④ 단면2차모멘트

16 **합성부재에 대한 설명으로 옳지 않은 것은?** [16 국]

① 합성보 설계 시 동바리를 사용하지 않는 경우, 콘크리트의 강도가 설계기준강도의 75 %에 도달하기 전에 작용하는 모든 시공하중은 강재단면 만에 의해 지지될 수 있어야 한다.

② 강재보와 데크플레이트슬래브로 이루어진 합성부재에서 데크플레이트의 공칭골깊이는 75 mm 이하이어야 한다.

③ 충전형 합성기둥에서 강관의 단면적은 합성기둥 총단면적의 5 % 이상으로 한다.

④ 합성단면의 공칭강도를 결정하는 데에는 소성응력분포법과 변형률적합법의 2방법이 사용될 수 있다.

17 **합성기둥에 대한 설명으로 옳지 않은 것은?** [20 지]

① 매입형 합성기둥에서 강재코어의 단면적은 합성기둥 총단면적의 1 % 이상으로 한다.

② 매입형 합성기둥에서 강재코어를 매입한 콘크리트는 연속된 길이방향철근과 띠철근 또는 나선철근으로 보강되어야 한다.

③ 충전형 합성기둥의 설계전단강도는 강재단면만의 설계전단강도로 산정할 수 있다.

④ 매입형 합성기둥의 설계전단강도는 강재단면의 설계전단강도와 콘크리트의 설계전단강도의 합으로 산정할 수 있다.

18 **강합성구조에서 철근이 배근된 충전형 및 매입형 합성부재의 설계 전단강도를 산정하는 방법으로 적합한 것은? (단, 철근은 최소철근비 이상 배근되어 있다)** [25 국]

① 철근만의 설계전단강도

② 콘크리트만의 설계전단강도

③ 강재단면만의 설계전단강도

④ 강재단면의 공칭전단강도와 콘크리트의 공칭전단강도의 합

19 **강구조의 합성부재에 대한 설명으로 옳지 않은 것은?** [18 지]

① 합성단면의 공칭강도는 소성응력분포법 또는 변형률적합법에 따라 결정한다.

② 압축력을 받는 충전형 합성부재의 단면은 조밀, 비조밀, 세장으로 분류한다.

③ 매입형 합성부재는 국부좌굴의 영향을 고려해야 하나, 충전형 합성부재는 국부좌굴을 고려할 필요가 없다.

④ 합성기둥의 강도를 계산하는 데 사용되는 구조용 강재 및 철근의 설계기준항복강도는 650 MPa를 초과할 수 없다.

정답 및 해설

제1절 ~ 제2절

| 01 ① | 02 ④ | 03 ② | 04 ① | 05 ② | 06 ④ | 07 ③ | 08 ③ | 09 ③ | 10 ① | 11 ① | 12 ① |
| 13 ② | 14 ④ | | | | | | | | | | |

01 ① 사용성은 처짐, 진동, 균열 등을 말하며, 사용성한계상태에 해당하는 것은 진동이다.

02 ④ 강재보 부재도 휨좌굴 및 휨–비틀림좌굴이 발생하므로 이러한 좌굴을 고려해야 한다.

03 ② 집중하중에 대하여 내력을 향상시키기 위해 강재 웨브와 평행하도록 부착하는 판재는 겹침판(doubler)이다.

04 ① 강재의 탄성계수는 210,000 MPa 이다.

05 ② H형강의 단면 치수표시에서 H−A(형강 높이)×B(플랜지 폭)×t1(웨브 두께)×t2(플랜지 두께)이다.

06 ④ 판두께 30 mm인 SN275의 항복강도는 275 MPa이다.

07 ③ SN355 강재의 "항복강도가 355 MPa"이다. 인장강도는 490 MPa이다.

08 ③ HSA 강재는 건축구조용 고성능 압연강재이다.

09 ③ SM이 용접구조용 압연강재이고, 이중에서 A → B → C로 갈수록 용접성이 더 좋다.

10 ① 항복점 이상의 응력을 받는 금속재료가 소성변형을 일으켜 파괴되지 않고 변형을 계속하는 성질은 연성이다.

11 ① 구조해석에서 연속보의 모멘트재분배는 탄성해석에 의한다.

12 ① 단면적, 단면계수, 단면2차모멘트를 증가시키기 위하여 휨부재의 플랜지에 용접이나 볼트로 연결되는 플레이트는 커버플레이트이다.

13 ② 네킹은 재료의 "인장시험" 시 항복하중에 도달하여 시험체가 잘록해지는 부분을 말한다.

14 ④ 완전소성 응력분포가 발생할 수 있고, 국부 좌굴이 발생하기 전에 약 3의 곡률연성비를 발휘할 수 있는 능력을 지닌 단면은 "콤팩트단면(조밀단면)"이다.

제3절

| 01 ① | 02 ① | 03 ① | 04 ② | 05 ④ | 06 ② | 07 ③ | 08 ① | 09 ③ | 10 ① | 11 ③ | 12 ① |
| 13 ① | 14 ① | 15 ① | 16 ④ | | | | | | | | |

01 ① 용접되는 부재의 교차되는 면 사이에 일반적으로 삼각형의 단면이 만들어지는 용접은 필릿용접이다.

02 ① 비드는 용접결함이 아니고, 용접선을 말한다.

03 ① 피시아이(fish eye)는 슬래그가 모여 생선눈알처럼 은색 굵은 반점이 생기는 현상이고, 용접표면에 생기는 작은 구멍은 피트(pit)이다.

04 ② 용접결함 중에서 용접금속과 모재가 융합되지 않고 겹쳐지는 현상은 오버랩이다.

05 ④ 강도를 기반으로 하여 설계되는 필릿용접의 최소길이는 "공칭용접치수의 4배 이상"으로 하여야 한다.

06 ② 모재두께(t)는 10 mm인 경우 최소치수는 "5"mm이고, 최대치수는 t−2=10−2="8"mm이다.

07 ③ 용접기호에서 S는 용접치수(size)를 말한다.

08 ① 그림의 용접기호는 필릿용접을 부재 양면에 시행하는 표시이다.

09 ③ 목두께: a=0.7s=0.7*10=7, 유효길이: $l_e = l - 2s = 120 - (2 \times 10) = 100$,
유효 용접면적: $A_w = a \times l_e = (7 \times 100) \times 2(양면) = 1,400$

10 ① 응력을 전달하는 단속필릿용접 이음부의 길이는 "필릿치수의 10배 이상 또한 30 mm 이상"을 원칙으로 한다.

11 ③ M20 고장력볼트의 표준구멍의 직경은 22 mm 이고 과대구멍의 직경은 24 mm이다.

12 ① 볼트 접합부의 파괴유형에서 볼트의 압축파괴는 일어나지 않는다.

13 ① 고장력볼트의 마찰접합에서는 일반볼트와 달리 응력방향이 바뀌더라도 혼란이 일어나지 않는 특성이 있다.

14 ① $R_n = \mu h_f T_o N_s$ 이므로, 피접합재의 공칭인장강도는 관계가 없다.

15 ① 고장력볼트의 접합 방법에서 휨접합은 없다.

16 ④ 마찰접합되는 고장력볼트는 너트회전법, 토크관리법, 토크쉬어볼트 등을 사용하여 "설계볼트장력 이상으로 조여야 한다."

제4절 ～ 제6절

01 ④	02 ②	03 ①	04 ④	05 ④	06 ②	07 ①	08 ③	09 ②	10 ④	11 ②	12 ①
13 ①	14 ④	15 ②	16 ③	17 ④	18 ③	19 ③					

01 ④ $A_n = A_g - n(dt) = (160 \times 5) - 2(18 \times 5) = 620$

02 ② 조립인장재의 경우, 띠판에서의 단속용접 또는 연결재의 재축방향 간격은 "150 mm 이하"로 한다.

03 ① 총단면의 항복한계상태에서의 설계인장강도는 부재의 (총단면적)과 강재의 항복강도를 곱하여 산정한 공칭인장강도에 인장저항계수 (0.9)을/를 곱하여 산정한다.

04 ④ ① "유효순단면적"은 전단지연의 영향을 고려하여 산정한 것이다. ② 유효순단면의 파단한계상태에 대한 인장저항계수는 "0.75"이다. ③ 인장재의 설계인장강도는 총단면의 항복한계상태와 유효순단면의 파단한계상태에 대해 산정된 값 중 "작은 값"으로 한다.

05 ④ 집중하중이나 반력에 바로 인접한 부위 웨브판의 국부파괴 한계상태 "웨브크리플링"이다.

06 ② 압축재에서 하단부가 회전고정 및 이동고정(고정 지점) 되어 있고 상단부가 회전자유 및 이동고정(힌지 지점)인 경우의 K값은 "0.7"이다.

07 ① 압연 H형강 휨재의 플랜지 부분은 "비구속판요소(자유돌출판)"이다.

08 ③ 압축부재의 상단부가 회전고정 및 이동자유, 하단부가 회전자유 및 이동고정(힌지)일 경우 유효길이계수 K값은 2.0이다.

09 ② 압축력을 받는 판요소를 콤팩트요소와 비콤팩트 요소로 분류하는 기준은 부재의 "판 폭-두께비"이다.

10 ④ 압축재의 좌굴하중은 $P_{cr} = \dfrac{\pi^2 EI}{(kl)^2}$ 이므로, 단면2차모멘트를 증가시키면 좌굴 하중이 증가되어 좌굴 방지에 효과적이다.

11 ② 세장비 $\lambda = \dfrac{kl}{r} = \dfrac{0.7 \times 3,000}{50.2} = 41.8$

12 ① 판폭두께비 $\lambda_f = \dfrac{(B/2)}{t_f} = \dfrac{150}{15} = 10, \quad \lambda_w = \dfrac{h_w}{t_w} = \dfrac{300 - (2 \times 15)}{10} = 27$

13 ① 웨브의 판폭두께비 $\lambda_w = \dfrac{h_w}{t_w} = \dfrac{300 - (2 \times 15) - (2 \times 18)}{10} = 23.4$

14 ④ 웨브 국부좌굴을 방지하기에 가장 적합한 방법은 보강재(stiffener)를 사용하는 것이다.

15 ② 압축재의 탄성좌굴하중 산정식은 $P_{cr} = \dfrac{\pi^2 EI}{(kl)^2}$ 이므로, "단면계수"는 필요치 않다.

16 ③ 충전형 합성기둥에서 강관의 단면적은 합성기둥 총단면적의 "1 % 이상"으로 한다.

17 ④ 합성기둥의 설계전단강도는 i) 강재단면만의 설계전단강도, ii) 철근콘크리트의 설계전단강도, 또는 iii) 강재단면의 공칭전단강도와 철근의 공칭전단강도의 합으로 산정할 수 있다.

18 ③ 합성기둥의 설계전단강도는 i) 강재단면만의 설계전단강도, ii) 철근콘크리트의 설계전단강도, 또는 iii) 강재단면의 공칭전단강도와 철근의 공칭전단강도의 합으로 산정할 수 있다.

19 ③ 매입형 합성부재는 국부좌굴의 영향을 고려할 필요가 없고, 충전형 합성부재는 국부좌굴을 고려하여야 한다.

김현
건축구조

🚧 학습의 주안점

구조역학 과목은 구조물이 힘을 받을 때, 지지하고 저항하는 힘의 평형 관계와 또 보와 라멘의 변형(처짐)이 생기는, 특성 기둥의 거동 특성 등을 다루는 과목으로, 힘과 모멘트, 힘의 평형을 이용한 정정구조물의 해석(반력 및 부재력 구하기), 단면의 성질, 트러스, 구조물의 처짐, 부정정구조, 기둥 등의 내용으로 구성되어 있다.

역학의 기본 개념들이나 원리는 시대에 따라 변할 수 없는 고유한 법칙들을 토대로 정리되고 구성되어 있으므로 문제의 유형이 어느 정도 정해져 있어 기출문제들의 유형을 잘 분석하여 유형별로 풀이 방법들을 익혀두는 것이 좋다.

정정구조물(보와 라멘)의 반력과 부재력 구하기, 부정정차수 구하는 문제, 트러스의 부재력과 영부재 구하는 문제, 단면특성값(I, E 등) 구하는 문제, 응력과 변형률 관계 문제, 기둥의 탄성좌굴하중 구하는 문제, 처짐과 처짐각 문제 등이 꾸준하게 출제되고 있다.

또한 힘과 응력 구하기, 모멘트 구하기 등 역학과목의 기본적인 이론들은 철근콘크리트구조와 강구조 과목의 공부를 위해서 기본이 되는 이론들이니 잘 공부해 두는 것이 필요하다.

CHAPTER 05

구조역학

구조역학

제1절 | 힘과 모멘트

❶ 물리량의 구분

(1) 벡터(vector)량

① 정의 : 크기와 방향을 갖는 물리량

② 종류 : 힘, 모멘트, 변위, 중량(weight), 속도, 가속도, 운동량, 전기장 등

(2) 스칼라(scalar)량

① 정의 : 크기만 갖는 물리량

② 종류 : 일, 에너지, 시간, 질량(mass), 속력, 길이, 면적, 부피, 온도 등

❷ 힘

(1) 힘의 정의와 표현

① 정의 : 물체의 상태(형태, 속도, 방향 등)를 변화시키는 요인

② 단위 : N(Newton, 뉴턴), $1\text{N} = 1\text{kg} \times 1\text{m}/\text{sec}^2 (f = ma)$

　※ 지구상 질량 1kg인 물체가 갖는 힘 : 1kg(중)＝1kgf＝
　　 $9.8\text{N} \simeq 10\text{N}$

③ 힘의 표현 : 힘의 3요소(크기, 방향, 작용점)

(2) 힘의 합성과 분해

① 합성 : 두 개이상의 힘을 하나로 표현

　나란한(평행) 힘들 : 같은 방향은 더하고, 반대 방향은 뺀다.

　서로 다른 방향 : 평행사변형법(평행사변형 그려 대각선)

② 분해 : 하나의 힘을 수직, 수평 2개로 나눔 ⇒ 직사각형법(직사각형 그려 x, y축으로 분해)

　㉠ x방향의 분력 : $F_x = F\cos\theta$

　㉡ y방향의 분력 : $F_y = F\sin\theta$

🔹 힘의 평행사변형

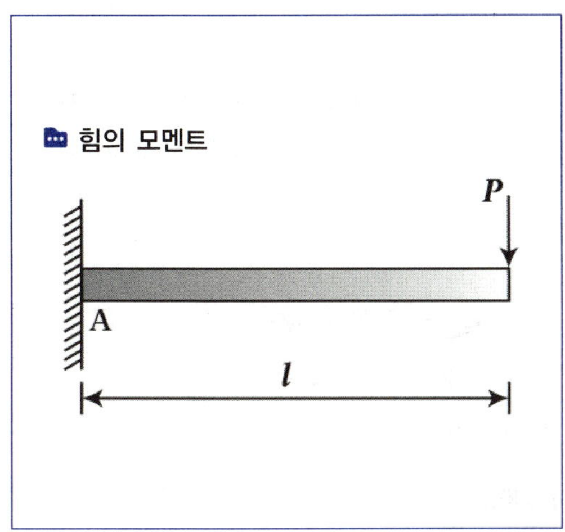

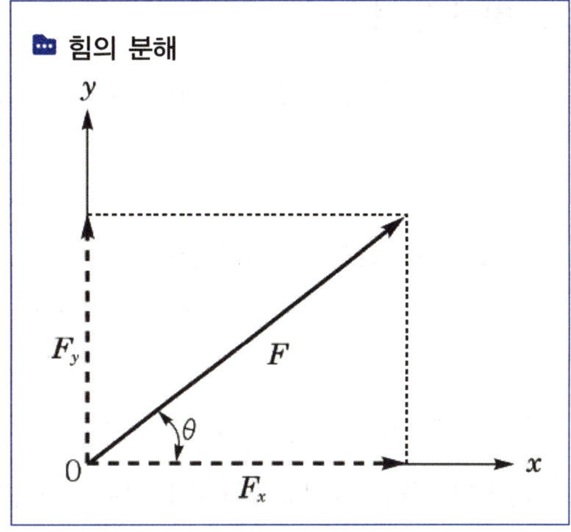

❸ 힘의 모멘트(Moment, M)

(1) **정의**: 한 점(축)을 중심으로 회전시키려는 힘

(2) 일반식 M = P × l, (힘 × 수직거리)

(3) **모멘트의 단위**: N·m, kN·m, kgf·m

(4) **바리뇽의 정리**

   ① 평면상 어떤 점에서 여러 힘들의 모멘트의 합은 그 점에 대한 합력의 모멘트와 같다.

   ② 주로 합력의 위치(작용점)를 구하는 데 이용

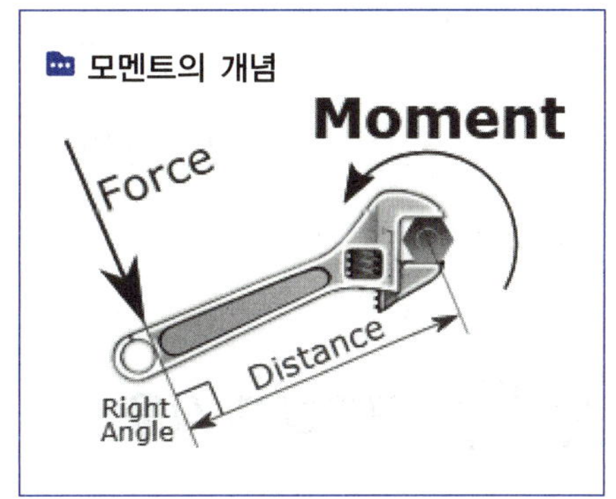

바리뇽 정리(합력 위치)

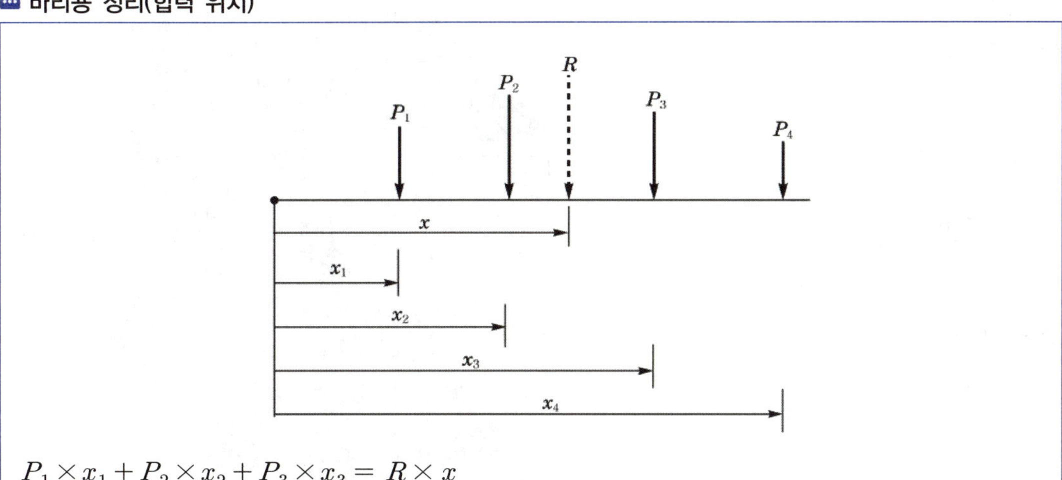

$$P_1 \times x_1 + P_2 \times x_2 + P_3 \times x_3 = R \times x$$

$$\therefore x = \frac{P_1 x_1 + P_2 x_2 + P_3 x_3}{R}$$

4 힘의 평형

작용하는 힘(외력)과 물체에서 대응하는 힘(부재력, 반력)이 평형을 이룬 상태를 말하는 것으로, 구조체가 힘을 받아 정지 상태에 있는 경우 힘의 평형 상태에 있다고 본다. 힘의 평형상태이므로 다음의 평형방정식이 성립한다.

(1) 힘의 평형 방정식 (2차원 평면)

① $\Sigma F_x = 0$: 모든 수평력의 합은 '0'이다. (수평으로 움직이지 않는다.)

② $\Sigma F_y = 0$: 모든 수직력의 합은 '0'이다. (상하로 움직이지 않는다.)

③ $\Sigma M = 0$: 모든 모멘트의 합은 '0'이다. (회전하지 않는다.)

(2) 라미의 정리 (한점에 작용하는 세 힘의 평형 관계)

한 점에 작용하는 3개의 힘이 평형을 이룰 때, 각 힘은 힘들 간의 사잇각을 이용한 sin법칙을 이용하여 다음식과 같이 된다.

$$\frac{a}{\sin A} = \frac{b}{\sin B} = \frac{c}{\sin C} \quad \Rightarrow \quad \frac{P_a}{\sin A} = \frac{P_b}{\sin B} = \frac{P_c}{\sin C}$$

제2절 구조물에 작용하는 하중과 지지

1 구조체(부재)의 종류

(1) 보(beam)

(2) 기둥(column)

(3) 슬래브(slab)

(4) 벽체(wall)

(5) 기초(foundation)

(6) 라멘(Rahmen)

(7) 아치(arch)

(8) 트러스(truss) 등

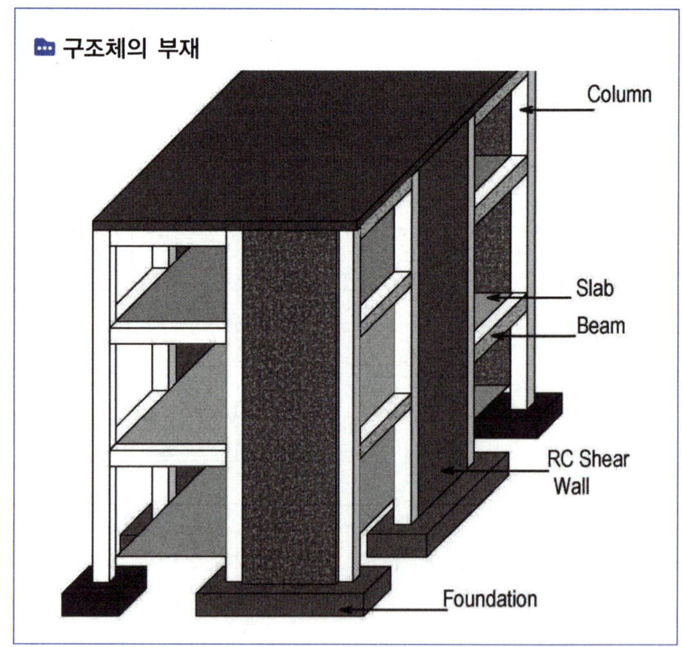

❷ 하중의 작용에 따른 분류

(1) 작용 방법에 따른 분류

① 정하중(static load) : 움직이지 않고 정적인 상태로 작용하는 하중

② 동하중(dynamic load) : 시간에 따라 변하는 하중으로 차량, 지진, 바람 등

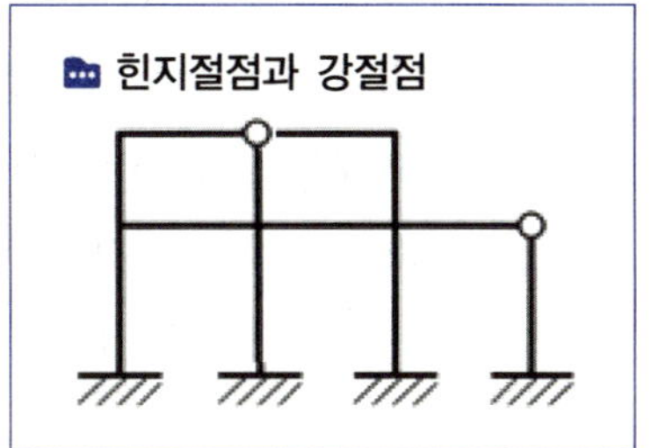

(2) 작용 상태에 따른 분류

| ① 집중하중 | ② 등분포하중 | ③ 등변분포하중 | ④ 모멘트 하중 |

 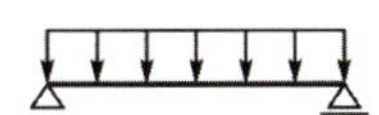  

❸ 지점(support)과 절점(joint)

(1) 지(지)점의 분류

① 고정지점(fixed support) : 수직력, 수평력 및 휨모멘트 모두 지지(V, H, M 반력)

② 회전지점(hinged support) : 수직력과 수평력 지지(V 및 H 반력 / 회전 자유)

③ 이동지점(roller support) : 수직력만 지지(V 반력 / 수평 이동과 회전 자유)

📖 지점의 종류와 반력수

보종류	캔틸레버	단순보	
그림 표현			
지점	고정지점(fix)	회전지점(hinge)	이동지점(roller)
반력수	3개(V, H, M)	2개(V, H)	1개(V)

(2) 절점(joint)의 분류

① 힌지(핀)절점(hinged joint) : 수직, 수평력 전달(회전 자유, 힌지절점에서 M=0)

② 강(고정)절점(rigid joint) : 모든 힘 연속적 전달

※ 라멘 등의 꺽인 절점에서 방향에 따라 힘의 종류 변화에 유의!

③ 수평부재 ≒ 수직부재로 꺽인 절점을 기준으로 부재력이 전단력 ≒ 축방향력으로 변화

❹ 부재 내에서의 지지

(1) 부재의 강도와 강성 보유

① 강도(strength) : 하중(힘)을 지지하는 능력

② 강성(stiffness) : 변형을 견디는 능력

⑵ 부재 내에서의 지지

① 부재내에서는 부재력(단면력)이 생겨서 하중을 지지

② 부재력은 축방향력, 전단력, 휨모멘트, 비틀림모멘트 등이 있음

⑶ 구조물(부재)은 안정 상태 유지

안정(stability)은 힘이 작용할 때, 구조물이 자신의 위치를 유지하는 능력(외적 안정)과 구조물의 형상을 유지하는 능력(내적 안정)을 말하며, 이를 유지하지 못하고 형상이 찌그러지거나 위치가 이동해 가면 불안정 상태가 된다.

⑤ 구조물의 판별

⑴ 정정과 부정정

① 정정 : 힘의 평형방정식 만으로 반력과 부재력을 구할 수 있는 구조

② 부정정 : 추가적인 조건 필요

⑵ 안정과 불안정

① 안정 : Geometry(기하학적 형상)와 Position(위치)을 유지하는 성질

② 불안정 : 기하학적 형상이나 위치가 변하는 것

⑶ 구조물의 판별식(부정정차수 n)

구조물의 판별식은 기본적으로 평형방정식을 적용하여 구할 수 있는 미지수의 개수가 몇 개인지를 판단하여, 구조물의 안정상태 및 정정, 부정정 여부를 판단하고 부정정차수를 구하는 식이다.

판별식 : $n = m + R + f - 2j$

여기서, m : 부재수, R : 반력수, f : 강접합수, j : (절점 · 지점 · 자유단)수

- 판정 n=0 : 정정 구조

  n>0 : 부정정 구조 (n은 부정정 차수)

  n<0 : 불안정 구조

접합부 유형에 따른 부재수와 강접합수

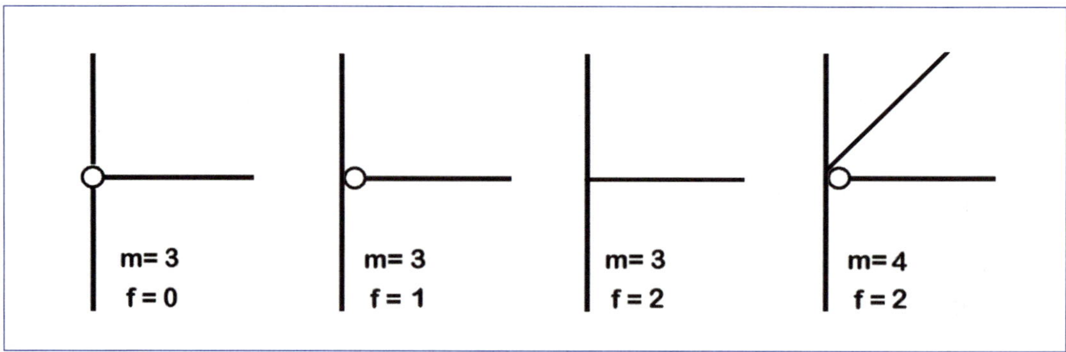

❻ 힘이 작용할 때 나타나는 반응

(1) 구조물에 외부의 힘(외력)이 작용하면 이에 대응하여 구조물 내부에는 부재력(내력)이 생기고, 구조물을 지지하고 있는 지지점에서는 지점 반력이 생긴다.

힘이 작용할 때의 반응

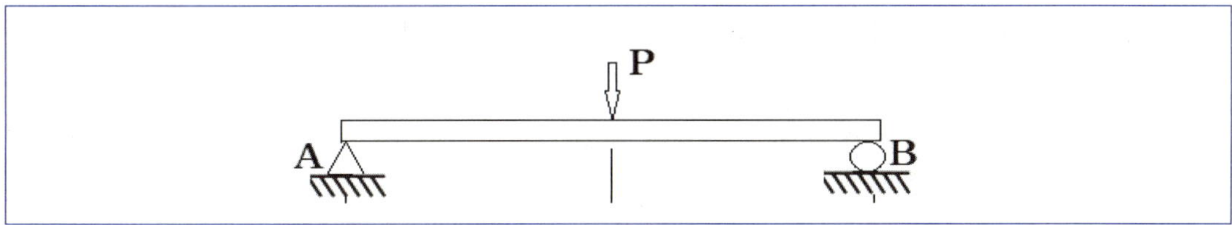

(2) 반력이란 구조물의 지지점 또는 연결점에서 전달되는 힘을 받을 때 생기는 힘으로, 구조체(또는 부재)가 정지 상태(평형)를 유지하기 위해 수동적으로 생기는 힘

(3) 반력은 작용하는 힘과 크기는 같고, 방향은 정반대

(4) 힘의 평형을 이용하여 부재에 작용하는 힘(부재력)과 지지점에 생기는 힘(반력)을 구한다.

❼ 부재력의 종류와 부호

(1) **축(방향)력**(axial force : N)
  ① 부재의 축방향(평행하게)으로 생기는 힘
  ② 부재를 인장하거나(인장력,+), 압축하는 힘(압축력,−)

(2) **전단력**(shear force : V)
  ① 부재의 축방향에 수직한 힘
  ② 부재를 전단(절단, shear) 하려는 힘(시계방향 +)

(3) **휨모멘트**(bending moment : M)
  ① 부재에 작용하는 힘으로 인해 부재를 휘게 만드는 부재력으로 굽힘모멘트라고도 한다.
  ② 아래로 볼록한 휨(smile) (+)

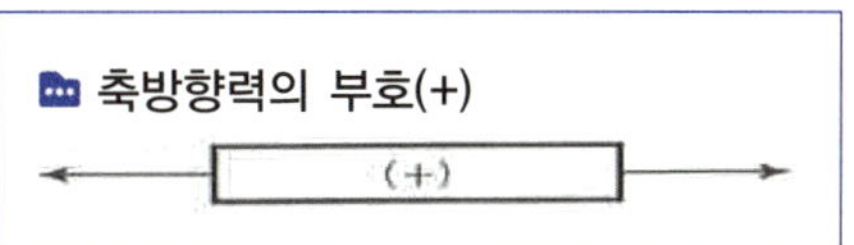
축방향력의 부호(+)

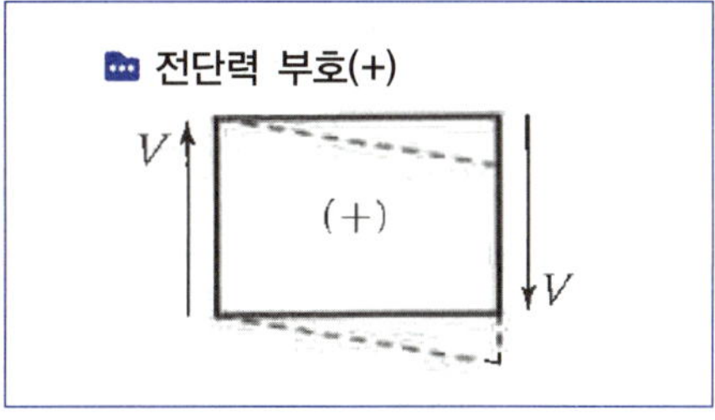
전단력 부호(+)

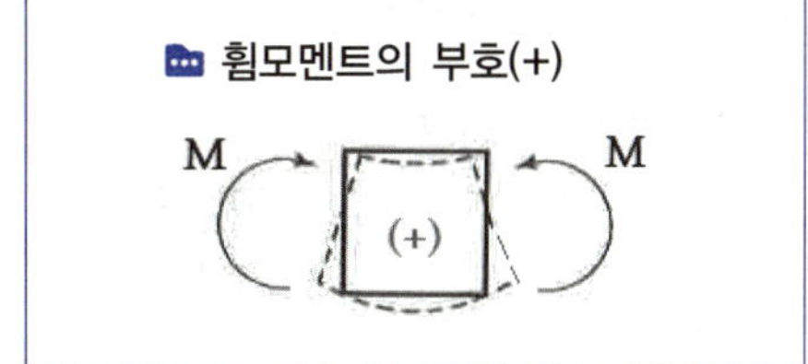
휨모멘트의 부호(+)

제3절 | 정정구조물의 해석

1 정정보의 해석 방법

(1) 힘의 평형방정식 이용

① 정정 구조물은 정의에 따라 힘의 평형방정식 만으로 지점반력과 부재력을 구할 수 있다.

② $\Sigma F_x = 0$, $\Sigma F_y = 0$, $\Sigma M = 0$ 이용 지점 반력 계산

③ 자유물체도를 그려 특정 위치의 부재력 계산

(2) 해석 기준

① 2D (X-Y 좌표 평면)을 기준으로 계산

② 정역학적 부호규약 활용(원점기준 x축 우측방향 +(양), y축 상향 +, 모멘트 시계방향 +)

2 정정보의 유형

(1) 단순보(simple beam) : 그림 (a)   (2) 캔틸레버(cantilever : 외팔보) : 그림 (b)

(3) 내민보(overhanging beam) : 그림(c)   (4) 게르버보(Gerber's beam) : 그림 (d), (e)

▸ 정정보의 종류

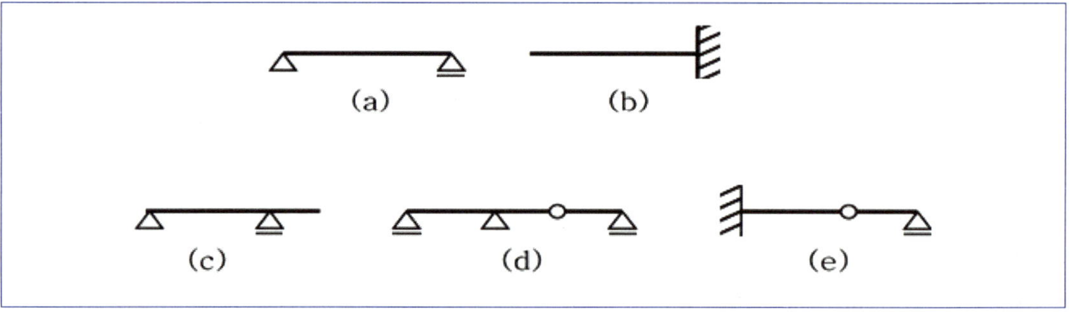

3 지점반력 계산

(1) 지점반력의 종류

① 수직반력 V, ② 수평반력 H, ③ 모멘트반력 M

(2) 지점반력의 계산

① 각 지지점에 미지 반력(V_A , V_B , H_A , M_A , 등)을 표시한다.

② 힘의 평형방정식($\Sigma F_x = 0$, $\Sigma F_y = 0$, $\Sigma M = 0$)을 세운다.

③ (대입, 연립 등) 방정식을 풀어 반력(V_A , V_B , H_A , M_A , 등)을 구한다.

(3) 지점반력 구하기 연습

① 다음 그림과 같이 경사방향으로 하중 P=120kN이 작용할 때, A, B 지점에서의 반력을 모두 구해보자! (단, 거리 a = 2m, b = 4m이고, 각도 θ = 30° 이다.)

경사진 하중

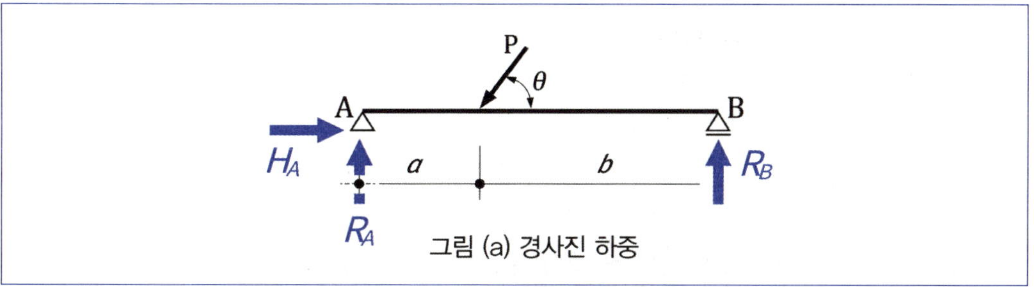

그림 (a) 경사진 하중

② 우선 경사방향으로 작용하는 하중 P=120kN을 주어진 경사각 θ = 30°의 삼각함수를 이용하여 수직한 힘과 수평한 힘으로 분해한다.

③ $P_y = P \sin\theta = 120 \times \dfrac{1}{2} = 60$,　　$P_x = P \cos\theta = 120 \times \dfrac{\sqrt{3}}{2} = 60\sqrt{3}$

④ 수평 방향과 수지 방향의 힘의 평형방정식을 세워서 다음과 같이 반력을 구힌다.

⑤ 수평 방향 힘의 평형방정식 : $\Sigma F_x = 0$, $H_A - 60\sqrt{3} = 0$,　　$\therefore H_A = 60\sqrt{3}$

⑥ 수평 방향 힘의 평형방정식 : $\Sigma F_y = 0$,　　$R_A + R_B - 60 = 0$,　　$\therefore R_A + R_B = 60$ ⋯㉠식

⑦ B점에서 휨모멘트의 평형방정식 : $\Sigma M_B = 0$, $R_A \times 6 - 60 \times 4 = 0$,　　$\therefore R_A = 40$ ⋯㉡식

⑧ ㉡식을 ㉠식에 대입하면, $\therefore R_B = 20$

❹ 부재력 계산 및 부재력도 작성

(1) 부재력의 종류와 부호(※ 변형 부호 규약)

① 축(방향)력(axial force : N) : 인장력(+)

② 전단력(shear force : V) : 시계방향 전단 작용(+)

③ 휨모멘트(bending moment : M) : 아래로 볼록한 휨(smile)(+)

부재력 양(+)의 부호 표시

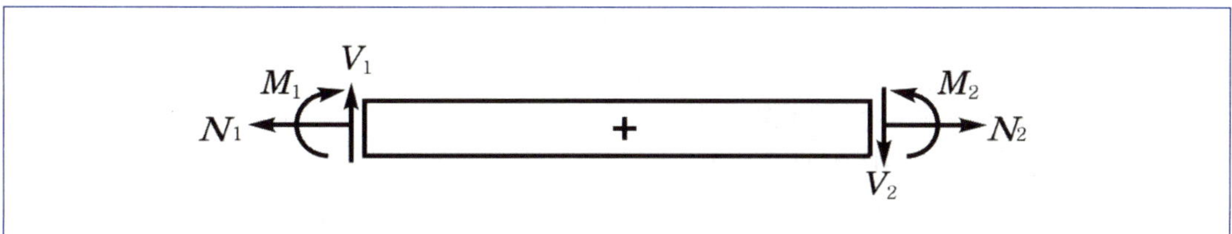

(2) 부재력 계산을 위한 자유물체도

자유물체도란 어떤 물체의 역학적 상태를 표현하기 위하여, 구조물의 일부 또는 전부를 떼내어 그 부분에 작용하는 모든 힘들(하중, 반력, 부재력 등)을 표시한 그림(diagram)을 말하며, 자유물체 부분에서도 힘의 평형은 만족하게 된다.

(3) 부재력 계산 및 부재력도 작성

구하고자 하는 x 점에서의 부재력(부분 평형 개념을 적용)

① x 위치에서 절단하여 그 점의 부재력을 표시하고,

② 힘의 평형방정식을 이용하여 미지의 부재력을 계산한다.

   ㉠ $\Sigma F_X = 0 \Rightarrow x$ 점의 축(방향)력 값을 구한다.

   ㉡ $\Sigma F_Y = 0 \Rightarrow x$ 점의 전단력 값을 구한다.

   ㉢ $\Sigma M = 0 \Rightarrow x$ 점의 모멘트 값을 구한다.

③ 부재력 값을 연결하여 부재력도 작성한다.

(4) 부재력의 특성

① 부재 중간에 집중 하중이 작용하는 그 점(단면)에서는 전단력 값이 (+,−)둘이다.

② 부재 중간에 모멘트 하중이 작용하는 점(단면)에서는 모멘트 값이 (+,−)둘이다.

❺ 하중(ω) − 전단력(V) − 휨모멘트(M) 관계

(1) 하중이 작용하는 보에서 미소요소 고려

그림의 (a)와 같이 여러 하중이 작용하는 보에서 미소 요소에 대하여 힘의 평형관계를 고려하면 그림 (b)와 같다.

▶▶ 하중이 작용하는 보의 미소요소

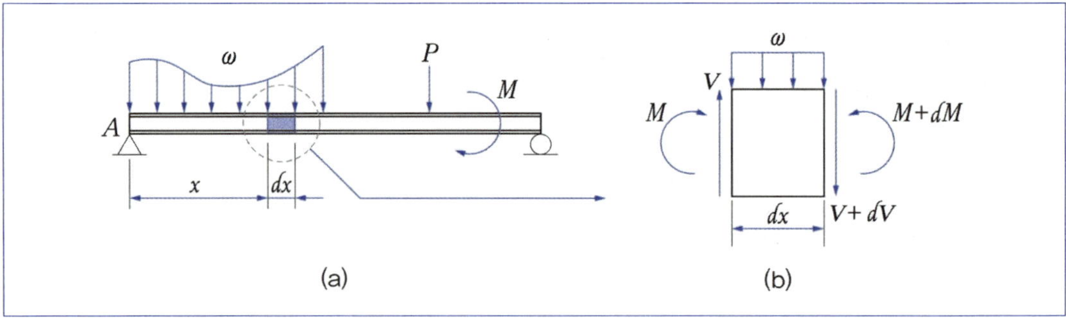

미소요소의 우측 하단 모서리(O점)에서 모멘트의 평형을 취하면, 하중(ω)과 전단력(V)의 관계 및 전단력(V)과 휨모멘트(M)의 관계가 다음과 같이 나타난다.

① x에 관한 전단력의 변화율(또는 전단력도의 기울기)은 바로 그 단면에서의 하중의 강도(크기)와 같다.

$$\frac{dV}{dx} = -\omega$$

② x에 관한 휨모멘트의 변화율(또는 휨모멘트도의 기울기)은 바로 그 단면에서의 전단력의 값과 같다.

$$\frac{dM}{dx} = V$$

③ 하중(ω)–전단력(V)–휨모멘트(M) 간의 미분 관계

$$\frac{d^2 M}{dx^2} = \frac{dV}{dx} = -\omega$$

④ 역으로 표현하면 적분의 관계

$$M = \int V dx = -\iint w\, dx$$

(2) 하중과 전단력 및 휨모멘트의 관계 고찰

① 전단력의 변화율(기울기, 미분값) = 하중(-ω)

　㉠ 하중이 작용하지 않는 구간(하중이 "0") : 전단력 일정(기울기가 "0")

　㉡ 등분포하중(하중의 크기 일정(상수)) : 전단력의 기울기가 1차함수

② 휨모멘트의 변화율(기울기, 미분값) = 전단력(V)

　㉠ 전단력이 "0"일 때 휨모멘트는 최대값이다.

　㉡ 어떤 위치에서의 모멘트의 크기는 그 위치까지의 전단력도 면적의 합

⑥ 정정보의 해석 연습

(1) 집중하중을 받는 단순보의 반력 및 부재력 산정

그림과 같이 집중 하중이 작용하는 단순보의 반력과 부재력은 다음과 같이 구한다.

▶ 집중하중 받는 단순보

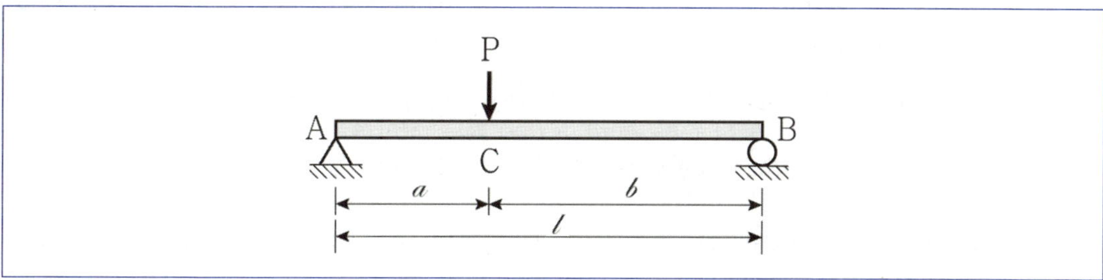

① 반력계산

　㉠ A, B 두 지점에 지점의 종류에 맞는 반력을 표시하고

　　ⓐ A 지점(힌지) : 수직반력과 수평반력(V_A , H_A) 표시

　　ⓑ B 지점(롤러) : 수직반력(V_B) 표시

ⓛ 힘의 평형방정식을 세운다.
    ⓐ $\Sigma F_x = 0 \Rightarrow H_A + 0 = 0 \quad \therefore H_A = 0$
    ⓑ $\Sigma F_y = 0 \Rightarrow V_A + V_B - P = 0 \quad \therefore V_A + V_B = P$ ··· (1)식
    ⓒ $\Sigma M_b = 0 \Rightarrow V_A \times l - P \times b = 0 \quad \therefore V_A = \dfrac{Pb}{l}$ ··· (2)식

    ⓓ (1)식에 (2)식을 대입하면, $\therefore V_B = \dfrac{Pa}{l}$

② 자유물체도 1(C점 좌측)의 힘의 평형 이용 부재력 계산
   ⓛ [A~C]구간 전단력 : 지점 A의 수직반력 V_A와 수직방향 부재력은 힘의 평형을 이루어야 하므로 수직방향 부재력(전단력)은 V_A와 크기는 같고 방향은 반대($\downarrow$)인 힘이 된다.

     📖 **AC 구간의 부재력**

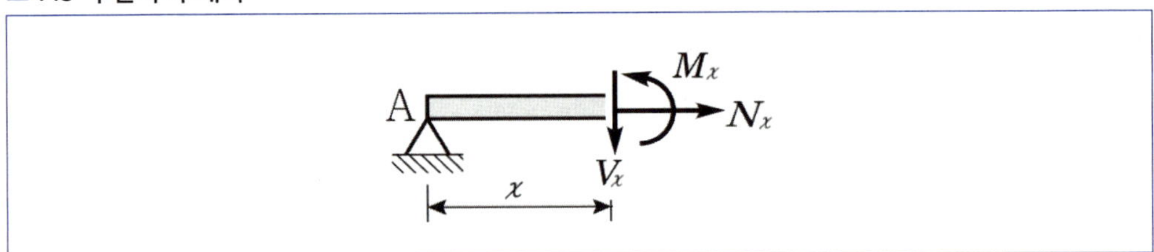

   ⓛ [A~C]구간 휨모멘트 : 지점 A에서 거리 x인 임의점의 휨모멘트는 A점 수직반력 V_A와 거리 x의 곱($\dfrac{Pb}{l}x$)으로 표현되는 모멘트(⌒)와 그 점의 부재력 모멘트(M_x)의 합이 "0"이 되어야 하므로 부재력 휨모멘트는 반시계방향(⌒)으로 $\dfrac{Pb}{l}x$가 되며, 이 값은 거리 x에 대한 1차식이 되어 기울기 $\dfrac{Pb}{l}$ 경사를 가진 직선 그래프가 된다.

③ 자유물체도 2(C점 우측)의 힘의 평형 이용
   ⓛ [C~B]구간 부재력 : 지점 B의 수직반력 V_B와 수직방향 부재력은 힘의 평형을 이루어야 하므로 수직방향 부재력(전단력)은 V_B와 크기는 같고 방향은 반대($\downarrow$)인 힘이 된다.
   ⓛ [C~B]구간 휨모멘트 : 지점 B에서 거리 x인 임의점의 휨모멘트는 B점 수직반력 V_B와 거리 x의 곱($\dfrac{Pa}{l}x$)으로 표현되는 모멘트(⌒)와 그 점의 부재력 모멘트(M_x)의 합이 "0"이 되어야 하므로 부재력 휨모멘트는 반시계방향(⌒)으로 $\dfrac{Pa}{l}x$가 되며, 이 값은 거리 x에 대한 1차식이 되어 기울기 $\dfrac{Pa}{l}$ 경사를 가진 직선 그래프가 된다.

④ 부재력도 그림
   ⓛ A점의 전단력의 크기는 지점반력이 되고, 힌지 지점이므로 휨모멘트는 "0"이다.
   ⓛ B점도 전단력의 크기는 지점반력과 같고, 힌지 지점이므로 휨모멘트는 "0"이다.

ⓒ 따라서 전단력도는 A지점의 반력 크기만큼 A점에서 시작하여 하중(힘)이 없는 구간에는 일정한 크기의 전단력으로 진행되고, 하중 작용점(C)에서는 하중의 크기만큼 하향으로 그리고, 거기서 B점을 향해 일정 크기로 수평 진행하여 B점에서 반력만큼 상향으로 그리면 전단력도는 완성된다.

ⓔ 휨 모멘트도는 양 지점에서 "0"으로 시작하여 거리에 비례하는 직선으로 증가 또는 감소되는 1차 함수의 그래프가 된다.

ⓕ 하중-전단력(V)-휨모멘트(M) 관계에 의해 하중의 작용점(C)에서 모멘트의 크기가 최대가 된다.

(2) 등분포하중을 받는 단순보의 반력 및 부재력 산정

그림과 같이 등분포 하중이 작용하는 단순보의 반력과 부재력은 다음과 같이 구한다.

📖 **등분포하중 작용 단순보**

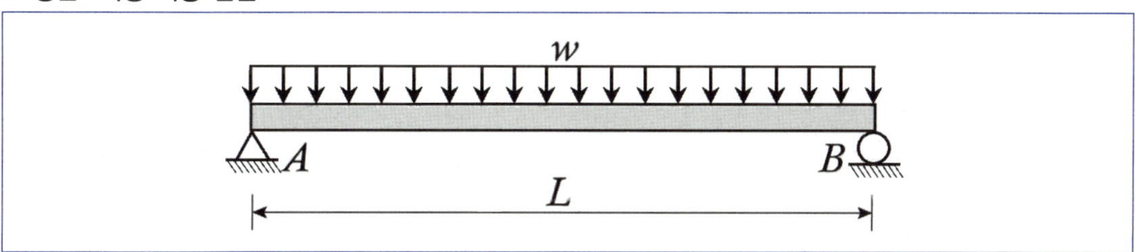

① **반력계산**

㉠ A, B 두 지점에 지점의 종류에 맞는 반력을 표시하고

ⓐ A **지점(힌지)** : 수직반력과 수평반력(V_A , H_A) 표시

ⓑ B **지점(롤러)** : 수직반력(V_B) 표시

㉡ 등분포하중 w를 경간의 중간에 등가의 집중하중(wL)으로 작용시킨다.

㉢ 힘의 평형방정식을 세운다.

ⓐ $\Sigma F_x = 0 \Rightarrow H_A + 0 = 0 \quad \therefore H_A = 0$

ⓑ $\Sigma F_y = 0 \Rightarrow V_A + V_B - wL = 0 \quad \therefore V_A + V_B = wL \quad \cdots (1)$

ⓒ $\Sigma M_b = 0 \Rightarrow V_A \times l - wL \times L/2 = 0 \quad \therefore V_A = \dfrac{wL}{2} \quad \cdots\cdots (2)$

ⓓ (1)식에 (2)식을 대입하면, $\therefore V_B = \dfrac{wL}{2}$

📖 **AB 구간의 부재력**

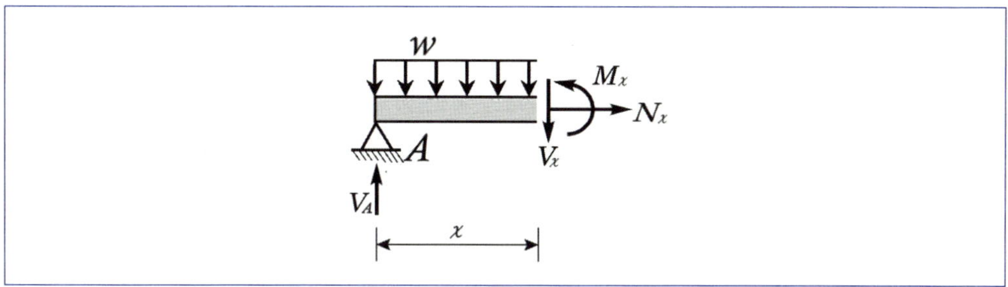

② 자유물체도의 힘의 평형 이용 부재력 계산

    ㉠ [A~B]구간 전단력 : 지점 A에서 거리 x인 임의점의 전단력은 지점 A의 수직반력 V_A와 하중 w 및 수직방향 부재력(전단력 V_x)의 힘의 평형으로부터 구하면, 전단력(V_x)은 $V_A - wx = \dfrac{wL}{2} - wx$가 된다. 이 식에서 A 점으로 부터의 거리 x가 L/2 미만까지는 전단력(V_x)는 양(+)의 값이고, x=L/2 이면 전단력(V_x)=0이 되고, x가 L/2을 초과하게 되면 전단력(V_x)은 음(−)의 값이 된다.

    ㉡ [A~B]구간 휨모멘트 : 지점 A에서 거리 x인 임의점의 휨모멘트는 A점 수직반력 V_A와 거리 x의 곱($\dfrac{wL}{2}x$)인 시계방향 모멘트(↷)에서 하중에 의한($\dfrac{w}{2}x^2$) 반시계 방향의 모멘트(↶)를 뺀 값($\dfrac{wL}{2}x - \dfrac{w}{2}x^2$)이 그 점의 부재력 모멘트($M_x$)가 되어야 하고, 이 값은 거리 x에 대한 2차식이 되어 2차 함수의 그래프인 포물선으로 된다.

③ 부재력도 그림

    ㉠ A점의 전단력의 크기는 지점반력($\dfrac{wL}{2}$)이 되고, 힌지 지점이므로 휨모멘트는 "0"이다.

    ㉡ B점도 전단력의 크기는 부호가 반대인 지점반력($-\dfrac{wL}{2}$)과 같고, 힌지 지점이므로 휨모멘트는 "0"이다.

    ㉢ 따라서 전단력도는 A지점의 반력점($\dfrac{wL}{2}$)에서 시작하여 B지점 반력점($-\dfrac{wL}{2}$)으로 연결하는 직선으로 되고 이것의 기울기는 음(−)의 하중의 크기(−w)가 된다.

    ㉣ 휨 모멘트도는 양 지점에서 모멘트가 "0"이므로 x축에서 시작하여 2차항($-\dfrac{w}{2}x^2$)의 계수가 음이므로 위로 볼록한 2차함수 그래프가 된다. A점에서 0에서 시작하여 거리에 비례하는 위로 볼록한 포물선으로 증가 또는 감소되어 B점에서 "0"으로 되는 2차 함수의 그래프가 된다.

    ⓐ 하중-전단력(V)-휨모멘트(M) 관계에 의해 전단력도가 "0"인 점(x=L/2)에서 모멘트의 크기가 최대가 된다.

(3) 캔틸레버의 반력 및 부재력 산정

그림과 같은 하중이 작용하는 캔틸레버보의 반력과 부재력은 다음과 같이 구한다.

  집중하중 작용 캔틸레버

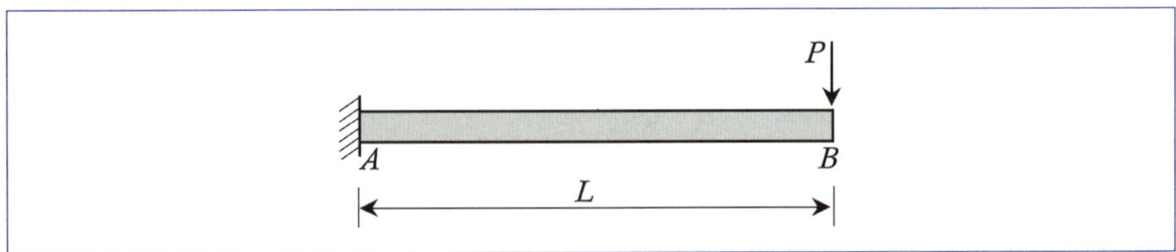

① **반력계산**
　　㉠ A지점에 지점의 종류에 맞는 반력을 표시하고
　　　　ⓐ A 지점(고정 지점) : 수직반력과 수평반력 및 모멘트반력(V_A, H_A, M_A) 표시
　　㉡ 힘의 평형방정식을 세운다.
　　　　ⓐ $\Sigma F_x = 0 \Rightarrow H_A + 0 = 0 \quad \therefore H_A = 0$
　　　　ⓑ $\Sigma F_y = 0 \Rightarrow V_A - P = 0 \quad \therefore V_A = P$
　　　　ⓒ $\Sigma M_a = 0 \Rightarrow M_A + P \times l = 0 \quad \therefore M_A = -Pl$

② **자유물체도의 힘의 평형 이용 부재력 계산**
　　㉠ [A~B]구간 전단력 : 지점 A의 수직반력 V_A와 수직방향 부재력은 힘의 평형을 이루어야 하므로 수직방향 부재력(전단력)은 V_A와 같은 힘이 된다.
　　㉡ [A~B]구간 휨모멘트 : 지점 A에서 거리 x인 임의점의 휨모멘트는 A점 반력모멘트 M_A와 A점 수직반력 V_A와 거리 x의 곱(Px)으로 표현되는 모멘트(⌒)와 그 점의 부재력 모멘트 (M_x)의 합이 "0"이 되어야 하므로 부재력 휨모멘트는 $-Pl + Px$가 되며, 이 값은 거리 x에 대한 1차식으로 직선의 그래프가 되며, 1차항(Px)의 계수가 양(+)이므로 이 되어 기울기 P 경사를 가진 우상향인 직선 그래프가 된다.

▪ AB 구간의 부재력

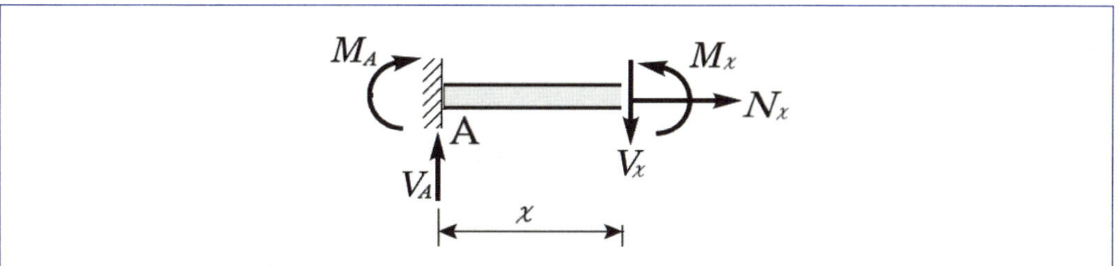

③ **부재력도 그림**
　　㉠ A점의 전단력의 크기는 지점반력이 되고, 하중점인 자유단까지 동일한 힘이 된다.
　　㉡ 따라서 전단력도는 A지점의 반력 크기만큼 A점에서 시작하여 하중(힘)이 없는 구간에는 일정한 크기의 전단력으로 진행되고, 하중 작용점인 자유단에서는 하중의 크기만큼 하향으로 그리면 전단력도는 완성된다.
　　㉢ 휨 모멘트도는 A지점에서 반력모멘트 M_A에서 시작하여 거리 x에 대한 1차식으로 직선의 그래프가 되며, 1차항(Px)의 계수가 양(+)이므로 이 되어 기울기 P 경사를 가진 우상향인 직선 그래프가 되고, 자유단인 B점에서는 휨모멘트가 "0"이므로 B점으로 연결되는 직선이 된다.

⑷ 내민보의 반력 및 부재력 산정

그림과 같은 하중이 작용하는 내민보의 반력과 부재력은 다음과 같이 구한다.

■ 집중하중과 등분포하중 작용 내민보

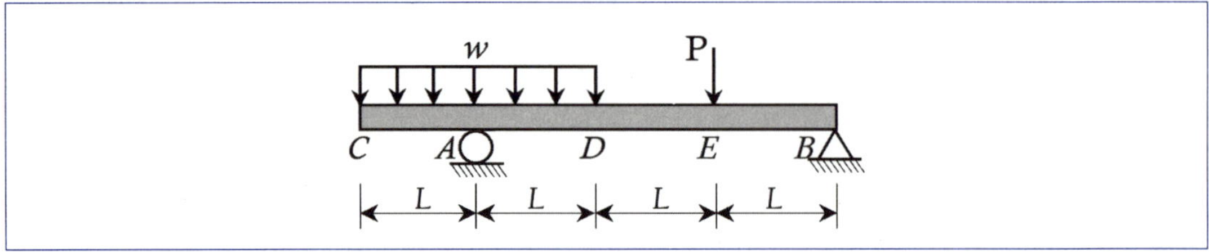

① **반력계산**

   ㉠ 양 지점에 지점의 종류에 맞는 반력을 표시하고,

     ⓐ A 지점(롤러) : 수직반력(V_A) 표시

     ⓑ B 지점(힌지) : 수직반력과 수평반력(V_B, H_B) 표시

   ㉡ 힘의 평형방정식을 세운다.

     ⓐ $\Sigma F_x = 0 \Rightarrow H_B + 0 = 0 \quad \therefore H_B = 0$

     ⓑ $\Sigma F_y = 0 \Rightarrow V_A - 2wL - P + V_B = 0$

     ⓒ $\Sigma M_B = 0 \Rightarrow V_A \times 3L - 2wL \times 3L - P \times L = 0 \quad \therefore V_A = 2wL - \dfrac{P}{3}$

② **자유물체도의 힘의 평형 이용 부재력 계산**

   ㉠ [C~A~D]구간 전단력 : 자유단 C에서 단위 길이(m)당 하향 등분포 하중 w만큼씩 하향으로 지점 A까지 직선으로 그리고 A지점에서 지점 수직반력 V_A 만큼 상향으로 이동하여 C~A구간과 동일한 기울기(w)로 D점까지 하향 직선으로 그린다.

   ㉡ [D~E]구간 전단력 : 점 D에서 E(좌측)까지는 작용 하중이 없으므로 D점의 전단력이 그대로 E점까지 수평이동하여 가서 E점에서 집중하중 P의 크기만큼 하향으로 이동한다.

   ㉢ [E~B]구간 전단력 : 점 E(우측)에서 B까지는 작용 하중이 없으므로 E점(우측)의 전단력이 그대로 B점까지 수평이동하여 가서 B점에서 수직 반력 V_B 의 크기만큼 상향으로 이동한다.

   ㉣ [C~A~D]구간 휨모멘트 : 점 C에서 D까지의 휨모멘트는 전단력을 적분한 값으로 그려지며 이차항의 계수가 음인 위로 볼록한 형상의 2차 곡선이 되고, 임의점의 전단력은 휨모멘트도의 기울기가 된다.

   ㉤ [D~E~B]구간 휨모멘트 : 점 D에서 E까지는 우하향의 직선으로 그려지고, 점 E에서 지점 B까지는 우상향의 직선으로 그려진다.

③ **부재력도 그림**

   ㉠ 자유단인 C점의 전단력과 휨모멘트는 "0"이다.

   ㉡ 힌지 지점인 B점의 전단력의 크기는 지점반력과 같고, 휨모멘트는 "0"이다.

   ㉢ 따라서 전단력도는 C점에서 "0"에서 시작하여 우측으로 이동하면서 w의 기울기로 하향하는 그래프로 A지점까지 기서 A 지점에서는 지점 반력 만큼 상향으로 이동한 후 다시 w의

기울기로 하향하는 그래프를 D점까지 그린다. 점 D에서 E까지는 작용 하중이 없으므로 D점의 전단력이 그대로 E점까지 수평이동하여 가서 E점에서 집중하중 P의 크기만큼 하향으로 이동한다. 점 E에서 B까지는 작용 하중이 없으므로 E점(우측)의 전단력이 그대로 B점까지 수평이동하여 가서 B점에서 수직 반력 V_B의 크기만큼 상향으로 그리면 전단력도는 완성된다.

㉣ 휨 모멘트도는 양 끝점인 C점과 B지점에서 "0"이 되므로 "0"에서 시작하여 등분포 하중 구간인 C~D 구간은 2차곡선이 되고 D~B구간은 1차 직선이 된다. C~D 구간의 휨모멘트는 전단력을 적분한 값으로 그려지며 이차항의 계수가 음인 위로 볼록한 형상의 2차 곡선이 되고, 임의점의 전단력은 휨모멘트도의 기울기가 된다. D~B 구간의 휨모멘트는 전단력도의 값에 따라 점 D~E까지는 전단력(M도의 기울기)이 음의 값이므로 우하향 직선으로 그려지고, 점 E~B까지는 전단력이 양(+)의 값이므로 우상향 직선으로 그려진다.

(5) 겔버보의 반력 및 부재력 산정

- 게르버보는 독일의 H. Gerber가 고안한 보인데, 단순지지된 장 경간의 경우에 중앙부 휨 모멘트가 커져서 부재의 크기가 증가되는 어려움을 해결할 수 있고, 또한 신축이나 침하로 인한 부재 내부에 2차적인 응력을 발생시키지 않는 장점이 있는 보이다.

- 게르버 보는 부정정 차수에 해당하는 만큼의 내부힌지를 설치하여 정정구조화 한 것이 그 특징이다. 아래의 그림 (a)에서 만약 B점에 내부 힌지가 없다면, 보 AC는 1차 부정정 보가 될 것이다. 그림 (b)에서 만약 C점에 내부 힌지가 없다면, 보 ABD는 1차 부정정 보가 될 것이다. 이 보에 부정정 차수 만큼의 내부 힌지를 설치하여 정정구조로 만든 것이 게르버 보이다.

- 게르버 보의 유형은 아래 그림의 (a)와 같은 단순보 + 캔틸레버보 유형과 그림의 (b)와 같은 단순보 + 내민보 유형으로 나뉜다.

▥ 게르버 보의 종류

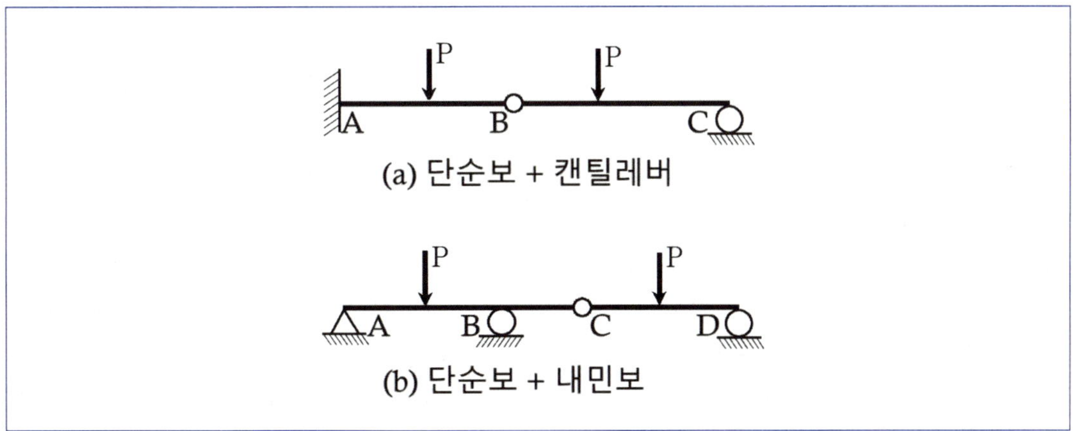

① 단순보+캔틸레버 유형

게르버 보를 해석하기 위해서는 단순보 부분(BC)을 분리하여 먼저 해석 한 후에 단순보의 내부 힌지 지점(B)에 생기는 반력을 하중으로 가하여 캔틸레버보를 해석하는 절차로 진행한다.

📖 단순보+캔틸레버보 유형의 게르버 보

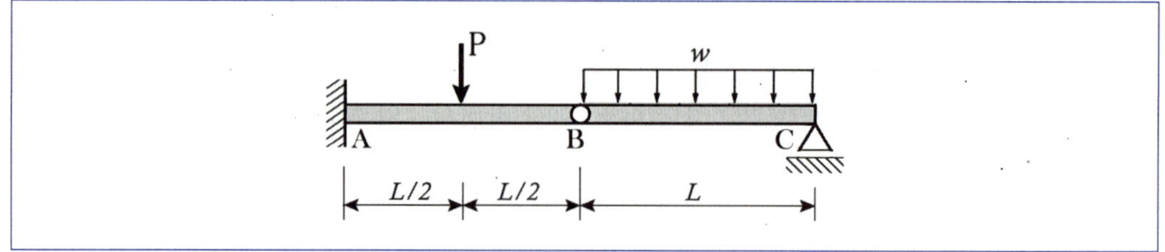

㉠ 우측에 단순보 BC 선택하여 반력계산

ⓐ 양 지점에 지점의 종류에 맞는 반력을 표시하고,

  − B 지점(힌지) : 수직반력(V_B) 표시

  − C 지점(롤러) : 수직반력(V_C) 표시

ⓑ 힘의 평형방정식을 세운다(수직하중만 작용).

$$\Sigma F_y = 0 \;\Rightarrow\; V_B - wL + V_C = 0$$

$$\Sigma M_C = 0 \Rightarrow V_B \times L - wL \times \frac{L}{2} = 0 \quad \therefore V_B = \frac{wL}{2}$$

㉡ 좌측의 캔틸레버보 AB 해석

ⓐ 우측 단순보에서 B지점의 반력을 크기는 같고 방향이 반대인 B점 하중으로 가하여 좌측 캔틸레버보를 해석한다.

  − A 지점(고정 지점) : 수직반력과 수평반력 및 모멘트반력(V_A, H_A, M_A) 표시

ⓑ 힘의 평형방정식을 세운다.

$$\Sigma F_x = 0 \;\Rightarrow\; H_A + 0 = 0 \quad \therefore H_A = 0$$

$$\Sigma F_y = 0 \;\Rightarrow\; V_A - P - \frac{wL}{2} = 0 \quad \therefore V_A = P + \frac{wL}{2}$$

$$\Sigma M_a = 0 \;\Rightarrow\; M_A + P \times \frac{L}{2} + \frac{wL}{2} \times L = 0 \quad \therefore M_A = -\frac{PL}{2} - \frac{wL^2}{2}$$

㉢ 부재력도 그림

ⓐ 내부 힌지 절점인 B점과 이동지점(roller)인 C점의 휨모멘트는 "0"이다.

ⓑ A점의 전단력의 크기는 지점반력이 되고, 집중하중 P의 작용점까지 동일한 전단력으로 작용하고 하중점에서 하향으로 P만큼 이동한 후 B점까지 그대로 수평이동한다. B점에서 C점까지의 구간에는 등분포하중이 작용하므로 1차 직선으로 그려지며, 전단력도는 B점에서 전단력이 "0"인 C점을 향해 직선을 그리면 전단력도는 완성된다.

ⓒ 휨 모멘트도는 A지점에서 반력모멘트 M_A에서 시작하여 집중하중점에서 기울기가 변하는 직선으로 휨모멘트가 "0"인 B점(힌지)으로 연결되고, BC구간은 등분포하중이 작용하므로 2차함수인 위로 볼록한 포물선이 B점 "0"에서 시작하여 C점 "0"에서 끝나는 그래프로 그려진다.

② 단순보 + 내민보 유형

이 유형의 게르버 보에서도 단순보 부분(CD)을 분리하여 먼저 해석 한 후에 단순보의 내부 힌지 지점(C)에 생기는 반력을 하중으로 가하여 내민보를 해석하는 절차로 진행한다.

▥ 단순보+내민보 유형의 게르버 보

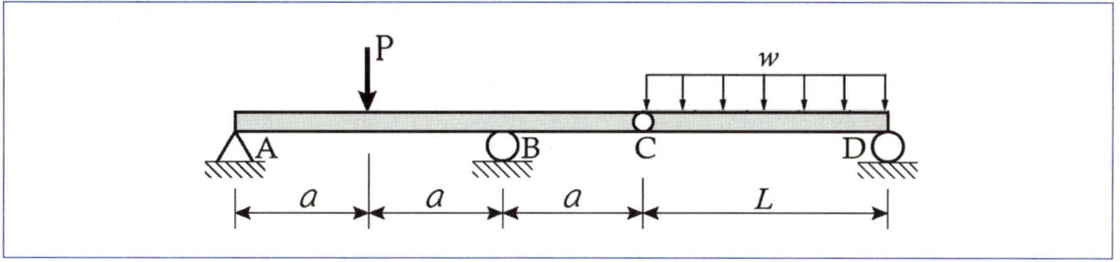

㉠ 우측에 단순보 CD 선택하여 반력 계산

  ⓐ 양 지점에 지점의 종류에 맞는 반력을 표시하고,

    − C 지점(힌지): 수직반력(V_C) 표시

    − D 지점(롤러): 수직반력(V_D) 표시

  ⓑ 힘의 평형방정식을 세운다. (수직하중만 작용)

$$\Sigma F_y = 0 \;\Rightarrow\; V_C - wL + V_D = 0$$

$$\Sigma M_D = 0 \Rightarrow V_C \times L - wL \times \frac{L}{2} = 0 \quad \therefore V_C = \frac{wL}{2}$$

㉡ 좌측의 내민보 ABC 해석

  ⓐ 우측 단순보에서 C지점의 반력을 크기는 같고 방향이 반대인 C점 하중으로 가하여 좌측 내민보를 해석한다.

    − A 지점(힌지): 수직반력(V_A) 및 수평반력(H_A) 표시

    − B 지점(롤러): 수직반력(V_B) 표시

  ⓑ 힘의 평형방정식을 세운다.

$$\Sigma F_x = 0 \;\Rightarrow\; H_A + 0 = 0 \quad \therefore H_A = 0$$

$$\Sigma F_y = 0 \;\Rightarrow\; V_A - P + V_B - \frac{wL}{2} = 0 \quad \therefore V_A + V_B = P + \frac{wL}{2}$$

$$\Sigma M_B = 0 \;\Rightarrow\; V_A \times 2a - P \times a + \frac{wL}{2} \times a = 0 \quad \therefore V_A = \frac{P}{2} - \frac{wL}{4}$$

㉢ 부재력도 그림

  ⓐ 내부 힌지 절점인 C점과 보의 양단인 힌지지점 A와 이동지점(roller)인 D점의 휨모멘트는 "0"이다.

  ⓑ A점의 전단력의 크기는 지점반력이 되고, 집중하중 P의 작용점까지 동일한 전단력으로 작용하고 하중점에서 하향으로 P만큼 이동한 후 B점까지 그대로 수평이동한다. B점에서 수직 지점반력 만큼 상향으로 이동하여, BC구간에는 작용하중이 없으므로 B지점에서 내부힌지 C점까지는 평행으로 이동한다. CD 구간에는 등분포하중이 작용하므로

1차 직선으로 그려지며, 전단력도는 C점에서 전단력이 "0"인 D점을 향해 직선을 그리면 전단력도는 완성된다.

ⓒ 휨 모멘트도는 A지점의 "0"에서 시작하여 1차 직선으로 집중하중점과 B지점에서 변곡점을 가지는 N자형(우상향-우하향-우상향)으로 그려지면서 휨모멘트가 "0"인 C점(힌지)으로 연결되고, CD구간은 등분포하중이 작용하므로 2차함수인 위로 볼록한 포물선이 C점 "0"에서 시작하여 D점 "0"에서 끝나는 그래프로 그려진다.

7 정정 라멘

(1) 정정 라멘의 개념과 종류

① 라멘(rahmen)은 2개 이상의 직선 부재가 강접합 힌지 등으로 연결되어 이루어진 구조물이고, 정정 라멘은 정정보와 마찬가지로 힘의 평형방정식 만으로 반력과 부재력을 구할 수 있는 라멘을 말한다.

② 정정 라멘의 종류는 단순보형 라멘, 캔틸레버형 라멘 그리고 3활절 라멘 등이 있다. 단순보형 라멘과 캔틸레버형 라멘은 일반 정정보와 유사한 개념으로 해석할 수 있고, 3활절 라멘의 경우에는 겔버보와 유사한 개념으로 내부힌지점에서 M=0이라는 식을 하나 더 적용할 수 있다.

▶ 정정 라멘의 종류

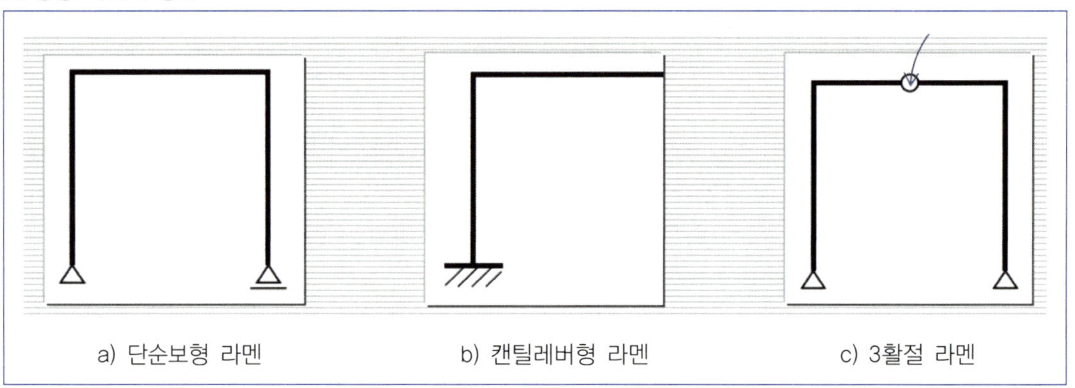

(2) 정정 라멘의 해석

① 수직하중에 대해서는 수평부재는 단순보와 같은 개념으로 풀이하고 양단 수직부재 연결부에서 전단력이 수직부재에 축력으로 전달되어 작용하게 된다.

② 수평하중이 작용하면 수평부재와 수직부재에 축력과 전단력이 서로 교차하게 된다.

(3) 단순보형 라멘의 반력 및 부재력 산정

단순보형 라멘은 단순보와 같은 지지점을 가진 라멘으로 양 지점에서의 반력을 단순보에서와 같이 구하여, 수평부재(보)에 대해서는 단순보와 같이 부재력을 구하고, 수직부재(기둥)에 대해서는 축방향이 수직(Y)방향이 되므로 수평부재에서 전단력으로 작용하던 힘이 축력으로 전환되고, 수평부재의 축력으로 작용하던 힘이 전단력으로 전환되어 각 부재에 작용하던 힘과 중첩되어 부재력을 형성하게 된다. 이와 같은 절차로 아래의 라멘을 해석해 보자.

단순보형 라멘

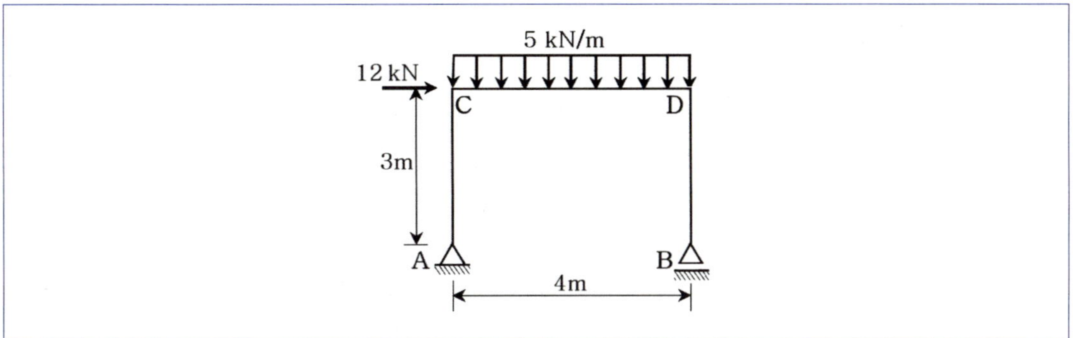

① **반력계산**

　㉠ 양 지점에 지점의 종류에 맞는 반력을 표시한다.

　　ⓐ A 지점(힌지) : 수직반력과 수평반력(V_A, H_A) 표시

　　ⓑ B 지점(롤러) : 수직반력(V_B) 표시

　㉡ 힘의 평형방정식을 세운다. (수직하중만 작용)

　　ⓐ $\Sigma F_x = 0 \;\Rightarrow H_A + 12 = 0, \;\therefore H_A = -12 \,(\leftarrow)$

　　ⓑ $\Sigma F_y = 0 \;\Rightarrow V_A + V_B - (5*4) = 0, \therefore V_A + V_B = 20 \quad \cdots\cdots (1)$

　　ⓒ $\Sigma M_B = 0 \Rightarrow V_A \times 4 + 12 \times 3 - 20 \times 2 = 0 \quad \therefore V_A = 1 \quad \cdots\cdots (2)$

　　ⓓ (1)식에 (2)식을 대입하면, $\therefore V_B = 19$

② **AC구간 부재력 계산**

　AC구간에서는 수직력은 A지점의 수직반력인 1kN이 AC 전 구간에 걸쳐서 축방향력으로 작용하고 있으므로 이 힘이 축력(압축력)이 되고, 수평력은 A지점의 수평반력 12kN(←)이 C절점의 하중 12kN(→)과 함께 AC 구간에 정(+)의 전단력으로 작용하고 있다.

③ **CD구간 부재력 계산**

　㉠ CD구간에서는 수직력은 등분포하중 5kN/m의 힘이 작용(↓)하고 C점에서는 A점의 수직반력 1kN의 힘이 상향으로, D점에서는 B지점의 수직반력인 19kN이 상향으로 작용하고 있다. 이 힘들이 CD구간에 작용하는 전단력이 되고 이 힘들을 연결하여 표현하면 C점에 +1kN에서 시작해 우측으로 이동하면서 기울기가 -5인 직선(1차함수)으로 그려지고 다시 D점에서 상향으로 19kN의 힘이 작용하여 전단력도가 그려진다.

　㉡ 한편, CD 구간에 축방향의 부재력을 살펴보면 D절점과 강접합으로 연결된 B지점이 수평이동지점(roller)이므로 수평방향으로는 자유롭게 이동하게 되어 축력이 생기지 않는다.

④ **BD 구간 부재력 계산**

　BD구간에서는 수직력은 B지점의 수직반력인 19kN이 BD 전 구간에 걸쳐서 작용하고 있으므로 이 힘이 축력이 되고, 수평력은 B지점이 수평 이동지점(roller)이므로 수평방향으로는 자유롭게 이동하게 되어 전단력은 생기지 않는다.

⑤ 부재력도 작성

　　㉠ 수평하중에 자유롭게 이동하는 BD구간의 전단력은 "0"이다.

　　㉡ 단순지지점인 A(hinge), B(roller)지점의 휨모멘트는 "0"이다.

　　㉢ 따라서 전단력도는 A지점에서 "0"에서 시작하여 좌측으로 수평반력 Ha만큼 이동하고 C 점까지 중간에는 수평하중이 없으므로 C절점까지 같은 크기를 유지하여 평행하게 이동하여 C절점에서 수직 부재는 마무리되고 수평부재 CD에 대해서는 별개로 그려나간다.

　　㉣ 한편 수평부재 CD에 대해서는 C절점에서는 위로 V_A(1kN)만큼 이동하여 기울기 -5인 직선으로 D점까지 직선으로 진행하고, D점에서는 B지점의 수직반력인 V_B(19kN) 만큼 상향으로 이동하여 D점에 마무리 된다. DB구간에는 앞서 살펴본 바와 같이 전단력이 생기지 않는다.

　　㉤ 축력도 역시 전단력도와 같은 방식으로 수직부재와 수평부재를 별개로 나누어 그려야 한다. 수직하중으로 인해 수직부재에 축력이 생기며, AC구간에서는 A지점의 반력이 축력이 되고 BD구간에서는 B지점의 반력이 축력이 되며, 수평부재인 CD부재에서는 수평이동이 자유롭게 연결되어 있어 CD구간에 수평하중으로 인한 축력은 생기지 않는다.

　　㉥ 휨 모멘트도는 단순지지점인 A지점과 B지점에서 "0"이 되므로 "0"에서 시작하여 전단력이 일정한 구간인 AC구간에서는 1차 직선(기울기=전단력값)으로 되고, 등분포 하중 구간인 C~D 구간은 위로 볼록한 포물선(2차곡선)이 되어 모멘트가 "0"인 D점에서 끝난다. 전단력이 없는 DB구간은 모멘트가 "0"이 된다.

(4) 캔틸레버형 라멘의 반력 및 부재력 산정

- 캔틸레버형 라멘은 캔틸레버보와 같이 일단 고정단 타단 자유단으로 된 라멘으로 고정단인 A지점에서의 반력을 캔틸레버 보에서와 같이 힘의 평형조건을 이용하여 구한다.

- 수평부재(보)에 대해서는 보와 같이 부재력을 구하는데, 수직부재(기둥)에 대해서는 축방향이 수직(Y)방향이 되므로 수평부재에서 전단력으로 작용하던 힘이 축력으로 전환되고, 수평부재의 축력으로 작용하던 힘이 전단력으로 전환되어 각 부재에 작용하던 힘과 중첩되어 부재력을 형성하게 된다. 이와 같은 절차로 다음의 라멘을 해석해 보자.

📖 캔틸레버형 라멘

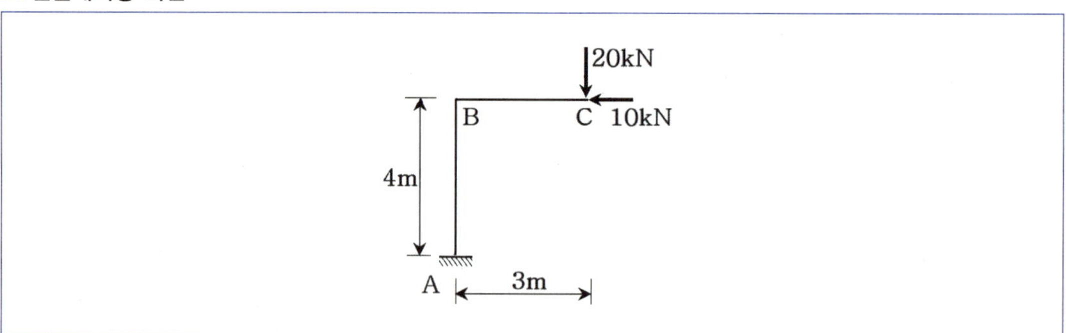

① 반력계산
　　㉠ 고정 지점에 반력을 표시한다.
　　　　ⓐ A 지점(고정) : 수직반력, 수평반력 및 모멘트반력(V_A, H_A, M_A) 표시
　　㉡ 힘의 평형방정식을 세워 반력을 구한다.
　　　　ⓐ $\Sigma F_x = 0 \;\Rightarrow H_A - 10 = 0, \;\therefore H_A = 10\,(\rightarrow)$
　　　　ⓑ $\Sigma F_y = 0 \;\Rightarrow V_A - 20 = 0, \;\therefore V_A = 20$
　　　　ⓒ $\Sigma M_a = 0 \Rightarrow M_A + 20 \times 3 - 10 \times 4 = 0 \;\;\therefore M_A = -20$

② AB구간 부재력 계산
AB구간에서는 수직력은 A지점의 수직반력인 20kN이 AB 전 구간에 걸쳐서 축방향으로 작용하고 있으므로 이 힘이 축력(압축력)이 되고, 수평력은 A지점의 수평반력 10kN(→)이 C점에서 전달되어 온 B절점의 수평력 10kN(←)과 함께 AB 구간에 부(-)의 전단력으로 작용하고 있다.

③ BC구간 부재력 계산
　　㉠ BC구간에서는 수직력은 C점의 집중하중 20kN의 힘이 하향(↓)으로 작용하고 있고 B점에서는 A점의 수직반력 20kN의 힘이 상향으로 작용하고 있어 이 두 힘이 BC구간에 정(+)의 전단력으로 된다.
　　㉡ 한편, BC구간의 축방향 부재력을 살펴보면 C절점에 작용하는 하중 10kN과 B절점과 강접합으로 연결된 A지점의 수평력(10kN)이 B절점으로 전달되어 BC구간에 축방향력(압축력)으로 된다.

④ 부재력도 작성
　　㉠ 자유단인 C점의 휨모멘트는 "0"이다.
　　㉡ 따라서 전단력도는 A지점에서 수평반력인 10kN 우측으로 이동하여 AB구간에 하중이 없으므로 일정한 크기(-10)로 B점까지 이동한다. B점에서는 A지점의 수직반력 20kN만큼 상향으로 이동하여 BC구간에 하중이 없으므로 동일한 크기로 이동한 다음 C점에서 하중의 크기인 10kN 만큼 하향으로 이동하여 끝난다.
　　㉢ 축력도 역시 전단력도와 같은 방식으로 수직부재와 수평부재를 별개로 나누어 그린다. 수직하중으로 인해 수직부재에 축력이 생기며, AB구간에서는 A지점의 반력(20kN)이 축력으로 되고 수평부재인 BC부재에서는 자유단 C점에 작용하는 수평하중(10kN)이 축력으로 된다.
　　㉣ 휨 모멘트도는 자유단인 C점에서 "0"이 되며, 고정지점인 A지점에서 모멘트 반력의 크기(-20)만큼 우향으로 이동한 후에 전단력이 일정한 구간인 AB구간에서는 1차 직선(기울기=전단력값)으로 B점까지 연속되고 B점은 강절점이므로 모멘트의 크기는 그대로 연속되어 BC구간으로 전달된다. 수평부재인 BC구간에서는 그 구간의 전단력의 크기(20)가 기울기인 1차 직선(기울기=전단력값)으로 C점까지 연속되고 C점은 자유단이므로 모멘트가 "0"으로 끝난다.

⑸ 3활절 라멘의 반력 및 부재력 산정

3활절 라멘은 두 지지점이 힌지이고, 내부 힌지를 하나 갖고 있는 것으로, 힘 평형식 3개와 내부힘 지점에서의 모멘트 M=0이라는 추가 평형식을 적용하여 반력과 부재력을 구한다.

▣ 3활절 라멘

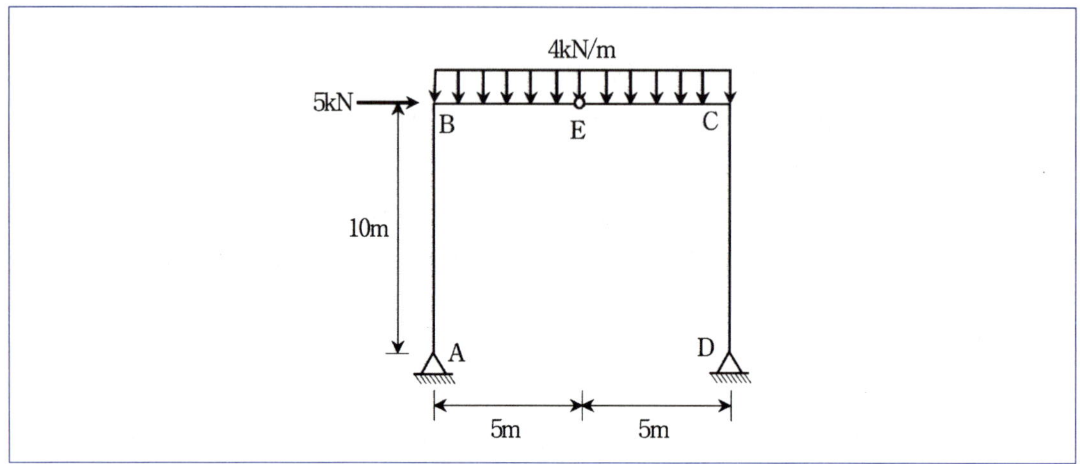

① 반력계산

  ㉠ 양 지점에 반력을 표시한다.

   ⓐ A 지점(힌지) : 수직반력과 수평반력(V_A, H_A) 표시

   ⓑ D 지점(힌지) : 수직반력과 수평반력(V_D, H_D) 표시

  ㉡ 힘의 평형방정식을 세워 반력을 구한다.

   ⓐ $\Sigma F_x = 0 \Rightarrow H_A + 5 + H_D = 0,\ \therefore H_A + H_D = -5\,(\leftarrow)$

   ⓑ $\Sigma F_y = 0 \Rightarrow V_A + V_B - 40 = 0,\ \therefore V_A + V_B = 40$

   ⓒ $\Sigma M_A = 5 \times 10 + 40 \times 5 - V_D \times 10 = 0\quad \therefore V_D = 25,\ \therefore V_A = 15$

   ⓓ $\Sigma M_{E(R)} = 20 \times 2.5 - 25 \times 5 - H_D \times 10 = 0\quad \therefore H_D = -7.5\,(\leftarrow)\ \therefore H_A = 2.5\,(\rightarrow)$

② AB구간 부재력 계산

AB구간에서는 수직력은 A지점의 수직반력인 15kN이 AB 전 구간에 걸쳐서 축방향으로 작용하고 있으므로 이 힘이 축력(압축력)이 되고, 수평력은 A지점의 수평반력 2.5kN(→)이 AB 구간에 부(-)의 전단력으로 작용하고 있다.

③ BC구간 부재력 계산

  ㉠ BC구간에서는 수직력은 A점의 수직반력 15kN의 힘이 상향으로 작용하고 있어 이 힘이 B점에 상향의 힘으로 작용하고 BC구간의 등분포하중이 하향으로 -4kN/m로 작용하여 1m당 4kN씩 하향하여, 직선(1차함수)으로 C지점까지 하향이동한 뒤 C지점에서 D지점의 수직반력 25kN만큼 상향으로 작용하여 BC구간에 부(-)의 전단력으로 된다.

  ㉡ 한편, BC구간의 축방향 부재력을 살펴보면 B절점에 작용하는 하중 5kN과 B절점과 강접합으로 연결된 A지점의 수평력(2.5kN)이 B절점으로 전달되어 BC구간에 축방향력(압축력)으로 된다.

④ 부재력도 작성

　㉠ 힌지 지점인 A지점과 D지점 및 내부힌지인 E절점의 휨모멘트는 "0"이다.

　㉡ 각 지점에서 수직력과 수평력은 부재의 축 방향에 따라 축력과 전단력으로 작용하고, 등분
　　포하중이 작용하는 BC구간에는 전단력도는 1차함수인 우하향 직선으로 되고 휨모멘트는
　　2차 함수인 포물선으로 작성된다.

8 정정 아치

(1) 정정 아치의 개념과 종류

① 아치(arch)는 원호형의 곡선부재로 이루어진 구조물을 말하며, 곡선으로 이루어진 부재의 축
　방향으로 주된 하중을 전달하고 지지하는 구조물이다. 정정 아치는 정정보와 마찬가지로 힘의
　평형방정식 만으로 반력과 부재력을 구할 수 있는 아치 구조물을 말한다.

② 정정 아치의 종류는 단순보형 아치, 캔틸레버형 아치 및 3활절 아치 등이 있다. 단순보형 아치
　과 캔틸레버형 아치는 일반 정정보와 유사한 개념으로 힘의 평형방정식 3개로 해석할 수 있고,
　3활절 아치의 경우에는 겔버보와 유사한 개념으로 내부힌지점에서 M=0이라는 식을 하나 더
　적용하여 해석한다.

(2) 정정 아치의 해석

① 아치의 수직반력 및 수평 반력에 대해서는 단순보나 라멘과 유사한 개념으로 수직 및 수평
　방향의 힘의 평형식으로 구하고, 부재력은 전 구간에 대해서 축력과 전단력이 축방향과에 대
　한 접선과 법선의 방향으로 삼각함수의 비 관계로 크기가 변해가며 작용한다. 한편, 3활절 아
　치의 경우는 3활절 라멘과 마찬가지로 3가지 힘평형식외에 추가로 내부힌지점에서 휨모멘트
　M=0 인 평형식을 하나 더 사용하여 반력과 부재력을 구할 수 있다. 반력과 부재력을 구하는
　방법은 정정보나 라멘과 유사하게 구할 수 있다.

② 3활절 아치에서 전 구간에 걸쳐 등분포 하중이 작용할 경우에 부재력 중 전단력과 휨모멘트는
　생기지 않고 축방향력만 작용한다.

제4절 | 응력과 변형

1 응력(stress)

하중(외력)이 작용하면 물체(부재) 내부에 이에 대응하는 힘(부재력, 내력)이 생기는데, 단위면적당 내력의 크기를 응력이라 한다. Force per unit area

$$\sigma = \frac{P}{A} \qquad [\text{단위} : \ \text{Pa},(= \text{N/m}^2)]$$

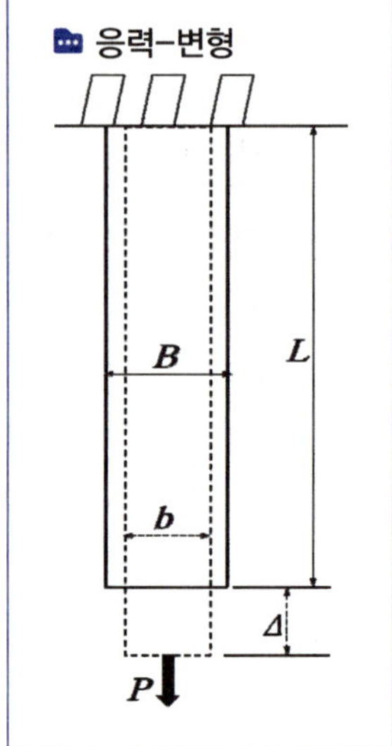

2 변형률(strain)

(1) 부재에 힘이 작용하면 변형이 생기는데, 변형률(ε)은 변형의 정도를 나타내는 양으로 원래길이에 대한 변형된 길이의 비를 말한다. [단위는 무차원]

$$\varepsilon = \frac{\Delta(\text{변형된 길이})}{l(\text{원래이 길이})}$$

(2) 포아송비

$$\nu = \frac{\varepsilon_2}{\varepsilon_1}$$

여기서, ε_1 : 힘의 작용방향 변형률

ε_2 : 힘의 작용방향에 수직방향 변형률

3 응력-변형률 관계

(1) 후크의 법칙

(2) 탄성한도 내에서 응력은 변형률에 비례한다.

① $\sigma = E \varepsilon$ (E : 탄성계수, Young계수)

② $\Delta = \dfrac{P \, l}{A \, E}$

4 휨응력

(1) 휨모멘트가 작용하는 단면에서 생기는 응력으로 다음식과 같이 모멘트에 비례한다.

$$\sigma = \frac{M}{I} y$$

⑵ **휨응력의 특징:**

① 중립축에서는 0이다.

② 상하단에서 최대가 된다.

③ 중립축에서 거리에 비례한다.

📖 **보의 휨거동과 휨응력**

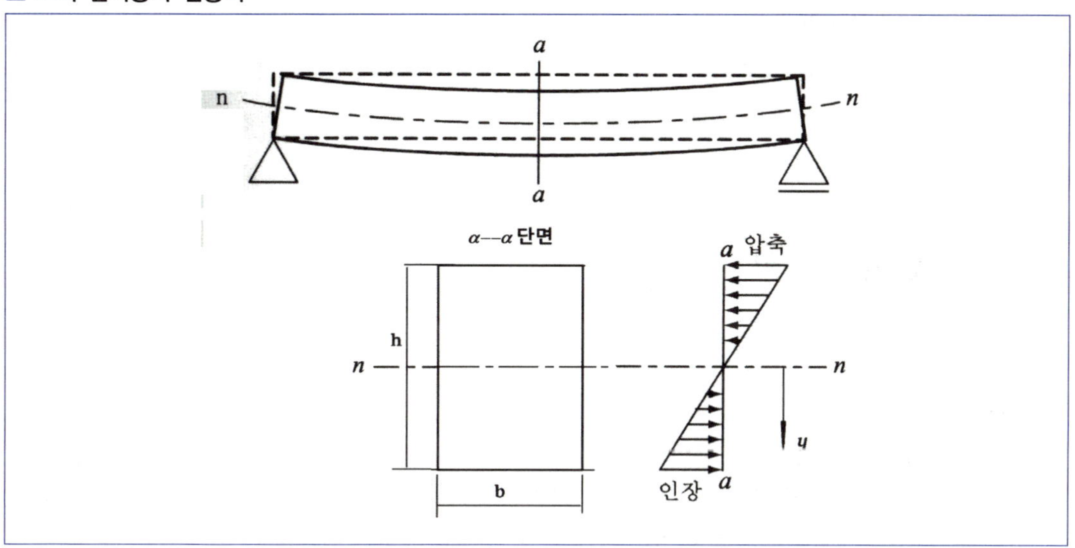

5 전단응력 (τ)

⑴ 전단력이 작용하는 단면에서 생기는 응력으로 전단력(V)을 단면적(A)으로 나눈값이다.

$$\tau = \frac{V}{A}$$

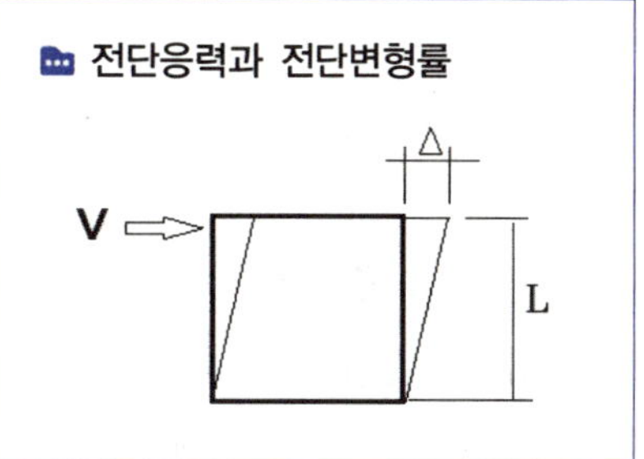

⑵ **특징:** ① 중립축에서 최대이다.

② 상하 양단에서는 0이다.

⑶ **수평전단응력:** 부재의 축에 나란한 방향으로 작용하는 힘인 수평전단력에 대응하여 생기는 응력을 수평전단응력이라고 하며, 다음 식으로 주어진다.

$$\tau = \frac{VQ}{Ib}$$

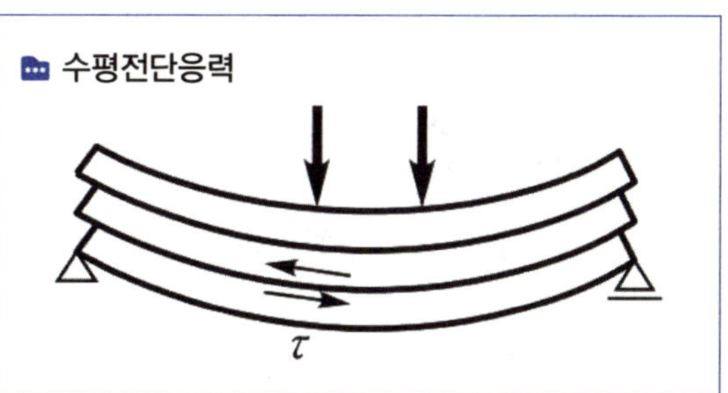

here, V : 전단력,

Q : 단면1차모멘트

I : 단면2차모멘트,

b : 부재의 단면 폭

6 온도 응력

물체는 온도가 올라감에 부피가 증가하게 된다. 이 때 온도 변화(Δt)에 의해 물체 내부에 생기는 응력으로 열응력이라고도 한다.

$$\sigma_t = E\,\varepsilon = E\,\alpha\,\Delta t \ [\text{N/m}^2]$$

here, α : 선팽창계수,

$\Delta t = t_2 - t_1$ (온도차)

제5절 | 단면의 특성

1 개요

(1) 부재의 단면

단면은 부재의 자른 면(주로, 축에 수직한 방향으로 자른 면)을 말하며, 단면은 형태 저항적인 특성을 갖고 있고 방향에 따라 그 특성이 달라진다. 단면의 특성 단원에서 이러한 특성을 파악하여 구조 요소(부재)의 지지 특성에 부합되도록 단면을 선정한다.

(2) 단면의 중심과 도심

① 단면에서 중심이란 무게중심을 말하며, 도심이란 기하학적 중심을 말한다.
② 보통(두께 균일)은 중심과 도심이 일치하나, 밀도가 일정하지 않은 경우는 달라진다.

2 단면의 모멘트

(1) 단면1차모멘트 G

① 정의 : 어떤 단면에서 (미소면적)과 (구하고자 하는 축에서 미소면적까지의 거리)를 곱하여 전체 단면에 대해 적분한 것을 말한다. (면적 × 거리)

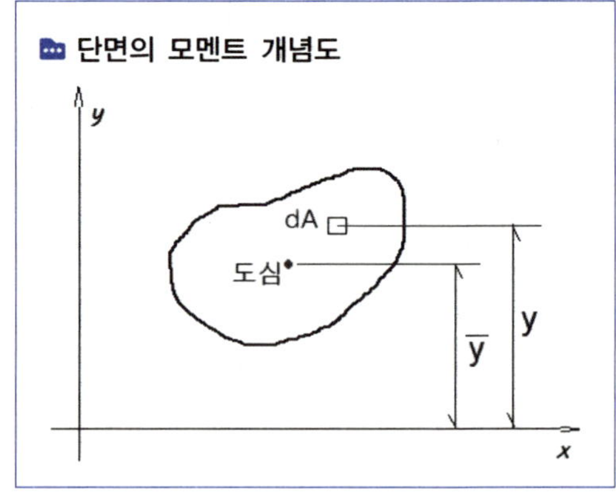

   ㉠ $G_x = \displaystyle\int y\,d_A = A\,\overline{y}$

   여기서, $\overline{y}$: 구하려는 축에서 도심까지의 거리

   ㉡ 단면의 도심축에 대하여 $G_X = 0$ 이다.

   ㉢ 주로 도심까지의 거리($\overline{y}$)를 구하는 데 이용

   ➡ $\overline{y} = \dfrac{G_x}{A}$

(2) 단면2차모멘트 I

① 정의 : 어떤 단면에서 미소면적과 구하고자 하는 축에서 미소면적까지의 거리의 제곱을 곱하여 전체 단면에 대해 적분한 것을 말한다(면적 × 거리의 제곱 : 항상 양의 값).

$$I_x = \int y^2 \, d_A$$

② 단면 2차 모멘트의 특성

　㉠ 단면 2차 모멘트의 최소값 = 도심에 대한 값 : (I_X)

　㉡ 단면 2차 모멘트는 항상 양의 값을 갖는다(∵ 거리의 제곱 형태).

③ 축의 변화에 따른 단면 2차 모멘트 ➡ 평행축정리 이용

▟ 평행축정리

임의의 축(x)에서의 단면2차모멘트(I_x)는 도심축의 단면2차모멘트 I_X 에 $A\,\overline{y}^2$ 을 더한 값이다.

$$I_x = I_X + A\,\overline{y}^2 \qquad\qquad (\text{here, } I_X : \text{도심축에 대한 단면2차모멘트})$$

④ 단면 2차 모멘트의 활용

보의 휨 강성을 나타내며 휨강성은 처짐 등을 구하는 데 사용된다.

※ 휨 강성 = EI (휨변형에 저항하는 성질)

⑤ 직사각형단면의 단면2차모멘트 I 값

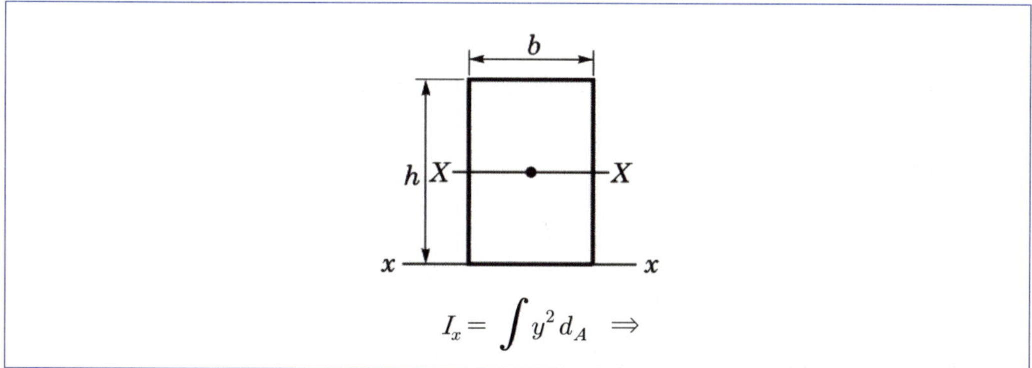

$$I_x = \int y^2 \, d_A \;\Rightarrow$$

(3) 단면상승모멘트 I_{xy}

① 정의 : 임의 단면에 대해 미소면적(dA)과 x축 및 y축에서 미소면적까지의 거리(x 및 y)를 서로 곱하여 전 단면에 대해 적분한 값(I_{xy})

$$I_{xy} = \int xy \, d_A \quad (\text{※ 대칭축에 대한 } I_{xy} = 0)$$

(4) 단면2차극모멘트 I_p

① 정의 : 임의 단면에 대해 미소면적(dA)과 극점(z축) p에서 미소면적까지의 거리(ρ)의 제곱을 곱하여 전 단면에 대해 적분한 값(I_p)

$$I_p = \int_A \rho^2 \, dA = I_x + I_y$$

here, ρ : 극점(z축, 원점)에서 미소면적까지의 거리

② 단면2차 극모멘트의 특성

단면2차 극모멘트(I_p)는 좌표축의 회전에 관계없이 항상 일정하다.

$$I_p = \int \rho^2 \, d_A \qquad (※ \ I_p = I_x + I_y)$$

❸ 단면계수 S

(1) 단면계수(S)는 단면2차모멘트를 상 하 연단거리로 나눈 값이다.

$$S_x = \frac{I_x}{y}$$

[주] 연단거리(edge distance) : 고려하는 위치(중심, 도심, 축선 등)에서 부재 끝면까지의 거리를 말한다.

(2) 단면계수의 활용

보의 설계시 휨응력에 따른 단면 결정에 사용한다.

(3) 주요 단면의 단면계수

① 직사각형 단면

$$S_X = \frac{I_X}{y_1} = \frac{bh^3/12}{h/2} = \frac{bh^2}{6}$$

② 원형 단면

$$S_X = \frac{I_X}{y_1} = \frac{\pi d^4/64}{d/2} = \frac{\pi d^3}{32}$$

❹ 단면2차반경(회전반경) r

(1) 단면2차반경(r)은 단면2차모멘트를 단면적으로 나눈값의 제곱근이다(=회전반경).

$$r_x = \sqrt{\frac{I_x}{A}}$$

(2) r은 기둥의 세장비를 나타내는 데 사용되고, 이 값은 기둥의 좌굴과 관계된다.

❺ 기본 도형의 단면특성값

구분	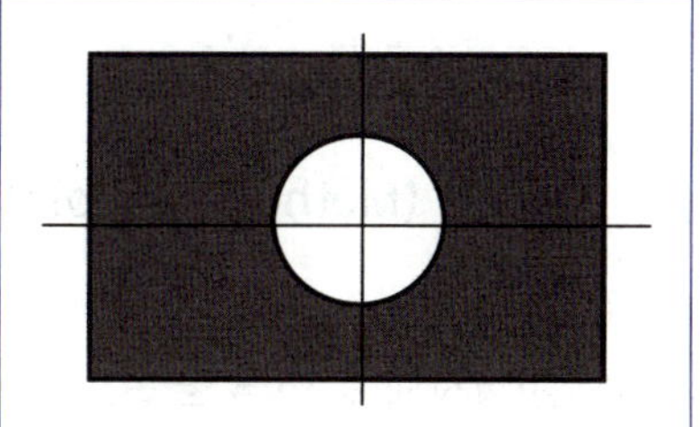 (삼각형)	(사각형)	(원)
I_X (도심축에 대한 I)	$\dfrac{bh^3}{36}$	$\dfrac{bh^3}{12}$	$\dfrac{\pi r^4}{4}$, $\dfrac{\pi d^4}{64}$
I_x (밑변에 대한 I)	$\dfrac{bh^3}{12}$	$\dfrac{bh^3}{3}$	$\dfrac{5\pi r^4}{4}$, $\dfrac{5\pi d^4}{64}$
S_x (단면계수)	$\dfrac{bh^2}{12}$	$\dfrac{bh^2}{6}$	$\dfrac{\pi r^3}{4}$, $\dfrac{\pi d^3}{32}$
$\bar{y}$ (밑변~도심 거리)	$\dfrac{1}{3}h$	$\dfrac{1}{2}h$	$r = \dfrac{1}{2}d$

❻ 비정형 도형, 속빈 도형의 단면특성

(1) 기본도형에서 중첩의 원리 이용

(2) 기본도형(사각형, 삼각형, 원 등)이용하여 더하거나 뺀다.

제6절 ▏ 트러스

❶ 트러스 개요

(1) **트러스의 정의**

트러스는 2개 이상의 직선재가 마찰없는 힌지로 연결되어 삼각형 형태로 구성된 구조체

(2) **트러스 해석상의 가정**

① 모든 부재는 직선재이며 축방향력만 존재한다.

② 모든 절점은 마찰없는 힌지(pin)로 구성되어 있다.

③ 하중(힘)은 절점에서만 작용한다.

④ 외력의 작용선은 동일평면상에 있다.

(3) 트러스의 종류

▣ 트러스의 종류

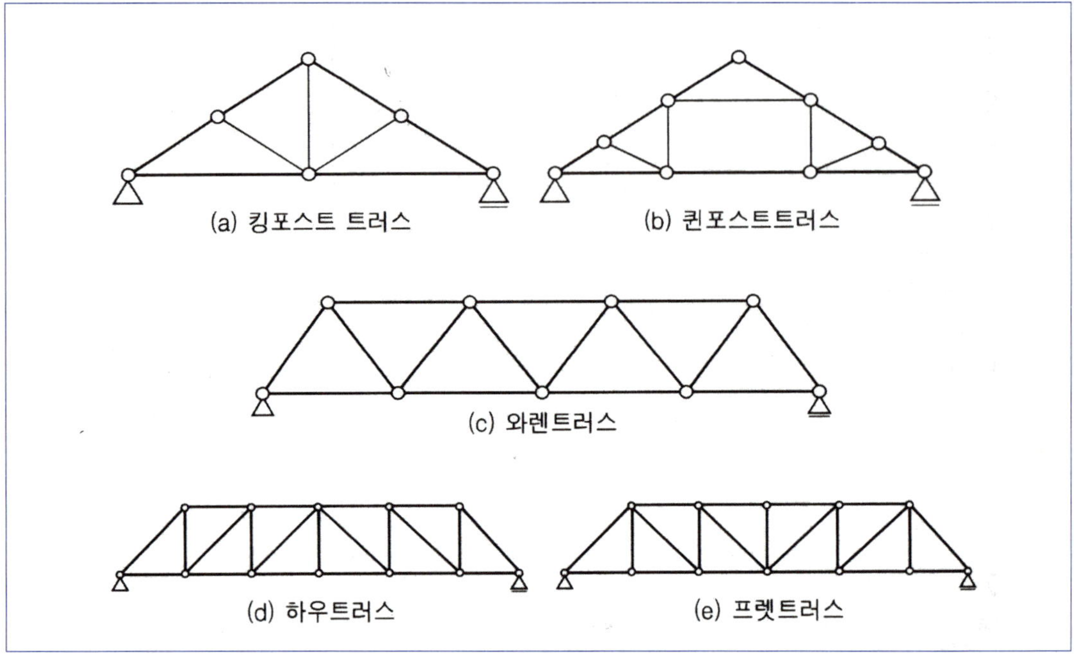

② 절점법 (Method of Joint)

(1) 절점법의 개념

① 평형상태에 있는 트러스의 임의의 절점에서의 힘의 평형조건을 이용한 해석법이다.

② 트러스의 절점은 모두 힌지이므로, 절점에서는 수직방향과 수평방향의 힘만 지지한다. 그러므로 절점에서 사용할 수 있는 힘의 평형조건식은 $\Sigma F_x=0$과 $\Sigma F_y=0$인 2개뿐이다.

③ 따라서 미지의 힘(부재력 등)이 2개 이하인 절점에서 시작하여 순차적으로 미지수를 줄여가면서 부재력을 구해나간다.

(2) 절점법을 이용한 부재력 계산

① 반력을 구한다.

② 2개 이하의 미지 부재력을 갖는 절점을 선택하여 해석

　㉠ 부재력을 인장(또는 압축)으로 가정

　㉡ 선택된 절점에서 힘의 평형조건식($\Sigma F_x=0$, $\Sigma F_y=0$, 2개) 이용

　㉢ 수평방향 및 수직방향으로 분해하여 힘의 평형 조건 사용

　㉣ 미지 부재력이 2개 이하인 절점으로 순차적으로 부재력 계산

(3) 절점법을 이용한 트러스 해석

다음과 같은 트러스에서 부재력을 절점법을 이용하여 구해보자.

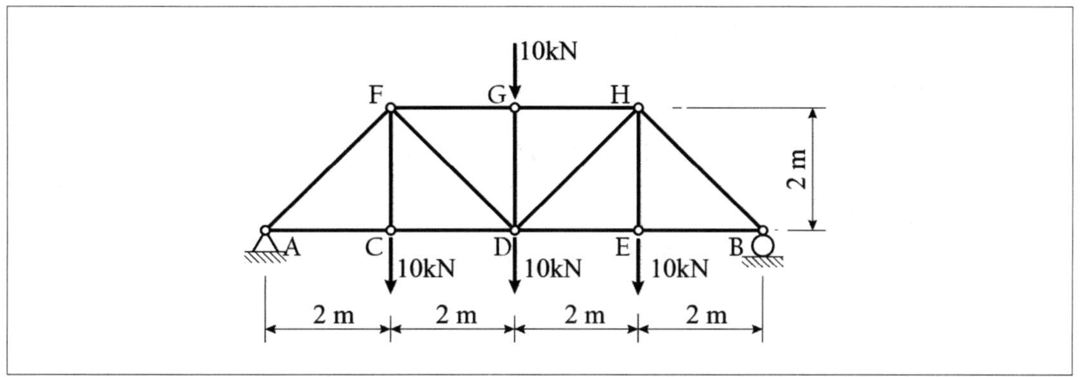

① 반력 계산

㉠ 트러스에서 힘의 평형을 적용하여 반력을 구한다.

㉡ 대칭트러스이고, 힘의 크기도 대칭이므로 아래와 같이 A지점과 B지점에서 각각 전체 하중의 절반씩을 지지한다(반력 $V_A = V_B =$ 하중의 절반씩).

㉢ $\Sigma F_y = 0, \ \ V_A + V_B = 40, \ \therefore \ V_A = V_B = 20\,[kN]$

② 부재력 계산 I

위 트러스에서 미지 부재력이 2개 이하인 절점 A에서 힘 평형을 이용하여 부재력을 구한다.

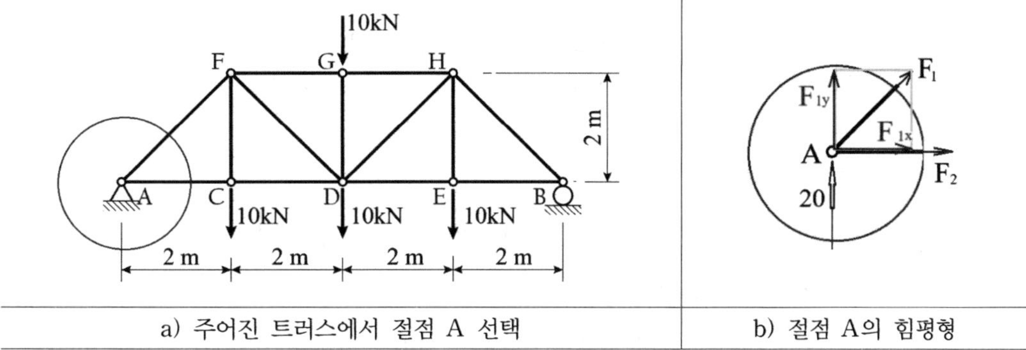

a) 주어진 트러스에서 절점 A 선택	b) 절점 A의 힘평형

㉠ 절점 A 선택

절점 A를 선택하여 자유물체도를 그리고, 미지부재력을 인장(+)으로 가정하여 표시한다.

ⓐ AF 부재의 부재력을 F_1으로, AC 부재의 부재력을 F_2로 표시하고, 경사 부재인 AF 부재의 부재력을 F_1을 수직방향의 힘(F_{1y})과 수평방향의 힘(F_{1x})으로 분해하여 표시한다.

ⓑ AC 부재 길이와 CF부재 길이가 2m로 동일하므로, AC부재와 AF부재의 사이각은 45° 이다.

ⓛ 수직방향 힘의 평형식 적용

ⓐ $\Sigma F_y = 0, \ 20 + F_{1y} = 0, \ \therefore F_{1y} = -20$

ⓑ $F_1 \sin 45° = F_{1y}, \ \therefore F_1 = \dfrac{F_{1y}}{\sin 45°} = \dfrac{-20}{1/\sqrt{2}} = -20\sqrt{2}$ (압축)

ⓒ 수평방향 힘의 평형식 적용

$$\Sigma F_x = 0, \ -20\sqrt{2}\cos 45° + F_2 = 0, \ \therefore F_2 = 20\sqrt{2}\cos 45° = 20 \ \text{(인장)}$$

③ 부재력 계산 Ⅱ

AC부재력과 AF부재력을 구한 후에, 다시 미지 부재력이 2개 이하인 절점 C를 택하여 힘의 평형을 이용하여 부재력을 구한다.

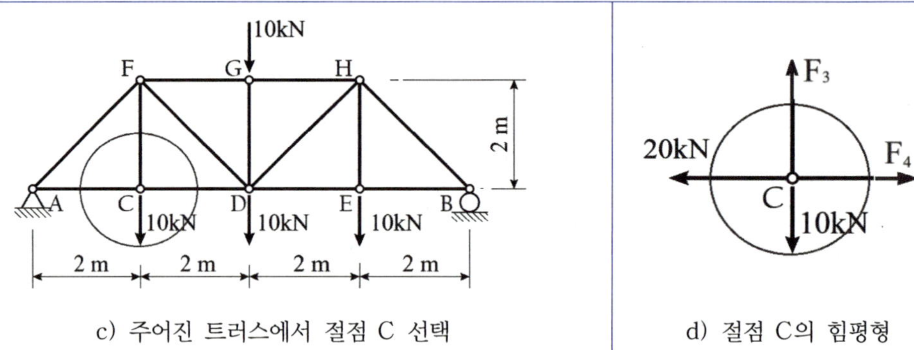

c) 주어진 트러스에서 절점 C 선택   d) 절점 C의 힘평형

㉠ 절점 C 선택

절점 C를 선택하여 자유물체도를 그리고, 미지부재력을 인장(+)으로 가정하여 표시한다.
－ CF 부재의 부재력을 F_3으로, CD 부재의 부재력을 F_4로 표시하여, 수직방향과 수평방향의 힘의 평형을 통해 미지 부재력을 구한다.

㉡ 수직방향 힘의 평형식 적용

$$\Sigma F_y = 0, \ -10 + F_3 = 0, \ \therefore F_3 = 10 \ \text{(인장)}$$

㉢ 수평방향 힘의 평형식 적용

$$\Sigma F_x = 0, \ -20 + F_4 = 0, \ \therefore F_4 = 20 \ \text{(인장)}$$

④ 부재력 계산 Ⅲ

위와 같은 방법으로 계속해서 미지 부재력이 2개 이하인 절점을 택하여 수직, 수평 방향의 힘 평형식을 적용하여 미지 부재력을 순차적으로 구해나간다.

㉠ AC부재력, AF부재력 및 CF부재력, CD 부재력을 구한 후에, 다시 미지 부재력이 2개 이하로 되는 F절점에서 힘 평형식을 적용해 FG부재력과 FD부재력을 구한다.

㉡ 계속해서 미지 부재력이 2개 이하로 되는 G절점을 선택하여 힘 평형식을 적용해 GD부재력과 GH부재력을 구한다.

㉢ GD부재력까지 구하면, 나머지는 대칭트러스이므로, 좌측 대칭위치의 부재력과 동일하게 된다.

❸ 절단법(단면법)(Method of Section)

(1) 절단법의 개념

① 구하고자 하는 부재를 포함하여 가상 절단면으로 잘라진 트러스의 부분 자유물체도의 독립적인 평형조건을 이용한 해석법이다.

② 트러스의 절단된 부분은 힘의 평형(부분 평형 개념)을 이루는 구조 시스템이므로 절단된 일부(좌측 또는 우측) 부분의 자유물체도를 그리면 이 부분 시스템은 힘의 평형을 만족하게 되고, 절단된 자유물체도에서 힘의 평형조건식 3개(ΣFx=0, ΣFy=0, ΣM=0)를 적용할 수 있다.

③ 따라서, 절단법에서는 미지수(부재력)가 3개 이하가 되도록 절단면을 선택하여 힘의 평형조건식을 적용하면 부재력을 구할 수 있다.

(2) 절단법을 이용한 부재력 계산

절단법은 보통 트러스에서 트러스 내부의 특정 부재의 부재력을 구할 때 사용한다. 구하고자 하는 부재를 포함하여 3개 이내의 부재를 포함하도록 단면을 잘라서 자른 좌측 또는 우측단면에서의 힘의 평형을 적용하여 부재력을 구한다. 순서는 다음과 같다.

① 반력을 구한다.

② 구하려는 부재 포함 미지 부재력이 3개 이하가 되도록 절단하여 해석

　㉠ 절단 자유물체도의 좌측 또는 우측을 택하고 부재력을 인장(또는 압축)으로 가정

　㉡ 절단된 구조시스템에서 힘의 평형조건식(ΣFx=0, ΣFy=0, ΣM=0, 3개) 이용

　㉢ **경사부재** : 수평방향 및 수직방향으로 분해하여 힘의 평형 조건 사용

　㉣ 구하고자 하는 부재 외의 2개 부재가 만나는 점에서 M=0을 취하면 부재력 쉽게 계산

(3) 절단법을 이용한 트러스 해석

다음과 같은 트러스에서 CD 부재력을 절단법을 이용하여 구해보자.

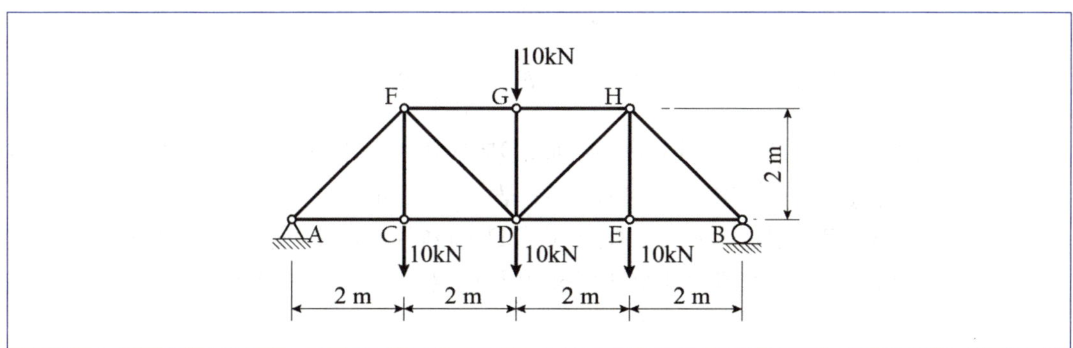

① 반력 계산

　㉠ 트러스에서 힘의 평형을 적용하여 반력을 구한다.

　㉡ 대칭트러스이고, 힘의 크기도 대칭이므로 아래와 같이 A지점과 B지점에서 각각 전체 하중의 절반씩을 지지한다(반력 $V_A = V_B$ = 하중의 절반씩).

$$\Sigma F_y = 0, \quad V_A + V_B = 40, \quad \therefore V_A = V_B = 20\,[kN]$$

② **부재력 계산 I**

위 트러스에서 구하고자 하는 CD부재를 포함하여 3개 이하의 부재가 잘리도록 절단하여, 절단된 좌측(계산이 간편한 쪽)을 선택하여 계산한다.

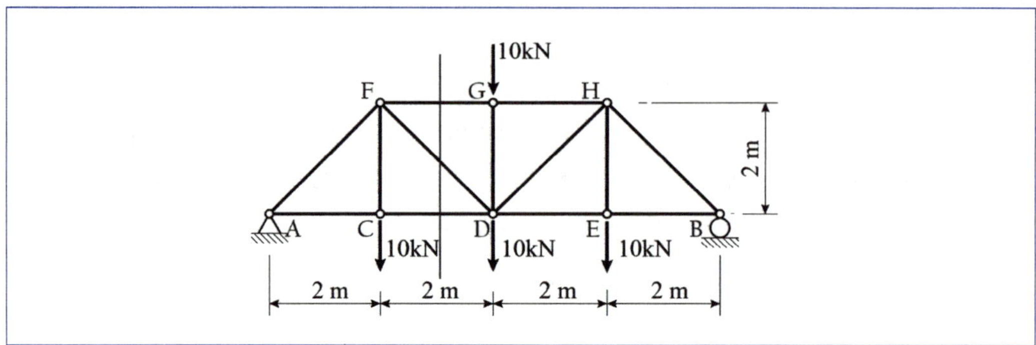

㉠ 잘린 좌측 시스템의 자유물체도를 그리고, 구하고자 하는 CD부재의 부재력(F_4)을 인장으로 가정하여 표시한다.

㉡ 잘린 3개의 부재들(FG, FD, CD부재) 중 구하고자 하는 CD 부재를 제외한 나머지 2개 부재 FG와 FD의 연장선이 만나는 F점에서 모멘트 평형을 취하면 CD부재력이 다음과 같이 구해진다.

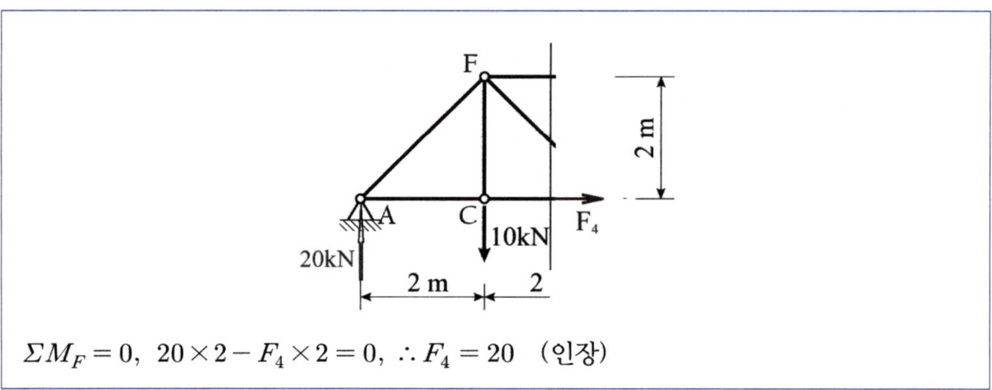

$$\Sigma M_F = 0, \ 20 \times 2 - F_4 \times 2 = 0, \ \therefore F_4 = 20 \quad (\text{인장})$$

㉢ 계속해서 나머지 2개 부재들(FG 부재, FD부재)의 부재력을 구하고자 한다면, 이 시스템에서 힘의 평형을 이용하여 다음과 같이 구할 수 있다.

ⓐ **FG 부재력**: 잘린 3개의 부재들(FG, FD, CD부재) 중 구하고자 하는 FG부재를 제외한 나머지 2개 부재 FD와 CD의 연장선이 만나는 D점에서 모멘트 평형을 취하면 FG부재력을 구할 수 있다.

ⓑ **FD 부재력**: 경사 부재인 FD부재의 부재력을 F_5로 정하여 수직방향의 힘(F_{5y})과 수평방향의 힘(F_{5x})으로 분해하여 표시하고, 자유물체도에서 수직 방향의 힘의 평형식 또는 수평 방향의 힘의 평형식을 적용하면 FD부재의 부재력(F_5)을 쉽게 구할 수 있다.

④ 트러스의 영부재

(1) 영부재 설치 목적

트러스 해석상 부재력이 영(0)이 되는 부재를 말하며, 안정성과 사용성을 위해 설치한다.

(2) 영(0)부재 판별

부재와 반력 및 하중이 총 3개 이하 만나는 절점에서,

① 부재를 선택했을 때, 두 부재만 있고 하중이 없으면 두 부재는 0 부재이다.

　(사례 "트러스 1"의 절점 E)

② 세부재를 선택했을 때 (하중이 없고) 두부재가 일직선상에 있으면, 나머지 한부재는 0부재이다(사례 "트러스 1"의 절점 B 및 절점 G).

③ 0부재를 지워 나가면서, 3부재 이하 만나는 절점으로 판별해 나간다(사례 "트러스 2").

④ 트러스 전체에서 작용 하중을 지점으로 연결하는 간단한 삼각형 부재를 제외한 부재들은 모두 0부재이다(사례 "트러스 2").

(3) 트러스의 영(0)부재 판별 사례

① 사례 트러스 1

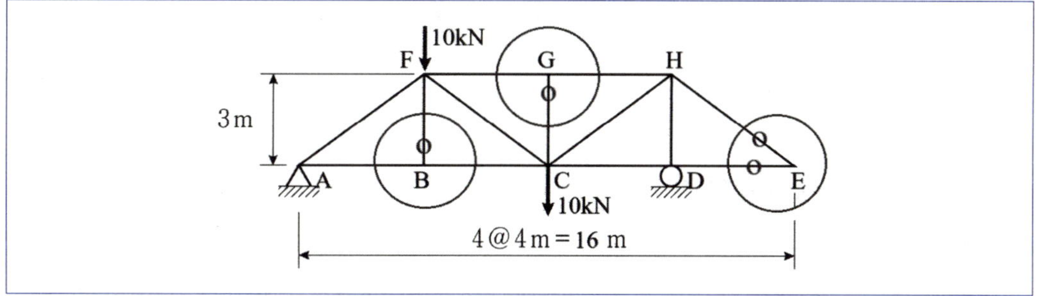

② 사례 트러스 2

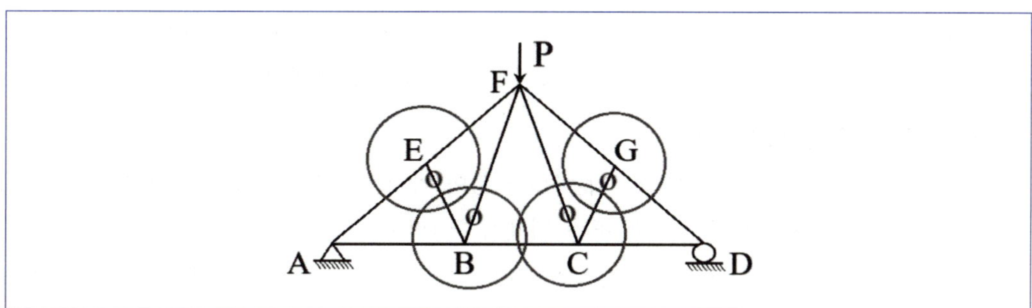

제7절 기둥의 응력과 거동

❶ 기둥의 구분

(1) 단주(短柱)

축방향 하중을 받아 압축응력이 한계에 달하여 압축파괴를 나타내는 기둥

(2) 장주(長柱)

축하중을 받아 압축응력이 한계에 달하기 전에 좌굴(buckling)에 의하여 파괴되는 기둥

(3) 단주와 장주의 구분

단주와 장주의 구분은 기둥의 가늘고 긴 정도를 나타내는 세장비를 이용하여 나누며, 기둥의 유효좌굴길이(kl)가 세장비를 나타내는 변수이다.

① 세장비(λ) : 가늘고 긴 정도를 나타내는 값

$$\lambda = \frac{kl}{r}$$

here, r : 단면2차반지름, (원의 $r = \sqrt{\dfrac{I}{A}} = \sqrt{\dfrac{D^2}{16}} = \dfrac{D}{4} = \dfrac{R}{2}$)

l : 기둥의 길이,

k : 유효길이계수

❷ 축하중을 받는 장주(長柱)

(1) 장주의 정의

장주란 단면 크기에 비해 길이가 긴 기둥으로 하중이 좌굴하중 이상으로 커지면 좌굴(buckling)이 발생되는 기둥을 말한다.

장주에서 좌굴은 축방향의 압축력이 작용할 때 부재가 압축강도에 도달하기 전에 구부러지는 변형을 말하며, 좌굴이 발생되면 강도가 급격하게 저하되어 파괴된다.

(2) 장주의 탄성 좌굴하중(P_{cr})

① 장주의 탄성 좌굴하중은 단순지지 기둥(k=1)의 변위에 대한 미분방정식으로부터 오일러가 유도한 것으로 오일러 좌굴하중 또는 임계하중이라고도 한다.

② 장주의 좌굴은 부재 양단의 지지상태에 따라 달라진다. 양단의 지지조건이 좌굴 길이를 결정하는 주요 인자가 되고, 이를 고려한 좌굴길이를 유효좌굴길이라고 한다. 지지 조건에 따른 좌굴하중은 다음식과 같고, 유효좌굴길이계수 k값은 다음 표와 같다.

$$P_{cr} = \frac{\pi^2 E I}{(kl)^2}$$

▣ 양단 지지조건에 따른 유효좌굴길이계수 k 값

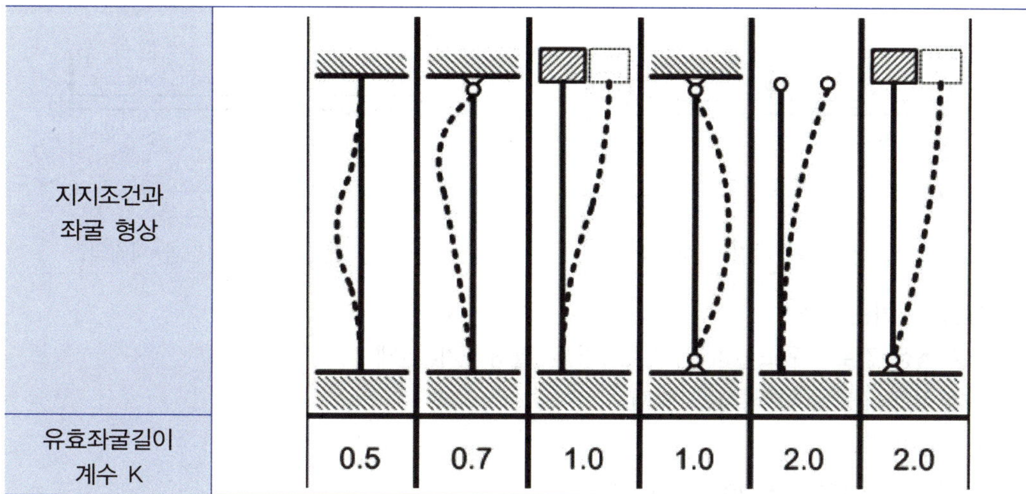

지지조건과 좌굴 형상						
유효좌굴길이 계수 K	0.5	0.7	1.0	1.0	2.0	2.0

(3) 장주의 좌굴응력

장주의 좌굴응력은 좌굴하중을 단면적(A)으로 나눈 값으로 다음식과 같다.

$$\sigma_{cr} = \frac{P_{cr}}{A} = \frac{\pi^2 E I}{(kl)^2 A} = \frac{\pi^2 E r^2}{(kl)^2} = \frac{\pi^2 E}{\lambda^2}$$

here, $\lambda = \dfrac{kl}{r}$ (세장비), r : 단면2차반지름(회전반경)

제8절 | 구조물의 변형

❶ 처짐과 처짐각

(1) 보의 처짐 개요

① 탄성곡선이란 부재가 외력의 작용으로 휘어졌을 때 그 휘어진 부재의 축이 그리는 곡선으로 그 변형이 탄성 범위인 경우에 탄성곡선이라고 한다.

② 구조물에 하중이 작용하면 그 구조물은 변형하고, 변형중에서 축에 수직한 방향으로 발생한 변위를 처짐(deflection, y or δ) 이라고 하고, 각 점의 처짐을 연결하는 곡선을 처짐곡선이라 한다.

③ 처짐곡선 상의 임의의 점에서 그은 접선이 변형전의 보의 축과 이루는 각을 처짐각(slope, θ or y')이라고 한다.

처짐과 처짐각

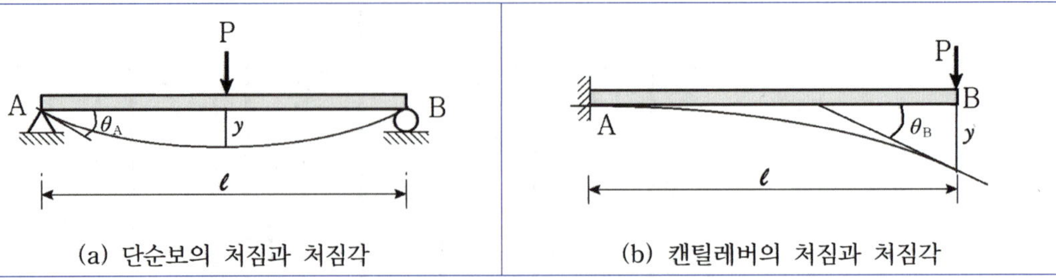

| (a) 단순보의 처짐과 처짐각 | (b) 캔틸레버의 처짐과 처짐각 |

④ 처짐을 구하는 목적
  ㉠ 사용성 검토: 구조물의 허용처짐량의 결정하기 위해
  ㉡ 부정정 구조물의 해석을 위해

⑤ 부호 규약
  ㉠ 처짐(y)의 부호: 하향(↓) 처짐: +
  ㉡ 처짐각(θ)의 부호: 시계방향(↷): +

⑥ 처짐의 해법
  ㉠ 탄성곡선의 미분방정식 이용
  ㉡ 모멘트면적법
  ㉢ 탄성하중법
  ㉣ 공액보법
  ㉤ 단위하중법(가상일의 원리)
  ㉥ 에너지법 등

(2) **탄성곡선식의 유도**

① 기본사항
  ㉠ 곡률반지름(ρ): 곡률중심에서 처짐곡선까지의 거리
  ㉡ 곡률(curvature; κ): 단위길이에 대한 각변화율 (곡률반지름의 역수)

$$\kappa = \frac{d\theta}{dx}\left(= \frac{1}{\rho}\right) \quad \because \tan d\theta \simeq d\theta = \frac{ds}{\rho} = \frac{dx}{\rho}$$

  ㉢ 모멘트–곡률 관계: 곡률은 모멘트에 비례하고, 강성에 반비례한다.

$$\kappa = \frac{M}{EI}$$

탄성곡선의 곡률 비교

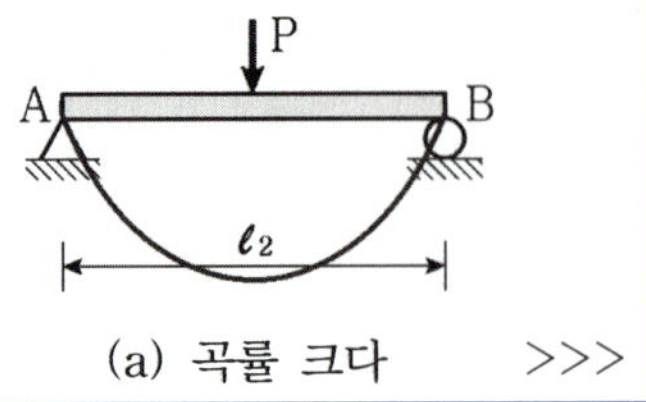
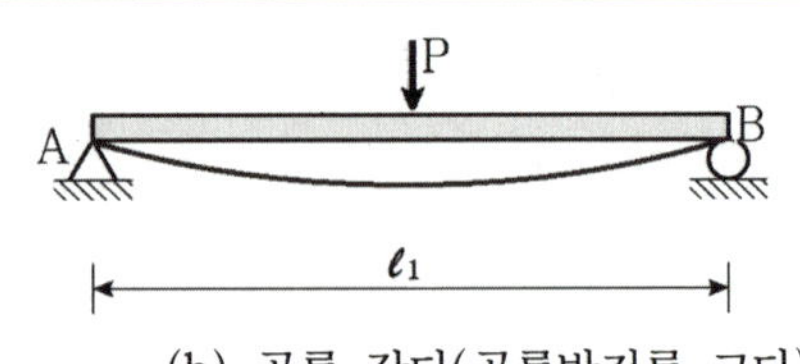

| (a) 곡률 크다   >>> | (b) 곡률 작다(곡률반지름 크다) |

ⓔ 처짐곡선의 기울기는 처짐곡선의 미분(1차 도함수) $\tan\theta \simeq \theta = \dfrac{dy}{dx}$

ⓜ θ가 매우 작을 때,

$$\tan d\theta \simeq d\theta = \frac{ds}{\rho} = \frac{dx}{\rho}$$

ⓗ θ를 χ에 대해 미분하면, $\dfrac{d\theta}{dx} = \dfrac{d^2y}{dx^2}$

ⓢ 모멘트-곡률 관계에서

$$\kappa = \frac{d\theta}{dx} = \frac{d^2y}{dx^2} = \frac{M}{EI}$$

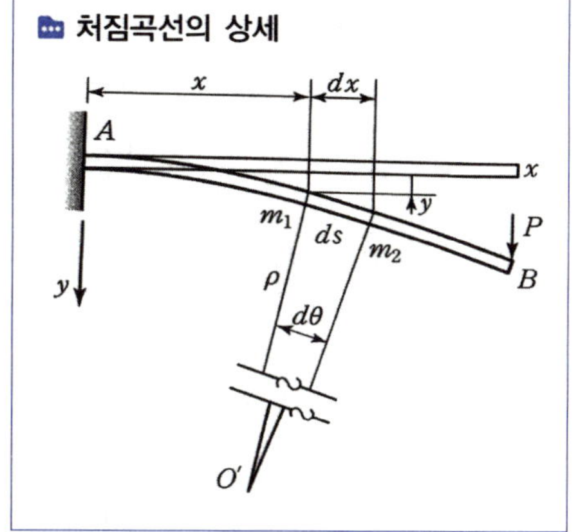

② 처짐의 해법

(I) 탄성곡선의 미분방정식 이용

처짐곡선의 미분방정식을 세우고 이 미분방정식을 풀어서 처짐곡선식을 유도한 후 이 처짐곡선식으로부터 처짐과 처짐각을 구하면 된다.

앞의 탄성곡선식으로부터 미분방정식법은 모멘트 하중을 한 번 적분하면 처짐각이 유도되고, 모멘트 하중을 2번 적분(처짐각을 1번 적분)하면 처짐이 유도된다는 식을 이용한다.

$$y''\left(\frac{d^2y}{dx^2}\right) = \frac{M}{EI} \quad \Rightarrow EI\, y'' = M \quad \text{관계식에서, (한번 적분, 두번 적분해서)}$$
$$EI\, y' = \int M\, dx \quad (\text{처짐각 } \theta = y' \text{ 구함})$$
$$EI\, y = \iint M\, dx \quad (\text{처짐 } y \text{ 구함})$$

적용 1) 처짐곡선의 미분방정식을 이용한 처짐과 처짐각 구하기 1

그림과 같이 캔틸레버의 자유단에 집중하중 P가 작용하는 경우에 자유단(B점)의 최대 처짐과 처짐각을 계산해 보자.

(1) 반력구하기 : 집중 하중이므로 지점A에서의 수직 반력은 P가 됨

$$\Sigma F_y = 0, \ \therefore R_A = P$$
$$\Sigma M = 0, \ \therefore M_A = -Pl$$

(2) M 일반식 구하기 : 자유물체도 그리고 임의점 χ에서의 모멘트 구하면,

$$M_x = Pl - Px$$

(3) 처짐곡선의 미분방정식 관계식에서,

① $EI\,y'' = M_x = Pl - Px$

② $EI\,y' = \displaystyle\int M dx = \int [Pl - Px] dx = Plx - \dfrac{P}{2}x^2 + C_1 \quad \cdots\cdots\, ㉠$

③ $EI\,y = \displaystyle\iint M dx = -\dfrac{P}{6}x^3 + \dfrac{Pl}{2}x^2 + C_1 x + C_2 \quad \cdots\cdots\, ㉡$

(4) 경계조건(boundary condition) 이용 적분상수 계산

① $x = 0$ 에서 $y = 0$: (2)식에서 $x = 0 \;\rightarrow C_2 = 0$

② $x = 0$ 에서 $y'(\theta) = 0$: **(1)**식에서 $x = 0 \;\rightarrow C_1 = 0$

(5) 적분상수를 위 관계식에 대입하여 일반식 산정

① $EI\,y' = -\dfrac{P}{2}x^2 + Plx \quad \cdots\cdots\, ㉢$

② $EI\,y = -\dfrac{P}{6}x^3 + \dfrac{Pl}{2}x^2 \quad \cdots\cdots\, ㉣$

(6) ㉢식에 $x = l$을 대입하여 자유단(B점)에서의 처짐각 산정

$$y_B{}'(\theta_B) = \frac{1}{EI}\left(-\frac{P}{2}l^2 + Pl^2\right) = \frac{Pl^2}{2EI}$$

(7) ㉣식에 $x = l$을 대입하여 자유단(B점)에서의 최대 처짐 산정

$$y_B = \frac{1}{EI}\left(-\frac{P}{6}l^3 + \frac{Pl}{2}l^2\right) = \frac{Pl^3}{3EI}$$

적용 2) 처짐곡선의 미분방정식을 이용한 처짐과 처짐각 구하기 2

그림과 같이 단순보에 등분포하중 ω가 작용하는 경우에 양 지점(A, B점)의 처짐각과 중앙점(C점)에서의 최대 처짐을 계산해 보자.

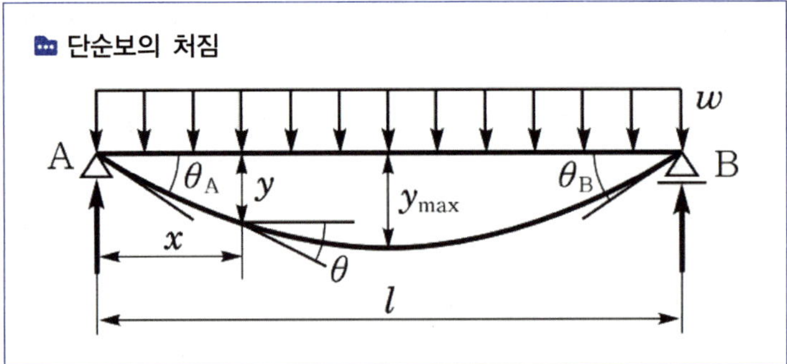

(1) 반력구하기 : 대칭 하중이므로

$$R_A = R_B = \frac{wl}{2}$$

(2) M 일반식 구하기 : 자유물체도 그리고 임의점 x에서의 모멘트 구하면,

$$M_x = \frac{\omega}{2}x^2 - \frac{wl}{2}x$$

(3) 처짐곡선의 미분방정식 관계식에서,

① $EI\,y'' = M_x = \dfrac{\omega}{2}x^2 - \dfrac{\omega l}{2}x$

② $EI\,y' = \displaystyle\int M dx = \int [\frac{\omega}{2}x^2 - \frac{\omega l}{2}x]dx = \frac{\omega}{6}x^3 - \frac{\omega l}{4}x^2 + C_1 \quad \cdots\cdots\, \bigcirc$

③ $EI\,y = \displaystyle\iint M dx = \frac{\omega}{24}x^4 - \frac{\omega l}{12}x^3 + C_1 x + C_2 \qquad \cdots\cdots\, \bigcirc$

(4) 경계조건(boundary condition) 이용 적분상수 계산

① $x=0$ 에서 $y=0$: (2)식에서 $x=0 \;\; \rightarrow C_2 = 0$

② $x=l$ 에서 $y=0$: (2)식에서 $x=l \;\rightarrow 0 = \dfrac{wl^4}{24} - \dfrac{wl^4}{12} + C_1 l \; \therefore C_1 = \dfrac{wl^3}{24}$

(5) 적분상수를 위 관계식에 대입하여 일반식 산정

① $EI\,y' = \dfrac{\omega}{6}x^3 - \dfrac{\omega l}{4}x^2 + \dfrac{wl^3}{24} \quad \cdots\cdots\, \bigcirc$

② $EI\,y = \dfrac{\omega}{24}x^4 - \dfrac{\omega l}{12}x^3 + \dfrac{wl^3}{24}x \quad \cdots\cdots\, ㄹ$

(6) ㄷ에 $x=0$을 대입하여 A점에서의 처짐각, $x=l$을 대입하여 B점에서의 처짐각 산정

$$\theta_A = \frac{1}{EI}\left(\frac{wl^3}{24}\right) = \frac{wl^3}{24EI}$$

$$\theta_B = \frac{1}{EI}\left(\frac{w}{6}l^3 - \frac{wl}{4}l^2 + \frac{wl^3}{24}\right) = -\frac{wl^3}{24EI}$$

(7) ㄹ에 $x = \dfrac{l}{2}$ 을 대입하여 중앙(C)점에서의 최대 처짐 산정

$$y_c = \frac{1}{EI}\left(\frac{w}{24}(\frac{l}{2})^4 - \frac{wl}{12}(\frac{l}{2})^3 + \frac{wl^3}{24}(\frac{l}{2})\right) = \frac{5wl^4}{384EI}$$

(2) 모멘트면적법

보나 라멘 등에서 휨모멘트에 의해 발생되는 구조물의 처짐과 처짐각을 M도의 면적을 이용하여 계산하는 방법

① **모멘트면적 제1정리** : 탄성곡선 상에서 임의의 점 C와 D에서의 접선이 이루는 각은 이 두점 간의 휨모멘트도의 면적을 EI로 나눈값과 같다.

모멘트면적법

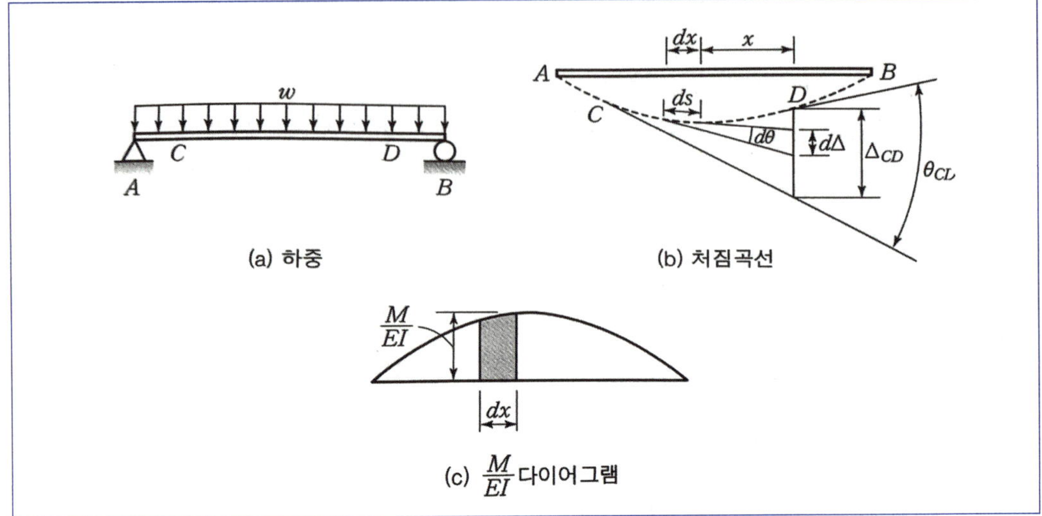

㉠ 모멘트-곡률 관계식($\kappa = \dfrac{d\theta}{dx} = \dfrac{M}{EI}$)에서 $d\theta = \dfrac{M}{EI}dx$이 되고, 이 식을 관찰하면 미소구간 dx의 양끝단에서 그은 접선의 사잇각은 $d\theta$이고, 양단의 처짐각의 변화량은 $\dfrac{M}{EI}$도의 면적이 된다.

㉡ C점과 D점 사이의 처짐각의 변화량

$$\theta_{DC} = \theta_D - \theta_C = \int_C^D \frac{M}{EI}dx$$

② **모멘트면적 제 2정리**: 탄성곡선상에서의 임의의 점 D에서 탄성곡선에 접하는 접선으로부터 그 탄성곡선상에서 다른점 C까지의 수직거리는 이들 두 점 간의 휨모멘트도 면적의 D점을 지나는 축에 대한 단면1차 모멘트를 EI로 나눈값과 같다.

미소구간 dx 양 끝단 접선들과 D점에서 내린 수직선에서 사이 거리를 $d\Delta$라고 하면,

$$d\Delta = x\,d\theta = x\,\frac{M}{EI}dx$$

D점에서 C점의 접선까지의 수직거리는 Δ_{DC}라고 하면,

$$\Delta_{DC} = \int_C^D x\,\frac{M}{EI}dx$$

(3) 탄성하중법과 공액보법

보의 처짐각과 처짐을 산정하기 위하여 모멘트 면적법을 응용한 것으로, 작용하중과 휨모멘트의 관계와 탄성하중과 처짐의 관계의 유사성을 이용하여 보의 처짐 과 처짐각을구하는 방법으로 단순보에 대해서 적용한 것을 탄성하중법이라고 하고, 단순보 외에 내민보나 캔틸레버보 겔버보 등에 적용한 것을 공액보법이라 한다.

이 방법에서는 소위 탄성하중(elastic load)으로 불리는 $\dfrac{M}{EI}$ 의 하중이 작용하는 보에서 전단력을 구하면 원래보의 처짐각(Θ)이 되고, 휨모멘트를 구하면 원래보의 처짐(y)이 된다.

① 탄성곡선에서 두점(A~B) 사이의 처짐각은 공액보에서 그 구간의 전단력이고 두점 사이의 처짐은 그 점(B)에서의 휨모멘트와 같다.

② 단순보는 지지점의 변화가 없으나, 캔틸레버나 내민보 등에서는 고정단은 자유단으로 바뀌고, 반대로 자유단은 고정단으로 바뀐다. 또한 겔버보의 내부힌지절점은 힌지 지점으로 바뀌고, 반대로 내민보의 중간 힌지 지점은 내부힌지절점으로 바뀐다. 이렇게 바뀐보를 공액보(conjugate beam)라고 한다.

■ 실제보의 공액보 변환

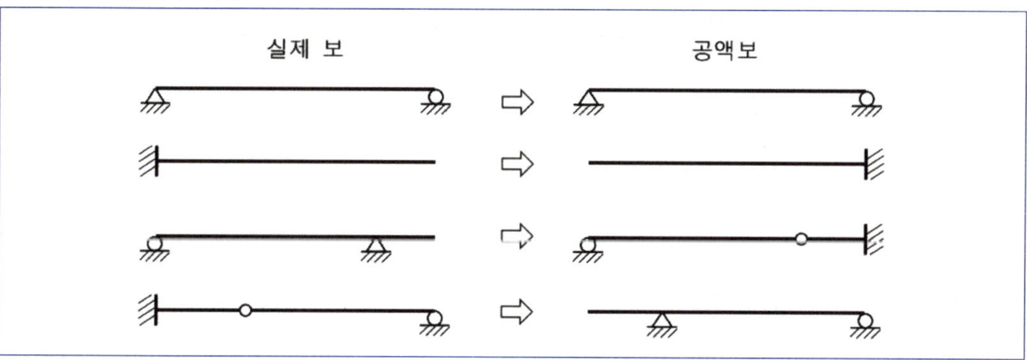

⑷ 단위하중법 (가상일의 원리 이용)

단위하중법은 처짐이나 처짐각을 구하고자 하는 위치에 가상의 단위하중"1"을 작용시켜서 가상일의 원리를 적용하여 처짐각과 처짐을 구하는 방법이다.

$$\text{단위하중법의 식} : \quad \Delta = \int \frac{M\, m_1}{EI} dx$$

here, M : 실제하중에 의한 모멘트, m_1 : 가상의 단위하중(P=1)에 의한 모멘트

■ 가상일의 원리(principle of virtual work)

평형 상태를 유지하고 있는 구조물에 미소한 가상 변위를 가하였을 때 외부 하중이 가상 변위에 의하여 일으킨 외적 가상일과 내부 응력이 가상 변위에 의하여 발생한 가상 변형에 의하여 한 내적 가상일(내부에 저장된 변형 에너지)이 같다 는 원리를 이용하는 에너지 방법이다.

① 처짐을 구할 때 : 변위를 만드는 가상의 단위 힘 P=1을 작용시킴

$$\delta = \int \frac{M\, m_1}{EI} dx$$

② 처짐각을 구할 때 : 회전을 만드는 가상의 단위모멘트 m=1을 작용시킴

$$\theta = \int \frac{M\, m_1}{EI} dx$$

❸ 주요 처짐각과 처짐 식

처짐을 구할 때마다 해석 방법을 적용하여 푸는 것은 시간이 많이 걸리고 복잡한 일이므로, 다음의 주요 하중에 따른 처짐각과 처짐 식을 기억하여, 이 식들을 중첩 활용하도록 하자.

(1) 캔틸레버의 주요 하중에 따른 처짐각과 처짐 식

구분	하중유형	처짐각(회전각)	처짐
캔틸레버	A ─── B, M, l	$\theta_B = \dfrac{Ml}{EI}$	$y_B = \dfrac{Ml^2}{2EI}$
	A ─── B, P, l	$\theta_B = \dfrac{Pl^2}{2EI}$	$y_B = \dfrac{Pl^3}{3EI}$
	A ─── B, w, l	$\theta_B = \dfrac{wl^3}{6EI}$	$y_B = \dfrac{wl^4}{8EI}$

(2) 단순보의 주요 하중에 따른 처짐각과 처짐 식

구분	하중유형	처짐각(회전각)	처짐
단순보	M_A, M_B, A ── l ── B	$\theta_A = \dfrac{l}{6EI}(2M_A + M_B)$ $\theta_B = -\dfrac{l}{6EI}(M_A + 2M_B)$	$M_A = M_B = M$ $y_{\max} = \dfrac{Ml^2}{8EI}$
	$\dfrac{l}{2}$, P, A ── l ── B	$\theta_A = -\theta_B = \dfrac{Pl^2}{16EI}$	$y_{\max} = \dfrac{Pl^3}{48EI}$
	w, A ── l ── B	$\theta_A = -\theta_B = \dfrac{wl^3}{24EI}$	$y_{\max} = \dfrac{5wl^4}{384EI}$

* M작용시 : A ── l ── B, M_A $\quad \theta_A = \dfrac{M_A l}{3EI} \quad \theta_B = -\dfrac{M_A l}{6EI}$

제1절 힘과 모멘트

1 힘의 단위 : (　　　　), $1N=1kg×1m/sec^2=100gf$

2 라미의 정리 [한점에 작용하는 세 힘의 평형 관계]

① 한 점에 작용하는 3개의 힘이 평형을 이룰 때, 각 힘은 힘들 간의 사잇각을 이용한 sin법칙을 이용하여 다음 식과 같이 된다.

$$\frac{a}{\sin A} = \frac{b}{\sin B} = \frac{c}{\sin C} \quad \Rightarrow \quad \frac{P_a}{\sin A} = \frac{P_b}{\sin B} = \frac{P_c}{\sin C}$$

제2절 구조물에 작용하는 하중과 지지

1 부재의 강도와 강성

① 강도(strength) : (　　　)을 지지하는 능력
② 강성(stiffness) : (　　　)을 견디는 능력
③ 안정(stability) : Geometry(기하학적 형상)와 Position(위치)을 유지하는 성질

2 구조물의 판별식 (부정정차수 n)

① 구조물의 판별식 : (n = 　　　　　　　)

여기서, m : 부재수, R : 반력수, f : 강접합수, j : (절점 · 지점 · 자유단)수

제3절 **정정구조물의 해석**

① 부재력 계산을 위한 자유물체도

자유물체도란 어떤 물체의 역학적 상태를 표현하기 위하여, 구조물의 일부 또는 전부에 대해 그 부분에 작용하는 모든 힘들(하중, 반력, 부재력 등)을 표시한 그림(diagram)을 말하며, 자유 물체 부분에서도 (   )은 만족하게 된다.

② 하중(ω) – 전단력(V) – 휨모멘트(M) 관계

① 하중(ω)-전단력(V)-휨모멘트(M) 간의 미분 관계 (역으로 표현하면 적분의 관계)

$$\cdot\ \frac{d^2 M}{dx^2} = \frac{dV}{dx} = -\omega \ , \qquad\qquad \cdot\ M = \int V\,dx = -\iint w\,dx$$

② 전단력의 변화율(기울기, 미분값) = 하중(-ω)

  ㉠ 하중이 작용하지 않는 구간(하중이 "0"): 전단력 (   )(기울기가 "0")

  ㉡ 등분포하중(하중의 크기 일정(상수)): 전단력의 기울기가 (   )

③ 휨모멘트의 변화율(기울기, 미분값) = 전단력(V)

  ㉠ 전단력이 "0"일 때 휨모멘트는 (   )이다.

  ㉡ 어떤 위치에서의 모멘트의 크기는 그 위치까지의 (   )

③ 게르버보의 해석

① 게르버 보의 유형은 (a)단순보 + (   ) 유형과 (b)단순보 + (   ) 유형이 있다.

② 게르버 보의 해석은 둘다 (   ) 부분을 먼저 해석하여, 연결힌지점에 반력을 하중으로 작용시켜서 나머지(캔틸레버보, 내민보 등을 해석한다.

④ 정정 라멘의 해석

① 정정 라멘의 종류는 단순보형 라멘, 캔틸레버형 라멘 그리고 3활절 라멘 등이 있다. 단순보형 라멘과 캔틸레버형 라멘은 일반 정정보와 유사한 개념으로 해석할 수 있고, 3활절 라멘의 경우에는 겔버보와 유사한 개념으로 내부힌지점에서 (   )이라는 식을 하나 더 적용할 수 있다.

제4절 **응력과 변형**

① 응력과 변형률

① 하중(외력)이 작용하면 물체(부재) 내부에 이에 대응하는 힘(부재력, 내력)이 생기는데, 단위 면적당 내력의 크기를 (   )이라 한다.

$$\sigma = \frac{P}{A} \qquad [단위 : \ Pa,(= N/m^2)]$$

② 부재에 힘이 작용하면 변형이 생기는데, 변형률(ε)은 변형의 정도를 나타내는 양으로 원래길이에 대한 (   )의 비를 말한다. [단위는 무차원]

$$\varepsilon = \frac{\Delta(변형된\ 길이)}{l(원래이\ 길이)}$$

③ 탄성한도 내에서 응력은 변형률에 (   )한다(후크의 법칙).

$$\sigma = E\,\varepsilon \ \therefore \ \Delta = \frac{P\,l}{A\,E} \quad (E: 탄성계수,\ Young계수)$$

② 휨응력

① 휨모멘트가 작용하는 단면에서 생기는 응력으로 다음식과 같이 (   )에 비례한다.

$$\sigma = \frac{M}{I}\,y$$

② 휨응력의 특징 : 중립축에서는 0이고, (   )에서 최대가 된다. 중립축에서 거리에 비례한다.

③ 전단응력 (τ)

① 전단력이 작용하는 단면에서 생기는 응력으로 전단력(V)을 단면적(A)으로 나눈값이다.

$$\tau = \frac{V}{A}$$

② 전단응력의 특징 : 중립축에서 (   )이고, 상하 연단에서는 0이다.
③ 수평전단응력

$$\tau = \frac{VQ}{I\,b}$$

제5절 **단면의 특성**

① 단면의 중심과 도심

단면의 중심이란 무게중심을 말하며, 도심이란 (   ) 중심을 말한다(보통 일치).

② 단면1차모멘트 G

① 정의: $G_x = A\,\bar{y}$ (면적 × 거리)   (here, $\bar{y}$: 구하려는 축에서 도심까지의 거리)

② 특성: 단면의 도심축에 대하여 (   )이다.

③ 주로 도심까지의 거리($\bar{y}$)를 구하는데 이용 ➡ $\bar{y} = \dfrac{G_x}{A}$

③ 단면2차모멘트 I

① 정의: $I_x = \displaystyle\int y^2 d_A$ (면적 × 거리의 제곱 : 항상 양의 값)

② 특성: 단면 2차 모멘트의 최소값 = (   )에 대한 값 : (I_X)

   단면 2차 모멘트는 항상 양의 값을 갖는다. (∵ 거리의 제곱 형태)

③ 축의 변화에 따른 단면 2차 모멘트 ➡ 평행축정리 이용 ($I_x = I_X + A\,\bar{y}^2$)

④ 단면계수

① 단면계수(S)는 도심축에 대한 (   )를 상하 연단거리(y)로 나눈 값이다.

② 직사각형 단면

$$S_X = \frac{I_X}{y_1} = \frac{bh^2}{6}$$

⑤ 단면2차반경(회전반경) r

단면2차반경(r)은 단면2차모멘트를 단면적으로 나눈값의 (   )이다(=회전반경).

$$r_x = \sqrt{\frac{I_x}{A}}$$

 트러스

❶ 트러스 해석상의 가정

① 모든 부재는 (   )이며 축방향력만 존재한다.

② 모든 절점은 마찰없는 (   )(pin)로 구성되어 있다.

③ 하중(힘)은 (   )에서만 작용하고, 힘의 작용선은 동일평면상에 있다.

❷ 절점법의 개념

① 트러스의 절점은 모두 (   )이므로, 절점에서 사용할 수 있는 힘의 평형조건식은 $\Sigma Fx=0$ 과 $\Sigma Fy=0$인 2개뿐이다.

② 따라서 미지의 힘(부재력 등)이 (   ) 이하인 절점에서 시작하여 순차적으로 미지수를 줄여가면서 부재력을 구해나간다.

❸ 절단법의 개념

① 절단된 일부(좌측 또는 우측) 부분의 자유물체도를 그리면 이 부분 시스템은 힘의 평형조건식 3개($\Sigma Fx=0$, $\Sigma Fy=0$, $\Sigma M=0$)를 적용할 수 있다.

② 따라서, 절단법에서는 미지수(부재력)가 (   ) 이하가 되도록 절단면을 선택하여 힘의 평형조건식을 적용하면 부재력을 구할 수 있다.

❹ 영(0)부재 판별

부재와 반력 및 하중이 총 3개 이하 만나는 절점에서,

① 부재를 선택했을 때, 두 부재만 있고 하중이 없으면 두 부재는 0 부재이다.

② 세부재를 선택했을 때, 하중이 없고 두부재가 (   )에 있으면, 나머지 한부재는 0부재이다.

제7절 기둥의 응력과 거동

1 단주와 장주의 구분 : 세장비를 이용하여 구분

세장비(λ) : 가늘고 긴 정도를 나타내는 값

$$\lambda = \frac{k\,l}{r}$$

2 장주의 탄성 좌굴하중(P_{cr})

① 좌굴하중은 오일러가 유도한 것으로 오일러 좌굴하중 또는 (   )이라고도 한다.

$$P_{cr} = \frac{\pi^2\,E\,I}{(kl)^2} \qquad \text{(k : 유효길이계수)}$$

② 유효길이계수 k 값 : ㉠ 단순지지-1.0, ㉡ 양단고정-(   ), ㉢ 캔틸레버형-(   )

제2절 구조물의 변형

1 모멘트-곡률 관계

① 곡률(curvature; κ) : 단위길이에 대한 각변화율 (곡률반지름의 역수)

② 모멘트-곡률 관계 : $\kappa = \dfrac{d\theta}{dx} = \dfrac{d^2 y}{dx^2} = \dfrac{M}{EI}$

2 캔틸레버의 주요 하중에 따른 처짐각과 처짐 식 (분모계수)

모멘트(M)하중 (1, 2), 집중(P)하중 (2, 3), 등분포(w)하중 (,   )

3 단순보의 주요 하중에 따른 처짐각과 처짐 식 (분모계수)

모멘트(Ma)하중 ([3, 6], 8), 집중(P)하중 (,   ), 등분포(w)하중 (24, 5/384)

정답

제1절

❶ (N, 뉴턴)

제2절

❶ ① 하중, ② 변형

❷ $n = m + R + f - 2j$

제3절

❶ 힘의 평형

❷ ② ㉠ 일정, ㉡ 1차함수, ③ ㉠ 최대값, ㉡ 전단력도 면적

❸ ① ㉠ 캔틸레버보, ㉡ 내민보, ② 단순보

❹ M=0

제4절

❶ ① 응력, ② 변형된 길이, ③ 비례

❷ ① 모멘트, ② 상하단

❸ ② 최대

제5절

❶ 기하학적

❷ ② $G_X = 0$

❸ ② 도심

❹ 단면2차모멘트

❺ 제곱근

제6절

❶ ① 직선재, ② 힌지, ③ 절점

❷ ① 힌지, ② 2개

❸ ② 3개

❹ ② 일직선상

제7절

❷ ① 임계하중, ② ㉡ 0.5, ㉢ 2.0

제8절

❷ (6, 8)

❸ (16, 48)

제1절 힘과 모멘트 ~ **제2절** 구조물에 작용하는 하중과 지지

01 그림과 같은 하중이 작용할 때, O점에 대한 모멘트 합의 크기[kN · m]는? [22 국]

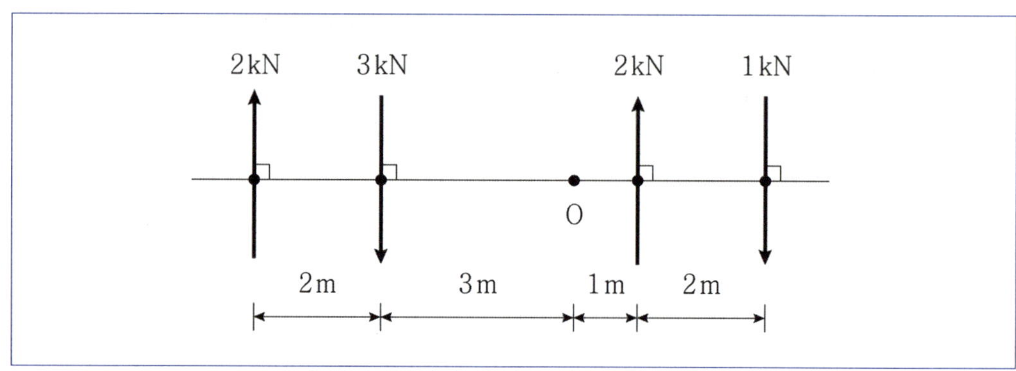

① 2
② 4
③ 6
④ 8

02 다음 구조물의 부정정차수는? [13 국]

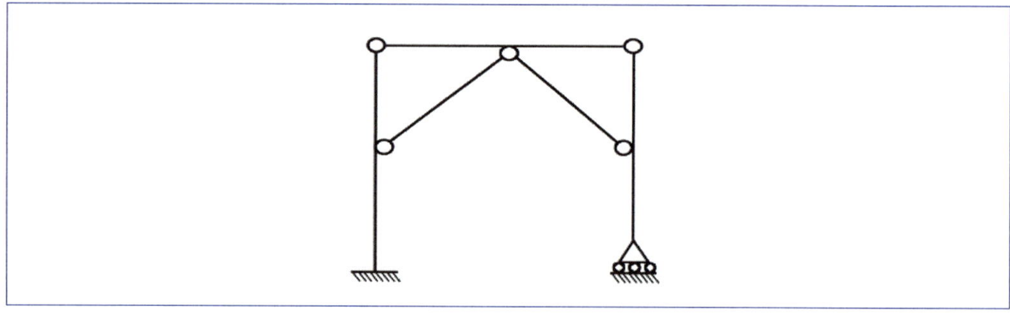

① 1차
② 2차
③ 3차
④ 4차

03 그림과 같은 구조물의 판별 결과로 옳은 것은? (단, 부재 간 접합은 모두 강절점이다)

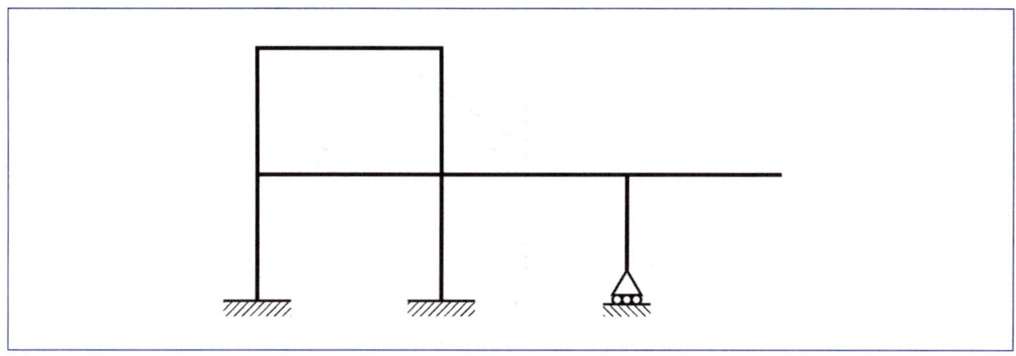

① 불안정

② 7차 부정정

③ 8차 부정정

④ 9차 부정정

04 아래 그림과 같은 골조구조물의 부정정 차수는? 10 지

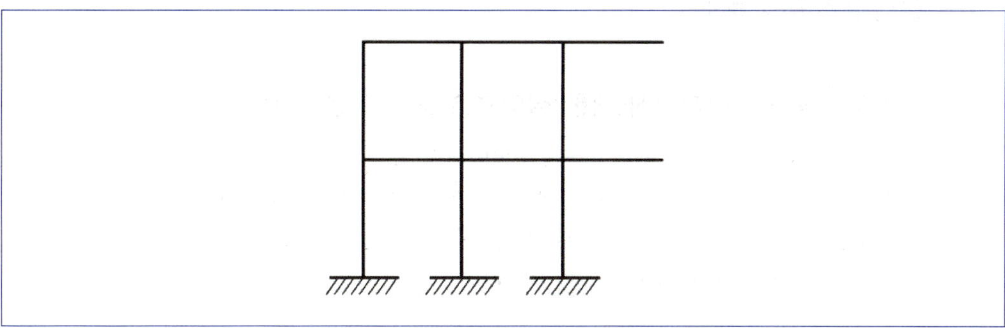

① 9차

② 10차

③ 11차

④ 12차

05 그림과 같은 구조물의 판별 결과로 옳은 것은? 24 지

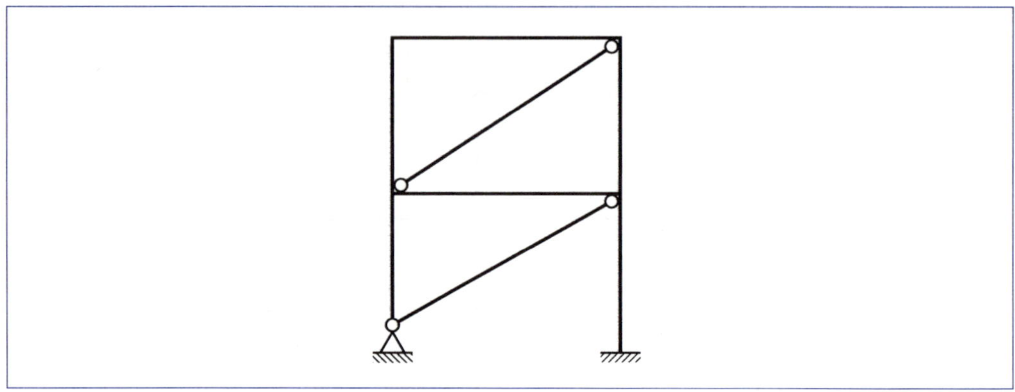

① 불안정
② 6차 부정정
③ 7차 부정정
④ 8차 부정정

제3절 정정구조물의 해석

01 보에서 생기는 부재력에 대한 설명으로 옳지 않은 것은? 11 국

① 전단력은 수직전단력과 수평전단력이 있다.
② 등분포하중이 작용하는 구간에서의 전단력의 분포형태는 1차 직선이 된다.
③ 휨모멘트는 전단력이 0인 곳 중에서 최대값을 나타낸다.
④ 지점의 전단력의 크기는 지점반력보다 항상 크다.

02 아래 그림과 같은 단순보에서 집중하중에 의한 B점의 수직반력(R_B)값은? (단, 자중은 무시한다) 08 국

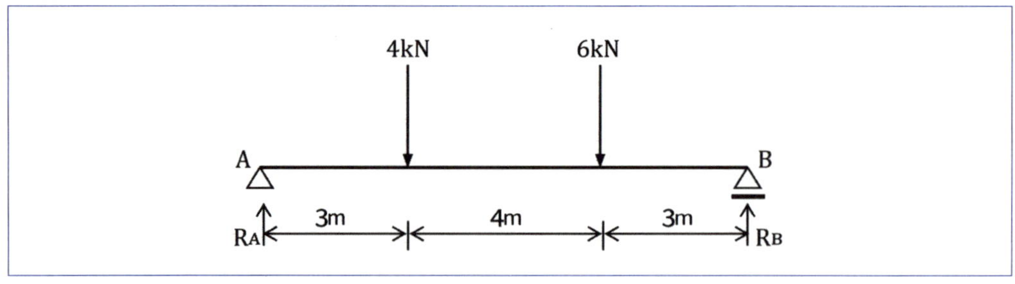

① 4.6 kN
② 5.4 kN
③ 6.0 kN
④ 10.0 kN

03 그림과 같이 내민보에 등분포하중 10kN/m가 작용할 때, A 지점의 수직반력[kN]은?
(단, 보의 자중은 무시한다) 25 국

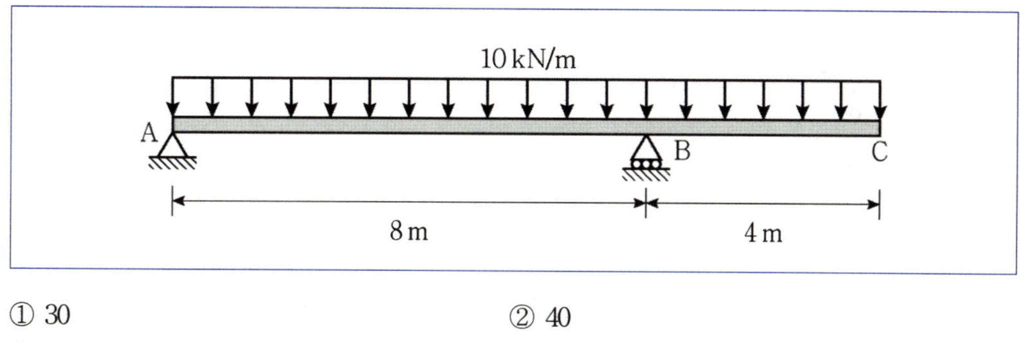

① 30 　　　　　　② 40
③ 60 　　　　　　④ 80

04 다음 단순보에 등변분포하중이 작용할 때, 각 지점의 수직반력의 크기는? (단, 부재의
자중은 무시한다) 18 국

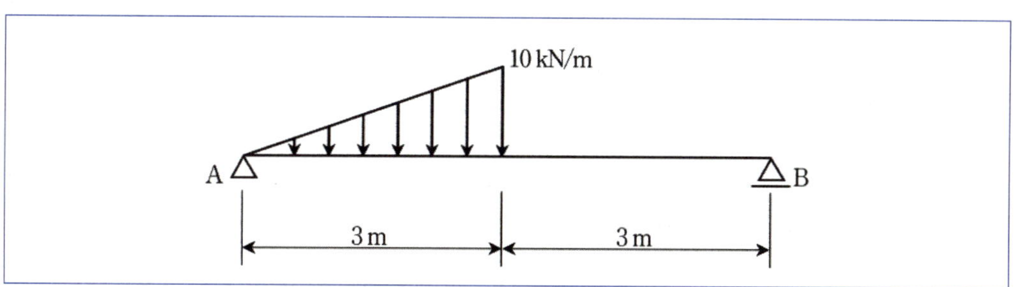

	A지점	B지점
①	20 kN	10 kN
②	15 kN	10 kN
③	10 kN	5 kN
④	12 kN	3 kN

05 경간 l인 단순보가 등분포하중 ω를 받는 경우, 경간 중앙 위치에서의 휨모멘트 M과 전단력 V는? [15 국]

휨모멘트M	전단력V
① $\dfrac{\omega l^2}{8}$	$\dfrac{\omega l}{2}$
② $\dfrac{\omega l^2}{8}$	0
③ $\dfrac{\omega l^2}{12}$	$\dfrac{\omega l}{2}$
④ $\dfrac{\omega l^2}{12}$	0

06 그림과 같은 정정보에 집중하중 14 kN이 작용할 때, C점에서 휨모멘트의 크기[kN · m]는? (단, 보의 자중은 무시하며, 보의 전 길이에 걸쳐 재질 및 단면의 성질은 동일하다)

[22 국]

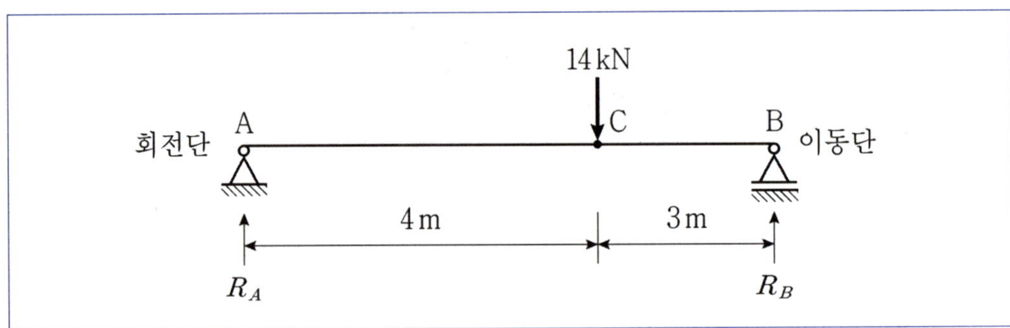

① 20
② 22
③ 24
④ 26

07 그림과 같은 조건을 갖는 단순보의 전단력도와 휨모멘트도로 옳은 것은? (단, 보의 자중은 무시한다) 25 국

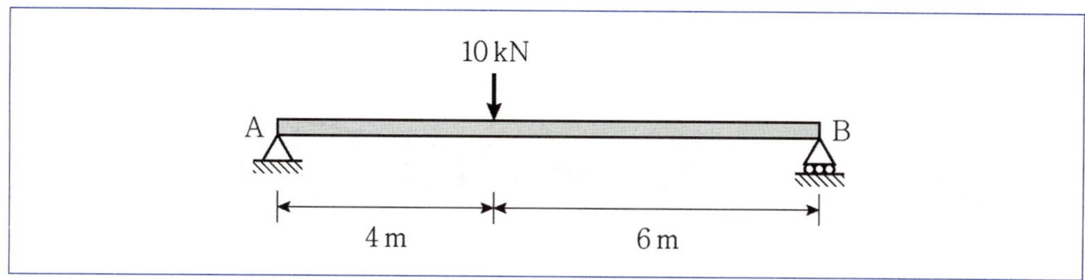

전단력도   휨모멘트도

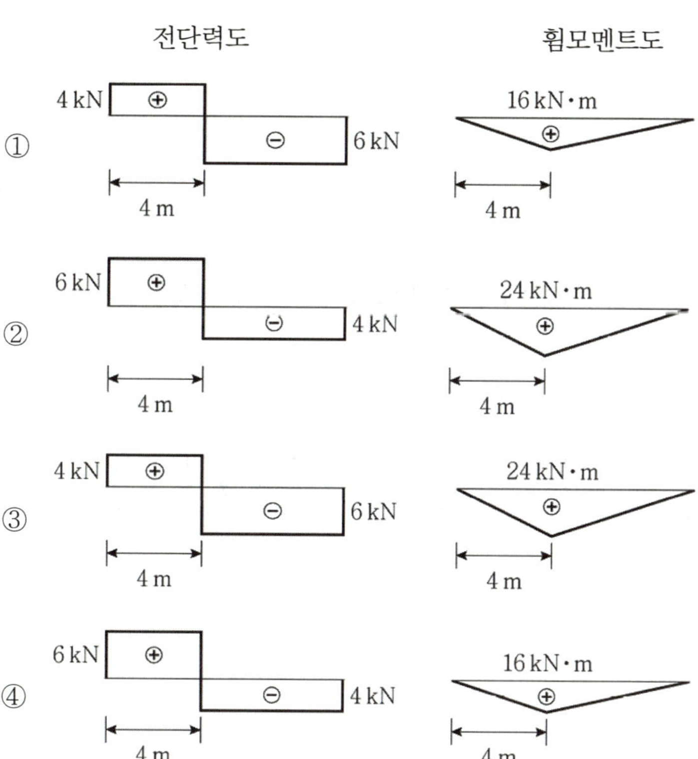

08 그림과 같이 등변분포하중을 받는 캔틸레버보에 발생하는 최대 휨모멘트[kN·m]의 절댓값은? (단, 보의 자중은 무시한다) 25 지

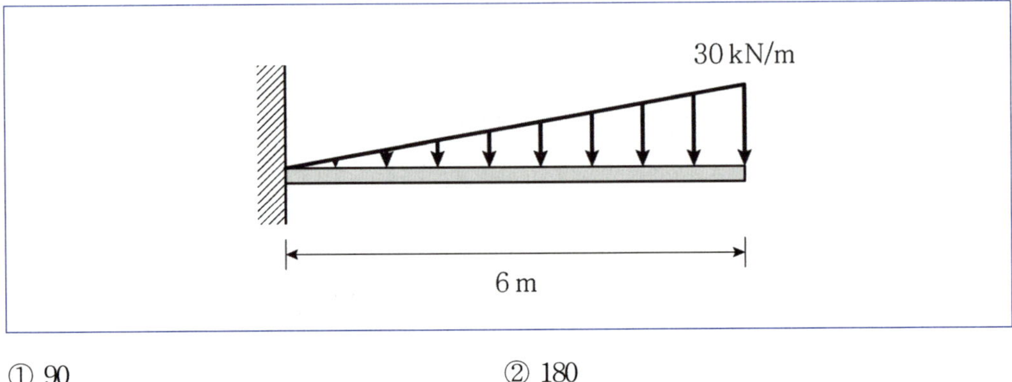

① 90
② 180
③ 270
④ 360

09 그림과 같은 겔버보의 C점에 발생하는 휨모멘트[kN·m]의 절댓값은? (단, 보의 자중은 무시한다) 24 국

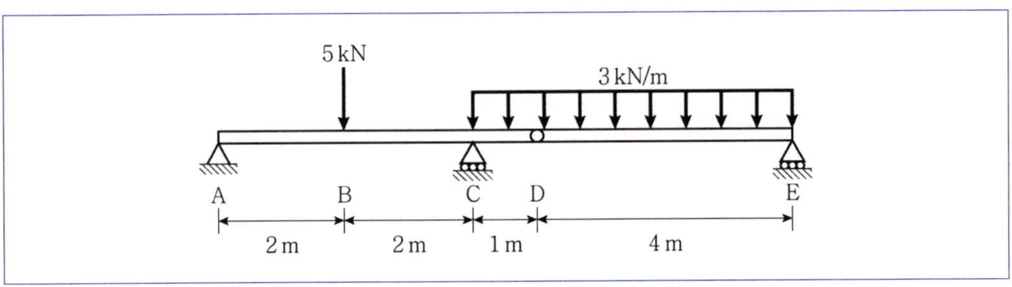

① 5.0
② 7.5
③ 10.0
④ 12.5

10 다음 구조물의 지점 A에서 발생하는 수직방향 반력의 크기는? (단, 부재의 자중은 무시한다) 18 지

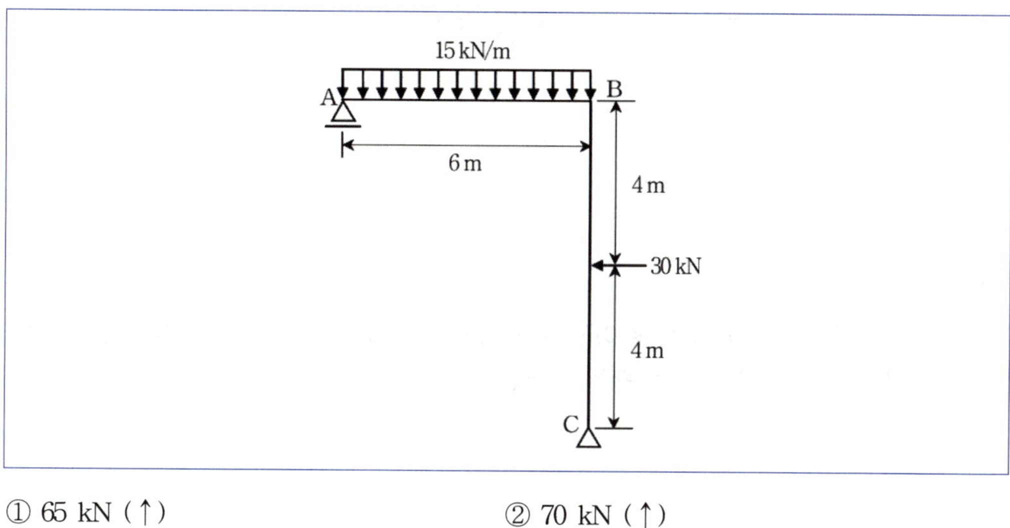

① 65 kN (↑) 　　② 70 kN (↑)

③ 75 kN (↑) 　　④ 80 kN (↑)

제4절 응력과 변형

01 그림과 같이 길이가 1.0 m, 단면적이 500mm²인 탄성 재질의 강봉을 50 kN의 힘으로 당겼을 때 강봉의 변형률은? (단, 강봉의 탄성계수는 E＝2.0×105 MPa이다) 11 지

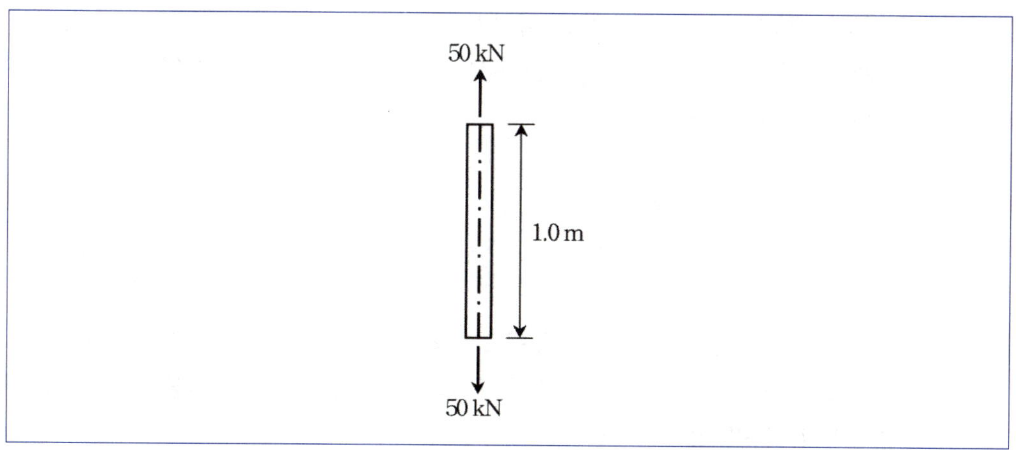

① 1.0×10^{-4} 　　② 2.0×10^{-4}

③ 2.5×10^{-4} 　　④ 5.0×10^{-4}

02 길이 L인 봉에 축하중 P가 작용할 때 봉의 늘어난 길이 ΔL은? (단, 봉의 단면적은 A이며, 하중 P는 단면의 도심에 가해지고 자중은 무시한다. 봉을 구성하는 재료의 응력(σ) −변형도(ε)관계가 $\sigma = E\sqrt{\varepsilon}$ 이며, E는 봉의 탄성계수이다) [17 국]

① $\dfrac{PL}{AE}$

② $\dfrac{P^2L^2}{A^2E^2}$

③ $\dfrac{P^2L}{A^2E^2}$

④ $\dfrac{PL}{A^2E^2}$

03 탄성계수가 200 GPa, 길이가 5 m, 단면적이 100 mm^{2}인 직선부재에 10 kN의 축방향 인장력이 작용할 때, 부재의 늘어난 길이(mm)는? [12 국]

① 1

② 2

③ 2.5

④ 4

04 부재의 길이가 1m이고 한변의 길이가 10mm인 정사각형 단면에 2 kN의 축방향 인장력이 작용하여 길이가 1mm 늘어났을 경우, 재료의 탄성계수[MPa]는? (단, 재료는 탄성범위 내에서 거동한다) [25 국]

① 200

② 2,000

③ 20,000

④ 200,000

05 단면적이 200 mm^{2}로 균질하고 길이가 2 m인 선형탄성 부재가 길이방향으로 10 kN의 중심인장력을 받을 경우, 늘어나는 길이는? (단, 부재의 자중은 무시하고 탄성계수 E = 200,000 N/mm^{2}이다) [17 지-추가]

① 0.5 mm

② 1.0 mm

③ 1.5 mm

④ 2.0 mm

06 길이가 L이고 변형이 구속되지 않은 트러스 부재가 온도변화 ΔT에 의해 일어나는 축방향 변형률(ϵ)은? (단, 트러스 부재의 재료는 열팽창계수 α인 등방성 균질재료로 온도변화에 따라 선형변형한다) [19 국]

① $\epsilon = \alpha(\Delta T)$

② $\epsilon = \alpha(\Delta T)\sqrt{L}$

③ $\epsilon = \alpha(\Delta T)L$

④ $\epsilon = \alpha(\Delta T)L^2$

07 다음 미소 응력요소의 평면응력상태($\sigma_x = 4$ MPa, $\sigma_y = 0$ MPa, $\tau = 2$ MPa)에서 최대 주응력의 크기는? [18 국]

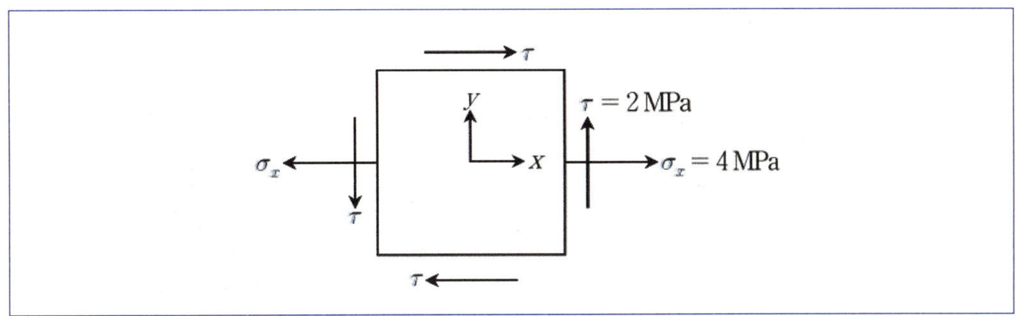

① $4 + 2\sqrt{2}$ MPa

② $2 + 2\sqrt{2}$ MPa

③ $4 + \sqrt{2}$ MPa

④ $2 + \sqrt{2}$ MPa

08 그림과 같이 직사각형 단면을 가지는 단순보에서 B점과 C점에 작용하는 최대 휨응력에 대한 설명으로 옳은 것은? (단, 보의 자중은 무시하며, 보의 전 길이에 걸쳐 재질은 동일하다) [22 지]

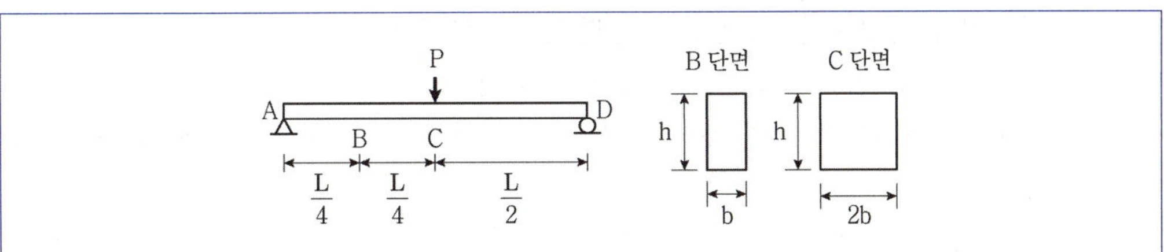

① B점 최대휨응력은 C점 최대휨응력의 1/4이다.

② B점 최대휨응력은 C점 최대휨응력의 1/2이다.

③ B점 최대휨응력은 C점 최대휨응력과 같다.

④ B점 최대휨응력은 C점 최대휨응력의 2배이다.

09 그림과 같은 단순보 중앙에 집중하중 24 kN이 작용할 때, 단순보 단면에 발생할 수 있는 최대 전단응력[MPa]은? (단, 보의 자중은 무시한다) 24 국

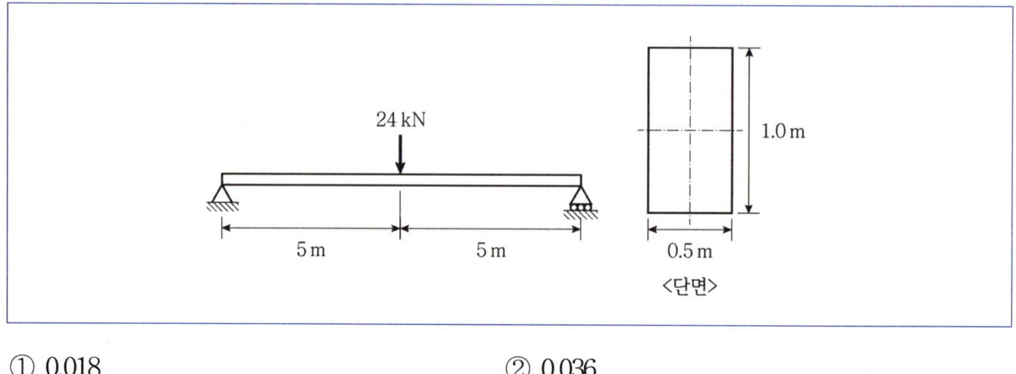

① 0.018

② 0.036

③ 0.048

④ 0.072

제5절 **단면의 특성**

01 단면의 성질에 관한 설명으로 옳지 않은 것은? 13 지

① 단면의 도심을 지나는 축에 대한 단면1차모멘트는 0이다.

② 단면상의 서로 평행한 축에 대한 단면2차모멘트 중 도심축에 대한 단면2차모멘트가 최대이다.

③ 단면의 주축에 대한 단면상승모멘트는 0이다.

④ 동일 원점에 대한 단면극2차모멘트 값은 직교좌표축의 회전에 관계없이 일정하다.

02 그림과 같이 도심을 지나는 x축, y축에 대한 직사각형 단면의 성질에 대한 설명으로 옳지 않은 것은? 23 국

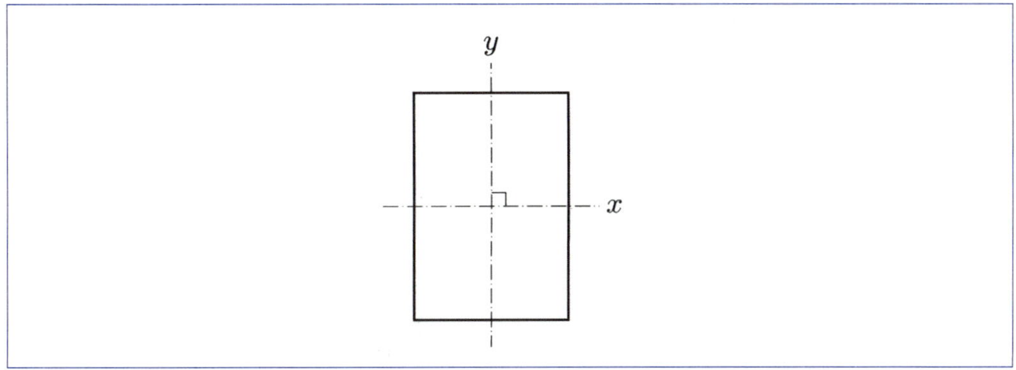

① y축에 대한 단면1차모멘트는 0이다.

② x축, y축에 대한 단면상승모멘트는 0이다.

③ 주축은 서로 직교하지 않고 45°의 각도를 이룬다.

④ 주축에 대한 단면상승모멘트는 0이다.

03 그림과 같은 T형 단면의 도심거리 y는? 22 국

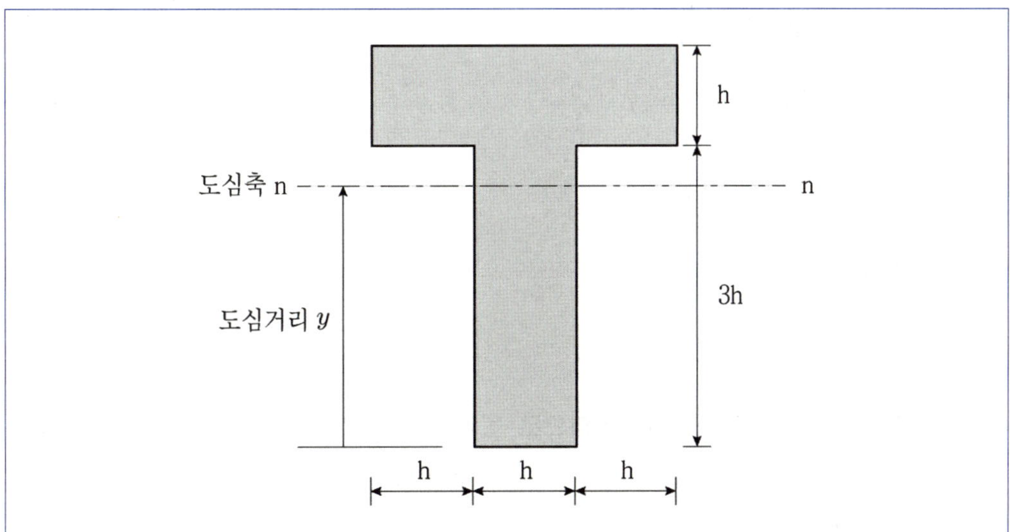

① $\dfrac{3}{2}h$　　　　　　　② $\dfrac{4}{2}h$

③ $\dfrac{5}{2}h$　　　　　　　④ $\dfrac{6}{2}h$

04 다음 그림과 같은 직사각형 단면에서 x축과 y축이 도심을 지날 때, x축에 대한 단면2차 모멘트 Ix와 y축에 대한 단면2차모멘트 Iy의 비(Ix : Iy)는? [13 국]

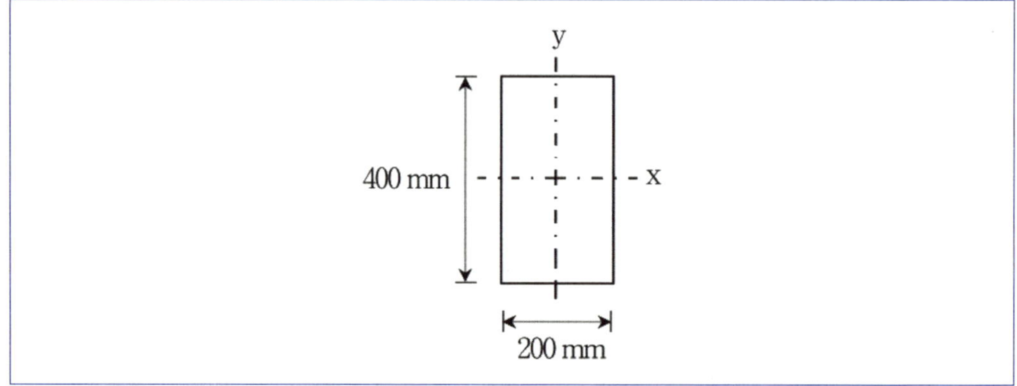

① 2 : 1 　　　　② 1 : 2
③ 4 : 1 　　　　④ 1 : 4

05 단면의 높이 h, 폭이 b인 직사각형 부재의 강축에 대한 단면 2차 모멘트(I), 단면계수(S), 단면 2차 반경(r)으로 옳은 것은? [11 국]

① $I = \dfrac{bh^2}{12}$, $S = \dfrac{bh}{6}$, $r = \dfrac{h^2}{12}$

② $I = \dfrac{bh^3}{12}$, $S = \dfrac{bh^2}{6}$, $r = \dfrac{h^2}{12}$

③ $I = \dfrac{bh^2}{12}$, $S = \dfrac{bh}{6}$, $r = \dfrac{h}{2\sqrt{3}}$

④ $I = \dfrac{bh^3}{12}$, $S = \dfrac{bh^2}{6}$, $r = \dfrac{h}{2\sqrt{3}}$

06 단면계수의 특성에 대한 설명으로 옳지 않은 것은? [20 지]

① 단면계수가 큰 단면이 휨에 대한 저항이 크다.
② 단위는 cm^4 , mm^4 등이며, 부호는 항상 정(+)이다.
③ 동일 단면적일 경우 원형 단면의 강봉에 비하여 중공이 있는 원형강관의 단면계수가 더 크다.
④ 휨 부재 단면의 최대 휨응력 산정에 사용한다.

제6절 트러스

01 다음 그림과 같이 트러스에 하중 P가 작용할 때, A부재와 B부재에 대한 설명으로 옳은 것은? (단, 하중 P는 0보다 큰 값으로 한다) 13 국

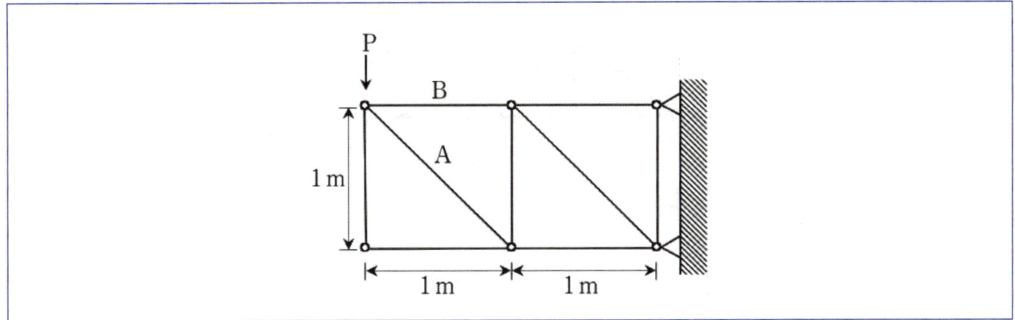

① 압축부재   압축부재
② 인장부재   인장부재
③ 압축부재   인장부재
④ 인장부재   압축부재

02 그림과 같이 트러스구조의 상단에 10 kN의 수평하중이 작용할 때, 옳지 않은 것은? (단, 부재의 자중은 무시한다) 18 국

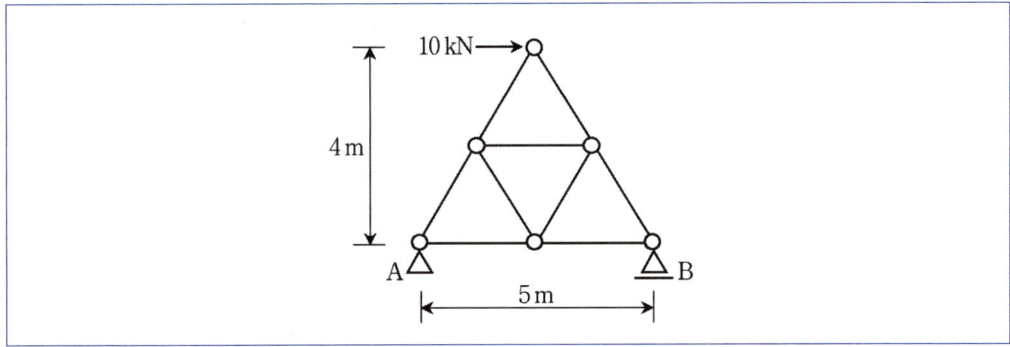

① 트러스의 모든 절점은 활절점이다.
② A 지점의 수직반력은 하향으로 8 kN이다.
③ B 지점의 수평반력은 0이다.
④ 1차 부정정구조물이다.

03 그림과 같은 트러스 구조물에서 부재 DF의 부재력[kN]은? (단, 부재의 인장력은 (＋), 압축력은 (－)로 하며, 자중은 무시한다) 24 국

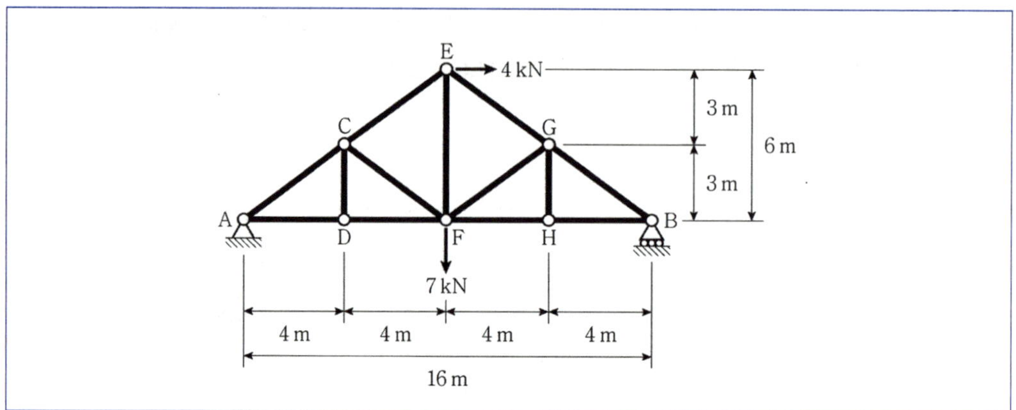

① $+\dfrac{16}{3}$

② $-\dfrac{16}{3}$

③ $+\dfrac{20}{3}$

④ $-\dfrac{20}{3}$

04 그림과 같은 트러스에서 L부재의 부재력은? 16 지

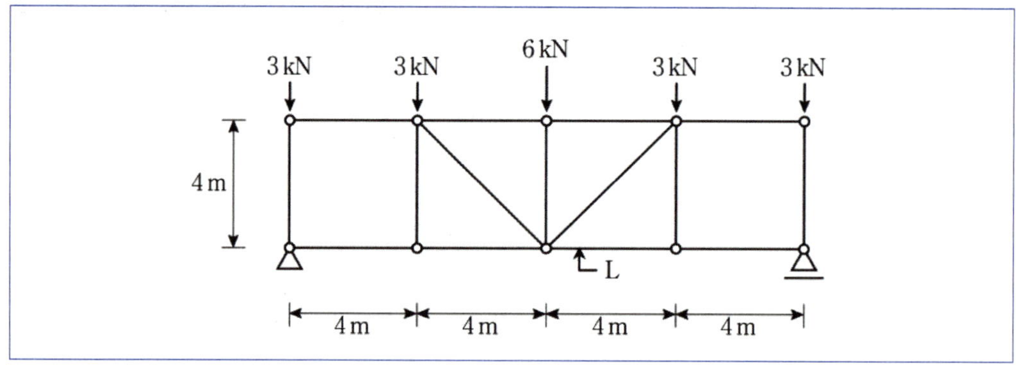

① 4 kN (인장력)

② 5 kN (인장력)

③ 6 kN (인장력)

④ 7 kN (인장력)

05 그림과 같은 트러스에서 부재 BE에 작용하는 부재력[kN]의 절댓값은? (단, 부재의 자중은 무시한다) 25 국

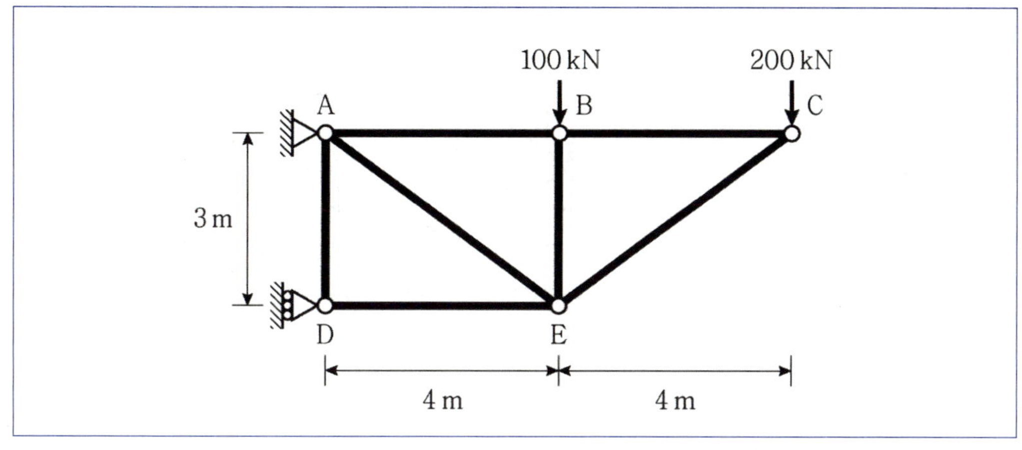

① 0

② 100

③ 266.67

④ 333.33

06 다음 정정 트러스 구조에서 부재력이 0인 부재는? (단, 모든 부재의 자중은 무시한다)

15 지

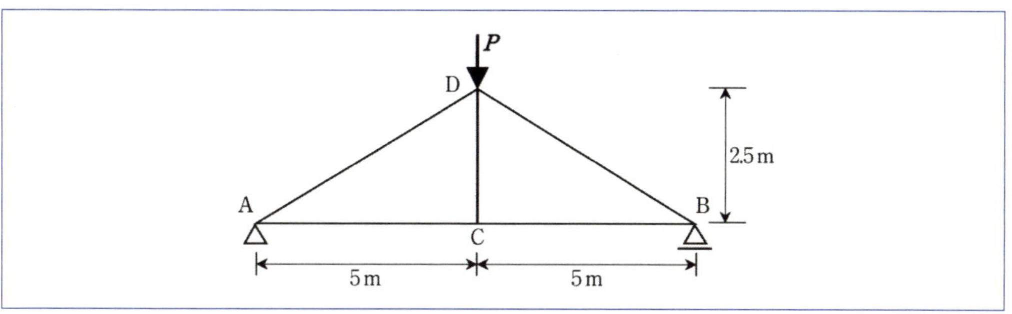

① CD 부재

② AC 부재

③ AD 부재

④ 부재력이 0인 부재는 없다.

07 그림과 같은 트러스 구조를 구성하는 부재 ㉠ ~ ㉣ 중 부재력의 크기가 0이 아닌 것은? (단, 부재의 자중은 무시한다) 17 지-추가

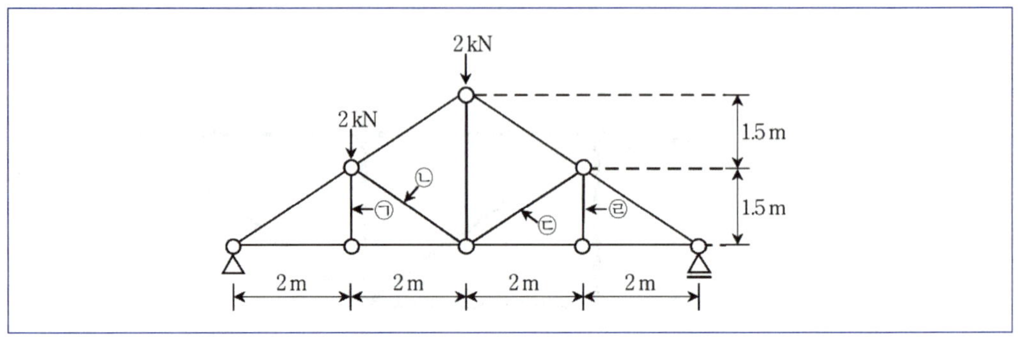

① ㉠
② ㉡
③ ㉢
④ ㉣

08 트러스 구조형식 중 경사부재를 삭제하는 대신 절점을 강절점화하여 정적 안정성을 확보한 것은? 11 지

① 하우트러스(Howe Truss)
② 와렌트러스(Warren Truss)
③ 비렌딜트러스(Vierendeel Truss)
④ 프랫트러스(Pratt Truss)

제7절 기둥의 응력과 거동

01 아래 그림과 같이 일단 자유, 타단 고정인 길이 L인 압축력을 받는 장주의 탄성좌굴하중 (P_{cr}) 값은? (단, E 는 탄성계수, I 는 단면2차모멘트이다) 08 국

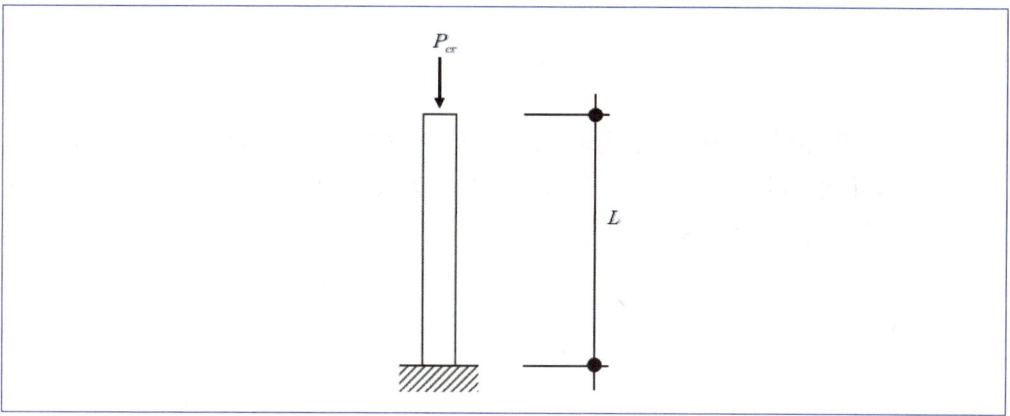

① $\dfrac{\pi^2 EI}{4L^2}$

② $\dfrac{\pi^2 EI}{L^2}$

③ $\dfrac{\pi^2 EI}{0.49L^2}$

④ $\dfrac{\pi^2 EI}{0.25L^2}$

02 기둥 (가)와 (나)의 탄성좌굴하중을 각각 $P_{(가)}$ 와 $P_{(나)}$ 라 할 때, 두 탄성좌굴하중의 비 ($\dfrac{P_{(가)}}{P_{(나)}}$)는? (단, 기둥의 길이는 모두 같고, 휨강성은 각각의 기둥 옆에 표시한 값이며, 자중의 효과는 무시한다) 20 국

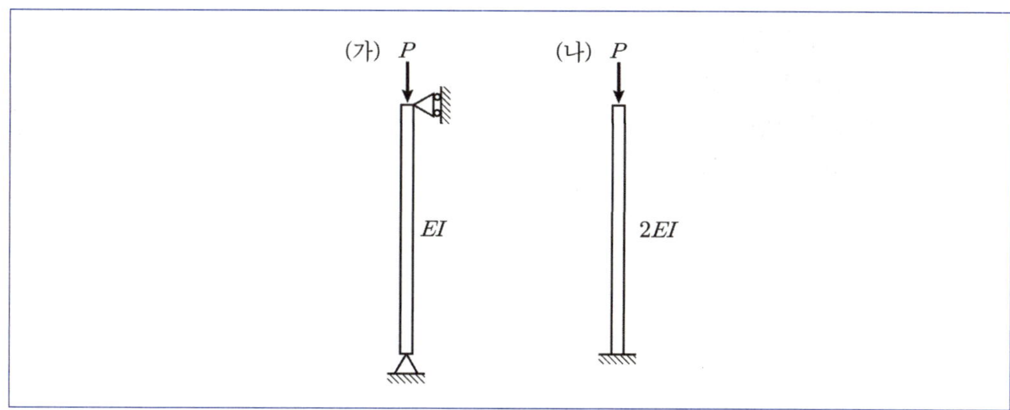

① 0.5

② 1

③ 2

④ 4

03 압축하중을 받는 장주의 좌굴하중을 증가시키기 위한 방안으로 옳지 않은 것은? 16 지

① 부재 단면의 단면2차모멘트를 증가시킨다.
② 부재 단면의 회전반지름(단면2차반경)을 증가시킨다.
③ 부재의 탄성계수를 증가시킨다.
④ 부재의 비지지길이를 증가시킨다.

04 균질한 탄성재료로 된 단면이 500 mm × 500 mm인 정사각형 기둥에 압축력 1,000 kN이 편심거리 20 mm에 작용할 때 최대 압축응력의 크기는? (단, 처짐에 의한 추가적인 휨모멘트 및 좌굴은 무시한다) 14 지

① 4,960 kN/m²   ② 4,000 kN/m²
③ 3,040 kN/m²   ④ 960 kN/m²

05 유효좌굴길이가 4 m이고 직경이 100 mm인 원형단면 압축재의 세장비는? 19 지

① 100   ② 160
③ 250   ④ 400

제8절 구조물의 변형

01 스팬의 중앙에 집중하중을 받는 강재 보의 탄성 처짐에 영향을 주는 요인이 아닌 것은?

15 지

① 재료의 인장강도
② 재료의 탄성계수
③ 부재의 단면형상
④ 부재의 단부 지점조건

02 그림과 같이 등분포 하중(w)을 받는 철근콘크리트 단순보에서 균열 발생 전의 최대 처짐 양을 줄이기 위한 방법으로 다음 중 가장 효과적인 것은? 15 국

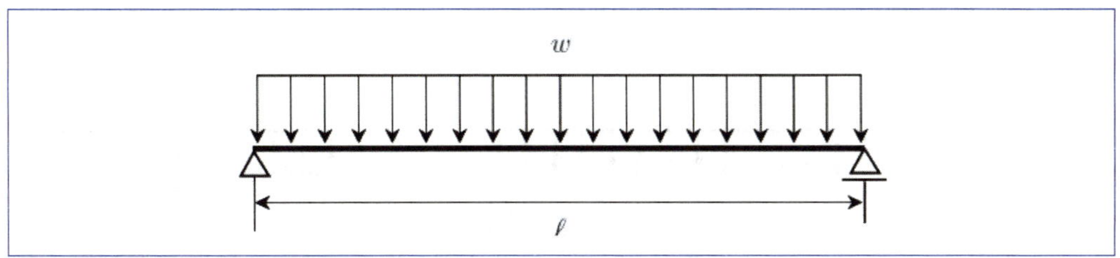

① 단면의 깊이를 2배 높인다.
② 주철근 양을 2배 많게 한다.
③ 단면의 폭을 2배 증가시킨다.
④ 전단철근 양을 2배 많게 한다.

03 그림과 같이 등분포하중 w가 작용하는 캔틸레버보의 최대 처짐은? (단, 보의 자중은 무시하고, 탄성계수(E)와 단면2차모멘트(I)는 일정하며, 선형탄성 거동하는 것으로 가정한다) 24 지

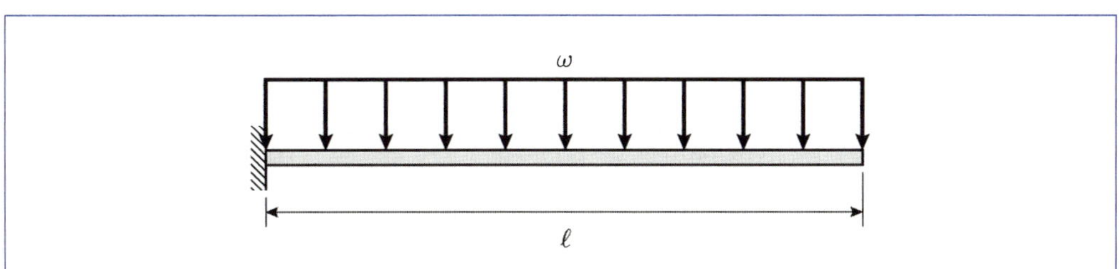

① $\dfrac{\omega\ell^4}{3EI}$

② $\dfrac{\omega\ell^4}{8EI}$

③ $\dfrac{\omega\ell^4}{48EI}$

④ $\dfrac{5\omega\ell^4}{384EI}$

04 그림과 같이 보의 길이(L), 등분포하중(ω)이 동일한 단순보(A)와 캔틸레버보(B)의 최대 처짐비(δA : δB)는? (단, 두 보는 전 길이에 걸쳐 재질 및 단면의 성질이 동일하며, 선형 탄성 거동한다) 25 지

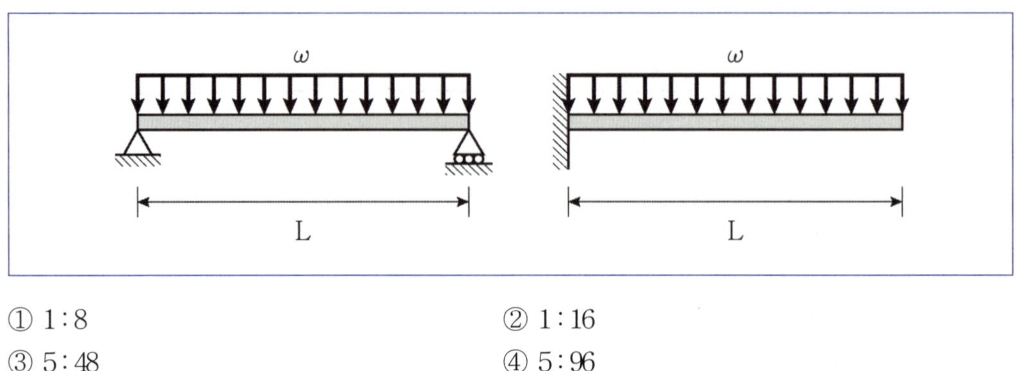

① 1 : 8

② 1 : 16

③ 5 : 48

④ 5 : 96

05 그림과 같은 두 단순지지보에서 중앙부 처짐량이 동일할 때, P2/P1의 값은? (단, 보의 자중은 무시하고, 재질과 단면의 성질은 동일하며, 하중 P1과 P2는 보의 중앙에 작용한다) 21 국

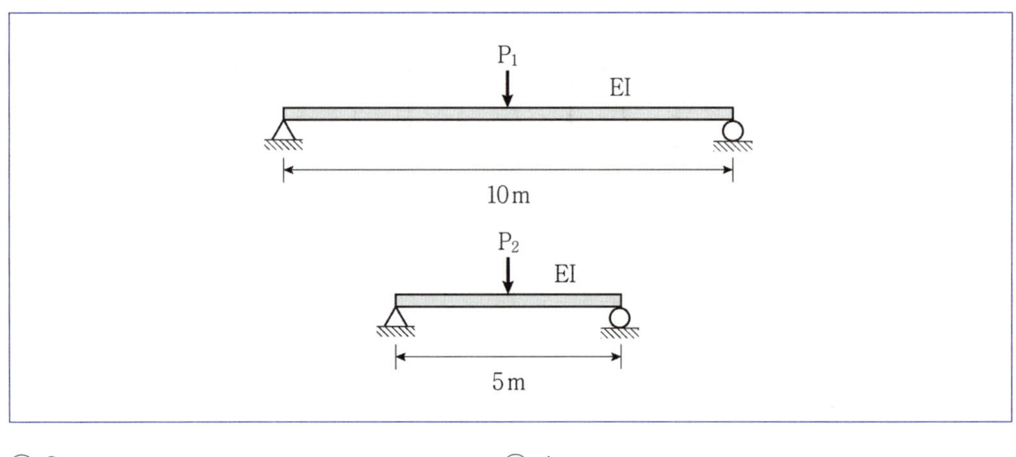

① 2

② 4

③ 6

④ 8

06 다음 캔틸레버 보에 대하여 경간(L)의 1/2지점에 집중하중(P)이 작용한다. 이때 자유단 (a점)의 처짐은? (단, 부재 경간 전체에 대하여 탄성계수(E)와 단면2차모멘트(I)는 동일하다) 13 지

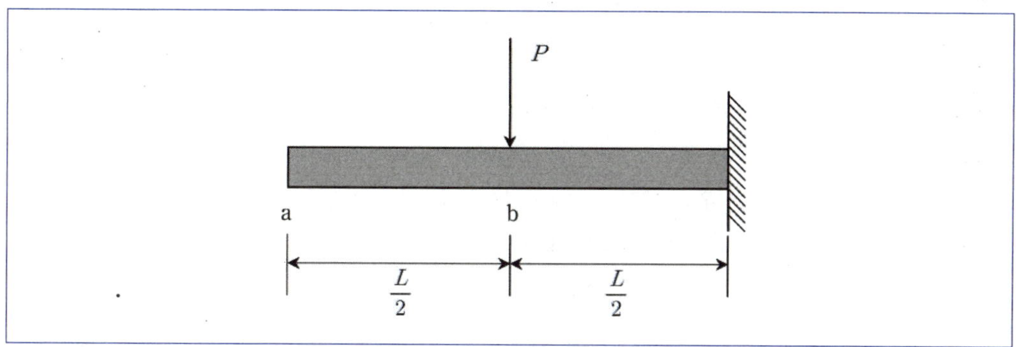

① $\dfrac{PL^3}{3EI}$

② $\dfrac{PL^3}{48EI}$

③ $\dfrac{5PL^3}{48EI}$

④ $\dfrac{5PL^3}{384EI}$

07 그림과 같은 캔틸레버 보에서 b점과 c점의 처짐을 각각 δ_b와 δ_c라고 할 때, 두 처짐의 비 $\dfrac{\delta_b}{\delta_c}$는? (단, 보의 자중은 무시하며, 보의 전 길이에 걸쳐 재질 및 단면은 동일하고, 부재는 선형 탄성으로 거동하는 것으로 가정한다) 23 국

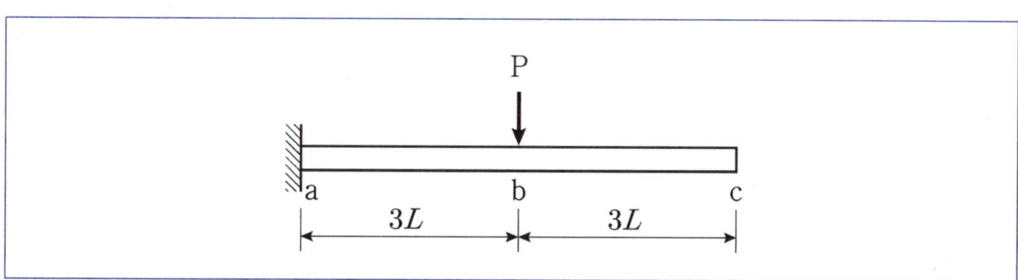

① $\dfrac{1}{2}$

② $\dfrac{2}{3}$

③ $\dfrac{2}{5}$

④ $\dfrac{3}{7}$

정답 및 해설

제1절 ~ 제2절

01 ②	02 ①	03 ②	04 ④	05 ③

01 ② $\Sigma M_o = 2 \times 5 - 3 \times 3 - 2 \times 1 + 1 \times 3 = 2$

02 ① 부정정차수 $n = m + R + f - (2j) = 8 + 4 + 3 - (2 \times 7) = 1$

03 ② 판별식: $n = m + R + f - (2j) = 9 + 7 + 9 - (2 \times 9) = 7$

04 ④ 부정정차수: $n = m + R + f - (2j) = 12 + 9 + 13 - (2 \times 11) = 12$

05 ③ 판별식: $n = m + R + f - (2j) = 8 + 5 + 6 - (2 \times 6) = 7$

제3절

01 ④	02 ②	03 ①	04 ③	05 ①	06 ③	07 ②	08 ④	09 ②	10 ①

01 ④ 지점에 특수한 하중이 작용하지 않으면, 지점의 전단력의 크기는 지점반력과 같다.

02 ② $\Sigma M_A = 4 \times 3 + 6 \times 7 - R_B \times 10 = 0, \quad \therefore R_B = 5.4$

03 ① $\Sigma M_B = V_A \times 8 - 120 \times 2 = 0, \quad \therefore V_A = 30$

04 ③ 1) $\Sigma F_y = V_A + V_B - 15 = 0, \quad \therefore V_A + V_B = 15$
2) $\Sigma M_B = V_A \times 6 - 15 \times 4 = 0, \quad \therefore V_A = 10, \quad \therefore V_B = 5$

05 ① 경간 l인 단순보가 등분포하중 ω를 받는 경우, 중앙점의 $M_c = \dfrac{\omega l^2}{8}$이고, $V_c = \dfrac{\omega l}{2}$이다.

06 ③ 반력: $\Sigma M_A = 14 \times 4 - R_B \times 7 = 0, \quad \therefore R_B = 8,$ C점의 모멘트 $M_c = 8 \times 3 = 24$

07 ② $\Sigma M_B = V_A \times 10 - 10 \times 6 = 0, \quad \therefore V_A = 6,$ 하중점 모멘트값은 전단력도 면적(6*4=24)

08 ④ 캔틸레버보의 최대M은 고정지점의 인접에 생기므로, $\therefore M_{max} = 90 \times 4 = 360$

09 ② 겔버보의 우측 단순보 부분에서 D점의 반력=6,
C점의 모멘트 $\therefore M_c = 6 \times 1 + 3 \times 0.5 = 7.5$

10 ① $\Sigma M_C = V_A \times 6 - 90 \times 3 - 30 \times 4 = 0, \quad \therefore V_A = 65$

제4절

01 ④	02 ③	03 ③	04 ③	05 ①	06 ①	07 ②	08 ③	09 ②

01 ④ $\sigma = E\varepsilon \quad \therefore \varepsilon = \dfrac{\sigma}{E} = \dfrac{P}{AE} = \dfrac{50,000}{500 \times 2.0 \times 10^5} = 5 \times 10^{-4}$

02 ③ $\sigma = E\sqrt{\varepsilon} \rightarrow \sigma^2 = E^2\varepsilon \quad \therefore \Delta L = \dfrac{P^2 L}{A^2 E^2}$

03 ③ $\sigma = E\varepsilon \quad \therefore \delta = \dfrac{PL}{AE} = \dfrac{10,000 \times 5,000}{100 \times 200 \times 10^3} = 2.5$

04 ③ $\sigma = E\varepsilon$ $\therefore E = \dfrac{PL}{A\delta} = \dfrac{2,000 \times 1,000}{(10 \times 10) \times 1} = 20,000$

05 ① $\sigma = E\varepsilon$ $\therefore \delta = \dfrac{PL}{AE} = \dfrac{10,000 \times 2,000}{200 \times 200,000} = 0.5$

06 ① 온도 변형률 : $\epsilon = \alpha(\Delta \mathrm{T})$이다.

07 ② $\sigma_{1,2} = \dfrac{(\sigma_x + \sigma_y)}{2} \pm \sqrt{\left(\dfrac{\sigma_x - \sigma_y}{2}\right)^2 + \tau_{xy}^2} = \dfrac{(4+0)}{2} \pm \sqrt{\left(\dfrac{4-0}{2}\right)^2 + 2^2} = 2 \pm 2\sqrt{2}$

08 ③ 휨응력 $\sigma = \dfrac{M}{S}$ $\sigma_B = \dfrac{(PL/8)}{(bh^2/6)} = \dfrac{3PL}{4bh^2}$, $\sigma_C = \dfrac{(PL/4)}{(2bh^2/6)} = \dfrac{3PL}{4bh^2}$

09 ② 최대 전단력 V=12kN, 최대전단응력 $\tau = 1.5\dfrac{V}{A} = 1.5\dfrac{12,000}{(1000 \times 500)} = 0.036$

제5절

01 ②	02 ③	03 ③	04 ③	05 ④	06 ②

01 ② 평행한 축에 대한 단면2차모멘트 중 "도심축에 대한 단면2차모멘트가 최소이다."

02 ③ 주축은 시로 직교한다.

03 ③ $\bar{y} = \Sigma\dfrac{Gx}{A} = \dfrac{(3h^2 \times 1.5h) + (3h^2 \times 3.5h)}{(3h^2) + (3h^2)} = \dfrac{5}{2}h$

04 ③ $I_X = \dfrac{200 \times 400^3}{12} = 10.67 \times 10^8$, $I_Y = \dfrac{400 \times 200^3}{12} = 2.67 \times 10^8$

05 ④ 단면의 높이 h, 폭이 b인 직사각형 부재의 강축에 대한 단면 2차 모멘트(I)는 $I = \dfrac{bh^3}{12}$, 단면계수(S)는 $S = \dfrac{bh^2}{6}$,

단면 2차 반경(r)은 $r = \sqrt{\dfrac{I}{A}} = \dfrac{h}{2\sqrt{3}}$ 이다.

06 ② 단면계수의 단위는 cm³, mm³ 등이고, 부호는 항상 정(+)이다.

제6절

01 ③	02 ④	03 ③	04 ③	05 ②	06 ①	07 ②	08 ③

01 ③ 좌상 모서리점에서 힘 평형을 적용하면, 부재 A는 압축부재이고, 부재 B는 인장재이다.

02 ④ 이 트러스는 정정구조물이다.

03 ③ 트러스의 반력을 구하면, Ha=-4, Va=2이고, C-D 우측을 절단하여 절단법으로 계산한다.
부재중 DF부재를 제외한 나머지 두 부재가 만나는 C점에서 절단된 단면좌측에 대해 모멘트를 취하면,
$\Sigma M_c = 2 \times 4 + 4 \times 3 - F_{DF} \times 3 = 0$, $\therefore F_{DF} = 20/3$

04 ③ 트러스의 반력을 구하면, Va=Vb=9 kN이고, L부재가 포함되도록 중간 우측을 절단하여 절단법으로 계산한다. 잘린
부재중 L부재를 제외한 나머지 두 부재가 만나는 점에서 절단된 단면 우측에 대해 모멘트를 취하면,
$\Sigma M = 3 \times 4 + L \times 4 - 9 \times 4 = 0$, $\therefore L = +6(인장)$

05 ② 절점 B에서 힘의 평형을 취하면, $\Sigma F_y = -100 - F_{BE} = 0$, $\therefore F_{BE} = -100(압축)$

06 ① 3부재가 만나는 절점 C에서 두 부재가 일직선이면 나머지 한 부재는 "0"부재이다.

07 ② 3부재가 만나는 절점에서 두 부재가 일직선이면 나머지 한 부재는 "0"부재이다. "0" 부재를 지워나가면서 반복적으로 체크하면, (ㄴ)은 "0"부재가 아니다.

08 ③ 트러스 중 경사부재를 삭제하는 대신 절점을 강절점화하여 정적 안정성을 확보한 것은 "비렌딜 트러스"이다.

제7절

01 ①　　**02** ③　　**03** ④　　**04** ①　　**05** ②

01 ① 일단 자유, 타단 고정인 경우 K=2이므로, $P_{cr} = \dfrac{\pi^2 EI}{(KL)^2} = \dfrac{\pi^2 EI}{4L^2}$

02 ③ (가) 단순지지인 경우 K=1이고, 일단 자유, 타단 고정인 경우 K=2이므로,

$$P_{cr(가)} = \dfrac{\pi^2 EI}{(KL)^2} = \dfrac{\pi^2 EI}{L^2}, \quad P_{cr(나)} = \dfrac{\pi^2 EI}{(KL)^2} = \dfrac{\pi^2 2EI}{4L^2} \quad \therefore \left(\dfrac{P_{(가)}}{P_{(나)}}\right) = 2$$

03 ④ 좌굴하중 : $P_{cr} = \dfrac{\pi^2 EI}{(KL)^2}$ 이므로, 비지지길이 L을 증가시키면, 좌굴하중은 감소한다.

04 ① $f = \dfrac{P}{A} + \dfrac{M}{S} = \dfrac{1,000}{(0.5*0.5)} + \dfrac{1,000*0.02}{(0.5*0.5^2/6)} = 4,960$

05 ② 세장비 $\lambda = \dfrac{kL}{r} = \dfrac{4,000}{(100/4)} = 160$

제8절

01 ①　　**02** ①　　**03** ②　　**04** ③　　**05** ④　　**06** ③　　**07** ③

01 ① 집중하중을 받는 보의 처짐은 $\delta = \dfrac{PL^3}{EI}$ 의 꼴로 나타나므로, 재료의 인장강도는 처짐과 관계없다.

02 ① 등분포하중을 받는 단순보의 처짐은 $\delta_{\max} = \dfrac{5wL^4}{384\,EI}$ 의 꼴로 나타나므로, 처짐을 줄이려면 분모의 구성요소인 단면 이차모멘트 I값을 구성하는 보의 깊이 h를 키우는 것이 가장 효과적이다($I = \dfrac{bh^3}{12}$).

03 ② 캔틸레버보(B)의 최대처짐 $\delta_{\max} = \dfrac{wL^4}{8\,EI}$ 이다.

04 ③ 단순보(A)의 최대처짐 $\delta_{\max} = \dfrac{5wL^4}{384\,EI}$, 캔틸레버보(B)의 최대처짐 $\delta_{\max} = \dfrac{wL^4}{8\,EI}$

$\therefore \delta_A : \delta_B = 5 : 48$

05 ④ 단순보의 최대처짐 $\delta_{\max} = \dfrac{PL^3}{48\,EI}$ 이므로,

$$\left(\delta_1 = \dfrac{P_1\,10^3}{48\,EI}\right) \equiv \left(\delta_2 = \dfrac{P_2\,5^3}{48\,EI}\right) \rightarrow 1000P_1 = 125P_2 \quad \therefore \dfrac{P_2}{P_1} = \dfrac{1000}{125} = 8$$

06 ③ b점의 처짐 $\delta_b = \dfrac{P(L/2)^3}{3EI} = \dfrac{PL^3}{24\,EI}$, 처짐각 $\theta_b = \dfrac{P(L/2)^2}{2EI} = \dfrac{PL^2}{8\,EI}$

a점의 처짐 $\delta_a = \delta_b + \theta_b(\dfrac{L}{2}) = \dfrac{PL^3}{24\,EI} + \dfrac{PL^2}{8\,EI}(\dfrac{L}{2}) = \dfrac{5PL^3}{48\,EI}$

07 ③ b점의 처짐 $\delta_b = \dfrac{P(3L)^3}{3EI} = \dfrac{9PL^3}{EI}$, 처짐각 $\theta_b = \dfrac{P(3L)^2}{2EI} = \dfrac{9PL^2}{2\,EI}$

a점의 처짐 $\delta_c = \delta_b + \theta_b(3L) = \dfrac{9PL^3}{EI} + \dfrac{9PL^2}{2\,EI}(3L) = \dfrac{45PL^3}{2\,EI}$, $\quad \therefore \dfrac{\delta_b}{\delta_c} = \dfrac{9}{(45/2)} = \dfrac{2}{5}$

김현
건축구조

제6장은 건축일반구조 파트로 건축을 구성하는 공사 분야 전반에 걸쳐 가볍게 개요와 특징 및 공법 상세에 대하여 살펴보는 단원이다. 과거 초창기에는 조적공사와 목공사를 중심으로 많은 문제가 출제되었으나, 최근의 추세는 조적구조와 목구조 각 1문제씩 출제되고 있고, 기초구조에서는 지반조사부터 기초공사 전반에 걸쳐 2문제 정도가 출제되고 있으며, 기타 프리스트레스트 콘크리트구조와 특수구조에 대해서 공법의 특성이나 구조설계기준의 관련 조항에서 종종 출제가 되고 있다. 출제 경향의 변화와 추이를 잘 파악하고 출제 경향과 비중을 고려하여 시험에 대비하는 공부가 필요하다.

지반조사법, 터파기와 흙막이 공법	★★☆☆☆
부등침하 원인과 대책	★☆☆☆☆
조적식구조의 구조상세(인방보, 내력벽기준 등)	★★☆☆☆
목구조의 접합	★☆☆☆☆
목구조의 내화기준 및 방화설계	★★☆☆☆
프리스트레스트 콘크리트구조	★☆☆☆☆
특수구조 기준(막구조, 케이블구조)	★☆☆☆☆

CHAPTER 06

건축일반구조

건축일반구조

제1절 | 건축일반구조 개요

(1) 과목의 특징과 개요

건축일반구조 과목은 기초구조에서 조적구조, 목구조, 철근콘크리트구조, 강구조, 특수구조 및 기타 외장공사의 각 시공법 등에 대하여 다루고 있으며, 이중 철근콘크리트구조와 강구조에 대해서는 구조설계기준을 중심으로 해당 과목에서 자세하게 살펴보게 되고, 나머지 여러 구조와 시공법 중에서 기초구조와 조적구조 및 목구조 그리고 일부 특수구조 부분에 대해서 이 장에서 정리하였다.

제2절 | 기초 및 지반

1 지반과 기초공사의 진행 순서

(1) 기초공사의 진행순서는 가장 먼저 지반조사를 실시하고, 그 결과에 따라 기초를 설계하고, 터파기와 흙막이 공사를 한 후에 기초공사를 시행한다.

(2) 지반조사

건설할 대지의 지반 상태와 지내력, 지하수위 등의 터파기와 기초공사를 수행하기 위한 기초정보 얻기 위하여 지반조사를 실시한다.

(3) 터파기와 흙막이

대지의 기초공사 위치까지 흙파기를 하기 위하여 주위에 흙이 무너져 내리지 않도록 흙막이를 설치하고 터파기 공사를 시행한다.

(4) 기초공사

지반조사 결과에 따라 얕은기초의 경우 터파기한 기초저면에서 버림콘크리트를 치고 그 위에 기초를 시공한다. 깊은 기초의 경우 기초판이 시공될 기초저면까지 터파기한 후에 말뚝을 박고 말뚝 머리와 기초판을 연결하여 일체가 되도록 기초공사를 시행한다.

② 지반조사 ★★★

(l) 지반조사 순서: 사전조사-예비조사-본조사-추가조사

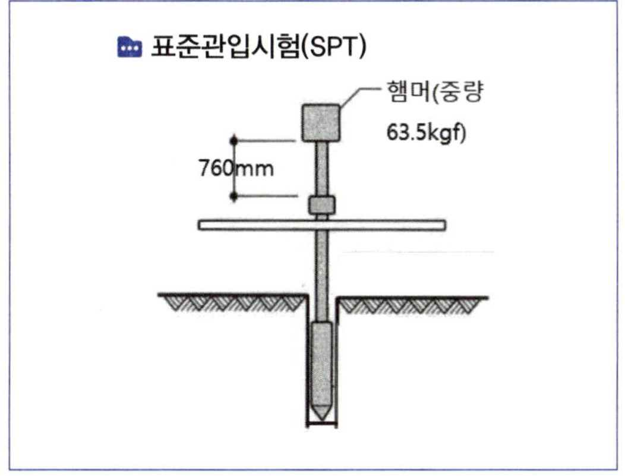

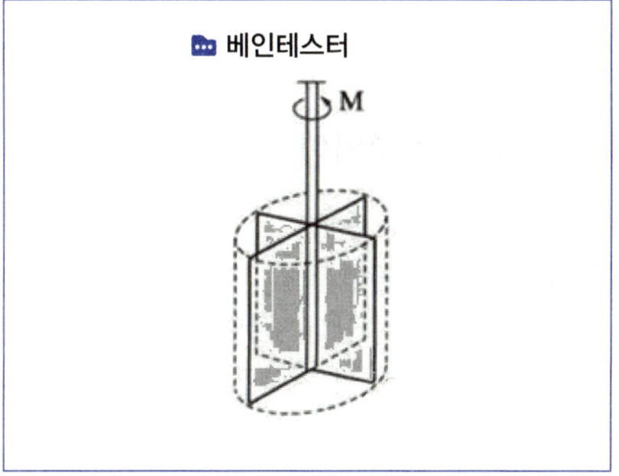

(2) 지반조사법

① **터파보기**: 지름 약 1m, 깊이 1.5~3m를 직접 굴착하여 지반 확인

② **짚어보기**: 뾰족한 철봉(9mm 탐사봉)을 땅에 꽂아 저항 울림 침하 등 손의 감각으로 지반을 추정하는 방법

③ **보오링 테스트**: 지반에 구멍을 뚫어 시료를 채취하여 지반을 조사하는 방법으로 종류는 오거식, 수세식(30m), 회전식(불교란 시료 채취), 충격식(굳은지층)이 있다.

④ **표준관입 시험**: 사질 지반밀도 측정에 활용되며 시험용 샘플러를 지반에 설치하고 표준 중량 63.5kg의 추를 76cm에서 반복 낙하시켜 샘플러가 300mm 깊이로 관입하였을 때의 타격 회수 (N치)로 지반 상태(사질지반의 밀도)를 판단하는 시험법

⑤ **베인 테스트**: 십자(+)모양의 날개를 지중에 삽입하여 회전시켜 점토 지반의 점착력 판별하여 전단 강도를 추정하는 시험법

(3) 재하 시험

지반이나 말뚝에 직접하중을 가하여 허용내력을 구하는 시험

① 평판 재하 시험 (지내력 시험)

$0.2m^2$(45cm각)의 재하판, 매회 1t 이하 재하, 총침하량 20mm일때의 침하량 측정

② 말뚝 재하 시험

실제 사용 예정 말뚝으로 설계하중을 가하여 보는 직접시험법

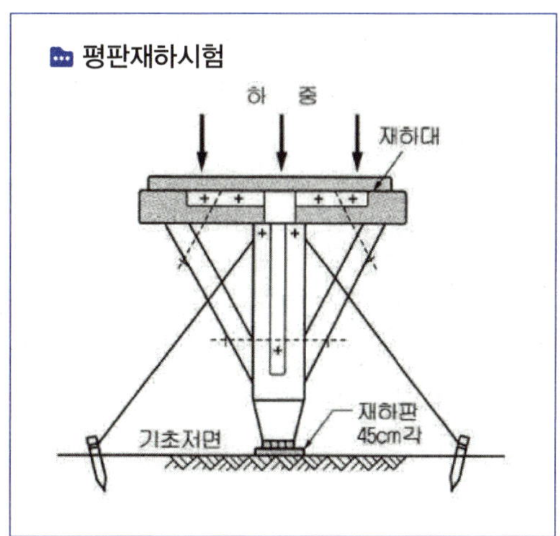

⑷ **지반 특성**
① 다짐 : 사질지반에서 외력작용에 의해 공기가 빠지면서 압축되는 현상
② 압밀 : 점토질지반에서 압력을 받은 흙의 내부 간극에 물이 빠져나가면서 흙입자의 간격이 좁아지는 현상

③ 터파기와 흙막이

⑴ **터파기 공법의 종류**
① 트렌치컷 공법
측벽이나 주열선 부분만을 먼저 파낸 후 기초와 지하구조체를 축조한 다음 중앙부의 나머지 부분을 파내어 지하구조물을 완성하는 공법
② 아일랜드컷 공법
㉠ 중앙부의 흙을 먼저 파고, 그 부분에 기초 또는 지하구조체를 축조한 후, 이를 지점으로 경사 혹은 수평 흙막이 버팀대를 가설하여 흙을 제거한 후 지하구조물을 완성
㉡ 시공 순서 : 흙막이 설치 → 중앙부 굴착 → 중앙부 기초구조부 설치 → 버팀대 설치 → 주변부 흙파기 → 지하구조물 완성

⑵ **지반 개량**
① 점토 지반 개량공법 : 치환공법, 동결공법, 탈수 방법
㉠ 치환공법 : 연약층의 흙을 양질의 흙으로 교체하는 방법
㉡ 동결공법 : 지반에 파이프를 박고 액체질소나 프레온가스를 주입하여 지하수를 동결시켜 차단하는 방법
㉢ 탈수 공법 : 웰포인트, 샌드드레인, 페이퍼드레인, 생석회 공법
(사질토 → 웰포인트, 점성토 → 샌드드레인)
② 웰포인트 공법
사질지반의 대표적인 탈수 공법, 직경 약 200mm의 특수 파이프를 상호 2m 이내 간격으로 관입하여 모래를 투입한 후 진동다짐하여 탈수통로를 형성시켜서 탈수하는 공법
③ 샌드드레인 공법
지름 500mm 정도의 구멍을 뚫고 모래를 넣은 후, 성토 및 하중을 가하여 점토질 지반을 압밀하여 탈수하는 공법
④ 페이퍼드레인 공법
모래 대신 합성수지 카드보드를 지반에 삽입하여 지반의 배수를 촉진하는 지반개량 압밀공법
⑤ 생석회 말뚝 공법
모래 대신 석회를 넣어 탈수 및 지반압밀을 증진시키는 점토 지반 개량공법

(3) 흙막이 공법

① 어스앵커 공법

    ㉠ 흙막이 설치 후 흙막이 배면을 어스 드릴로 천공하여 인장재와 모르타르를 주입, 경화시킨 후 강재의 인장력에 의해 토압을 지지하게 하는 흙막이 공법

    ㉡ 공법의 특징: 버팀대가 불필요하여 경제적, 넓은 작업장 확보 가능, 부분굴착 가능, 설계변경이 용이

② SPS(Strut as Permanent System)공법

    ㉠ 흙막이 버팀대를 가설재로 사용하지 않고 굴토 중에는 토압을 지지하고, 슬래브 타설 중에는 수직하중을 지지하는 영구 구조물 흙막이 버팀대

    ㉡ SPS 공법의 특징: 지하작업과 지상작업 병행으로 공기가 단축, 지하구조물과 가설물의 간섭 배제로 시공성 향상, 가설재의 폐기물 발생 저감, 채광, 환기 등 별도시설 불필요

③ 주열식 지하 연속벽 공법

무소음, 무진동, 임의형상 및 치수 가능, 차수성 우수, 지반조건에 좌우되지 않음

④ 슬러리월(지하 연속벽) 공법

    ㉠ 먼저 가이드 월을 설치한 후 안정액을 사용하여 지반을 굴착한 후 철근망을 일으켜 세워서 설치힌 후 콘크리드를 타설하여 지중에 연속벽체를 형성, 흙막이의 안정성이 뛰어나고 자수성능이 우수

    ㉡ 장점: 무소음, 무진동 공겁임, 임의형상/치수가 가능함

    ㉢ 단점: 수평연속성이 부족함, 타공법 대비 고가임

    ㉣ 안정액(벤토나이트) 용액의 사용목적: 지하수 유입 방지, 마찰저항 감소

    ㉤ 가이드월 설치 이유: 인접지반의 붕괴 방지, 굴착기계의 이동, 철근망 거치

⑤ 케이슨(잠함) 공법

그 자체가 지하구조물이면서 흙막이 및 버팀대 역할을 하는 잠함을 축조하여 지상에서부터 파내려가는 공법(개방잠함, 우물통, 용기잠함 공법)

(4) 터파기, 흙막이 공사 문제 현상 ★★★

① 보일링(boiling)

    ㉠ 흙막이벽 뒷면수위가 높아서 지하수가 모래와 같이 솟아오르는 현상

    ㉡ 방지대책: 배수공법으로 지하수위 낮추기

② 히빙 (heaving)

    ㉠ 흙막이벽 좌우측의 토압차로 인해 흙막이 일부의 흙이 미끄러져 올라오는 현상

    ㉡ 방지대책: 흙막이 벽체를 견고한 지반까지 시공, 아일랜드 공법 채택, 지반개량으로 보강

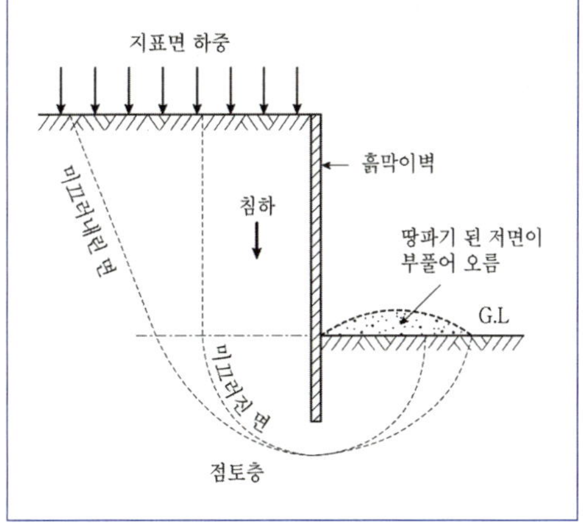

③ 파이핑 (piping)

흙막이벽의 부실공사로서 흙막이벽의 뚫린 구멍 또는 이음새를 통하여 물이 공사장 내부바닥으로 스며드는 현상

④ 부동(부등)침하 ★★★

(1) 원인

연약지반, 경사지반, 이질지반, 이질기초,
(부분)증축, 흙막이취약, 지하구멍(터널), 지하수위변경

📖 부동침하의 원인

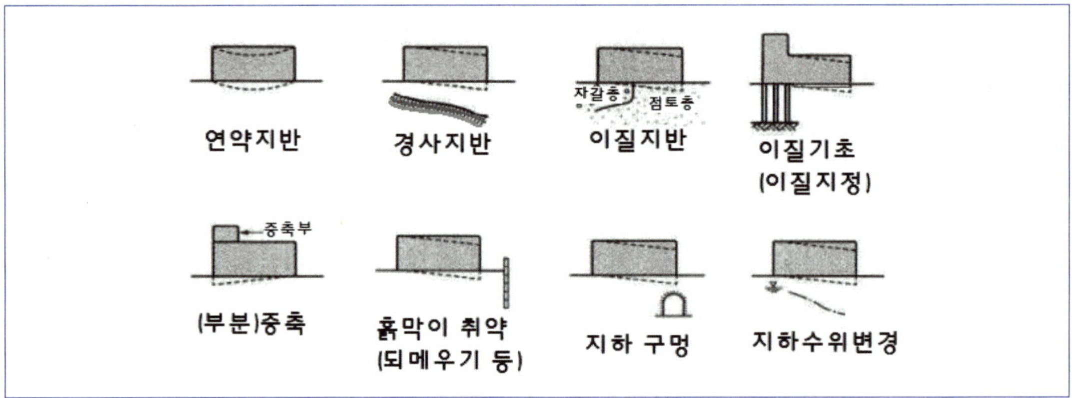

(2) 대책

① 상부구조

건물 경량화, 건물 길이 제한, 지중보 또는 지하 연속벽 설치(뼈대 강성 증가), 인접건물과 이격, 건물 중량 균등 분배

② 하부구조

경질 지반에 지지, 마찰말뚝 사용, 지하실(온통기초) 설치, 기초상호 연결(지중보), 지하 연속벽 시공

③ 지반개량 : 강제배수, 고결, 치환 등의 지반 개량공사

5 기초 구조

(1) 기초 구조

하중을 지반에 안전하게 전달하기 위한 건축물의 하부 구조

기초의 구조

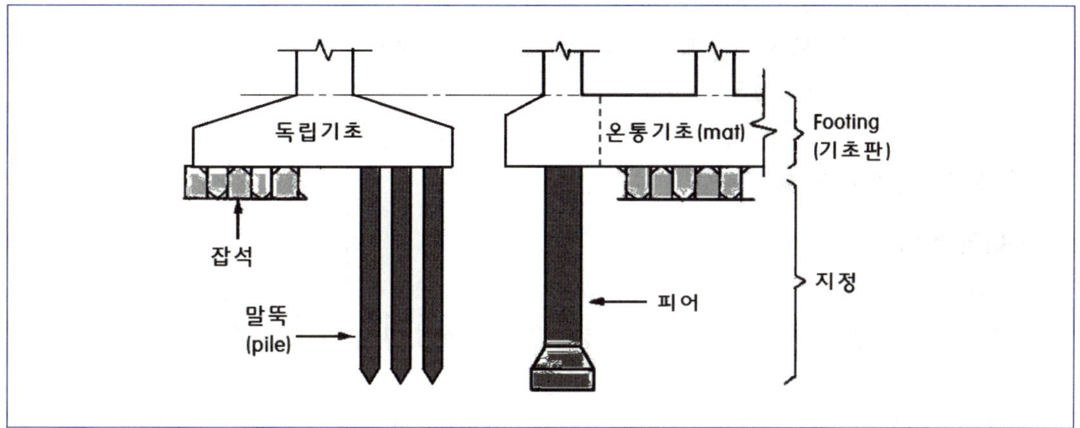

(2) 기초 구조의 명칭

① **기초** : 기둥하부에서 기초판 하면까지

② **지정** : 지반을 보강하는 기초판 하부 구조

③ **지중보** : 기초의 주각부를 수평으로 연결하는 수평보, 기초의 주각부 강성 증대, 지진 저항성 증대, 부동침하 방지, 중심축하중 유도

(3) 기초의 종류

① 기초판 형식에 의한 분류

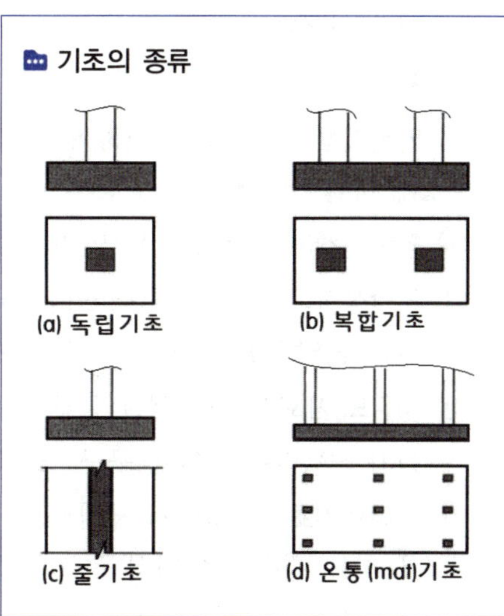

기초의 종류

 ㉠ **독립기초** : 하나의 기초판에 하나의 기초기둥을 지지하는 기초

 ㉡ **연속기초(줄기초)** : 조적조의 벽 하부에 연속적으로 설치하는 기초

 ㉢ **복합기초** : 하나의 기초판에 2개 이상의 기둥을 지지하는 기초

 ㉣ **온통기초(전면기초, Mat기초)** : 건축물의 밑바닥 전체에 기초판을 두는 기초

② 지정형식에 의한 분류

 ㉠ **직접기초** : 기초판에서 하중을 직접 지반으로 전달하는 얕은 기초

 ㉡ **말뚝기초** : 말뚝을 박아 구조물을 지지하는 기초

 ㉢ **피어기초** : 피어로 지지하는 우물통 기초

 ㉣ **잠함기초** : 상자형 단면을 만들어 굴착하며 내려앉게 하는 기초(케이슨)

(4) 지정

기초 밑면을 보강하거나 지반의 지지력을 보강해주기 위한 부분

① **보통 지정** : 잡석지정, 모래지정, 자갈지정, 밑창(버림) 콘크리트 지정

② **말뚝 지정**

    ㉠ 기성콘크리트 말뚝 : 공장 제작 말뚝

    ㉡ 제자리 콘크리트 말뚝 : 페데스탈, 레이몬드, 컴프레솔, 심플렉스, 플랭키 말뚝

    ㉢ 철제 말뚝 : 15m 정도의 제품을 이어 박아 70m 정도까지 가능

6 건축물 기초구조 설계기준

(1) 용어의 정의

① **극한지지력** : 흙에서 전단파괴가 발생되는 기초의 단위면적당 하중(단위 : kN/m^2)

② **마이크로 파일** : 지반에 구멍을 뚫고 강봉을 삽입하여 그라우트한 깊은 기초이며 소구경 말뚝이라고 함

③ **부주면마찰력** : 말뚝 침하량보다 큰 지반 침하가 발생하는 구간에서 말뚝 주면에 발생하는 하향의 마찰력

④ **선단지지력** : 깊은 기초의 선단부 지반의 전단저항력에 의해 발현되는 지지력

⑤ **세장비** : 말뚝의 지름 대비 길이의 비를 의미하며 말뚝재료의 허용하중 산정에 반영

⑥ **얕은기초** : 기초 폭에 비하여 근입 깊이가 얕고 상부 구조물의 하중을 분산시켜 기초하부 지반에 직접 전달하는 기초

⑦ **암반소켓(rock socket)** : 말뚝의 일부를 근입시키기 위해 암반에 형성한 구멍

⑧ **암반정착파일(rock socketed pile)** : 암반과의 지압, 접착력 또는 마찰을 통해 하중저항력이 생기도록 암반정착소켓에 선단 일부가 근입된 말뚝

⑨ **저강도 재료** : 재령 28일의 압축강도가 8.3 MPa 이하가 되도록 제어된 시멘트계 슬러리 재료

⑩ **장기 허용압축응력** : 영구구조물에 상시 작용하는 상시하중(장기하중)에 대한 허용압축응력

⑪ **케이슨기초** : 지상에서 제작하거나 지반을 굴착하고 원위치에서 제작한 콘크리트통에 속채움을 하는 깊은기초 형식

⑫ **파일캡** : 구조물의 상부로부터의 하중을 단일말뚝 또는 무리말뚝으로 전달하기 위해 단일말뚝 또는 무리말뚝의 머리 위에 만든 콘크리트 구조물

⑬ **허용하중** : 극한지지력, 부마찰력, 말뚝간격, 기초 하부 지반의 전반적인 지지력 및 허용침하를 고려한 후 기초에 안전하게 적용할 수 있는 최대하중

⑭ **허용지지력** : 침하 또는 부등침하와 같은 허용한도 내에서 지반의 극한지지력을 적정의 안전율로 나눈 값(단위 : kN/m^2)

⑵ 지반 조사

① 지반의 분류는 관찰과 적절한 위치에서 수행된 천공, 시험터파기, 기타 지하탐사에 의해 확인된 재료들에 대한 시험에 근거해야 한다.

② 비탈면 안정성, 지반강도, 하중지지지반의 위치와 적합성, 지지력에 대한 지하수위의 영향, 압축성, 액상화, 팽창성 등을 평가하기 위하여 필요에 따라 추가적인 조사 및 시험을 수행하여야 한다.

③ 지반조사는 필요에 따라 예비조사와 본조사로 나누어 실시할 수 있다.

④ 예비조사

　㉠ 예비조사는 기초의 형식을 결정하고, 본 조사의 계획을 수립하기 위한 것으로서, 대지 내의 지반구성 및 지층, 지반의 강도, 지하수의 위치 등을 판정하는 것이다.

　㉡ 예비조사는 기초의 지반조사 자료의 수집, 지형에 따른 지반개황의 판단 및 부근 건축구조물 등의 기초에 관한 제조사를 시행하는 것으로 이것이 불충분할 때에는 대지조건에 따라 천공조사, 표준관입시험, 샘플링, 물리탐사, 시험터파기 등을 적절히 실시한다.

⑤ 본조사

본조사는 기초의 설계 및 시공에 필요한 제반 자료를 얻기 위하여 시행하는 것으로 천공조사 및 기타 방법에 따라 대지 내의 지반구성과 기초의 지지력, 침하 및 시공에 영향을 미치는 범위 내의 지반의 여러 성질과 지하수의 상태를 조사하는 것이다. 본조사의 범위 및 항목은 다음과 같다.

　㉠ 조사간격, 조사지점 및 조사깊이는 예비조사에서 추정되는 지반상황과 건축구조물 등의 규모, 종류에 따라 정하는 것으로 한다.

　㉡ 지반의 상황에 따라서 적절한 원위치시험과 토질시험을 하고, 지지력 및 침하량의 계산과 기초공사의 설계에 필요한 지반의 성질을 구하는 것으로 한다.

⑶ 깊은기초

① 깊은기초를 사용할 경우, 설계 및 설치에 사용될 충분한 자료가 없는 한, 다음 항목을 포함한 지반조사가 실시되어야 한다.

　㉠ 말뚝기초의 종류와 말뚝의 지지력

　㉡ 말뚝기초의 중심 간 간격

　㉢ 항타 시방

　㉣ 설치 절차

　㉤ 현장 검사 및 보고 절차(필요한 경우 설치된 말뚝의 지지력 검증 절차를 포함한다.)

　㉥ 하중재하시험 요구사항

　㉦ 인위적으로 조성된 환경에 대한 말뚝기초 재료의 적합성

　㉧ 지지층 또는 지지지반의 결정

　㉨ 필요한 경우, 무리말뚝 효과에 대한 저감

(4) 암반층

건설현장의 지하탐사에서 기초가 시공될 암반층의 구조에 변화 또는 의심스러운 특성이 나타날 경우, 기초저면의 건전성과 지지력에 대한 확신을 얻기 위하여, 보링의 수는 충분해야 하며 그 깊이는 기초저면으로부터 3 m 이상으로 해야 한다.

(5) 저강도 재료

① 직접기초를 재령 28일의 압축강도가 8.3MPa 이하가 되도록 제어된 저강도 재료 위에 지지하는 경우, 다음 사항을 모두 포함한 지반조사를 실시하여야 한다.
　　㉠ 제어된 저강도 재료를 포설하기 전에 현장의 사전준비에 대한 시방서
　　㉡ 제어된 저강도 재료에 대한 사양
　　㉢ 제어된 저강도 재료에 대한 압축강도 또는 지지력을 결정하기 위해 사용할 시험실 또는 현장 시험방법
　　㉣ 현장의 제어된 저강도 재료에 대한 승인을 결정하기 위한 시험방법
　　㉤ ㉣을 결정하기 위해 필요한 현장시험의 횟수와 빈도

(6) 지반조사보고서 작성

① 지반 조사가 필요한 경우, 소유자 또는 권한을 위임받은 대리인은 허가신청 시에 지반조사 서면보고서를 담당원에게 제출하여야 한다.
② 지반조사보고서에는 다음 내용을 포함하여야 하며, 필요시에 더 추가할 수 있다.
　　㉠ 지반조사 위치도
　　㉡ 지반시추, 시추주상도 및 채취시료에 대한 완전한 기록
　　㉢ 지층단면에 대한 기록
　　㉣ 지하수위의 깊이
　　㉤ 기초유형 및 설계사양 (필요시에 더 추가)

❼ 얕은기초

(1) 지지 지반

얕은기초는 교란되지 않은 지반, 다짐한 채움재 또는 제어된 저강도재료 위에 시공하여야 한다.

(2) 계단식 기초

① 기초의 상부면은 평평하여야 하며, 기초의 하부면은 1/10을 초과하지 않는 경사는 허용된다.
② 기초 상부면의 높이에 변화가 필요한 곳 또는 지표면의 경사가 1/10을 초과하는 곳에서는 기초에 단차를 두어야 한다.

(3) 기초의 깊이와 폭

교란되지 않은 지표면 아래로 기초의 깊이는 최소 300 mm이어야 한다. 동결보호 요구사항을 적용하여야 할 경우, 이를 만족하여야 한다. 또한 기초의 폭도 최소 300 mm이어야 한다.

⑷ 동결 보호

동결에 대한 보호조치를 하지 않아도 되는 경우를 제외하고는, 건축물과 구조물의 기초 및 그 외 영구 지지부는 동결로부터 다음의 방법 가운데 하나 이상의 방법으로 보호조치를 하여야 한다.

① 지역의 지반동결선 아래로 기초저면을 연장한다.

② 기초저면의 지반이 동결되지 않도록 적절한 방법으로 열전달을 차단하는 방법으로 시공한다.

③ 단단한 암반 위에 설치한다.

⑸ 무근콘크리트 기초

① 경량골조 이외 구조의 벽체를 지지하는 무근콘크리트 기초의 단부 두께는 지반 또는 암반에 설치되는 경우 200 mm 이상이어야 한다.

② 예외조항으로 주거용 소규모 건축물을 지지하는 무근콘크리트 기초는 만일 기초가 지지벽체의 양측 어느 측에도 기초두께보다 더 크게 내밀지 않는다면, 기초단부의 두께를 150 mm로 할 수 있다.

⑧ 깊은기초

⑴ 말뚝재료의 허용응력

① 나무말뚝

나무말뚝의 허용압축응력은 소나무, 낙엽송, 미송의 경우 5 MPa, 기타 수종의 경우는 상시 습윤상태에서의 허용압축응력과 5 MPa 중 작은 값을 택하며, 허용압축하중은 나무말뚝의 최소단면에 대해 산정한다.

② 기성콘크리트말뚝

㉠ 기성콘크리트말뚝의 장기 허용압축응력은 콘크리트 설계기준강도의 최대 1/4까지를 적용할 수 있으며, 단기 허용압축응력은 장기 허용압축응력의 1.5배로 한다.

㉡ 콘크리트의 설계기준강도는 35 MPa 이상으로 하고 허용하중은 말뚝의 최소단면으로 결정한다.

③ 현장타설 콘크리트말뚝

현장타설 콘크리트말뚝의 장기 허용압축응력은 시공 시의 상황에 따라 다음과 같이 정한다.

㉠ 말뚝본체의 전부 또는 일부의 콘크리트가 물 또는 흙탕물 중에 타설될 경우는 콘크리트 설계기준강도의 20% 이하

㉡ 말뚝본체 콘크리트 타설을 위한 굴착구멍에 물 또는 흙탕물이 없는 상태에서 콘크리트가 타설될 경우 또는 수중타설콘크리트에 대한 조치가 있는 경우는 콘크리트 설계기준강도의 25% 또는 8.5 MPa 이하

④ 강말뚝

㉠ 강말뚝의 장기 허용압축응력은 일반적으로 부식부분을 제외한 단면에 대해 재료의 항복응력과 국부좌굴응력을 고려하여 결정한다.

㉡ 강말뚝의 부식은 말뚝이 설치되는 지역조건 및 환경조건에 따라 결정한다.

㉢ 단기 허용압축응력은 장기 허용압축응력의 1.5배로 한다.

⑵ 말뚝의 중심 간격

① 기성콘크리트말뚝 : 말뚝머리 지름의 2.5배

② 기초측면과 말뚝중심 간의 거리 : 말뚝지름 1.25배 이상

③ 현장타설콘크리트말뚝 : 말뚝머리 지름의 2.0배

❾ 깊은 지하층의 지하외벽, 바닥구조 및 기둥

⑴ 지하외벽구조

① 지하외벽구조는 지상층구조의 횡력 영향과 지하외벽에 직접 작용하는 토압 및 수압의 영향을 고려하여 설계되어야 한다.

② 지하연속벽공법에 의해 시공되는 지하외벽이 영구벽체로 사용되는 경우, 지하연속벽의 수직 시공 이음부의 설계전단강도와 전단강성은 소요전단강도와 소요전단강성을 만족하도록 설계하여야 한다.

⑵ 지하층 바닥구조

① 1층을 포함한 지하층 바닥구조는 연직하중에 의한 영향뿐만 아니라 지상층 구조의 횡력 영향과 지하외벽에 직접 작용하는 횡토압 및 횡수압에 의한 면내압축력도 고려하여 설계하여야 한다. 또한 세장 압축부재는 세장영향을 고려하여한다.

② 면내하중이 작용하는 바닥구조의 설계는 큰 개구부의 영향도 고려하여야 한다.

③ 지하외벽에 직접 작용하는 정적 횡토압과 횡수압은 지속하중으로 간주하여야 한다.

④ 지하층 바닥구조의 하중전달 경로에 단면의 변화가 있는 경우에는 이에 대한 영향을 고려하여 설계하여야 한다.

⑤ 압축력을 받는 합성부재의 각 요소(강재와 콘크리트의 단면)에 작용하는 압축력 산정에는 콘크리트의 장기경과에 따른 영향을 고려하여야 한다.

⑶ 지반에 접한 지하층 바닥구조

지반에 접한 바닥구조는 지하외벽으로부터의 면내하중과 지반으로부터의 상향 수압 및 토압에 의한 면외하중도 고려하여 설계하여야 한다.

⑷ 지하층 기둥

지하층 바닥의 폭이나 길이가 매우 큰 경우(상하 바닥구조의 총수축량 차이가 해당 기둥 높이의 1/500을 초과하는 경우)의 지하층 기둥은 지하층 바닥구조에 작용하는 면내압축력에 의한 바닥구조의 축방향 수축 영향도 고려하여 설계하여야 한다.

제3절 조적식구조

1 조적식구조 개요

(1) 용어의 정의

① **가로줄눈**: 조적단위가 놓여지는 수평적인 모르타르 접합부

② **가로줄눈면적**: 가로줄눈에서 모르타르와 접한 조적단위의 표면적

③ **겹**: 두께방향으로 단위 조적개체로 구성된 벽체

④ **공칭치수**: 규정된 부재의 치수에 부재가 놓이는 접합부의 두께를 더한 치수

⑤ **그라우트**: 시멘트 성분을 가진 재료와 골재의 혼합물로 구성되어 있으며, 조적개체의 사이 혹은 속빈 조적개체의 채움용으로 쓰이는 모르타르 혹은 콘크리트

⑥ **기준치수**: 조적조, 조적단위, 접합부와 다른 구조요소의 시공과 제작을 위해 규정된 치수

⑦ **대린벽**: 한 내력벽에 직각으로 교차하는 벽

⑧ **면살 또는 살**: 조적을 쌓기 위한 속빈 블록 개체의 바깥살 부분

⑨ **보강기둥**: 보강재와 조적체가 모두 압축력을 받는 수직부재

⑩ **보강조적**: 보강근이 조적체와 결합하여 외력에 저항하는 조적시공형태

⑪ **블록의 공동**: 전체 공동단면적이 967 ㎟보다 큰 빈 공간

⑫ **블록전단면적**: 블록의 수평면의 외곽 4변 안에 있는 면적, 즉 속이 빈 공간 등을 포함한 전체 면적

⑬ **비보강기둥**: 두께에 수직이 되는 수평치수가 두께의 3배를 넘지 않는 수직구조부재

⑭ **세로줄눈**: 수직으로 평면을 교차하는 모르타르 접합부

⑮ **속빈단위조적개체**: 중심공간, 미세공간 또는 깊은 홈을 가진 공간에 평행한 평면의 순단면적이 같은 평면에서 측정한 전단면적의 75%보다 적은 조적단위

⑯ **속찬단위조적개체**: 중심공간, 미세공간 또는 깊은 홈을 가진 공간에 평행한 평면의 순단면적이 같은 평면에서 측정한 전단면적의 75% 이상인 조적단위

⑰ **순단면적**: 전단면적에서 채워지지 않은 빈 공간을 뺀 면적

⑱ **유효보강면적**: 보강면적에 유효면적 방향과 보강면과의 사이각의 코사인값을 곱한 값

⑲ **조적개체**: 규정한 요구조건을 만족하는 벽돌, 타일, 석재, 유리블록 또는 콘크리트블록

⑳ **테두리보**: 조적조에 보강근으로 보강된 수평부재

㉑ **프리즘**: 그라우트 또는 모르타르가 포함된 단위조적의 개체로 조적조의 성질을 규정하기 위해 사용하는 시험체

㉒ **환산단면적**: 기준 물질과의 탄성비의 비례에 근거한 등가면적

(2) 통줄눈쌓기

치장벽을 제외한 내력벽 또는 비내력벽에서 가로방향의 연직면상에 위치한 개체의 75% 이하가 밑면에 위치한 조적조높이의 절반 이하 또는 조적조길이의 4분의 1 이하로 포개져 시공될 때, 이 벽체를 통줄눈쌓기로 간주한다.

(3) 공간쌓기벽의 벽체연결철물

① 벽체연결철물의 단부는 90°로 구부려 길이가 최소 50 mm 이상이어야 한다. 벽체연결철물이 모르타르나 그라우트에 완전히 묻히지 않은 부분은 개별적으로 양단이 각각 홑겹벽에 연결되어야 한다.

② 연결철물은 교대로 배치해야 하며, 연결철물 간의 수직과 수평간격은 각각 600 mm와 900 mm를 초과할 수 없다.

③ 개구부 주위에는 개구부의 가장자리에서 300 mm 이내에 최대 간격 900 mm인 연결철물을 추가로 설치해야 한다.

(4) 줄눈보강

사전조립 줄눈보강은 벽체면적 0.2 m² 마다 벽체두께방향으로 최소 지름 3 mm 철선을 적어도 1개 이상 설치해야 한다. 줄눈보강철물의 수직간격은 400 mm 이하로 한다. 길이방향의 철선은 가로줄눈 모르타르에 완전히 매입시켜야 하며, 줄눈보강철물은 모든 겹벽과 연결하여야 한다.

(5) 수직방향지지

조적조가 치장목적으로 사용되거나 피복용도로 사용되는 경우를 제외한 조적조의 수직방향으로 지지역할을 하는 구조부재의 최하단 가로줄눈은 비가연성재료로 최소 6 mm, 최대 25 mm 폭을 갖는 지지면적을 확보해야 한다.

(6) 측면지지

수평으로 걸쳐 있는 부분에서는 교차 벽체, 기둥, 벽기둥, 부벽, 또는 버트레스로서, 수직으로 걸쳐 있는 부분에서는 바닥판, 보, 테두리보 또는 지붕 등이 조적조의 횡지지역할을 할 수 있다. 보에 의한 횡지지의 안목거리는 압축측 면적의 최소 폭의 32배를 초과할 수 없다.

(7) 연결철선과 줄눈보강근의 보호

연결철선 또는 줄눈보강근은 최소 20 mm 피복두께를 확보해야 한다. 최대 직경 6 mm 이하 철근이나 볼트를 사용하는 경우 조적조개체와 줄눈보강근 사이의 시멘트페이스트 또는 모르타르 두께는 철근이나 연결철선지름의 최소 2배 이상이어야 한다.

(8) 조적조개체의 재사용

조적조개체는 이 절의 요구조건에 부합할 경우에 재사용이 가능하다. 개체를 재사용하여 만들어진 조적조의 구조적 특성은 승인된 시험에 의해 결정하여야 한다.

❷ 허용응력설계법과 강도설계법

⑴ 조적조 구조설계

앞의 일반사항과 더불어 허용응력설계법과 강도설계법에 의한 비보강조적조와 보강조적조의 구조설계는 이 조항과 다음 조항의 요구조건을 따라야 한다.

⑵ 기준압축강도 명시

조적벽체의 허용응력은 현장에서 선택한 f_m'에 근거한다. 다른 규정이 없는 경우에 f_m'는 재령 28일 강도를 기준으로 정해진다. 만약 재령 28일 강도 이외의 값들이 사용되는 경우에는 설계도면과 시방서에 명시된 f_m' 값을 사용한다. 설계도면에는 구조체의 각 부분에 대한 f_m'값을 표 시해야 한다.

⑶ 유효두께

① 홑겹벽의 유효두께

일반 조적개체나 속빈개체로 된 홑겹벽의 유효두께는 해당 벽체의 두께와 같다.

② 다중겹벽의 유효두께

다중겹벽의 유효두께는 홑겹벽 사이가 모르타르나 그라우트로 채워져 있는 경우에 해당 벽체의 두께와 같다고 본다. 홑겹벽 사이가 비어 있는 벽체의 유효두께는 공간쌓기벽과 같이 계산한다.

③ 공간쌓기벽의 유효두께

공간쌓기벽에서 2개의 홑겹벽이 모두 축하중을 받는 경우, 각각의 홑겹벽은 독립적으로 거동하는 것으로 간주한다.

④ 기둥의 유효두께

장방형기둥의 유효두께는 각 방향으로 주어진 두께와 같다. 단면이 장방형이 아닌 기둥의 유효두께는 주어진 방향으로 같은 크기의 단면2차모멘트 값을 갖는 정사각형기둥의 두께와 같다.

⑷ 유효높이

기둥과 벽체의 유효높이는 부재의 양단에서 부재의 길이 축에 직각방향으로 횡지지된 부재의 최소한의 순 높이이다. 부재 상단에 횡지지되지 않은 부재의 경우 지지점부터 부재높이의 2배로 한다.

⑸ 유효단면적

유효단면적은 속이 빈 개체의 최소 가로줄눈면적 또는 속이 찬 개체의 전체면적에 그라우트의 면적을 더한 것으로부터 계산한다. 속이 빈 개체의 공간이 응력방향에 직각으로 놓여 있는 경우에는 최소 가로줄눈면적과 최소 단면적 중에서 작은 값을 유효면적으로 본다. 가로줄눈에 홈이 나 있을 때에는 그만큼 유효면적이 줄어든 것으로 본다. 공간쌓기벽의 유효면적에 하중을 받는 단일 조적벽의 면적을 포함하지 않는다.

⑹ 대린벽의 유효폭

전단벽이 다른 벽체와 직각으로 만나는 경우, 전단벽 양쪽에 형성되는 플랜지는 휨강성 계산을 할 수 있으며, 플랜지의 유효폭은 교차되는 벽체두께의 6배를 초과할 수 없다. 수평전단력에 대해서는 전단력방향에 평행인 벽체의 유효면적만이 저항하는 것으로 가정한다.

(7) 수직집중하중의 분산

막힌줄눈쌓기에서 수직집중하중에 대한 최대허용압축응력을 산정하기 위해 유효벽체의 길이는 수직하중 지점 사이의 중심간 거리 또는 지압판의 너비에 벽두께의 4배를 더한 값을 초과해서는 안 된다. 수직지점하중의 분산을 위한 별도의 구조부재가 설치되지 않는 경우 수직지점하중이 통줄눈과 같이 연속한 수직모르타르 또는 신축줄눈을 가로질러 분산하지 않는 것으로 가정한다.

(8) 비내력벽에 대한 하중

내부칸막이 또는 건물의 다른 요소에 의해 부과되는 수직하중을 전달받지 않는 외부마감용도의 조적벽은 벽체의 자중과 마감재와 수평력에 견딜 수 있도록 설계해야 한다. 비내력벽의 부착 또는 정착은 해당 벽체를 지지하고 수평력을 다른 부재에 전달하기에 적합하여야 한다.

(9) 수직변형

조적조를 지지하는 요소들은 총 하중 하에서 그 수직변형이 순스팬의 1/600을 넘지 않도록 설계되어야 한다. 인방보는 조적조가 허용응력도를 초과하지 않도록 최소한 100 mm의 지지길이는 확보되어야 한다.

③ 보강조적조의 구조세칙

(1) 원형철근

6 mm 이상의 원형철근의 사용은 금지한다.

(2) 길이방향철근의 간격

평행한 철근순간격은 기둥단면을 제외하고, 철근의 공칭직경이나 25 mm보다 작아서는 안 되지만 이음철근은 예외로 한다. 철근과 조적조의 피복두께는 얇은 그라우트의 경우에 6 mm, 거친 그라우트의 경우에는 12 mm보다 작아서는 안 된다. 속빈 조적재의 중간살 부분은 수평철근의 설치대로 사용할 수 있다.

(3) 휨철근의 정착

① 인장이나 압축이 작용하는 철근은 충분히 정착되어야 하며, 철근의 정착길이는 묻힘길이와 정착 또는 인장만 받는 경우는 갈고리의 조합으로 확보할 수 있다.

② 지지점이나 캔틸레버의 자유단을 제외하고, 모든 철근은 인장력에 저항하기 위해서 변곡점으로부터 철근직경의 12배나 보춤 중 큰 값 이상으로 연장하여 배근하여야 한다.

③ 부모멘트에 대한 소요철근량의 최소한 1/3 이상은 변곡점부터 소요강도의 1/2 이상이 발휘될 수 있을 만큼 충분히 연장되어야 하며, 연장길이는 순스팬의 1/16이나 보 깊이 d 중 큰 값 이상이어야 한다.

④ 연속보나 캔틸레버보, 그리고 골조의 부재에 부모멘트에 대한 인장철근은 부착이나 갈고리 또는 기계적인 정착기구 등으로 지지부재에 적절히 정착되어야 한다.

⑤ 단순보나 연속보의 자유단에서 필요한 정모멘트소요철근단면적의 최소한 1/3 이상 보를 지지하는 부재 내부로 최소한 150 mm 이상 연장되어야 한다. 연속보의 경우 단부에서 정모멘트에 소요철근 단면적의 1/4 이상을 연장한다.

⑥ 휨부재에서의 압축철근은 지름 6 mm 이하인 띠철근이나 전단보강근으로 보강되어야 하며, 보강철근의 간격은 주 방향철근지름의 16배나 띠철근지름의 48배 중 작은 값을 초과할 수 없다.

⑷ 띠철근

① 기둥의 길이방향철근은 테두리에 135° 이하로 굽어진 폐쇄형띠철근으로 고정되어야 한다.

  ㉠ 길이방향철근 중 모서리에 위치한 철근은 폐쇄형 띠철근에 의해 고정되어야 하며, 하나씩 교대로 길이방향철근을 고정하여야 한다.

  ㉡ 띠철근과 길이방향철근은 기둥 표면으로부터 38 mm 이상에서 130 mm 이하로 배근되어야 한다. 하중이 작용하지 않는 비보강조적조인 경우에는 띠철근의 간격의 1/2 이상 길이방향으로 기초판 상부와 슬래브 수평바닥연결부에 설치될 수 있다. 띠철근의 간격은 길이방향철근지름의 16배, 띠철근지름의 48배 또는 기둥의 단변길이를 초과하지 않아야 하며 최대 450 mm 이하이어야 한다.

  ㉢ 길이방향철근이 D22 이하일 경우에는 띠철근의 지름은 최소 6 mm 이상으로 길이방향철근이 D22 이상의 경우에는 최소 D10 이상이어야 한다.

⑸ 기둥에 설치되는 앵커볼트 보강용 띠철근

기둥 상부에 설치된 앵커볼트 주위에는 띠철근을 추가적으로 배근해야 한다. 띠철근은 각각 최소 4개의 앵커볼트나 최소 4개의 수직방향철근으로 보강하거나 또는 합해서 4개의 앵커볼트와 수직방향철근에 대하여 보강해야 한다. 띠철근은 기둥 상부로부터 50 mm 이내에 최상단 띠철근을 설치하며, 기둥 상부로부터 130 mm 이내에 단면적은 260 mm^2 이상으로 배근하여야 한다.

⑹ 압축면적의 유효폭

보강조적벽의 휨응력 산정을 위한 유효폭은 공칭벽두께나 철근간의 중심거리의 6배를 초과하지 않는다. 통줄눈쌓기벽체의 유효폭은 마구리가 열린 조적개체가 사용된 경우가 아니면, 유효폭이 공칭벽두께나 철근중심간격 또는 홑겹벽길이의 3배를 초과하지 않는다.

❹ 기준압축강도의 확인

⑴ 일반사항

구조설계에 적용한 기준압축강도 f'_m 는 프리즘시험법이나 조적개체강도법으로 확인하여야 한다.

⑵ 프리즘시험

기준에 따라 시험된 각 프리즘 군의 압축강도는 기준 압축강도 f'_m 이상이어야 한다. 프리즘의 압축강도는 28일 압축강도를 기준으로 하며, 조적조 프리즘시험에 의한 기준압축강도의 확인은 다음 각 규정에 따라야 한다.

① 시공 전에는 5개의 프리즘을 제작·시험한다. 프리즘 제작에 사용하는 재료는 시공 시 사용될 재료로 하여야 한다.

② 구조설계에는 규정된 허용응력을 모두 적용한 경우에는 벽면적 500 m²당 3개의 프리즘을 제작·시험한다.

③ 구조설계에는 규정된 허용응력의 1/2을 적용한 경우에는 시공 중 시험은 필요하지 않는다.

⑶ 프리즘시험성적

프리즘시험성적에 따라 압축강도를 검증하고자 할 때는 다음의 규정에 따른다.

① 담당원에 의하여 승인되고, 규정에 따라 제작·시험된 최소 30개의 프리즘에 의한 시험성적을 사용한다. 승인기관에서 시험하여야 한다.

② 프리즘은 실제 시공조건에 부합되어야 한다.

③ 평균압축강도가 $1.33f'_m$ 이상이어야 한다.

④ 구조설계를 위해 규정 허용응력을 모두 적용한 경우에는 벽면적 500 m²당 3개의 프리즘을 제작·시험한다.

⑷ 조적개체강도법

조적개체의 강도로부터 기준압축강도를 정할 경우에는 다음의 규정에 따른다.

① 구조설계에 규정된 허용응력을 모두 적용한 경우에는 제시된 압축강도의 확인을 위하여 시공 전과 벽면적 500 m²마다 조적개체의 압축강도를 시험해야 한다. 단, 시공개시 전 조적개체강도시험을 대신하여 프리즘시험을 할 수 있다. 시공 중에는 조적개체강도시험 및 그라우트시험을 대신하여 프리즘시험을 할 수 있다.

② 구조설계에 규정된 허용응력의 1/2을 적용한 경우에는 시공 중 조적개체강도시험은 필요하지 않다. 제시된 압축강도를 만족하는 것을 입증하는 증명서가 재료반입 당시 또는 반입 직전에 재료생산자에 의하여 제출되어야 한다.

⑸ 기시공된 조적조의 프리즘시험

① 담당원의 승인이 있는 경우 기시공된 조적조로부터 프리즘을 채취하여 다음의 규정에 따라 시험할 수 있다.

㉠ 벽면적 500 m²마다 품질을 확인하지 않은 부분에서 재령 28일이 지난 3개의 프리즘을 채취한다.

⑹ 프리즘의 제작과 시험

① 프리즘의 제작과 시험은 다음에 따른다.

㉠ 프리즘에 사용되는 조적개체와 모르타르는 조적체에 사용되는 것과 같아야 한다.

㉡ 조적시공에서 함수율, 모르타르의 유동성, 시공도 등을 구조체에 사용되는 것과 동일한 것을 사용하여야 한다.

㉢ 압축강도는 시험한 모든 프리즘의 평균값으로 하지만 최소 시험값의 125%를 초과할 수 없다.

ㄹ 압축강도는 최대하중을 프리즘에 사용한 조적체의 단면적으로 나누어 산정한다.

ㅁ 프리즘은 최소한 1개 이상의 가로줄눈이 포함되어야 하며, 두께 대 높이비가 1.5 이상 5를 초과할 수 없다.

ㅂ 프리즘은 28일간 보양하는 것을 기준으로 한다.

5 **내진설계**

(1) **구조해석**

지진하중에 대한 구조해석은 내진기준에 제시한 등가정적해석법, 동적해석법을 따른다.

(2) **바닥과 벽체의 접합부**

바닥슬래브와 벽체간의 접합부는 최소 3.0 kN/m의 하중에 저항할 수 있도록 최대 1.2 m 간격의 적절한 정착기구로 정착력을 발휘하여야 한다.

(3) **보강조적조 높이제한**

전체높이가 13 m, 처마높이가 9 m를 초과하는 경우 반드시 내진설계규정을 만족해야 한다.

(4) **보강조적조 부재설계**

① **전단벽**

ㄱ 최소단면적 130 mm²의 수직벽체철근을 각 모서리와 벽의 단부, 각 개구부의 각 면 테두리에 연속적으로 배근해야 하며, 수평배근의 최대간격은 1.2 m 이내이어야 한다. 최소단면적 130 mm²인 수평벽체의 철근배근은 다음 조건을 따른다.

ㄴ 벽체개구부의 하단과 상단에서는 600 mm 또는 철근직경의 40배 이상 연장하여 배근하여야 한다.

ㄷ 구조적으로 연결된 지붕과 바닥층, 벽체의 상부에 연속적으로 배근하고, 벽체의 하부와 기초의 상단에 장부철근으로 연결 배근한다.

ㄹ 균일하게 분포된 접합부철근이 있는 경우를 제외하고는 3 m의 최대간격을 유지한다.

(5) **보강조적조 내진설계**

① 보강조적조 내진설계시 부재의 치수는 다음 사항을 만족하여야 한다.

ㄱ 보

ⓐ 보의 폭은 150 mm보다 적어서는 안 된다.

ⓑ 보의 압축측에 설치된 횡방향 가새의 간격은 압축측 폭의 32배를 넘을 수 없다.

ⓒ 보의 깊이는 적어도 200 mm 이상이어야 한다.

ㄴ 피어

ⓐ 피어의 유효폭은 150 mm 이상이어야 하며, 400 mm를 넘을 수는 없다.

ⓑ 피어의 횡지지 간격은 피어 폭의 30배를 넘을 수 없다.

ㄷ 기둥

ⓐ 기둥의 폭은 300 mm보다 작을 수 없다.

ⓑ 기둥의 횡지지 간격은 기둥 폭의 30배를 넘을 수 없다.

ⓒ 기둥의 공칭길이는 300 mm보다 작을 수 없으며, 기둥의 폭의 3배를 넘을 수 없다.

6 조적식 구조의 쌓기 방법

(1) 줄눈에 따른 분류

① 통줄눈쌓기

벽돌을 쌓아 올라갈 때 벽돌들이 서로 상하로 엇갈리지 않고 같은 방향으로 쌓아 올라가는 방식으로, 상부의 하중을 분산하지 못해 조적벽의 성능을 제대로 발휘 할 수 없기 때문에 힘을 많이 받지 않는 비내력벽에 주로 사용된다.

② 막힌줄눈쌓기

벽돌을 위아래로 엇갈리게 쌓아 수직 하중을 벽면 전체로 분산시키는 쌓기 방식으로, 구조적 안정성이 뛰어나 내력벽으로 사용된다.

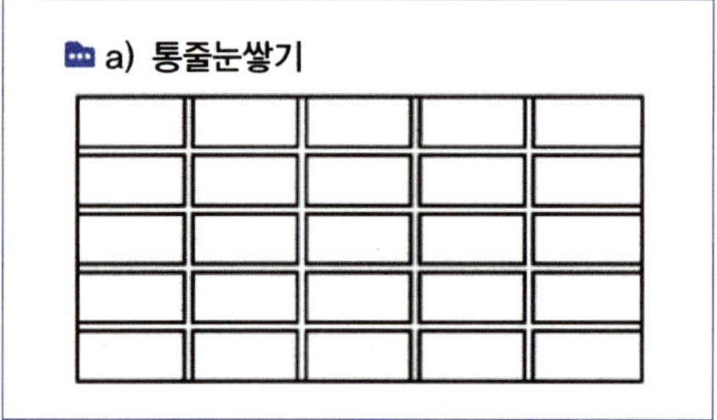
a) 통줄눈쌓기

b) 막힌줄눈쌓기 & 길이쌓기

(2) 벽돌 쌓는 모양에 따른 분류 ★★★

① 길이쌓기(stretcher bond, running bond)

0.5B 쌓기의 가장 기본적인 쌓기 방식으로 벽돌의 기다란 면을 가로로 놓는 방식이다. 시공 현장에서 가장 널리 쓰이는 기본적인 쌓기 방식이다. 조적재를 평평하게 쌓고 최대 마디 부분이 벽면에 평행하도록 쌓아, 벽돌의 길이를 벽 표면에 드러내는 공법이다. 특별한 크기의 벽돌을 사용하여 치장 겉벽 쌓기에도 주로 이용된다.

② 화란(네덜란드)식 쌓기(Dutch bond)

1.0B 쌓기의 가장 기본적으로 사용하는 방식으로 그림의 영식쌓기와 마찬가지로 한 켜를 길이쌓기로 하고 다음은 마구리 쌓기로 하는 방식인데, 영식쌓기와 달리 벽의 모서리 또는 끝에서 칠오토막을 쓴다. 내부에 통줄눈이 생긴다는 단점은 있으나 시공이 간단하고 모서리가 견고하기 때문에 국내에서 가장 많이 사용된다.

영식쌓기

③ **영식쌓기(English bond)**

화란식쌓기와 마찬가지로 한 켜는 길이쌓기 다음켜는 마구리쌓기로 교대로 보이도록 쌓는 방법으로 모서리나 끝부분에 반절이나 이오토막을 사용한다. 통줄눈이 생기지 않는 쌓기 방법중 가장 튼튼하고 시공이 간단하여 현장에서 가장 많이 사용하는 방식 중 하나다(내력벽).

④ **미식쌓기(American Bond)**

연속해서 5층의 켜는 길이쌓기로 하고 그 위에 한 켜는 마구리 쌓기로 해서 반복해서 쌓아나가는 방법으로 주로 치장벽돌로 사용하며 통줄눈은 생기지 않는다.

⑤ **불식쌓기(Flemish Bond)**

매 켜마다 길이와 마구리로 번갈아 쌓는 조적쌓기 방법으로, 외관이 미려하나 통줄눈이 많아 강도를 필요로 하는 벽체에는 사용하지 않는다(주로 비내력벽).

(3) **장식 및 기타 쌓기**

① **창대쌓기**

창 밑에 돌 또는 벽돌을 15도 정도 경사지게 옆세워 쌓고 모르타르로 마감하는 방법

② **영롱쌓기**

벽돌벽 등에 장식적 효과를 위하여 구멍을 내어 쌓는 방법

③ **엇모쌓기**

내쌓기를 할 때 45도 각도로 모서리면이 돌출되어 나오도록 쌓는 방법

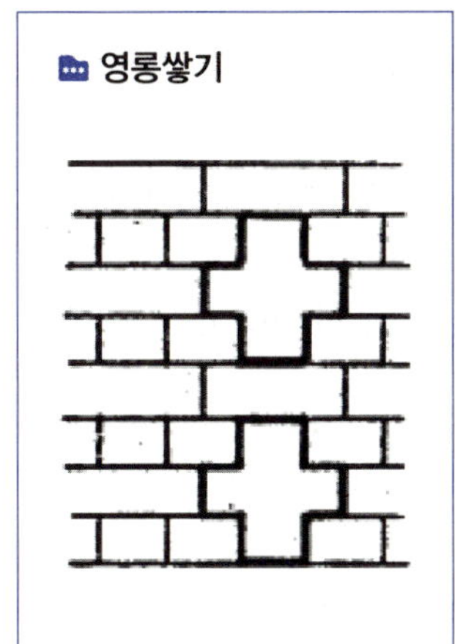

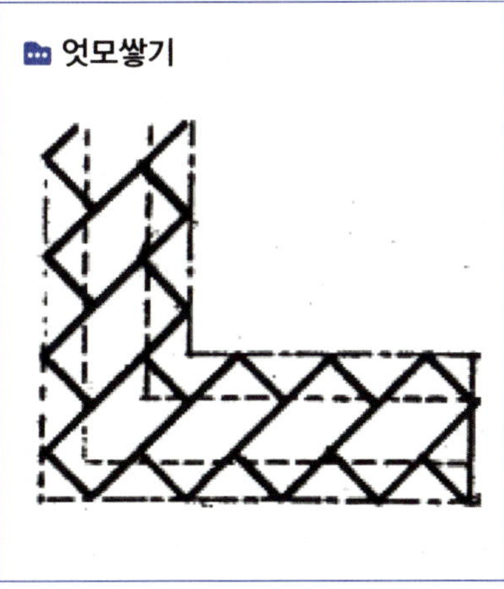

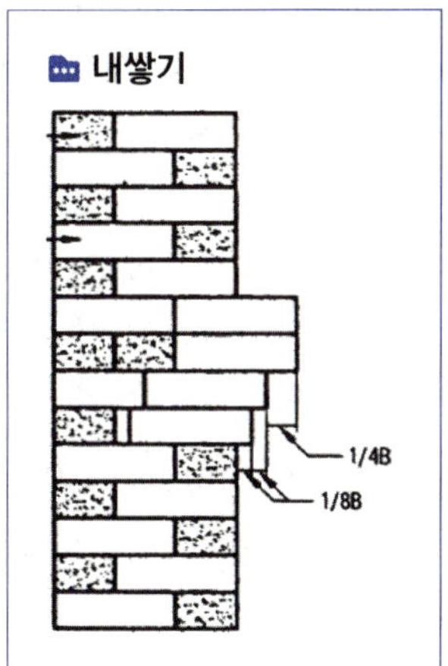

④ 내쌓기

  ㉠ 벽의 중간에 벽을 내밀어 쌓아서 바닥의 받침(걸침)부 등으로 사용하는 것으로

  ㉡ 중간에서 내쌓기를 할 때, 2켜씩 1/4 B 내쌓거나 또는 1켜씩 1/8B 내쌓기로 하고 내쌓기의 한도는 2.0B이다.

⑤ 공간쌓기

  ㉠ 방습, 방음, 단열(방한, 방서) 등의 목적으로 벽의 중간에 공간을 두어 쌓는 방식이다.

  ㉡ 바깥벽이 주벽체로 1.0B 이상으로 하고, 안벽은 0.5B로 한다.

  ㉢ 공간은 0.5B 이내로 하며, 50mm 정도가 가장 유용하다.

  ㉣ 수평거리 900mm 미만, 수직거리 400mm 미만으로 연결재(철선, 띠쇠, 꺾쇠 등) 설치

  ㉤ 기초(바닥판) 상부에는 물빠짐 구멍을 2m 간격으로 설치한다.

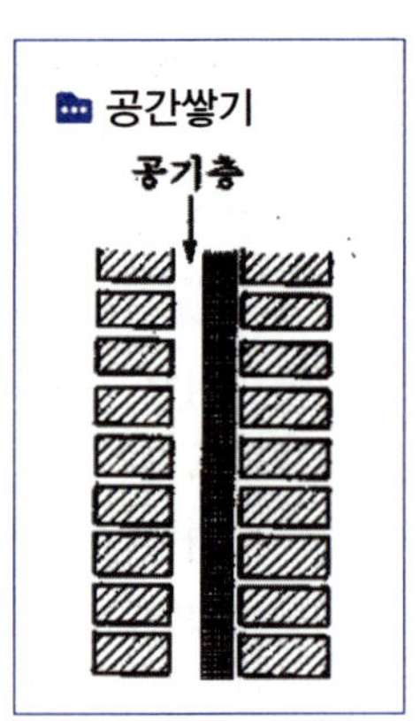

7 조적식 구조의 주요 사항

(1) 조적조의 계획 주요 사항 ★★★

① 벽량

  ㉠ 벽량은 조적조의 바닥면적에 대한 벽의 길이의 비이다.

  ㉡ 내력벽의 벽량은 $150mm/m^2$ 이다.

② 본드빔(Bond Beam)

본드빔은 조적조 벽체를 일체화하여 강성을 높이고 하중을 균등하게 분포시키기 위한 RC보를 말하며, 설치위치에 따라 테두리보와 보강보, 기초보로 나뉜다.

  ㉠ 테두리보 : (벽체 상부) 벽체의 일체성 확보, 횡력 저항, 균열방지, 강성증대

    • 테두리보 춤(D)은 벽두께의 1.5배 이상으로 한다(최소 300mm).

  ㉡ 보강보 : (벽체 중간) 조적벽 높이 3.6m마다 설치, 강성 증대, 횡력 저항

  ㉢ 기초보 : (벽체 하단, 기초판 위) 일체성 확보, 부등침하 방지, 하중 분배

③ 개구부와 인방보

  ㉠ 조적조 각층 대린벽으로 구획된 벽에서 개구부 너비 합계는 벽길이의 1/2 이하

  ㉡ 개구부와 그 상부 개구부와의 수직거리는 600mm 이상

  ㉢ 개구부 상호간 또는 개구부와 대린벽 중심까지의 거리는 벽두께의 2배 이상

  ㉣ 폭이 1.8m를 넘는 개구부의 상부에는 RC 인방보를 설치한다.

  ㉤ 인방보는 개구부 상부에 설치하여 상부하중을 지지하고 좌우의 벽체로 전달한다.

  ㉥ 인방보는 개구부 좌우 벽체에 200mm 이상 걸친다.

(2) 조적조 내력벽의 구조 기준

① 내력벽의 기초는 줄기초로 하고, 길이는 10m 이하로 한다.

② 내력벽의 최소두께는 150mm 이상으로 한다.

③ 내력벽으로 둘러쌓인 부분의 바닥면적은 $80m^2$ 이하로 한다.

(3) 조적 쌓기 기준

① 벽돌의 하루 쌓기 높이는 1.2m를 표준으로 하고, 최대 1.5m 이하로 한다.

② 벽돌 쌓기의 가로 및 세로 줄눈 너비는 10mm(내화벽돌 6mm)를 표준으로 한다.

(4) 쌓기시 주의 사항

벽돌벽이 블록벽과 서로 직각으로 만날때에는 연결철물을 만들어 블록 3단마다 보강하여 쌓는다.

8 조적조 벽체의 균열과 백화 현상 ★★★★

(1) 균열

조적조의 균열은 평면 및 입면의 불균형 배치와 같은 계획 설계상의 요인과 재료의 강도 부족과 같은 시공상의 요인으로 인해 발생하며 각각의 요인 파악하고 대책을 세워 균열의 발생을 방지해야 한다.

① 균열 발생 요인

    ㉠ 건물의 (평면상, 입면상) 불균형 배치, 벽의 불합리한 배치

    ㉡ 개구부(문, 창 등)의 크기 및 불균형 배치

    ㉢ 하중의 불균형, 큰 집중하중, 충격 및 횡하중

    ㉣ 기초의 부등침하

    ㉤ 재료(벽돌, 모르타르 등)의 강도 부족

    ㉥ 접합부 불량 등 시공 결함

② 방지 대책

    ㉠ 균열발생 요인을 해소

    ㉡ 기초의 강성 증대

    ㉢ 테두리보 설치

    ㉣ 조절줄눈 설치

    ㉤ 개구부, 모서리 및 교차부 등에 보강근 배치

(2) 백화 현상

백화(efflorescence) 현상이란 조적벽체에 빗물 등의 수분이 침투하여 시멘트 성분을 표면으로 유출할 때, 대기 중 이산화탄소와 결합하여 조적 벽면에 흰가루가 돋는 현상

① 발생 원인 (잘 발생하는 조건)

    ㉠ 벽면에 빗물의 침투

    ㉡ 재료 및 시공 불량

    ㉢ 습도가 높을 때

    ㉣ 물-시멘트비(물-결합재비)가 클 때

② 방지대책

    ㉠ 우천시 작업 금지,

    ㉡ 줄눈시공 시 방수제 사용,

© 시공 후 벽표면에 파라핀도료 바름 또는 실리콘 뿜칠

② 양질의 재료 사용

※ 조적조 외부벽면 방수방법 : 시멘트 액체방수, 도막방수, 수밀재 붙임 공법

제4절 목구조

1 목구조 개요

(1) 용어의 정의

① 건조사용조건 : 목구조물의 사용중에 평형함수율이 19% 이하로 유지될 수 있는 온도 및 습도 조건

② 경골목구조 : 주요구조부가 공칭두께 50 mm(실제두께 38 mm)의 규격재로 건축된 목구조

③ 공칭치수 : 목재의 치수를 실제치수보다 큰 25의 배수로 올려서 부르기 편하게 사용하는 치수

④ 구조용 집성재 : 규정된 강도등급에 따라 선정된 제재목 또는 목재 층재를 섬유방향이 서로 평행하게 집성·접착하여 특정 응력을 견딜 수 있도록 생산된 제품

⑤ 규격재 또는 1종구조재 : 공칭두께가 50 mm 이상, 100 mm 이하(실제두께 38 mm 이상, 90 mm 이하)이고, 공칭너비가 50 mm(실제너비 38 mm) 이상인 구조용 목재

⑥ 보재 또는 2종구조재 : 두께 공칭 125 mm(실제 120 mm) 이상, 너비가 공칭 200 mm(실제 180 mm) 이상이고, 두께와 너비의 치수 차이가 50 mm 이상인 구조용 목재

⑦ 기둥재 또는 3종구조재 : 두께와 너비가 공칭 125 mm(실제 120 mm) 이상이고, 두께와 너비의 치수 차이가 50 mm 미만인 구조용 목재

⑧ 중목구조 : 주요구조부가 공칭치수 125 mm×125 mm(실제치수 114 mm×114 mm) 이상의 부재로 건축되는 목구조

⑨ 반복부재 : 3개 이상의 부재가 중심간격 600 mm 이하의 간격으로 배치되고, 그 위에 하중을 분산시킬 수 있는 구조체로 덮어져 있음으로써 작용하는 하중을 서로 분담할 수 있는 구조부재

⑩ 습윤사용조건 : 목구조물의 사용중에 평형함수율이 19%를 초과하게 되는 온도 및 습도 조건

⑪ 연귀 : 모서리 부분에서 각 부재의 끝면이 보이지 않도록 접합하는 방법

⑫ 오에스비(OSB) : 강도와 강성을 향상시키기 위하여 배향성을 부여한 스트랜드형 플레이크로 구성되는 일종의 파티클 목질판상재 제품

⑬ 인사이징 : 구조재에 방부제를 깊고 균일하게 침투시키기 위하여 약제처리가 어려운 목재의 재면에 칼자국 모양의 상처를 섬유방향으로 낸 후 방부제를 처리하는 방법

⑭ 층전단 : 합판의 표면에 수직한 면내에 전단력이 작용하는 경우, 전단력의 방향에 직각으로 섬유방향이 배열된 가장 약한 단판 내에서 섬유가 전단파괴되는 현상

⑮ **파스너** : 목구조에서 목재부재 사이의 접합을 보강하기 위하여 사용되는 못, 볼트, 래그나사못 등의 조임용 철물

⑯ **플랫폼구조** : 경골목구조에서 벽체의 스터드가 각 층마다 별도로 구조체로 건축되고 벽체 위에 윗층의 바닥이 올려지고 그 위에 다시 윗층의 벽체가 시공되는 공법

⑰ **피에스엘(PSL)** : 목재단판 스트랜드를 평행한 방향으로 접착한 고강도 구조용 복합목재로서, 일명 패럴램이라 한다.

⑱ **홀드다운** : 전단벽체의 상부에 작용하는 수평하중에 따른 상승 모멘트에 저항하기 위해 벽체 하부에 설치하는 철물 또는 장치

(2) 하중과 하중조합

① 목구조 설계에서는 다음의 네 가지 하중조합을 고려하여 위험하중조합을 결정한다.

    ㉠ D

    ㉡ $D+L$

    ㉢ $D+L+(L_r$ or $S)$

    ㉣ $D+L+(W$ or $0.7E)+(L_r$ or $S)$

(3) 수직하중에 대한 계획

① 고정하중, 활하중, 적설하중 등의 수직하중을 가능한 한 균등하게 분산하며, 안전성을 확보할 수 있도록 기둥-보의 골조 또는 벽체를 배치한다.

② 접합부를 구성할 때 부재에 2차응력이 발생하지 않도록 유의하며, 2차응력의 발생이 불가피한 경우 이를 고려하여 설계한다.

③ 벽체는 상하벽이 가능한 일치하도록 배치하며, 수직하중이 국부적으로 작용하는 경우 편심을 고려하여 설계한다.

(4) 수평하중에 대한 계획

① 하중기준에서 정한 수평하중에 대하여 충분한 강성과 강도를 갖도록 설계한다.

② 각 골조 및 벽체는 되도록 균등하게 하중을 분담하도록 배치하며, 불균일하게 배치한 경우에는 평면적으로 가능한 한 일체가 되도록 하고, 뒤틀림의 영향을 고려한다.

③ 골조 또는 벽체 등의 수평하중저항요소에 수평력을 적절히 전달하기 위하여 바닥평면이 일체화된 격막구조가 되도록 한다.

④ 수평하중이 격막구조를 통하여 구조 각부에 전달되도록 바닥구조와 구조 각부를 긴밀하게 접합한다.

(5) 지진하중에 대한 계획

내진설계범주와 내진등급에 따른 소요강도와 내진규정, 높이 및 비정형에 따른 구조제한은 내진설계기준(KDS 41 17 00)의 규정을 따르도록 한다.

❷ 목구조의 접합

목구조는 각재나 판재 등의 단위 부재를 못이나 쐐기, 요철 형상 등을 이용하여 접합하여 구성된다. 이와 같이 둘 이상의 재료를 잇거나 맞추는 것을 통틀어 접합이라고 하고 목구조의 접합은 이음과 맞춤 및 쪽매가 있다.

(1) 접합의 종류 ★★

① 이음 : 재의 길이방향으로 두 재를 길게 접합하는 것

② 맞춤 : 두개의 재를 서로 직각 또는 경사지게 접합하는 것

③ 쪽매 : 나무를 옆으로 넓게 대는 것

(2) 이음 : 두 부재를 길이방향으로 잇는 것

① 맞댄이음 : 두 부재를 단순히 맞대어 잇는 방법으로 덧판을 대고 큰 못이나 볼트를 사용하여 이음한다. 나무덧판을 사용하는 경우에는 따맞추거나 듀벨을 사용하여 강성을 더 높일 수 있다.

② 겹친이음 : 두 부재를 단순히 겹쳐 대고 볼트, 큰 못, 산지 등으로 보강한 이음을 말하여, 듀벨이나 볼트를 사용한 이음은 간 사이가 큰 구조에 사용한다.

③ 따낸이음 : 두 부재가 서로 물려지도록 따내어 맞추어 이은 것이며, 안전하게 하기 위하여 큰 못, 산지 볼트 등을 사용한다.

④ 중복이음 : 여러 개의 각재 또는 널을 겹쳐 맞추고, 못질 또는 듀벨을 사용한 볼트 조임을 하거나 또는 교착제를 사용한 것으로서 큰 간사이의 나무구조에 사용한다.

▣ 목재의 이음과 맞춤

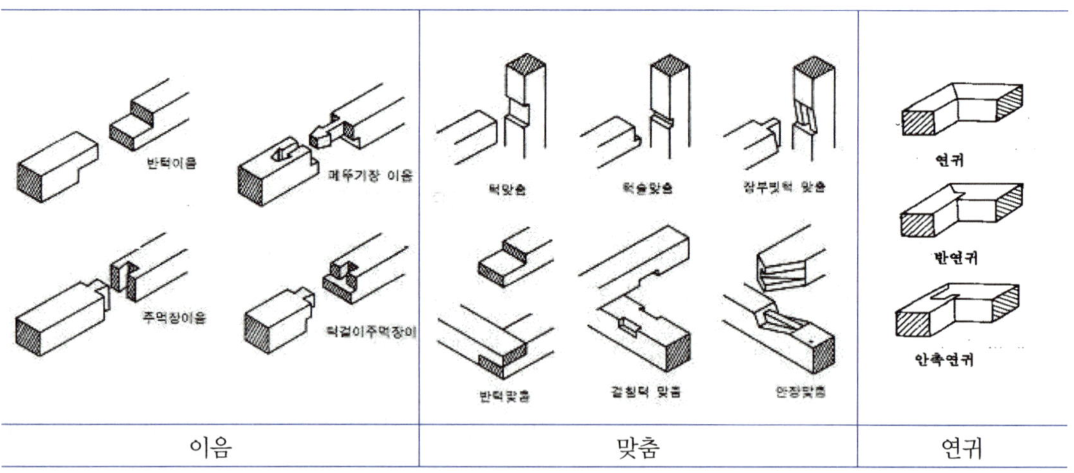

(3) 맞춤 : 두 부재를 서로 직각 또는 경사지게 접합하는 것으로 종류와 사용처는 다음과 같다.

① 턱맞춤 : 멍에 장선, 인방보 개구부 등에 사용

② 연귀 : 모서리 등에 펴면 마구리가 보이지 않게 45도로 빗잘라 대는 맞춤

　⊙ 큰 연귀 : 문선, 걸레받이, 판벽의 두겁대

　ⓒ 반 연귀 : 토대의 모서리

③ **안장 맞춤**: 지붕보와 ㅅ자보의 맞춤, 기둥과 토대, 기둥과 도리맞춤

④ **짧은 장부 맞춤**: 샛기둥, 동바리를 토대에 맞춤

⑤ **부채장부맞춤**: 모서리 기둥과 토대의 맞춤

⑥ **안촉 연귀**: 토대의 모서리

⑦ **주먹장부 맞춤**: 토대의 T형 부분, 토대와 멍에, 달대공 맞춤

⑧ **턱 장부 맞춤**: 토대, 창호의 모서리

⑨ **빗장부 맞춤**: 중도리와 박공널

(4) **쪽매**: 부재를 옆대어 넓게 잇는 것

① **맞댄 쪽매**: 툇마루 등에 틈새가 있게 의장하여 갈 때, 또는 경미한 널대기에 쓰이다. 이것은 위에서 못을 박지만 양끝 못과 갈구리 못을 쓰면 위에서 박지 않아도 된다

② **빗 쪽매**: 간단한 지붕, 반자널 쪽매 등에 쓰인다.

③ **반턱 쪽매**: 15mm 미만 두께의 널은 세밀한 공작물이 아니고서는 제혀쪽매로 할 수 없으므로, 얇은 널은 이 방법으로 한다.

④ **틈막이대 쪽매**: 널에 반턱을 내고 따로 틈막이대를 깔아 쪽매하는 것으로, 징두리판벽 등에 쓰이고, 간단한 판장에는 틈막이대를 덧댄다.

⑤ **오니 쪽매**: 솔기를 화살촉 모양으로 한 것이고, 흙막이널 말뚝에 쓰인다.

⑥ **제혀 쪽매**: 널 한쪽에 홈을 파고 딴 쪽에 혀를 내어 물린 것으로, 혀 위에서 빗못질을 하므로 진동 있는 마루널을 이 방법으로 하면 못이 빠져 나올 염려가 없어 좋다.

⑦ **딴혀 쪽매**: 널의 양 옆에 홈을 파서 혀를 딴 쪽으로 끼워 대고, 홈 속에서 못질하여 대어 나가는 방법이다.

(5) **접합시 주의 사항** ★★★

① 이음과 맞춤의 단면은 외력의 방향에 수직하게 한다.

② 이음과 맞춤의 위치는 가능한 한 응력이 작은 곳에서 하고 집중되지 않도록 한다.

③ 접합면은 최대한 단순하고 정확히 가공하여 완전히 밀착시킨다.

④ 맞춤 부위에 보강을 위하여 접착제를 사용할 수 있다.

③ 목구조의 각부 구조

(1) **기초**

① 건물외주벽체 및 주요칸막이벽 등 구조내력상 중요한 부분의 기초는 가능한 한 연속기초로 한다.

② 기초는 철근콘크리트조로 한다.

③ 기초 밑면은 함수량의 변화 및 동결의 우려가 없는 위치로 한다.

(2) 토대

① 구조내력상 중요한 기둥의 하부에는 외벽뿐만 아니라 내벽에도 토대를 설치한다. 단, 기둥을 기초에 긴결하여 내구성 등을 고려한 경우는 그러하지 않을 수 있다.

② 토대는 그 부분에 작용하는 응력에 대하여 충분한 강도, 강성을 지니도록 한다.

③ 토대는 기초에 긴결한다. 긴결철물은 약 2 m 간격으로 설치하고, 가새단부와 토대의 이음 등의 응력집중이 예상되는 부근에는 별도의 긴결철물을 설치한다.

④ 토대 하단은 지면에서 200 mm 이상 높게 한다. 단, 방습상 유효한 조치를 강구했을 때는 이것을 감해도 된다.

(3) 바닥

① 바닥구조를 구성하는 보와 바닥판재 등은 충분한 휨강도 및 전단강도를 갖도록 한다. 또한 과도한 처짐이나 진동 등의 문제점을 일으키지 않도록 한다.

② 보 또는 장선의 따냄은 되도록 피하고, 특히 부재의 중앙 하단부의 따냄을 피한다. 불가피하게 따냄을 설치할 경우는 충분한 유효단면을 확보한다.

③ 바닥격막구조의 구조형식에는 수평격막구조, 수평트러스 등이 있고, 건축의 규모와 구조형식에 따라 선택한다.

④ 마루밑의 방습과 방부는 지면에서 45cm 이상 높이며, 지반면에서 1m 높이까지는 방부처리를 한다.

(4) 기둥

① 기둥은 압축력에 의한 좌굴 및 지압에 대하여 안전하도록 설계한다. 휨을 받는 기둥에 대해서는 휨모멘트와 압축력의 조합응력에 대하여 안전하게 설계한다.

② 단일기둥은 원칙적으로 이음을 피하며, 부득이 이음을 할 경우는 접합방법에 주의하되 부재의 중앙 부분을 피한다.

③ 주각을 직접 기초 위에 설치하는 경우 철물로 긴결한다. 이때, 기둥 밑면 높이는 지상 200 mm 이상으로 한다. 단, 방습상 유효한 조치를 할 경우 이를 감해도 된다.
 – 통재기둥: 밑층에서 위층까지 1개의 재로 연결되는 기둥(2층 이상의 모서리 기둥)

(5) 벽체

① 벽체는 수직하중과 수평하중에 의한 응력에 대하여 충분한 강도와 강성을 갖도록 건축물의 규모와 구조형식에 따라 적절하게 배치한다.

② 압축력에 의한 좌굴을 고려한다.

③ 구조상 휨모멘트와 축력을 동시에 받는 부재는 조합응력에 대하여 안전하게 설계한다.

(6) 보, 층도리, 깔도리

① 보와 기타의 휨부재는 충분한 휨강도와 전단강도를 갖도록 하며 처짐이나 진동 등에 의한 사용상 지장이 없도록 적절한 강성을 갖도록 설계한다.

② 보의 따냄은 되도록 피하여야 하며, 부득이 따냄을 할 경우 유효단면을 충분히 확보하도록 한다.

㉠ 층도리 : 2층 마루바닥이 있는 부분에 수평으로 대는 가로재
㉡ 깔도리 : 기둥 맨위 처마부분에 수평으로 대어 지붕틀의 하중을 기둥에 전달
㉢ 처마도리 : 지붕틀의 평보위에 깔도리와 같은 방향으로 댄다.

⑺ 가새, 버팀대, 버팀기둥

① 가새는 건물의 외부와 내부 골조의 경간방향, 도리방향에 균형을 이루도록 배치한다. 이 경우 압축과 인장 효과를 고려하여 대칭이 되도록 배치한다.
② 가새는 그 단부를 기둥과 보, 기타 구조내력상 중요한 가로재와 접합한다.
③ 가새에는 내력저하를 초래하는 따냄을 피한다.

⑻ 바닥틀

① 바닥틀은 수직하중에 대하여 충분한 강도와 강성을 가져야 하며, 수평하중에 따라서 생기는 전단력을 안전하게 수평하중저항요소에 전달할 수 있는 강도와 강성을 가진 구조로 한다.
② 바닥틀면에는 주요한 두개의 수평하중저항요소과 주요한 가로재의 교차부를 보강하는 귀잡이재를 설치하고, 볼트 또는 못, 기타 철물을 사용하여 가로재와 긴결한다. 단, 바닥틀면에 수평트러스를 설치한 경우는 귀잡이재를 두지 않아도 된다.
③ 마루밑에는 동바리 돌을 놓고 그 위에 동바리(Floor post)를 세운다. 동바리 위에 멍에(sleeper)를 걸고 그 위에 직각방향으로 장선(Floor Joist)을 걸치고 마루널을 깐다.
   ※ 귀잡이 : 서로 수평으로 맞추어지는 귀를 토대, 보, 도리 등의 가로재가 안정한 세로구조로 하기 위하여 빗모양으로 대는 귀잡이 토대, 귀잡이 보 등을 말한다.

▶▶ 바닥틀 구조

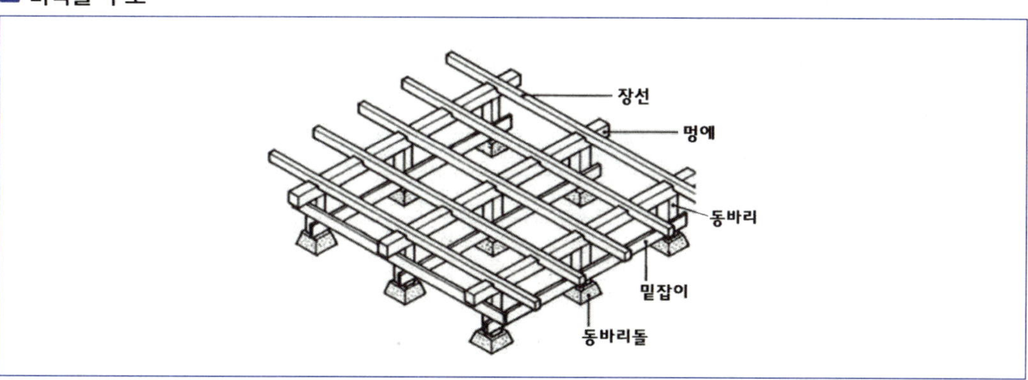

⑼ 지붕틀

① 지붕틀은 지붕면의 중력과 바람에 의한 압력과 양력에 대하여 충분한 강도·강성이 있어야 하며 수평하중에 의해 생기는 전단력을 안전하게 수평하중저항요소에 전달할 수 있는 강도와 강성을 갖는 구조로 한다.
② 각 부재의 따냄은 피한다. 특히 경간 중앙부 인장측에 따냄을 피한다. 불가피하게 따냄을 설치할 경우는 충분한 유효단면을 확보한다. 또한 지붕틀 트러스의 각 부재는 따냄을 피한다.
③ 지붕면과 지붕 대들보면을 구성하는 수평구면은 수평하중을 각 골조 및 벽체에 적절히 전달하도록 수평격막구조 또는 수평트러스 등의 바닥격막판구조를 설치한다.

(10) 왕대공 지붕의 구성

📖 왕대공 지붕의 구조

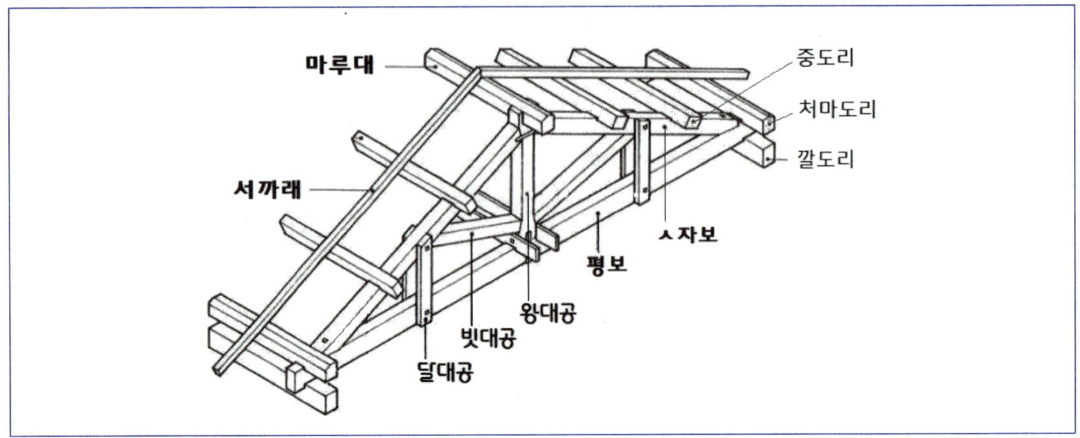

4 목구조 방화설계

(1) 방화구획을 통한 화재확대방지

건축물의 내부는 필요에 따라 내화구조의 방화구획 또는 방화벽을 설치하여 화재발생시 확대되지 않도록 한다.

(2) 주요구조부 내화설계

① 벽, 기둥, 바닥, 보, 지붕은 건축물의 피난·방화구조 등의 기준에 관한 규칙에 따라 다음의 표에 정한 것 이상의 내화성능을 가진 내화구조로 하여야 한다.

📖 내화성능기준 ★★★★★

구분				내화시간
벽	외벽	내력벽		1 시간 ~ 3 시간
		비내력벽	연소 우려가 있는 부분	1 시간 ~1.5 시간
			연소 우려가 없는 부분	0.5 시간
	내 벽			1 시간 ~ 3 시간
보·기둥				1 시간 ~ 3 시간
바닥				1 시간 ~ 2 시간
지붕틀				0.5시간 ~ 1 시간

주 1) 지붕 및 바닥 아래 천장이 방화재료로 피복되어 있을 경우에는 해당 천장을 지붕 및 바닥의 일부로 본다.
   2) 외벽의 재하가열시험은 내측면만 가열한다.

② 목조계단에 있어서는 계단을 구성하는 주요목재(디딤판, 계단옆판)가 다음 중 하나에 해당되도록 하여야 한다.
   ㉠ 두께 60 mm 이상인 것
   ㉡ 두께가 38 mm 이상, 60 mm 미만인 것은 계단 이면과 계단옆판 외측에 두께 12.5 mm 이상의 방화석고보드를 붙인 것
③ 기타 목조건축물의 내화구조의 벽, 바닥, 천장 등은 다음의 구조로 하여야 한다.
   ㉠ 내화구조 이외의 주요구조부인 벽에 있어서는 피복방화재료 내부에서의 화염전파를 방지할 수 있는 화염막이가 높이 3 m 이내마다 설치된 구조로 하여야 한다.

(3) 외벽개구부의 방화
연소 우려가 있는 부분의 외벽개구부는 방화문 설치 등의 방화설비를 갖추어야 한다.

(4) 방화구획 및 방화벽 ★★★
① 주요구조부가 내화구조 또는 불연재료로 된 건축물은 연면적 1,000 m²(자동식 스프링클러 설치 시 2,000 m²) 이내마다 방화구획을 설치하여야 한다.
② 상기 방화구획 및 방화벽은 2시간 이상의 내화구조로 하여야 한다.
③ 연면적 1,000 m² 이상인 복조의 건축물은 건축법 시행령 제57소 제3항 빛 선축물의 피난·방화구조 등의 기준에 관한 규칙 제22조에 따라 그 외벽 및 처마 밑의 연소할 우려가 있는 부분을 방화구조로 하되, 그 지붕은 불연재료로 하여야 한다.
④ 공동주택의 각 세대간 경계벽은 내화구조로 지붕 속 또는 천장 속까지 달하도록 하여야 한다.
⑤ 교육시설, 복지 및 감호시설, 숙박시설로 사용하는 건축물의 방화상 중요한 칸막이벽은 내화구조로 지붕 속 또는 천장 속까지 달하도록 하여야 한다. 이 경우 방화상 중요한 칸막이벽의 간격이 12 m 이상일 경우 그 12 m 이내마다 지붕 속 또는 천장 속에 내화구조 또는 양면을 방화구조로 한 격벽을 설치하여야 한다.
⑥ 지하층 또는 3층에 거실이 있는 경우 주거의 부분(세대의 층수가 2 이상인 것)과 계단실, 승강기의 승강로 부분, 덕트 부분, 기타 이와 유사한 수직샤프트는 기타 부분과 1시간 이상의 내화구조의 벽, 바닥 또는 1시간 내화성능이 있는 방화문으로 구획하여야 한다.
⑦ ⑥의 규정에 의한 내화구조의 벽, 바닥 또는 방화문에 접하는 외벽에 있어서 이들 부분과 900 mm 이상 부분은 내화구조로 하여야 하며, 외벽면으로 500 mm 이상 돌출하여 내화구조의 벽체 또는 바닥이 있는 경우 그러하지 아니한다. 이 경우 내화구조로 해야 하는 부분에 개구부가 있을 경우 그 개구부에는 1시간 내화성능이 있는 방화문을 설치하여야 한다.
⑧ 연면적이 200 m² 이상인 경우 기타의 건물과 연결복도를 설치할 경우 그 연결복도의 지붕틀이 목조로 그 길이가 4 m 이상인 경우 지붕틀에 내화구조 또는 양면을 방화구조로 한 격벽을 설치하여야 한다.
⑨ 방화구획에 설치되는 방화문은 항상 닫힌 상태로 유지하거나 자동으로 닫히는 구조이어야 한다.

제5절 | 프리스트레스트 콘크리트(PSC)구조

1 프리스트레스트 콘크리트(PSC) 개요

(1) 프리스트레스트 콘크리트(PSC)의 정의

콘크리트 부재는 인장응력이 커지면 균열이 생기는 등의 문제가 발생하기 때문에 이를 방지하도록 부재에 생기는 인장응력을 상쇄시키는 힘을 가하여 부재를 효율적으로 이용하도록 고안된 구조가 프리스트레스트 콘크리트(prestressed concrete, 이하 PSC로 표현) 구조이다.

프리스트레스트콘크리트(PSC) 보와 PS의 개념

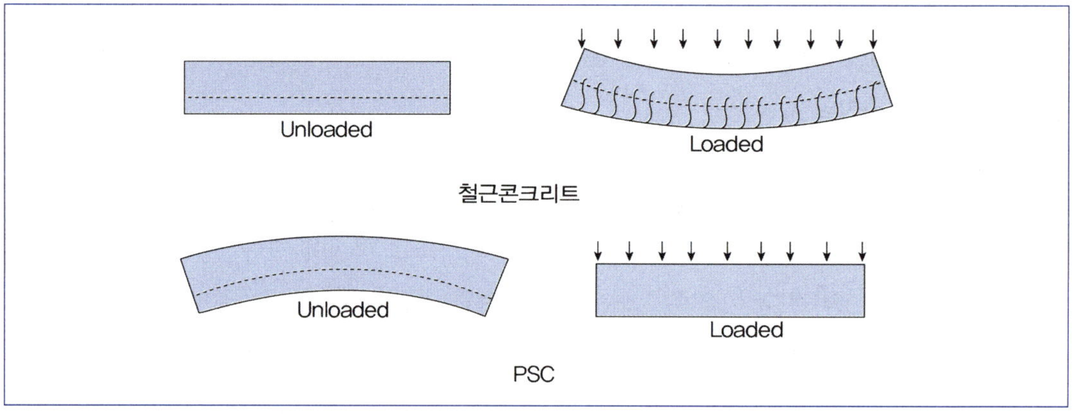

(2) 프리스트레스트 콘크리트의 특징

① 철근 콘크리트(RC)와 PSC의 비교 (PSC의 장점)

㉠ RC에 비하여 PSC는 고강도의 재료(강재, 콘크리트)를 사용하여 강도가 크다.

㉡ RC는 인장측 콘크리트는 무시하고 단면의 강도를 계산하는데 비하여, PSC는 전단면이 유효하게 이용된다.

㉢ PSC는 긴장에 의해 탄성적이고 복원성이 크므로, 충격하중이나 반복하중에 대한 저항력이 RC에 비하여 크다.

㉣ 긴장재를 절곡하거나 곡선으로 배치한 PSC보에서는 긴장재의 인장력의 연직분력에 해당하는 수직력 만큼 전단력이 감소한다.

㉤ PSC는 균열이 발생하지 않도록 설계되기 때문에 내구성 및 수밀성이 좋다.

② PSC의 단점

㉠ PSC는 RC에 비하여 강성이 작아서 변형이 크고 진동하기 쉽다.

㉡ 고강도 강재는 고온에 접하면 갑자기 강도가 감소하므로 PSC는 RC보다 내화성에 있어서는 불리하다.

㉢ PSC는 정밀한 제작과 시공이 필요하므로, 설계, 제조, 운반, 가설에 있어서 기능이 요구되고, 세심한 주의가 필요하다.

㉣ PSC는 정착장치, 쉬스(sheath) 등의 부속재료 및 그라우팅의 비용 등이 추가되어 가격이 높아진다.

(3) 프리스트레스 구조의 개요와 구성

콘크리트에 프리스트레스를 가하는 일을 프리스트레싱(prestressing)이라고 하며, 프리스트레싱에 의하여 부재단면에 작용하는 힘을 프리스트레스 힘(prestressing force)이라고 한다.

프리스트레스에 사용하는 고강도 강재를 PS강재(prestressing steel)라고 하고, PS강재를 1개 또는 여러 개를 묶음으로 하여 긴장할 수 있는 상태로 해놓은 것을 긴장재(prestressing tendon)라고 한다.

PS강재를 긴장하는 시기에 따라, 콘크리트 치기 전에 미리(pre-) 긴장하는 프리텐션 방식(pre-tensioning)과 콘크리트 타설하고 굳어진 후에(post-) 강재를 긴장하는 포스트텐션 방식(post-tensioning)으로 나뉜다.

❷ 프리텐션 방식

(1) 프리텐션(pre-tension) 방식의 개요

PS강재에 인장력을 가하여 긴장한 상태에서 콘크리트를 치고, 콘크리트가 경화한 후에 PS강재의 인장력을 서서히 풀어서 콘크리트에 프리스트레스를 주는 방법으로, 콘크리트와 PS강재의 부착에 의해 프리스트레스를 도입하는 방식이다.

(2) 프리텐션 방식의 특징 (장점과 단점)

① 공장 제작으로 품질에 대한 신뢰도가 높다.

② 대량 생산 가능하여 생산성 경제성이 좋다.

③ 쉬스(sheath)와 정착장치 등이 필요치 않다.

④ 긴장재를 곡선으로 배치하기가 어려워서 대형(긴)부재에는 적합하지 않다.

⑤ 부재의 단부(정착구역)에는 소정의 프리스트레스가 도입되지 않아 주의해야 한다.

❸ 포스트텐션 방식

(1) 포스트텐션(post-tension) 방식의 개요

부재의 콘크리트가 경화한 후에 미리 설치해 둔 쉬스에 PS강재를 넣고 긴장하여 그 단부를 정착함으로써 프리스트레스를 도입하는 방식이다.

① 덕트(duct) : 콘크리트 부재 속에 긴장재를 배치할 구멍을 미리 뚫어 놓은 구멍

② 쉬스(sheath) : 콘크리트 부재 속에 덕트를 만들기 위하여 사용하는 관으로 보통 얇은 강판으로 만든 파상의 관이 사용

(2) 포스트텐션 방식의 특징

① PS강재를 곡선상으로 배치할 수 있어서 대형 구조물에 적합하다.

② 콘크리트 부재를 받침으로 하여 PS강재를 인장하기 때문에 현장에서 쉽게 프리스트레스를 도입할 수 있다. 즉, 인장대를 필요로 하지 않는다.

③ 프리캐스트 PSC부재(PC부재)의 결합과 조립에 편리하게 이용된다.

④ 비부착 PSC부재는 그라우팅이 필요하지 않으며 PS강재의 재긴장도 가능하다.

⑤ 비부착 PSC부재는 부착시킨 PSC부재에 비하여 파괴강도가 낮고 균열폭이 커지는 등 역학적 성능이 떨어진다.

④ 프리텐션 방식과 포스트텐션 방식의 비교

프리스트레스트 콘크리트의 두가지 방식인 프리텐션(pre-tension) 방식과 포스트텐션(post-tension) 방식의 공정과 특징을 비교하면 다음표와 같다.

■ 프리텐션 & 포스트텐션 방식 비교

구분	Pre-Tension 방법	Post-Tension 방법
시공방법	긴장대 설치 및 PC 강선 긴장 → Concrete 타설 및 양생 → 경화후 긴장풀고(긴장재절단) 　　Prestress도입	쉬스(sheath) 매입 → Concrete 타설 및 양생 → PC 강선 넣고 긴장 → 정착 및 (Grouting)
특징	공장제작 (대량생산) 부착에 의해 PS도입	현장제작 시공 정착에 의해 PS 도입
정착장치	불필요	필요
종류	Long Line 방식, Individual Mold 방식	Freyssinet, BBRV, VSL, Preflex 공법

⑤ 프리스트레스의 도입과 손실

(1) 프리스트레스의 도입

① 프리스트레스 도입시 콘크리트에 요구되는 강도

프리스트레스 도입시에 콘크리트에 요구되는 강도는 다음 식과 같이 도입 직후 콘크리트에 발생하는 최대 압축응력의 1.7배 이상으로 하고 있다.

$$f_{ci} \geq 1.7 f_{c,\max}$$

② 프리스트레스 도입시 콘크리트의 압축강도

프리스트레스 도입시에 콘크리트의 압축강도는 프리텐션방식과 포스트텐션방식으로 구분하여 다음과 같이 최저값을 정하고 있다.

㉠ 프리텐션방식 : $f_{ci} \geq 30\,MPa$

㉡ 포스트텐션방식 : $f_{ci} \geq 28\,MPa$

(2) 프리스트레스의 손실

프리스트레스 부재에 도입된 프리스트레스 힘은 여러 가지 요인에 의해서 감소하게 된다. PS 강재의 긴장력이 감소함에 따라 콘크리트 부재에 도입된 프리스트레스가 감소하는 현상을 프리스트레스의 손실이라고 하고, 그 원인은 다음과 같이 프리스트레스 도입시에 발생하는 즉시손실과 도입후에 발생하는 시간적 손실로 나눌 수 있다.

① 도입시 발생 손실(즉시 손실)
  ㉠ 정착장치의 활동(slip)
  ㉡ PS강재와 쉬스사이의 마찰(post-tension 방식만)
  ㉢ 콘크리트의 탄성수축
② 도입후 발생하는 손실(시간적 손실)
  ㉠ 콘크리트의 건조수축
  ㉡ 콘크리트의 크리프
  ㉢ PS 강재의 릴렉세이션

제6절 | 막구조 및 케이블 구조

1 막구조

(1) 용어이 정의

① **막구조** : 자중을 포함하는 외력이 셸구조물의 기본원리인 막응력에 따라서 저항되는 구조물로서, 휨 또는 비틀림에 대한 저항이 작거나 또는 전혀 없는 구조
② **초기 인장력** : 연성 막재의 형상을 유지하기 위해 도입하는 초기하중
③ **공기막구조** : 공기막 내외부의 압력 차에 따라 막면에 강성을 주어 형태를 안정시켜 구성되는 구조물
④ **인장크리프** : 지속하중으로 인하여 막재에 일어나는 장기변형
⑤ **인열강도** : 재료가 접힘 또는 굽힘을 받은 후 견딜 수 있는 최대 인장응력
⑥ **열판용착접합** : 판을 눌러 막재의 겹치는 부분을 코팅제 또는 해당 부분에 삽입한 용착필름을 용융하여 막재를 압착하는 접합방식
⑦ **열풍용착접합** : 열풍을 이용하여 접합하고자 하는 막재의 겹친 부분의 코팅재를 용융하고 압착하여 접합하는 방식
⑧ **고주파용착접합** : 고주파를 이용하여 막재의 겹친 부분의 코팅재를 용융하여 막재를 압착하여 접합하는 방식
⑨ **형상해석** : 설계자의 의도와 역학적인 평형조건을 동시에 만족하는 형상을 찾는 일련의 해석과정이며, 막구조물 및 케이블구조물과 같은 연성구조물에 적용되는 해석방법

(2) 재료

① 기준에서 인정하는 막재는 직포, 코팅재 및 그 외 구성된 재료를 의미한다. 구조내력상 주요한 부분에 사용하는 막재는 다음 각 호에 해당하는 기준에 적합해야 한다.
  ㉠ 막재 두께는 0.5 mm 이상이어야 한다.

    ⓛ 섬유밀도는 일정하여야 한다.

    ⓒ 인장강도는 폭 1 cm당 300 N 이상이어야 한다.

    ⓔ 파단신율은 35% 이하이어야 한다.

    ⓜ 인열강도는 100 N 이상 또한 인장강도에 1 cm를 곱해서 얻은 수치의 15% 이상이어야 한다.

    ⓗ 인장크리프에 따른 신장율은 15%(합성섬유 직포로 구성된 막재료에 있어서는 25%) 이하
이어야 한다.

(3) 막재의 두께

막재 두께의 기준치는 두께 측정기를 이용하여 75 mm 이상 간격으로 5개소 이상에 대하여 측정한 값의 평균치로 한다.

(4) 막재의 접합

구조내력상 주요한 부분의 막재 상호간 접합은 막재 상호 존재응력이 충분히 전달되도록 접합하여야한다.

(5) 접합부 인장강도

종사방향 및 횡사방향의 접합부 인장강도 평균치는 봉재접합부 인장시험에 이용하였던 막재에서 측정된 모재 초기인장강도의 70% 이상, 그 외의 다른 방법으로 접합된 접합부에 대해서는 같은 방식으로 동일 막재에서 측정된 모재 초기인장강도의 80% 이상으로 한다.

(6) 접합부 내박리강도

종사방향 및 횡사방향 접합부의 내박리강도는 동일 로트 및 동일 접합방법으로 만들어진 시험편으로 접합부 인장시험에 따라 측정된 각 실 방향의 인장강도의 1% 이상이면서, 또한 10 N/cm 이상으로 한다.

(7) 접합부 내인장 크리프

접합부의 내인장 크리프 특성에 대하여 종사방향 및 횡사방향 신장률의 평균치는 각각 15% 이하로 한다.

(8) 고온상태에서의 접합부 인장강도

고온상태에 대한 종사방향 및 횡사방향의 접합부 인장강도 평균치는 초기인장강도의 60% 이상으로 하고, 또한 막재 A종에 대해서는 260 ℃의 온도에서 200 N/cm 이상으로 한다.

(9) 습윤상태에서의 접합부 인장강도

습윤상태에 대한 종사방향 및 횡사방향의 접합부 인장강도 평균치는 초기인장강도의 80% 이상이어야 한다.

(10) 접합부 내후성

접합부의 폭로실험에 대해서 종사방향 및 횡사방향의 인장강도 평균치는 막재의 종류에 따라 다음의 수치를 만족하여야 한다.

① A종 및 B종 : 각 방향의 인장강도가 접합부 초기인장강도의 70% 이상

② C종 : 각 방향의 인장강도가 접합부 초기 인장강도의 80% 이상

2 케이블구조

(1) 용어의 정의

① 케이블구조 : 휨에 저항이 작은 구조로 인장응력만을 받을 목적으로 케이블 부재로 제작 및 시공되는 구조물

② 초기장력 : 연성 막재의 형상을 유지하기 위해 도입하는 초기하중

③ 형상해석 : 설계자의 의도와 역학적인 평형조건을 동시에 만족하는 형상을 찾는 일련의 해석 과정이며, 막 및 케이블구조물과 같은 연성구조물에 적용되는 해석방법

(2) 케이블 구조 설계 하중의 종류

케이블구조의 구조설계에 적용되는 설계하중은 다음과 같다.

① 고정하중(D)

② 활하중(L)

③ 설하중(S)

④ 풍하중(W)

⑤ 지진하중(E)

(3) 케이블 재료

케이블 재료는 KS 규격에 맞는 선재를 냉간 가공한 소선을 사용함을 원칙으로 하고, 다음 종류를 표준으로 한다.

① 구조용 스트랜드 로프

② 구조용 스파이럴 로프

③ 구조용 록 코일 로프

④ 구조용 평행선 스트랜드

⑤ 피복 평행선 스트랜드

⑥ PC 강연선

(4) 구조설계

① 케이블구조에 대한 설계는 허용응력설계법을 적용한다. 허용응력설계법과 동등 이상의 구조설계법을 적용하여 케이블 또는 그 외의 구조를 병용하는 건축물을 설계할 수 있으며, 이 경우 구조물의 안전을 확인할 수 있는 구조계산이 적절히 이루어져야 한다.

② 안전율 : 케이블 구조의 안전율은 3.0을 기준으로 한다. 따라서, 케이블 재료의 장기허용인장력은 파단하중의 1/3을 기준으로 하며, 단기허용인장력은 장기허용인장력에 1.33을 곱한 값으로 한다.

③ 케이블 구조의 설계 형상은 고정하중에 대해 각 케이블이 목표로 하는 장력(초기장력)상태에서 평형이 되도록 설정한다.

④ **설계요구사항**: 케이블의 구조 설계 시에는 현장실정에 맞도록 다음과 같은 항목에 대하여 검토한다.
　㉠ 바람에 의한 진동
　㉡ 케이블 부재 및 정착부재의 크리프, 이완의 영향
　㉢ 피로
　㉣ 온도 변화에 의한 영향

⑸ **접합부 상세설계**

① 케이블의 단부는 정착방식에 따라 마찰형, 압착형, 쐐기형으로 구분되며 케이블의 장력을 정착부에 충분히 전달할 수 있도록 한다.

② 케이블의 단부 정착철물은 케이블과 일체화 되어야 하며, 케이블과의 완전한 결합, 피로성능, 외부환경에 의한 충분한 내구성을 유지하여야 한다.

③ 케이블의 교차부는 케이블의 손상이 생기지 않도록 적절한 교점 정착철구를 사용하여 케이블 상호간의 힘의 전달을 확실히 하도록 하여야 한다.

④ 케이블의 굴곡부는 휨과 측압에 의한 강도저하를 고려하여 적절한 곡률을 갖는 정착철물로 지지한다.

⑤ 정착부는 케이블의 장력을 원활하고 확실하게 지지구조에 전달할 수 있는 구조로 하고, 케이블의 변형에 충분히 대응할 수 있어야 한다. 또한 2차 응력이나 케이블의 가설 및 장력 도입방법 등을 충분히 고려하여야 한다.

 건축일반구조 개요

1 지반조사법

① (   ) : 사질 지반밀도 측정에 활용되며 샘플러를 지반에 설치하고 63.5 kg의 추를 76 cm에서 반복 낙하시켜 샘플러가 300 mm 관입하였을 때의 타격 회수(N치)로 지반 상태(밀도)를 판단하는 시험법

② (   ) : 십자(+)모양의 날개를 지중에 삽입하여 회전시켜 점토 지반의 점착력 판별하여 전단 강도를 추정하는 시험법

③ 평판 재하 시험 (지내력 시험) – 재하판 지름 300mm 표준, 최대하중은 예상 설계하중의 3배, 재하는 5회 이상 나누어 재하

2 터파기 공법의 종류

① (   ) : 주변부 먼저 파낸 후 지하구조체를 축조한 다음 중앙부의 나머지 부분을 파내어 지하구조물을 완성하는 공법

② 아일랜드컷 공법 : 중앙부의 흙을 먼저 파고, 그 부분에 지하구조체를 축조한 후, 이를 지점으로 경사 혹은 수평 흙막이 버팀대를 가설하여 흙을 제거한 후 지하구조물을 완성

3 지반 개량

① (   ) : 사질지반의 대표적인 탈수 공법, 직경 약 200mm의 특수 파이프를 상호 2m 이내 간격으로 관입하여 모래를 투입한 후 진동다짐하여 탈수통로를 형성시켜서 탈수하는 공법

② (   ) : 지름 500mm 정도의 구멍을 뚫고 모래를 넣은 후, 성토 및 하중을 가하여 점토질 지반을 압밀하여 탈수하는 공법

4 흙막이 공법

① 슬러리월(지하 연속벽) 공법 : 먼저 가이드 월을 설치한 후 안정액을 사용하여 지반을 굴착한 후 철근망을 일으켜 세워서 설치한 후 콘크리트를 타설하여 지중에 연속벽체를 형성, (차수성능이 우수, 무소음, 무진동 공법)

② (   ) : 그 자체가 지하구조물이면서 흙막이 및 버팀대 역할을 하는 잠함을 축조하여 지상에서부터 파내려가는 공법(개방잠함, 우물통, 용기잠함 공법)

5 터파기, 흙막이 공사 문제 현상

① (   ) : 흙막이벽 뒷면 수위가 높아서 지하수가 모래와 같이 솟아오르는 현상(사질)

② (   ) : 흙막이벽 좌우측의 토압차로 인해 흙막이 일부의 흙이 미끄러져 올라오는 현상

6 부등침하 원인과 대책

① 원인 : (   ), 경사지반, 이질지반, 이질기초, (부분)증축, 지하구멍, 지하수위변경

② 대책 : (   ), 길이 제한, 지중보∨지하 연속벽 설치(강성 증가), 이격, 건물 중량 균등 분배, 지하실(온통기초) 설치, 기초상호 연결(지중보), 지하연속벽 시공, 지반개량

제2절 기초 및 지반

1 기준 주요 용어

① (   ) : 흙에서 전단파괴가 발생되는 기초의 단위면적당 하중(단위 : kN/m^2)

② 암반소켓(rock socket) : 말뚝의 일부를 근입시키기 위해 암반에 형성한 구멍

③ 저강도 재료 : 재령 28일의 압축강도가 (   ) MPa 이하가 되도록 제어된 시멘트계 슬러리 재료

제3절 조적식구조

1 기준 주요 용어

① 속빈단위조적개체 : 중심공간, 미세공간 또는 깊은 홈을 가진 공간에 평행한 평면의 순단면적이 같은 평면에서 측정한 전단면적의 (   ) %보다 적은 조적단위

② (   ) : 그라우트나 모르타르가 포함된 단위조적의 개체로 조적조 성질을 규정하기 위해 사용하는 시험체

❷ 공간쌓기벽의 벽체연결철물

① 벽체연결철물의 단부는 90°로 구부려 길이가 최소 (   ) mm 이상이어야 한다.

② 연결철물은 교대로 배치해야 하며, 연결철물 간의 수직과 수평간격은 각각 (   ) mm와 900 mm를 초과할 수 없다.

③ 개구부 주위에는 개구부의 가장자리에서 (   ) mm 이내에 최대 간격 900 mm인 연결철물을 추가로 설치해야 한다.

❸ 보강조적조의 구조세칙

① (   ) mm 이상의 원형철근의 사용은 금지한다.

② 평행한 철근순간격은 철근의 공칭직경이상, 또한 (   ) mm 이상 (이음철근은 예외)으로 한다.

③ 기둥의 길이방향철근은 테두리에 (   ) 이하로 굽어진 폐쇄형띠철근으로 고정되어야 한다.

❹ 기준압축강도의 확인

① 프리즘시험에 의한 기준압축강도의 확인 :

　㉠ 시공 전에는 (   )개의 프리즘을 제작·시험한다.

　㉡ 규정된 허용응력을 모두 적용한 경우에는 벽면적 500 m²당 (   )개의 프리즘을 제작·시험한다.

　㉢ 규정된 허용응력의 1/2을 적용한 경우에는 시공 중 시험은 (   )

② 조적개체 강도로부터 기준압축강도의 확인 :

　㉠ 구조설계에 규정된 허용응력을 모두 적용한 경우에는 제시된 압축강도의 확인을 위하여 시공 전과 벽면적 (   ) m²마다 조적개체의 압축강도를 시험해야 한다.

　㉡ 규정된 허용응력의 1/2을 적용한 경우에는 시공 중 조적개체강도시험은 (   )

❺ 보강조적조 내진설계

① 보의 폭은 (   ) mm 이상이어야 하고, 보의 깊이는 적어도 200 mm 이상이어야 한다. 보의 압축측에 설치된 횡방향 가새의 간격은 압축측 폭의 32배를 넘을 수 없다.

② 기둥의 폭은 (   ) mm 이상이어야 하고, 기둥의 횡지지 간격은 기둥 폭의 30배를 넘을 수 없다.

③ 기둥의 공칭길이는 300 mm 이상이어야 하고, 기둥의 폭의 3배를 넘을 수 없다.

④ 피어의 유효폭은 (   ) mm 이상이어야 하며, 400 mm를 넘을 수는 없다. 피어의 횡지지 간격은 피어 폭의 30배를 넘을 수 없다.

6 조적식 구조의 쌓기 방법

① 화란(네덜란드)식 쌓기(Dutch bond)

1.0B 쌓기의 가장 기본적으로 사용하는 방식으로 그림의 영식쌓기와 마찬가지로 한 켜를 길이쌓기로 하고 다음은 마구리 쌓기로 하는 방식인데, 벽의 모서리 또는 끝에서 (   )을 쓴다.

② 영식쌓기(English bond)

한 켜는 길이쌓기 다음켜는 마구리쌓기로 교대로 보이도록 쌓는 방법으로 모서리나 끝부분에 반절이나 (   )을 사용한다(튼튼하여 내력벽에 사용).

③ 불식쌓기(Flemish Bond)

매 켜마다 길이와 마구리로 번갈아 쌓는 조적쌓기 방법으로, 외관이 미려하나 통줄눈이 많아 강도를 필요로 하는 벽체에는 사용하지 않는다(주로 비내력벽).

④ 장식 쌓기

㉠ 창대쌓기: 창 밑에 돌 또는 벽돌을 15도 정도 경사지게 옆세워 쌓는 방법

㉡ 내쌓기: 중간에서 내쌓기를 할 때, 2켜씩 1/4 B 내쌓거나, 1켜씩 1/8 B 내쌓기로 하고 내쌓기의 한도는 (   )B 이다.

㉢ 공간쌓기: (   ), 방음, 단열(방한, 방서) 등의 목적으로 벽의 중간에 공간을 두어 쌓는 방식이다(수평거리 900mm 미만, 수직거리 400mm 미만으로 연결재(철선, 띠쇠, 꺾쇠 등) 설치).

7 조적조의 계획 주요 사항

① 벽량은 조적조의 바닥면적에 대한 벽의 길이의 비이며, 내력벽의 벽량은 (   )mm/m^2 이다.

② 개구부와 그 상부 개구부와의 수직거리는 (   )mm 이상으로 하고, 폭이 1.8m를 넘는 개구부의 상부에는 RC 인방보를 설치하고, 인방보는 개구부 좌우 벽체에 200mm 이상 걸친다.

8 조적조 내력벽의 구조 기준

① 내력벽의 기초는 줄기초로 하고, 길이는 10m 이하로 하고, 내력벽의 최소두께는 (   )mm 이상으로 한다.

② 내력벽으로 둘러쌓인 부분의 바닥면적은 (   ) m^2 이하로 한다.

9 백화 현상

① 백화(efflorescence)현상이란 조적벽체에 빗물 등의 수분이 침투하여 시멘트 성분을 표면으로 유출할 때, 대기 중 이산화탄소와 결합하여 조적 벽면에 (   )가 돋는 현상

② 발생 원인 (잘 발생하는 조건): 벽면에 (   ) 침투, 재료 및 시공 불량, 습도가 높을 때, 물-시멘트비(물-결합재비)가 클 때

③ 방지대책 : 우천시 작업 금지, 줄눈시공 시 (　　　　) 사용, 시공 후 벽표면에 파라핀도료 바름 또는 실리콘 뿜칠

제4절 목구조

❶ 기준 주요 용어

① 공칭치수 : 목재의 치수를 실제치수보다 큰 (　　　)의 배수로 올려서 부르기 편하게 사용하는 치수

② 경골목구조 : 주요구조부가 공칭두께 (　　　) mm (실제두께 38 mm)의 규격재로 건축된 목구조

③ 중목구조 : 주요구조부가 공칭치수 (　　　) mm×125 mm(실제치수 114 mm×114 mm) 이상의 부재로 건축되는 목구조

④ (　　　　　　　) : 강도와 강성을 향상시키기 위하여 배향성을 부여한 스트랜드형 플레이크로 구성되는 일송의 파티클 목질판상재 제품

⑤ (　　　　　　　) : 목재단판 스트랜드를 평행한 방향으로 접착한 고강도 구조용 복합목재로서, 일명 패럴램이라 한다.

⑥ (　　　　　　　) : 경골목구조에서 벽체의 스터드가 각 층마다 별도로 구조체로 건축되고 벽체 위에 윗층의 바닥이 올려지고 그 위에 다시 윗층의 벽체가 시공되는 공법

⑦ (　　　　　　　) : 전단벽체의 상부에 작용하는 수평하중에 따른 상승 모멘트에 저항하기 위해 벽체 하부에 설치하는 철물 또는 장치

❷ 목구조의 접합

목구조는 각재나 판재 등의 단위 부재를 못이나 쐐기, 요철 형상 등을 이용하여 접합하며, 이와 같이 둘 이상의 재료를 잇거나 맞추는 것을 통틀어 접합이라고 하고 목구조의 접합은 다음과 같다.

① (　　　) : 재의 길이방향으로 두 재를 길게 접합하는 것

② (　　　) : 두개의 재를 서로 직각 또는 경사지게 접합하는 것

③ 쪽매 : 나무 판재를 옆으로 넓게 대는 것

❸ 목구조 기초

① 건물외주벽체 및 주요칸막이벽 등 구조내력상 중요한 부분의 기초는 가능한 한 (　　　)로 한다.

② 기초는 (   )로 한다.

③ 기초 밑면은 함수량의 변화 및 동결의 우려가 없는 위치로 한다.

4 토대

① 토대는 기초에 긴결한다. 긴결철물은 약 (   ) m 간격으로 설치하고, 가새단부와 토대의 이음 등의 응력집중이 예상되는 부근에는 별도의 긴결철물을 설치한다.

② 토대 하단은 지면에서 (   ) mm 이상 높게 한다. 단, 방습상 유효한 조치를 강구했을 때는 이것을 감해도 된다.

5 각부 부재 설치 기준

① 마루밑의 방습과 방부는 지면에서 (   )cm 이상 높이며, 지반면에서 1m 높이까지는 방부처리를 한다.

② 주각을 직접 기초 위에 설치하는 경우 철물로 긴결한다. 이때, 기둥 밑면 높이는 지상 (   ) mm 이상으로 한다.

③ (   ) : 밑층에서 위층까지 1개의 재로 연결되는 기둥(2층이상의 모서리 기둥)

④ (   ) : 서로 수평으로 맞추어지는 귀를 토대, 보, 도리 등의 가로재가 안정한 세로구조로 하기 위하여 빗모양으로 대는 귀잡이 토대, 귀잡이 보 등을 말한다.

6 주요구조부 내화성능기준 :

① 벽 - 내벽 및 내력벽 외벽 : (   )시간

② 보 기둥 : 1~3시간

③ 바닥 : (   )시간

④ 지붕틀 : 0.5~1시간

7 방화구획 및 방화벽

① 주요구조부가 내화구조 또는 불연재료로 된 건축물은 연면적 (   ) m²(자동식 스프링클러 설치 시 2,000 m²) 이내마다 방화구획을 설치하여야 한다. (방화구획은 2시간 이상의 내화구조로 한다.)

② 연면적 1,000 m² 이상인 목조건축물은 외벽 및 처마 밑의 연소 우려가 있는 부분을 (   )로 하되, 그 지붕은 불연재료로 하여야 한다.

③ 공동주택의 각 세대간 경계벽은 (   )로 지붕 속 또는 천장 속까지 달하도록 하여야 한다.

제5절 **프리스트레스트 콘크리트(PSC)구조**

1 프리스트레스의 도입과 손실

① 프리스트레스 도입시에 콘크리트에 요구되는 강도는 도입 직후 콘크리트에 발생하는 최대 압축응력의 1.7배 이상으로 하고 있다.

② 도입시 발생하는 즉시 손실

   ㉠ 정착장치의 (   )(slip)

   ㉡ PS강재와 쉬스 사이의 (   )(post-tension 방식만)

   ㉢ 콘크리트의 (   )

③ 도입후 발생하는 시간적 손실

   ㉠ 콘크리트의 (   )

   ㉡ 콘크리트의 (   )

   ㉢ PS 강재의 (   )

제6절 **막구조 및 케이블 구조**

1 기준 주요 용어

① 막구조 : 자중을 포함하는 외력이 셸구조물의 기본원리인 막응력에 따라서 저항되는 구조물로서, 휨 또는 비틀림에 대한 저항이 작거나 또는 전혀 없는 구조

② (   ) : 재료가 접힘 또는 굽힘을 받은 후 견딜 수 있는 최대 인장응력

2 막구조 재료

① 기준에서 인정하는 막재는 직포, 코팅재 및 그 외 구성된 재료로 다음 기준에 적합해야 한다.

   ㉠ 막재 두께는 (   ) mm 이상이어야 한다.

   ㉡ 인장강도는 폭 1 cm당 (   ) N 이상이어야 한다.

   ㉢ 파단신율은 (   )% 이하이어야 한다.

   ㉣ 인열강도는 (   ) N 이상 또한 인장강도에 1 cm를 곱해서 얻은 수치의 15% 이상이어야 한다.

   ㉤ 인장크리프에 따른 신장율은 15%(합성섬유 직포로 구성된 막재료에 있어서는 25%) 이하이어야 한다.

③ 케이블 구조설계

① 케이블구조에 대한 설계는 허용응력설계법을 적용한다.

② 안전율 : 케이블 구조의 안전율은 (　　　)을 기준으로 한다. 따라서, 케이블 재료의 장기허용
인장력은 파단하중의 1/3을 기준으로 하며, 단기허용인장력은 장기허용인장력에 1.33을 곱
한 값으로 한다.

정답

제1절

1 ① 표준관입 시험, ② 베인 테스트
2 ① 트렌치컷 공법
3 ① 웰포인트 공법, ② 샌드드레인 공법
4 ② 케이슨(잠함) 공법
5 ① 보일링(boiling), ② 히빙(heaving)
6 ① 연약지반, ② 건물 경량화

제2절

1 ① 극한지지력, ③ 8.3

제3절

1 ① 75, ② 프리즘
2 ① 50, ② 600, ③ 300
3 ① 6, ② 25, ③ 135°
4 ① ㉠ 5, ㉡ 3, ㉢ 필요하지 않다.
　② ㉠ 500, ㉡ 필요하지 않다.
5 ① 150, ② 300, ④ 150
6 ① 칠오토막, ② 이오토막, ④ ㉡ 2.0, ㉢ 방습
7 ① 150, ② 600
8 ① 150, ② 80
9 ① 흰가루, ② 빗물, ③ 방수제

제4절

1 ① 25, ② 50, ③ 125, ④ 오에스비(OSB),
　⑤ 피에스엘(PSL), ⑥ 플랫폼구조, ⑦ 홀드다운
2 ① ㉠ 이음, ㉡ 맞춤
3 ① 연속기초, ② 철근콘크리트조
4 ① 2, ② 200
5 ① 45, ② 200, ③ 통재기둥, ④ 귀잡이
6 ① 1~3, ③ 1~2
7 ① 1,000, ② 방화구조, ③ 내화구조

제5절

1 ② ㉠ 활동, ㉡ 마찰, ㉢ 탄성수축,
　③ ㉠ 건조수축, ㉡ 크리프, ㉢ 릴렉세이션

제6절

1 ② 인열강도
2 ① ㉠ 0.5, ㉡ 300, ㉢ 35, ㉣ 100
3 ② 3.0

제1절 개요 ~ 제3절 지반 및 기초

01 지반조사에서 본조사의 조사항목이 아닌 것은? 17 국

① 원위치시험
② 토질시험
③ 지지력 및 침하량 계산
④ 부근 건축구조물 등의 기초에 관한 제조사

02 지반조사에 대한 설명으로 옳지 않은 것은? 11 국

① 예비조사는 기초형식을 구상하고 본조사의 계획을 수립하기 위한 것으로 개략적인 지반 구성 등을 파악하는 것이다.
② 본조사는 기초설계 및 시공에 필요한 제반자료를 확보하기 위한 것으로 기초의 지지력 및 부근 건축물 등의 기초에 관한 제조사를 시행하는 것이다.
③ 평판재하시험의 재하판은 지름 300 mm를 표준으로 하고 최대 재하하중은 지반의 극한 지지력 또는 예상 장기 설계하중의 3배로 하며 재하는 5단계 이상으로 나누어 시행한다.
④ 말뚝박기 시험은 필요한 깊이에서 매회 말뚝의 관입량과 리바운드량 측정을 원칙으로 한다.

03 지반조사에 대한 설명으로 옳지 않은 것은? 16 지

① 예비조사는 기초의 형식을 구상하고 본조사의 계획을 세우기 위해 시행한다.
② 예비조사에서는 대지 내의 개략의 지반구성, 층의 토질의 단단함과 연함 및 지하수의 위치 등을 파악한다.
③ 본조사의 조사항목은 지반의 상황에 따라서 적절한 원위치 시험과 토질시험을 하고, 지지력 및 침하량의 계산과 기초공사의 시공에 필요한 지반의 성질을 구하는 것으로 한다.
④ 평판재하시험의 최대 재하하중은 지반의 극한지지력의 2배 또는 예상되는 장기 설계하중의 2.5배로 한다.

04 로드에 연결한 저항체를 지반 중에 삽입하여 관입, 회전 및 인발 등에 대한 저항으로부터 지반의 성상을 조사하는 방법은? 19 지

① 동재하시험　　　　　　　　　　② 평판재하시험
③ 지반의 개량　　　　　　　　　　④ 사운딩

05 건축물 지반조사와 기초구조 설계에 대한 설명으로 옳지 않은 것은? 22 지

① 평판재하시험의 재하는 5단계 이상으로 나누어 시행하고 각 하중 단계에 있어서 침하가 정지되었다고 인정된 상태에서 하중을 증가시킨다.
② 평판재하시험의 재하판은 지름 300 mm를 표준으로 한다.
③ 편심하중을 받는 독립 기초판의 접지압은 균등하게 분포되는 것으로 가정한다.
④ 연속기초의 접지압은 각 기둥의 지배면적 범위 안에서 균등하게 분포되는 것으로 가정할 수 있다.

06 지반개량에 대한 설명으로 옳지 않은 것은? 23 국

① 지반의 지지력 증대, 기초의 부등침하 방지 등을 목적으로 실시한다.
② 주입공법은 시멘트, 약액 등을 주입하여 고결시키는 공법이다.
③ 웰포인트 공법은 주로 연약 점토질지반 개량에 사용되는 치환공법이다.
④ 바이브로 플로테이션 공법은 주로 사질지반 개량에 사용되는 다짐공법이다.

07 속이 빈 콘크리트 구조체를 지상에 설치하고 사람이 그 속에 들어가서 밑바닥 흙을 파 올림으로써, 콘크리트 구조체를 땅속에 침하시켜 매설하는 공법은? 08 국

① 어스드릴공법　　　　　　　　　② 베노토공법
③ 케이슨공법　　　　　　　　　　④ 이코스공법

08 기초 터파기 시 흙막이벽에 발생하는 현상으로 옳지 않은 것은? 10 국

① 융기현상(히이빙, heaving)　　　② 사운딩(sounding)
③ 분사현상(보일링, boiling)　　　　④ 파이핑(piping)

09 토질 및 기초에 대한 설명으로 옳지 않은 것은? 18 국

① 물에 포화된 느슨한 모래가 진동, 충격 등에 의하여 간극 수압이 급격히 상승하기 때문에 전단저항을 잃어버리는 현상을 액상화 현상이라 한다.
② 온통기초는 상부구조의 광범위한 면적 내의 응력을 단일 기초판으로 연결하여 지반 또는 지정에 전달하도록 하는 기초이다.
③ 사질토 지반의 기초하부 토압분포는 기초 중앙부 토압이 기초 주변부보다 작은 형태이다.
④ 연약한 점성토 지반에서 땅파기 외측의 흙의 중량으로 인하여 땅파기 된 저면이 부풀어 오르는 현상을 히빙(Heaving)이라 한다.

10 그림과 같이 연약한 점성토 지반에서 땅파기 외측 흙의 중량으로 인하여 땅파기 된 저면이 부풀어 오르는 현상은? 22 국

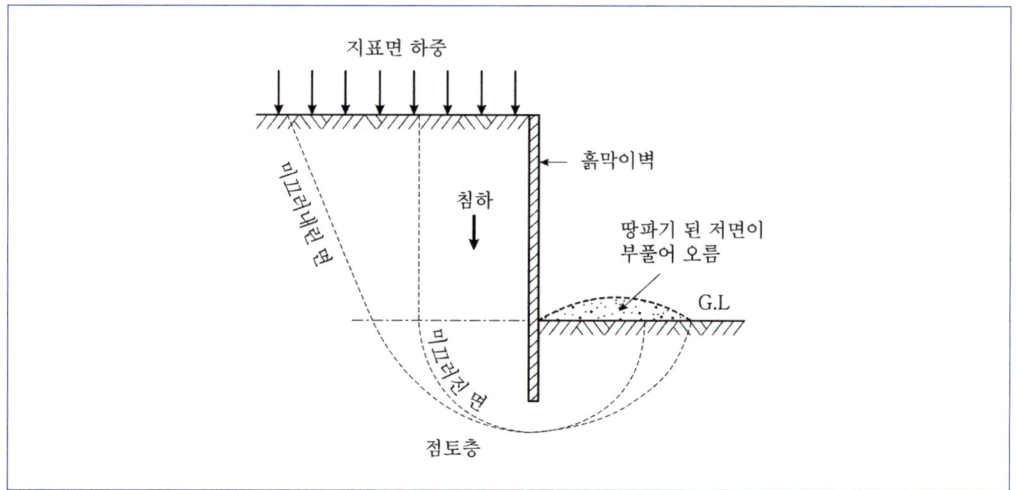

① 사운딩 현상
② 융기 현상(히빙)
③ 분사 현상(보일링)
④ 액상화 현상

11 지하연속벽 또는 슬러리월(slurry wall) 공법에 관한 설명으로 옳지 않은 것은? 10 지

① 흙막이벽의 기능뿐만 아니라 영구적인 구조벽체 기능을 겸한다.
② 대지 경계선에 근접시켜 설치할 수 있으므로 대지 면적을 최대한 활용할 수 있다.
③ 안정액은 조립된 철근의 형태를 유지하고, 연속벽의 구조체를 형성한다.
④ 차수효과가 우수하여 지하수가 많은 지반의 흙막이공법으로 적합하다.

12 다음에서 설명하는 흙막이 공법은? [21 지]

> 중앙부를 먼저 굴삭하여 그 부분의 지하층 구조체를 먼저 시공하고, 이 구조체를 버팀대
> 의 반력지지체로 이용하여 흙막이벽에 버팀대를 가설한다. 이후 주변부의 흙을 굴착하고
> 중앙부의 기초구조체를 연결하여 기초구조물을 완성시킨다.

① 오픈 컷(Open cut) 공법
② 아일랜드 컷(Island cut) 공법
③ 트렌치 컷(Trench cut) 공법
④ 어스 앵커(Earth anchor) 공법

13 기초구조에 대한 설명으로 옳지 않은 것은? [20 국]

① 독립기초는 기둥으로부터 축력을 독립으로 지반 또는 지정에 전달하도록 하는 기초이다.
② 부마찰력은 지지층에 근입된 말뚝의 주위 지반이 침하하는 경우 말뚝 주면에 하향으로 작
　용하는 마찰력이다.
③ 온통기초는 상부구조의 광범위한 면적 내의 응력을 단일 기초판으로 연결하여 지반 또는
　지정에 전달하도록 하는 기초이다.
④ 지반의 허용지지력은 구조물을 지지할 수 있는 지반의 최대저항력이다.

14 얕은기초 설계에 대한 설명으로 옳지 않은 것은? [24 국]

① 기초의 폭은 300 mm 이상이어야 한다.
② 계단식 기초의 상부면은 평평하여야 하며, 기초의 하부면은 1/10을 초과하지 않는 경사는
　허용된다.
③ 동결조건이 영구적이지 않으면 동결지반에 지지해서는 안 된다.
④ 교란된 지반, 다짐하지 않은 채움재 또는 제어되지 않은 저강도재료 위에 시공하여야 한다.

15 기초구조 용어 정의에 대한 설명으로 옳지 않은 것은? [24 국]

① 극한지지력: 흙에서 전단파괴가 발생되는 기초의 단위면적당 하중
② 마이크로 파일: 지반에 구멍을 뚫고 강봉을 삽입하여 그라우트 한 깊은 기초이며 소구경
　말뚝이라고 함
③ 저강도재료: 재령 28일의 압축강도가 9.3 MPa 이하가 되도록 제어된 시멘트계 슬러리 재료
④ 허용지지력: 침하 또는 부등침하와 같은 허용한도 내에서 지반의 극한지지력을 적정의 안
　전율로 나눈 값

16 기초형식 선정 시 고려사항에 대한 설명으로 옳지 않은 것은? 21 지

① 기초는 상부구조의 규모, 형상, 구조, 강성 등을 함께 고려하여 선정해야 한다.
② 기초형식 선정 시 부지 주변에 미치는 영향을 충분히 고려하여야 한다.
③ 기초는 대지의 상황 및 지반의 조건에 적합하며, 유해한 장해가 생기지 않아야 한다.
④ 동일 구조물의 기초에서는 가능한 한 이종형식기초를 병용하여 사용하는 것이 바람직하다.

17 기초구조 관련 용어에 대한 설명으로 옳지 않은 것은? 22 지

① 접지압 : 직접기초에 따른 기초판 또는 말뚝기초에서 선단과 지반 간에 작용하는 압력
② 사운딩 : 연약한 점성토 지반에서 땅파기 외측의 흙의 중량으로 인하여 땅파기된 저면이
  부풀어 오르는 현상
③ 슬라임 : 지반을 천공할 때 공벽 또는 공저에 모인 흙의 찌꺼기
④ 케이슨 : 지반을 굴삭하면서 중공대형의 구조물을 지지층까지 침하시켜 만든 기초형식구
  조물의 지하부분을 지상에서 구축한 다음 이것을 지지층까지 침하시켰을 경우의 지하부분

18 부동침하를 방지하기 위한 대책으로 옳지 않은 것은? 25 지

① 건축물을 경량화한다.
② 건축물의 강성을 높인다.
③ 건축물의 평면 길이를 길게 한다.
④ 건축물의 중량을 기초에 균등하게 분포시킨다.

19 다음 설명에서 (가)와 (나)에 들어갈 내용은? 23 지

말뚝의 중심 간격은 최소한 말뚝지름의 [(가)]배 이상, 기초측면과 말뚝중심 간의 거리
는 최소 말뚝지름의 [(나)]배 이상으로 한다. (단, 말뚝기초판은 말뚝 가장자리에서 100
mm 이상 확장해야 한다)

	(가)	(나)
①	2.0	1.25
②	2.0	1.5
③	2.5	1.25
④	2.5	1.5

20 말뚝재료의 허용응력에 대한 설명으로 옳지 않은 것은? [21 국]

① 기성콘크리트말뚝의 허용압축응력은 콘크리트설계기준강도의 최대 1/4까지를 말뚝재료의 허용압축응력으로 한다.

② 기성콘크리트말뚝에 사용하는 콘크리트의 설계기준강도는 30 MPa 이상으로 하고, 허용지지력은 말뚝의 최소단면에 대하여 구하는 것으로 한다.

③ 현장타설콘크리트말뚝의 최대 허용압축하중은 각 구성요소의 재료에 해당하는 허용압축응력을 각 구성요소의 유효단면적에 곱한 각 요소의 허용압축하중을 합한 값으로 한다.

④ 강재말뚝의 허용압축력은 일반의 경우 부식부분을 제외한 단면에 대해 재료의 항복응력과 국부좌굴응력을 고려하여 결정한다.

제3절 **조적식구조**

01 조적구조에 대한 설명으로 옳지 않은 것은? [23 지]

① 일반적으로 풍하중이나 지진하중과 같은 수평하중에 취약하다.

② 벽돌구조의 세로줄눈은 막힌줄눈보다 통줄눈으로 설계하는 것이 구조적으로 유리하다.

③ 테두리보는 조적벽 상부에 설치하여 구조를 일체화시키고 상부하중을 균등히 분포시킨다.

④ 벽돌쌓기 방법 중 불식쌓기는 같은 켜에 길이쌓기와 마구리쌓기를 교대로 사용하는 방법이다.

02 조적식 구조의 설계일반사항에 대한 설명으로 옳지 않은 것은? [17 국]

① 공간쌓기벽의 개구부 주위에는 개구부의 가장자리에서 300 mm 이내에 최대 간격 900 mm인 연결철물을 추가로 설치해야 한다.

② 공간쌓기벽의 벽체연결철물 단부는 90 °로 구부려 길이가 최소 30 mm 이상이어야 한다.

③ 하중시험이 필요한 경우에는 해당 부재나 구조체의 해당 부위에 설계활하중의 2배에 고정하중의 0.5배를 합한 하중을 24시간 동안 작용시킨 후 하중을 제거한다.

④ 다중겹벽에서 줄눈보강철물의 수직간격은 400 mm 이하로 한다.

03 조적식구조에서 그라우트 또는 모르타르가 포함된 단위조적 개체로 조적조의 성질을 규정하기 위해 사용하는 시험체는? [24 지]

① 면살   ② 프리즘

③ 겹   ④ 대린벽

04 다음에서 설명하는 벽돌 구조의 각부구조 명칭은? [25 지]

> 창 밑에 돌이나 벽돌을 옆세워 쌓고 모르타르로 마감하여 만들며, 윗면은 경사지게 하여 빗물이 흐르도록 물흘림 경사를 두고, 그 아래에는 물끊기홈을 파서 물이 벽에 흘러들어가지 않도록 한다.

① 창대   ② 인방보
③ 대린벽   ④ 테두리보

05 벽돌벽체를 쌓을 때 조적 내부에 수직중공부를 두는 공간쌓기의 목적이 아닌 것은? [23 지]

① 방음기능 향상   ② 단열성능 향상
③ 내진성능 향상   ④ 방습기능 향상

06 다음에서 설명하는 벽돌 쌓기 방법은? [22 국]

> • 한 켜에서 길이 쌓기와 마구리 쌓기를 번갈아 가며 쌓는다.
> • 끝부분에는 이오토막, 반절, 칠오토막 등 토막 벽돌이 많이 필요하다.

① 영식 쌓기   ② 불식 쌓기
③ 미식 쌓기   ④ 화란식 쌓기

07 일반 조적식구조의 설계법으로 옳지 않은 것은? [18 지]

① 허용응력설계   ② 소성응력설계
③ 강도설계   ④ 경험적설계

08 조적식 구조의 경험적 설계방법에 대한 설명으로 옳지 않은 것은? [16 국]

① 횡안정성을 위해 전단벽이 요구되는 각 방향에 대하여 해당 방향으로 배치된 전단벽길이의 합계가 건물의 장변길이의 50 % 이상이어야 한다.
② 조적벽이 횡력에 저항하는 경우에는 전체높이가 13 m, 처마 높이가 9 m 이하이어야 경험적 설계법을 적용할 수 있다.
③ 횡안정성 확보를 위한 조적전단벽의 공칭두께는 최소 200 mm 이상이어야 한다.
④ 횡안정성 확보를 위해 사용된 전단벽들은 횡력과 수직한 방향으로 배치되어야 한다.

09 조적식 구조에서 테두리보에 대한 설명으로 옳지 않은 것은? [11 국]

① 벽체를 일체화 시킨다.
② 벽면의 수평균열을 방지한다.
③ 건물 전체의 강성을 높이는 역할을 한다.
④ 지붕이나 바닥의 하중을 균등하게 벽체에 전달한다.

10 벽돌 구조에서 창문 등의 개구부 상부를 지지하며 상부에서 오는 하중을 좌우벽으로 전달하는 부재로 옳은 것은? [20 지]

① 창대　　　　　　　　　② 코벨
③ 인방보　　　　　　　　④ 테두리보

11 조적식구조에서 사용하는 모르타르와 그라우트에 대한 설명으로 옳지 않은 것은? [24 국]

① 모르타르에서 사용하는 물의 양은 현장에서 적절한 시공연도를 얻두록 주절할 수 있다.
② 그라우트의 압축강도는 조적개체 강도의 1.3배 이상으로 한다.
③ 실험에 의해서 규준의 요구조건에 합당한 결과가 나타나지 않으면 모르타르나 그라우트에 공기연행제를 사용한다.
④ 동결방지용액이나 염화물 등의 성분은 모르타르나 그라우트에 사용할 수 없다.

12 다음 중 지진에 가장 강한 조적식 구조는? [08 국]

① 내화 벽돌조　　　　　② 보강 블록조
③ 화강암 석조　　　　　④ 시멘트 벽돌조

13 강도설계법에 의한 보강조적조의 내진설계에 대한 설명으로 옳지 않은 것은? [22 지]

① 보 폭은 150 mm보다 적어서는 안 된다.
② 기둥 폭은 300 mm 이상이어야 한다.
③ 보 깊이는 적어도 200 mm 이상이어야 한다.
④ 피어 유효폭은 200 mm 이상이어야 하며, 500 mm를 넘을 수 없다.

14 보강조적조의 구조세칙에 대한 설명으로 옳지 않은 것은? 15 지

① 보강조적조에서 휨철근의 정착길이는 묻힘길이와 정착 또는 인장만 받는 경우는 갈고리의 조합으로 확보할 수 있다.

② 기둥의 길이방향철근은 테두리에 띠철근으로 둘러싸야 하며, 길이방향철근은 135 ° 이하로 굽어진 폐쇄형띠철근으로 고정 되어야 한다.

③ 기둥에 설치되는 앵커볼트 보강용 띠철근은 기둥 상부로부터 50 mm 이내에 최상단 띠철근을 설치하며, 기둥 상부로부터 130 mm 이내에 단면적은 260 mm²이상으로 배근하여야 한다.

④ 보강조적벽의 휨응력 산정을 위한 압축면적의 유효폭은 공칭벽 두께나 철근 간 중심거리의 8배를 초과하지 않는다.

제4절 목구조

01 목재에 대한 설명으로 옳지 않은 것은? 18 국

① 목재 단면의 수심에 가까운 중앙부를 심재, 수피에 가까운 부분을 변재라 한다.

② 목재의 단면에서 볼트 등의 철물을 위한 구멍이나 홈의 면적을 포함한 단면적을 순단면적이라 한다.

③ 기계등급구조재는 기계적으로 목재의 강도 및 강성을 측정하여 등급을 구분한 목재이다.

④ 육안등급구조재는 육안으로 목재의 표면결점을 검사하여 등급을 구분한 목재이다.

02 주요 구조부가 공칭두께 50 mm(실제두께 38 mm)의 규격재로 건축된 목구조는? 14 국

① 전통목구조   ② 경골목구조
③ 대형목구조   ④ 중량목구조

03 목구조의 결합방법 중 모서리 부분에서 각 부재의 끝면이 보이지 않도록 접합하는 방법은? 25 국

① 쐐기   ② 장부
③ 연귀   ④ 인사이징

04 다음에서 설명하는 목구조 부재는? 21 지

> 상부의 하중을 받아 기초에 전달하며 기둥 하부를 고정하여 일체화하고, 수평방향의 외력
> 으로 인해 건물의 하부가 벌어지지 않도록 하는 수평재이다.

① 토대   ② 깔도리
③ 버팀대   ④ 귀잡이

05 목구조에서 도리 위에 건너지르는 긴 부재로 지붕의 하중을 받아서 도리로 전달하는 부재는? 24 지

① 서까래   ② 대들보
③ 종보   ④ 개판

06 목구조에 대한 설명으로 옳지 않은 것은? 08 국

① 이음 : 2개의 목재를 길이방향으로 접합하는 방법
② 장부맞춤 : 한쪽 목재에는 구멍을 파고, 다른 목재에는 돌출부를 만들어 두 목재를 접합하는 방법
③ 쪽매 : 꺾쇠나 듀벨, ㄱ자쇠 등으로 목재의 이음매를 보강하는 방법
④ 맞춤 : 2개의 목재를 서로 직각 또는 경사지게 접합하는 방법

07 목재의 접합에 대한 설명으로 옳은 것은? 25 지

① 응력이 한곳에 집중되도록 접합한다.
② 접합면은 최대한 복잡하게 가공하도록 한다.
③ 이음의 단면은 응력 방향에 직각이 되도록 한다.
④ 목재의 맞춤은 응력이 가장 큰 곳에 위치하도록 한다.

08 목구조 접합에 대한 설명으로 옳지 않은 것은? 10 지

① 목재를 길이방향으로 접합하는 방법을 이음이라 하고, 두 부재를 직각 또는 경사지게 접합하는 방법을 맞춤이라 한다.
② 이음에는 맞댄이음, 겹친이음, 따낸이음 등이 있다.
③ 듀벨은 볼트와 함께 사용됨으로써 인장과 휨에 대한 강성을 제공한다.
④ 평보를 대공에 달아맬 때 사용하는 ㄷ자형 접합철물을 감잡이쇠라한다.

09 건축구조기준(KDS)에 따라 목구조의 접합부를 설계할 때, 목재의 갈라짐을 방지하기 위해 요구되는 못의 최소 연단거리는? (단, 미리 구멍을 뚫지 않는 경우이며, 못의 지름(D)은 3 mm이다) 14 지

① 9 mm
② 15 mm
③ 30 mm
④ 60 mm

10 목구조에서 부재 접합 시의 유의사항으로 옳지 않은 것은? 17 국

① 이음·맞춤 부위는 가능한 한 응력이 작은 곳으로 한다.
② 맞춤면은 정확히 가공하여 빈틈없이 서로 밀착되도록 한다.
③ 이음·맞춤의 단면은 작용하는 외력의 방향에 직각으로 한다.
④ 경사못박기에서 못은 부재와 약 45 °의 경사각을 갖도록 한다.

11 목구조에서 맞춤과 이음 접합부 일반사항에 대한 설명으로 옳은 것은? 22 국

① 길이를 늘이기 위하여 길이방향으로 접합하는 것을 맞춤이라고 하고, 경사지거나 직각으로 만나는 부재 사이에서 양 부재를 가공하여 끼워 맞추는 접합을 이음이라고 한다.
② 맞춤 부위의 보강을 위하여 파스너는 사용할 수 있으나 접착제는 사용할 수 없다.
③ 맞춤 부위의 목재에는 결점이 있어도 사용이 가능하다.
④ 인장을 받는 부재에 덧댐판을 대고 길이이음을 하는 경우에 덧댐판의 면적은 요구되는 접합면적의 1.5배 이상이어야 한다.

12 목구조에서 맞춤과 이음 접합부에 대한 설명으로 옳지 않은 것은? 18 지

① 인장을 받는 부재에 덧댐판을 대고 길이이음을 하는 경우에 덧댐판의 면적은 요구되는 접합면적의 1.3배 이상이어야 한다.
② 맞춤 부위의 보강을 위하여 접합제를 사용할 수 있다.
③ 구조물의 변형으로 인하여 접합부에 2차응력이 발생할 가능성이 있는 경우 이를 설계에서 고려한다.
④ 접합부에서 만나는 모든 부재를 통하여 전달되는 하중의 작용선은 접합부의 중심 또는 도심을 통과하여야 하며 그렇지 않을 경우 편심의 영향을 설계에 고려한다.

13 목조건물의 마루틀 구성에 사용되지 않는 것은? 10 지

① 깔도리   ② 멍에

③ 장선   ④ 동바리

14 목구조에서 방화구획 및 방화벽에 대한 설명으로 옳지 않은 것은? 16 지

① 방화구획에 설치되는 방화문은 항상 닫힌 상태로 유지하거나 수동으로 닫히는 구조이어야 한다.

② 주요구조부가 내화구조 또는 불연재료로 된 건축물은 연면적 1,000 m^2(자동식 스프링클러 소화설비 설치시 2,000 m^2) 이내마다 방화구획을 설치하여야 한다.

③ 연면적 1,000 m^2 이상인 목조의 건축물은 외벽 및 처마 밑의 연소할 우려가 있는 부분을 방화구조로 하되, 그 지붕은 불연재료로 하여야 한다.

④ 환기, 난방 또는 냉방시설의 풍도가 방화구획을 관통하는 경우에는 방화댐퍼를 설치하여야 한다.

15 목구조의 뼈대를 구성하는 수평 부재의 시공 순서를 바르게 나열한 것은? 17 지

① 토대 → 깔도리 → 층도리 → 처마도리

② 토대 → 층도리 → 깔도리 → 처마도리

③ 처마도리 → 토대 → 층도리 → 깔도리

④ 처마도리 → 토대 → 깔도리 → 층도리

16 목구조 부재설계기준에서 수평하중저항구조의 설계에 대한 설명으로 옳지 않은 것은?

23 국

① 바닥격막구조는 콘크리트구조 및 조적조에 따라 유발되는 지진하중을 지지하도록 설계하여야 한다.

② 모든 격막구조는 인장 및 압축 하중을 전달하도록 가장자리에 경계부재를 설치하여야 한다.

③ 개구부 주변의 경계부재는 전단응력을 분산하도록 설계하여야 한다.

④ 격막의 덮개용 목질판상재를 경계부재의 이음에 사용하지 않아야 한다.

17 목구조기준 방화설계에 대한 설명으로 옳지 않은 것은? 22 지

① 내부마감재료는 방화상 지장이 없는 불연재료, 준불연재료 또는 난연재료를 사용한다.

② 보 및 기둥은 1시간에서 3시간의 내화성능을 가진 내화구조로 하여야 한다.

③ 주요구조부가 내화구조 또는 불연재료로 된 건축물은 연면적 1,000 m² 이내마다 방화구획을 설치하여야 하며, 이 방화구획은 1시간 이상의 내화구조로 하여야 한다.

④ 연소 우려가 있는 부분의 외벽 개구부는 방화문 설치 등의 방화설비를 갖추어야 한다.

제5절 기타구조

01 기둥, 보와 같은 부재를 접합하여 구조물의 뼈대를 구성하며 목구조, 철골구조에 주로 사용되는 구조 양식은? 25 지

① 가구식 구조　　　　② 일체식 구조
③ 조적식 구조　　　　④ 내력벽식 구조

02 강봉, 강선, 강연선 등과 같은 긴장재를 사용하여 콘크리트에 초기 긴장력을 도입한 구조는? 23 지

① 공기막구조
② 프리스트레스트 콘크리트 구조
③ 프리캐스트 콘크리트 구조
④ 합성구조

03 얇은 평면 슬래브를 굽혀 긴 경간을 지지할 수 있도록 만든 구조는? 21 지

① 현수 구조　　　　② 트러스 구조
③ 튜브 구조　　　　④ 절판 구조

04 강관이나 파이프가 입체적으로 구성된 트러스로 중간에 기둥이 없는 대공간 연출이 가능한 4구조는? 19 지

① 절판구조　　　　② 케이블구조
③ 막구조　　　　　④ 스페이스 프레임구조

05 일반 철근콘크리트구조와 비교할 경우, 프리스트레스트 콘크리트 구조의 특징에 대한 설명으로 옳지 않은 것은? 15 지

① 균열의 억제에 유리하다.
② 처짐을 억제하여 장경간구조에 유리하다.
③ 고강도 재료의 사용에 따른 재료의 절감이 가능하다.
④ 고강도 강재의 사용으로 인해서 내화성능이 우수하다.

06 프리스트레스트 콘크리트구조에서 프리스트레스의 손실원인으로 옳지 않은 것은? 12 지

① 프리스트레싱 긴장시 발생한 콘크리트의 팽창
② 포스트텐셔닝 긴장재와 덕트 사이의 마찰
③ 콘크리트의 건조수축과 크리프
④ 긴장재 응력의 릴랙세이션

07 프리스트레스트 콘크리트 부재에 대한 설명으로 옳지 않은 것은? 22 지

① 프리스트레스트 콘크리트 구조는 일반 철근콘크리트 구조에 비하여 전체 단면을 유효하게 이용할 수 있어서 단면의 크기를 경감할 수 있다.
② 콘크리트에 프리스트레싱을 하는 방법으로 프리텐션 방식과 포스트텐션 방식 등이 있다.
③ 포스트텐션 방식은 긴장재에 인장력을 가하여 긴장재가 늘어난 상태에서 콘크리트를 타설하는 방식이다.
④ 프리스트레싱에 의해 긴장재는 인장력을 받고 콘크리트는 압축력을 받게 된다.

08 프리스트레스트 콘크리트 구조에서 긴장재에 최초 도입된 프리스트레스의 손실에 대한 설명으로 옳은 것은? 25 지

① 포스트텐션 방식에서는 정착장치의 앵커 정착손실이 나타나지 않는다.
② 프리텐션 방식의 경우 긴장재와 덕트(duct) 사이에서 마찰손실이 나타난다.
③ 프리스트레스 도입 후에 콘크리트 크리프 및 건조수축은 즉시 손실의 주요 원인이다.
④ 콘크리트의 탄성수축에 의한 손실은 프리텐션 방식의 경우 콘크리트 경화 후 긴장력이 도입될 때 나타나며, 포스트텐션 방식의 경우에는 긴장(jacking)할 때 나타난다.

09 막재를 구조내력상 주요한 부분에 사용할 경우, 기준에 적합하지 않은 것은? 22 국

① 막재의 인장강도가 폭 1 cm당 320 N인 경우
② 막재의 두께가 0.6 mm인 경우
③ 막재의 인장크리프에 따른 신장률이 14 %인 경우
④ 막재의 파단신율이 37 %인 경우

10 특수목적 건축기준에서 케이블구조 및 막구조에 대한 설명으로 옳지 않은 것은? 23 국

① 케이블구조는 주로 휨응력과 전단응력을 받을 목적으로 케이블 부재로 시공되는 구조이다.
② 케이블구조의 형상은 케이블의 장력분포와 깊은 관계가 있으므로 초기형상해석을 수행한다.
③ 막구조는 자중을 포함하는 외력이 막응력에 따라 저항되는 구조물로서, 휨 또는 비틀림에 대한 저항이 작거나 또는 전혀 없는 구조이다.
④ 공기막구조는 공기막 내외부의 압력차에 따라 막면에 강성을 주어 형태를 안정시켜 구성되는 구조이다.

11 막과 케이블 구조에 대한 설명으로 옳지 않은 것은? 17 지

① 막구조는 자중을 포함하는 외력이 막응력에 따라서 저항되는 구조물로서 휨 또는 비틀림에 대한 저항이 큰 구조이다.
② 공기막구조는 공기막 내외부의 압력 차에 따라 막면에 강성을 주어 형태를 안정시켜 구성되는 구조물이다.
③ 인열강도는 재료가 접힘 또는 굽힘을 받은 후 견딜 수 있는 최대인장응력이다.
④ 케이블구조는 휨에 대한 저항이 작은 구조로 인장응력만을 받을 목적으로 제작 및 시공된다.

12 부유식 구조에 적용하는 하중에 대한 설명으로 옳지 않은 것은? 17 지

① 부유식 구조에 적용된 항구적인 발라스트의 하중은 활하중으로 고려한다.
② 부유식 구조의 계류 또는 견인으로 인한 하중에는 활하중의 하중계수를 적용한다.
③ 파랑하중의 설계용 파향은 부유식 구조물 또는 그 부재에 가장 불리한 방향을 취하는 것으로 한다.
④ 부유식 구조의 설계에서는 정수압과 부력의 영향을 고려한다.

13 초고층 구조형식 중 건물의 일부 층에 강성이 큰 벽체나 트러스 형태의 구조물을 띠같이 설치하는 방식으로 횡력에 저항하는 것은?

① 골조-아웃리거 시스템   ② 튜브구조

③ 가새튜브구조   ④ 묶음튜브구조

14 최근 건축되고 있는 주상복합 건물은 거주공간을 구성하는 상층부의 벽식구조 시스템과 하부의 상업 및 편의시설을 위한 골조구조 시스템으로 구성되는 것이 일반적이다. 이 때, 건물 상층부의 골조를 어떤 층의 하부에서 별개의 구조형식으로 전이하는 구조 시스템은? 12 지

① 아웃리거(Outrigger)

② 벨트트러스(Belt truss)

③ 트랜스퍼거더(Transfer girder)

④ 시어커넥터(Shear connector)

정답 및 해설

제1절 ~ 제2절

| 01 ④ | 02 ② | 03 ④ | 04 ④ | 05 ③ | 06 ③ | 07 ③ | 08 ② | 09 ③ | 10 ② | 11 ③ | 12 ② |
| 13 ④ | 14 ④ | 15 ③ | 16 ④ | 17 ② | 18 ③ | 19 ③ | 20 ② | | | | |

01 ④ 지반조사 항목 중 "부근 건축구조물 등의 기초에 관한 제조사와 지반개황의 판단"은 예비조사 항목이다.

02 ② 지반조사 중 "부근 건축구조물 등의 기초에 관한 제조사"를 시행하는 것은 예비조사이다.

03 ④ 평판재하시험의 최대 재하하중은 지반 극한지지력의 3배 또는 예상되는 장기 설계하중의 3배로 한다.

04 ④ 원위치시험인 표준관입시험, 베인테스트 등 로드에 연결한 저항체를 지반 중에 삽입하여 관입, 회전 및 인발 등에 대한 저항으로부터 지반의 성상을 조사하는 방법은 "사운딩(sounding)"이다.

05 ③ 편심하중을 받는 독립 기초판의 접지압은 조합응력에 의해 불균등하게 분포된다.

06 ③ 웰포인트 공법은 주로 사질 지반 개량에 사용되는 탈수공법이다.

07 ③ 속이 빈 콘크리트 구조체를 지상에 설치하고 사람이 그 속에 들어가서 밑바닥 흙을 파 올림으로써, 콘크리트 구조체를 땅속에 침하시켜 매설하는 공법은 "케이슨(잠함)공법"이다.

08 ② 기초 터파기 시 흙막이벽에 발생하는 문제 현상은 보일링, 히빙, 파이핑 등이 있고, 사운딩은 지반의 건전도를 조사하기 위한 원위치시험이다.

09 ③ 사질토 지반의 기초하부 토압분포는 기초 중앙부 토압이 크고 기초 주변부 토압이 작아지는 분포 형태이다.

10 ② 그림의 연약한 점성토 지반에서 땅파기 외측 흙의 중량으로 인하여 땅파기 된 저면이 부풀어 오르는 현상은 "융기현상(히빙)"이다.

11 ③ 슬러리월 공법에서 안정액은 공벽의 붕괴를 방지하는 역할을 한다.

12 ② 중앙부를 먼저 굴착하고 주조체를 축조한 후에 주변부를 굴착하는 공법은 "아일랜드컷 공법"이다.

13 ④ 지반의 허용지지력은 구조물을 지지할 수 있는 지반의 최대저항력에 안전율을 고려한 것이고, 구조물을 지지할 수 있는 지반의 최대저항력은 "극한지지력"이다.

14 ④ 얕은 기초는 교란된 지반, 다짐하지 않은 채움재 또는 제어되지 않은 저강도재료 위에 "시공해서는 안된다."

15 ③ 저강도재료: 재령 28일의 "압축강도가 8.3 MPa 이하"가 되도록 제어된 시멘트계 슬러리 재료이다.

16 ④ 동일 구조물의 기초에서는 가능한 한 "이종형식기초를 병용하여 사용하지 않아야 한다."

17 ② 사운딩은 지반의 건전도 조사를 위해 저항체를 지웅에 삽입하여 관입, 회전, 인발 등의 방법으로 시행하는 원위치시험을 말하고, 연약한 점성토 지반에서 땅파기 외측의 흙의 중량으로 인하여 땅파기된 저면이 부풀어 오르는 현상은 "융기현상(히빙)"이다.

18 ③ 건물의 평면길이가 길게 되면 부등침하에 불리하게 작용하므로, 방지대책으로 옳지 않다.

19 ③ 말뚝의 중심 간격은 최소한 말뚝지름의 (2.5)배 이상, 기초측면과 말뚝중심 간의 거리는 최소 말뚝지름의 (1.25)배 이상으로 한다.

20 ② 기성콘크리트말뚝에 사용하는 콘크리트의 설계기준강도는 "35 MPa 이상"으로 한다.

제3절

| 01 ② | 02 ② | 03 ② | 04 ① | 05 ③ | 06 ② | 07 ② | 08 ④ | 09 ② | 10 ③ | 11 ③ | 12 ② |
| 13 ④ | 14 ④ | | | | | | | | | | |

01 ② 벽돌구조의 세로줄눈은 "막힌줄눈으로 설계하는 것이 구조적으로 유리하다."

02 ② 공간쌓기벽의 벽체연결철물 단부는 90 °로 구부려 길이가 최소 "50 mm 이상"이어야 한다.

03 ② 조적조에서 그라우트 또는 모르타르가 포함된 단위조적 개체로 구성된 시험체는 "프리즘"이다.

04 ① 창 밑에 돌이나 벽돌을 옆세워 쌓고 모르타르로 마감하여 만들며, 윗면은 경사지게 하여 빗물이 흐르도록 물흘림 경사를 두어 쌓은 것은 "창대 쌓기"이다.

05 ③ 공간쌓기의 목적은 "단열, 방음, 방습" 등이고, 내진성능 향상과는 관계없다.

06 ② 벽돌쌓기 중 한 켜에서 길이쌓기와 마구리쌓기를 번갈아 쌓는 방식은 "불식쌓기"이다.

07 ② 일반 조적식구조의 설계법으로는 허용응력설계법, 강도설계법 및 경험적설계법 등이 있으며, 소성응력설계는 관계 가 없다.

08 ④ 횡안정성 확보를 위해 사용된 전단벽들은 "횡력과 평행하게 배치"되어야 횡력에 저항할 수 있다.

09 ② 테두리보는 벽체의 강성을 높이고 일체화하며, 벽면의 수직 균열을 방지하고, 바닥하중을 균등하게 분배하는 역할을 하며. 벽체의 수평균열 방지에는 기여하지 못한다.

10 ③ 조적식구조에서 창문 등의 개구부 상부를 지지하며 상부에서 오는 하중을 좌우벽으로 전달하는 부재는 "인방보"이다.

11 ③ 실험에 의해서 규준의 요구조건에 합당한 결과가 나타나지 않으면, 모르타르나 그라우트에 공기연행제를 "사용해서 는 안된다."

12 ② 조적식 구조 중에서 지진에 가장 강한 조적식 구조는 철근이 보강된 "보강블록조"이다.

13 ④ 강도설계법 보강조적조의 내진설계에서 피어의 유효폭은 "150 mm 이상 ~ 400 mm 이하"이다.

14 ④ 보강조적벽의 휨응력 산정을 위한 압축면적의 유효폭은 공칭벽 두께나 철근 간 중심거리의 "6배를 초과하지 않는다."

제4절

01 ②	02 ②	03 ③	04 ①	05 ①	06 ③	07 ③	08 ③	09 ②	10 ④	11 ④	12 ①
13 ①	14 ①	15 ②	16 ①	17 ③							

01 ② 목재의 단면에서 볼트 등의 철물을 위한 구멍이나 홈의 면적을 포함한 단면적은 "총단면적"이고, 순단면적은 총 단면 적에서 철물을 위한 "구멍이나 홈의 면적을 제외한 단면적"을 말한다.

02 ② 주요 구조부가 공칭두께 50 mm의 규격재로 건축된 목구조는 "경골목구조"이다.

03 ③ 목구조 접합 중 모서리 부분에서 각 부재의 끝면이 보이지 않도록 접합하는 방법은 "연귀"이다.

04 ① 목구조에서 상부의 하중을 받아 기초에 전달하며 기둥 하부를 고정하여 일체화하고, 수평방향의 외력으로 인해 건물 의 하부가 벌어지지 않도록 하는 수평재는 "토대"이다.

05 ① 목구조에서 도리 위에 건너지르는 긴 부재로 지붕의 하중을 받아서 도리로 전달하는 부재는 "서까래"이다.

06 ③ 목구조 접합에서 쪽매는 판재를 옆으로 넓게 대어 접합하는 것을 말한다.

07 ③ 목재의 접합에서 , ① 응력이 한곳에 "집중되지 않도록" 접합한다. ② 접합면은 최대한 "단순하게 가공"하도록 한다. ④ 목재의 맞춤은 "응력이 가장 작은 곳"에 위치하도록 한다.

08 ③ 듀벨은 "전단에 대한 강성"을 제공한다.

09 ② 목재의 갈라짐을 방지하기 위해 요구되는 못의 최소 연단거리는 못 지름의 5배이므로, 3*5=15 mm이다.

10 ④ 경사못박기에서 못은 "부재와 약 30 °의 경사각"을 갖도록 한다.

11 ④ 목구조 접합에서, ① 길이를 늘이기 위하여 길이방향으로 접합하는 것을 "이음"이라고 하고, 경사지거나 직각으로 만나는 부재 사이에서 양 부재를 가공하여 끼워 맞추는 접합을 "맞춤"이라고 한다. ② 맞춤 부위의 보강을 위하여 "파 스너와 접착제를 사용할 수 있다." ③ 맞춤 부위의 목재에는 "결점이 있으면 사용해서는 안된다."

12 ① 인장을 받는 부재에 덧댐판을 대고 길이 이음을 하는 경우에 "덧댐판의 면적은 요구되는 접합면적의 1.5배 이상"이어야 한다.

13 ① 목조 건물 마루틀을 구성하는 부재는 판재 아래로 장선, 멍에, 동바리 순으로 구성되어 있다.

14 ① 방화구획에 설치되는 방화문은 항상 닫힌 상태로 유지하거나 "자동으로 닫히는 구조"이어야 한다.

15 ② 목구조 뼈대 수평 부재의 시공 순서는 "토대 → 층도리 → 깔도리 → 처마도리"이다.

16 ① 전단벽, 바닥격막, 수평트러스 및 기타 목구조가 콘크리트구조 및 조적조에 따라 유발되는 지진하중을 지지하도록 설계하여서는 안 된다.

17 ③ 주요구조부가 내화구조 또는 불연재료로 된 건축물은 연면적 1,000 ㎡ 이내마다 방화구획을 설치하여야 하며, 이 방화구획은 "2시간 이상의 내화구조"로 하여야 한다.

제5절

01 ①	02 ②	03 ④	04 ④	05 ④	06 ①	07 ③	08 ④	09 ④	10 ①	11 ①	12 ①
13 ①	14 ③										

01 ① 목구조, 철골구조에 주로 사용되는 구조 양식으로 기둥, 보와 같은 부재를 접합하여 구조물의 뼈대를 구성하는 것은 "가구식 구조"이다.

02 ② 강연선 등과 같은 긴장재를 사용하여 콘크리트에 초기 긴장력을 도입한 구조는 "프리스트레스트 콘크리트(PSC) 구조"이다.

03 ④ 얇은 평면 슬래브를 굽혀 긴 경간을 지지할 수 있도록 "형태학적 특성을 이용하여 만든 구조"는 "절판 구조"이다.

04 ④ 강관이나 파이프가 입체적으로 구성된 트러스로 중간에 기둥이 없는 대공간 연출이 가능한 구조는 "스페이스 프레임 구조"이다.

05 ④ 일반 철근콘크리트구조와 비교할 경우, 프리스트레스트 콘크리트 구조는 내화성이 불리하다.

06 ① 콘크리트의 팽창은 프리스트레스 손실과 관계없다.

07 ③ 포스트텐션 방식은 콘크티르 타설 양생후에 긴장재를 긴장하는 시스템이고, 긴장재에 인장력을 가하여 긴장재가 늘어난 상태에서 콘크리트를 타설하는 방식은 "프리텐션 방식"이다.

08 ④ 프리스트레스의 손실에 대해 설명하면, ① 포스트텐션 방식에서는 정착장치의 앵커 정착손실이 나타난다. ② 프리텐션 방식의 경우 긴장재와 덕트(duct) 사이에서 마찰손실은 나타나지 않는다. ③ 프리스트레스 도입 후에 콘크리트 크리프 및 건조수축은 시간의 경과와 더불어 나타나는 시간적 손실의 주요 원인이다.

09 ④ 막재의 파단신율은 35 % 이하이어야 하므로, 37%인 경우는 적합하지 않다.

10 ① 케이블구조는 주로 "인장응력"을 받을 목적으로 케이블 부재로 시공되는 구조이다.

11 ① 막구조는 자중을 포함하는 외력이 막응력에 따라서 저항되는 구조물로서 휨 또는 비틀림에 대한 저항이 "작거나 전혀 없는 구조"이다.

12 ① 부유식 구조에 적용된 항구적인 발라스트의 하중은 "고정하중으로 고려"한다.

13 ① 초고층 구조형식 중 건물의 일부 층에 강성이 큰 벽체나 트러스 형태의 구조물을 띠같이 설치하는 것을 "아웃리거"라고 하고, 이 방식으로 횡력에 저항하는 시스템은 "골조-아웃리거 시스템"이다.

14 ③ 주상복합 건물 등에서 벽식구조 건물 상층부의 하중을 어떤 층의 하부의 별개의 구조형식으로 전이하는 구조 시스템은 "전이보(트랜스퍼거더, Transfer girder)"이다.

REFERENCE

참고문헌

1. 현행 구조설계기준(KDS) 건축구조설계 관련 코드(국가건설기준센터)
   KDS 14 20 01   콘크리트구조 설계(강도설계법) 일반사항
   KDS 14 20 10   콘크리트구조 해석과 설계 원칙
   KDS 14 20 20   콘크리트구조 휨 및 압축 설계기준
   KDS 14 20 22   콘크리트구조 전단 및 비틀림 설계기준
   KDS 14 20 30   콘크리트구조 사용성 설계기준
   KDS 14 20 40   콘크리트구조 내구성 설계기준
   KDS 14 20 50   콘크리트구조 철근상세 설계기준
   KDS 14 20 52   콘크리트구조 정착 및 이음 설계기준
   KDS 14 20 70   콘크리트 슬래브와 기초판 설계기준
   KDS 14 20 90   기존 콘크리트구조물의 안전성 평가기준
   KDS 14 30 05   강구조설계 일반사항(허용응력설계법)
   KDS 14 30 10   강구조 부재 설계기준 (허용응력설계법)
   KDS 14 30 25   강구조 연결 설계기준(허용응력설계법)
   KDS 14 30 50   강구조 사용성 설계기준(허용응력설계법)
   KDS 14 31 05   강구조설계 일반사항(하중저항계수설계법)
   KDS 14 31 10   강구조 부재 설계기준(하중저항계수설계법)
   KDS 14 31 25   강구조 연결 설계기준(하중저항계수설계법)
   KDS 41 00 00   건축구조기준
   KDS 41 10 05   용어, 일반사항, 등
   KDS 41 12 00   건축물 설계하중
   KDS 41 17 00   건축물 내진설계기준
   KDS 41 19 00   건축물 기초구조 설계기준
   KDS 41 20 00   건축물 콘크리트구조 설계기준
   KDS 41 30 10   건축물 강구조, 강합성구조 등
   KDS 41 40 10   콘크리트합성구조, 합성목구조
   KDS 41 50 05   목구조 일반
   KDS 41 60 05   조적식구조 일반
   KDS 42 00 00   소규모 건축 구조기준
   KDS 43 00 00   특수목적 건축기준
   KDS 43 10 10   막구조 케이블구조 설계기준
   KDS 43 20 00   부유식 건축물 기준
2. 인사혁신처 사이버국가고시센터 (https://www.gosi.kr/) – 공무원 시험 기출문제 자료
3. 건축구조 토질기초의 A to Z (기문당)
4. Reinforced Concrete Design (Somnath Ghosh, CRC Press)
5. Reinforced Concrete : Mechanics and Design (James K. Wight, Pearson)
6. 강구조설계 (한국강구조학회, 구미서관, 2024)

김현

주요 약력

- ㈜바로구조안전기술사사무소 부설 연구소장
- 건축기사 출제위원(건축구조)
- 한국연구재단 연구과제 선정 및 평가위원
- 친환경건축물 인증 심의위원
- 주택성능인증 심사위원
- 국가기술표준원 KS (건축 및 토목 기술 분야) 제정 및 개정 심의 위원
- 환경부 토목환경신기술 심사위원
- 국토부 건설신기술 심사위원
- 대덕연구단지 OO연구원 수석연구원 역임
- 공기업 OO공사 구조설계부서 근무(구조설계, 내진설계 실무 및 안전진단 업무)
- 충남대 공대 건축학과 강사·겸임교수(구조역학, 철근콘크리트구조, 철골구조 강의)
- The University of Auckland 토목공학과 교환교수(Visiting scholar)
- 고려대 건축공학과 대학원 졸업(건축구조공학 전공 박사과정 수료)
- 現. 박문각 공무원 건축직, 토목직 대표 강사

주요 저서

- 토목직 응용역학 기본서
- 토목직 토목설계 기본서
- 건축직 건축구조 기본서
- 토목직 실전 동형 모의고사
- 건축직 실전 동형 모의고사
- 철근콘크리트조 배근표준화 (기문당)
- 철근선조립공법 (기문당)
- 건축구조 토질기초의 AtoZ (기문당)
- 교육부 공업계고교 건축과 교과서(제6차교육과정) 집필(저자)
- 건축 및 토목기술 관련 연구보고서(복합구조 내진설계기법연구 등) 40여 권 저술
- 대한건축학회, 토목학회, 콘크리트학회 등 연구논문(정착길이 기준연구 등) 30여 편 발표

김현 건축구조

초판인쇄 | 2025. 8. 13.　**초판발행** | 2025. 8. 18.　**편저자** | 김현

발행인 | 박 용　**발행처** | (주) 박문각출판　**등록** | 2015년 4월 29일 제2019-000137호

주소 | 06654 서울특별시 서초구 효령로 283 서경 B/D 4층　**팩스** | (02) 584-2927

전화 | 교재 주문·내용 문의 (02) 6466-7202

저자와의
협의하에
인지생략

정가 26,000원
ISBN 979-11-7519-099-3